U0257715

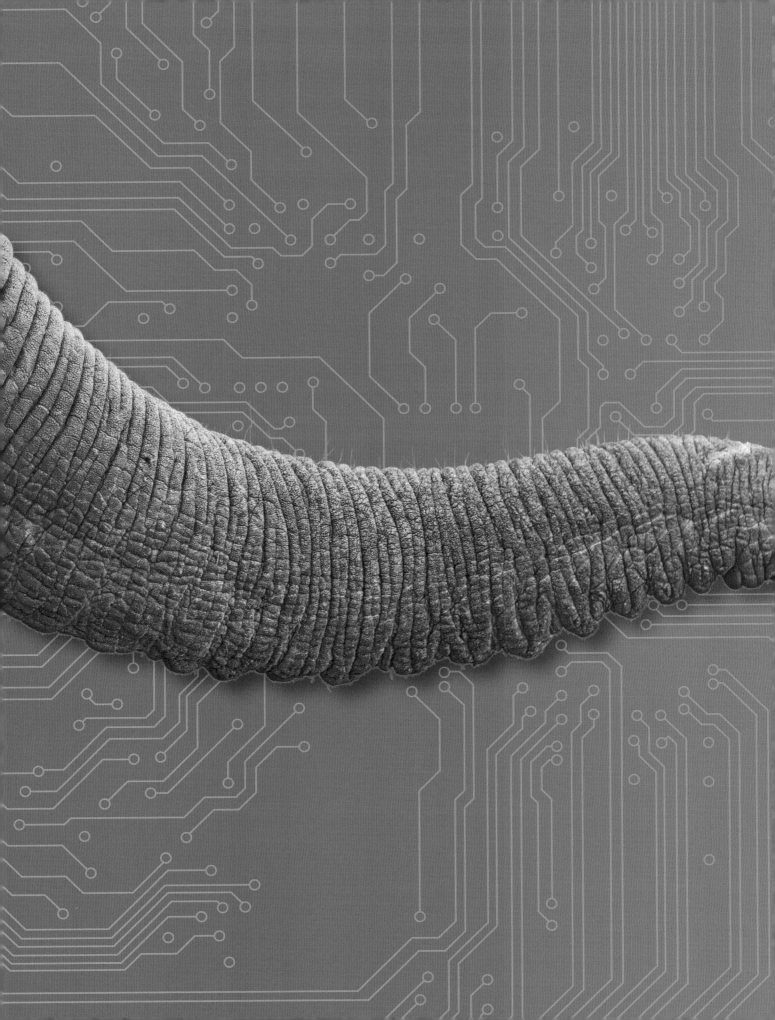

NATIONAL
GEOGRAPHIC
KiDS

不可思议的
动物与仿生

源于大自然的各种绝妙的仿生发明

【美】珍妮弗·斯旺森　著

陈宇飞　译

青岛出版集团 | 青岛出版社

序言

▶ 附着在墙上的黏黏的脚，灵活无比的机械臂，超级灵敏的听觉……这些都是只有在电影里才能看到的吗？不！它们都是仿生学带来的实实在在的应用。

▲ 因为拥有"黏黏的脚"，这个壁虎机器人可以像真正的壁虎一样攀爬

提起"仿生学"这个词，你可能会联想到由机器构成的身体部位。英文中的"仿生学"一词源自"生物学"和"电子学"两个词，它的含义可比"机械臂"或"机械腿"广泛得多。简单地说，仿生学是一门新兴交叉学科，通过认知自然，模拟自然，研发或制造满足人类需求的技术或产品。仿生学中的很多灵感都来自自然界。

向大自然取经好处多多！假如你想制造一个能够在平地上长距离移动的机器人，你可以研究具备这项能力的动物，比如袋鼠。袋鼠一跳可以跨越很长的距离。而要想制造袋鼠机器人，你就必须弄清楚袋鼠的跳跃方式：首先下蹲，然后用下肢蹬地，腾空而起。接着，你还得想办法用齿轮、发动机，以及其他金属和塑料零件来重现这些动作——这可是个挑战。不过，工程师们在2014年还真的造出了一个像袋鼠一样蹦蹦跳跳的仿生机器人！

我们把这种从真实袋鼠那里借鉴运动方式的做法叫"仿生"，意思是"模仿生物的设计"。仿生除了跟机器人打交道，还在许多不同的领域发挥着作用，比如建筑、交通、能源、医学、农业、通信等。对于许多难题，既然大自然已经给出了答案，那么从大自然中找寻灵感当然是再合适不过的了。

想象一下仿生学带来的无限可能吧！我们可以根据海豚互相交流的原理来创建海啸预警系统，可以通过模仿壁虎的攀爬技巧使人爬得又高又快，还可以仿造沙堡蠕虫的"胶水"来快速修

复受损的骨骼。这就是看得见、摸得着的创新！你心动了吗？那就快来见识一下受神奇动物启发而来的仿生发明吧！

这本书里充满了各式各样的仿生学发明。通过下面这些单元，你能更好地了解这些发明。

神奇动物	不可思议的、提供仿生灵感的动物
现实难题	工程师们需要破解的难题
仿生原理	各种关于仿生技术如何实现的信息
锦上添花	在仿生发明上增添的其他实用功能
扩展知识	每项仿生技术背后的额外信息
你知道吗？	关于神奇动物的趣味小知识

目 录

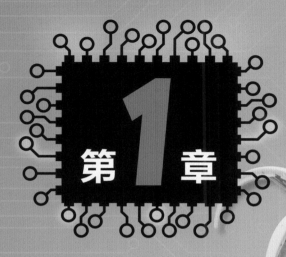

第**1**章

动物模本

▶ **想象一下，**你一动不动地趴在地上，任由泥土的湿气渗进衣服。一想到泥土中有各种蚂蚁和蠕虫在爬来爬去，你就浑身难受，不禁要扭扭身子。可是，你还是忍住了。毕竟，今天的捉迷藏你一定得赢，不能被你的朋友发现。

突然，四条细腿出现在了你头顶上方的石头上，接着是另外四条腿和一个毛乎乎、圆滚滚的身子。是一只蜘蛛！而且是一只巨型蜘蛛！它看起来足足有60厘米长，而且正在朝你爬来！怎么办？不能溜走呀——要是现在跑掉，肯定会暴露的。要不就按兵不动，说不定它不会发现你……

然而，蜘蛛离你越来越近了。你的身体不由得紧绷起来。蜘蛛一碰到你的手，你就一把抓住了它。你把它拿起来一看，竟发现

上面有个摄像头正对着你。

"捉到你了！"你的朋友们发出了胜利的欢呼声。谁能想到，他们竟然用这种方式来找你。

现实生活中，这种蜘蛛机器人可不是玩具，而是被设计成可以挤进狭小空间、穿越地下隧道、在崎岖岩石上行走的能为搜索和救援行动服务的工具。它可以在火灾或地震发生之后，帮助我们寻找困在建筑物里的人。

蜘蛛机器人只是本章描述的多种仿生发明中的一员。你还会看到像翠鸟尖尖的喙一样的"尖鼻子"列车，模仿龟壳制成的防弹衣，源自猫眼的巧点子……这些仿生人造物为我们解决许多复杂的问题提供了帮助。

扩展知识

你知道蜘蛛机器人很大的一个优点是什么吗？那就是它可以用**3D打印机**来制作：先用柔性塑料打印出关节，然后把它们用铰链连接起来。

救生蜘蛛

神奇动物 蜘蛛

这种八条腿的生物既能轻松自如地四处走动，又能钻进狭小的空间。凭借灵活的腿关节，它们几乎能在任何地形上如履平地。蜘蛛腿上的细毛还能帮助它们攀附在天花板和墙面上。

现实难题

建筑物倒塌后，救援人员必须争分夺秒地解救被困其中的人。可问题来了：救援队怎么知道从哪里找起呢？

更何况，有些建筑物实在是太大了！寻找被困在其中的人或动物简直就像大海捞针。如果救援队能利用什么东西爬进废墟，帮他们观察里面的情况，搜救工作肯定能事半功倍。

▲ 救援队在倒塌的建筑物下搜寻幸存者

受损的建筑物存在安全隐患。摇摇欲坠的墙壁，还有浓烟和灰尘都可能给救援人员造成伤害，让救援者变成求救者！这时机器人就可以派上用场了，说不定还能帮助救援人员找出一条在建筑物中安全穿行的通道，以躲避后续坍塌。什么样子的机器人才能在这种高风险的情况下发挥作用呢？在蜘蛛的启发下，工程师们有了答案。

仿生原理

工程师们在为这种任务设计机器人时，需要让机器人既小巧、灵活，又能轻松地跨越障碍物。除此之外，这种机器人还要具备自主移动的能力，而且只靠电池来驱动，不必借助外接电源。工程师们认为，蜘蛛是个理想的动物模本。

可是，制造一个拥有许多活动部件的蜘蛛机器人并不容易。毕竟，蜘蛛有八条腿，每条腿都能独立旋转和屈伸。每条腿还包含很多节，节与节之间由细小的关节连接。移动的时候，蜘蛛需要把一种类似血液的液体输送到这些关节，让组成每条腿的各个部件动起来。

除了让关节动起来，蜘蛛在行走时还必须保持四条腿着地。与此同时，腾空的四条腿则要转向，准备迈步。只要重复这套动作，蜘蛛就能在地面上轻快地来来去去。

为了让蜘蛛机器人具备行走能力，工程师们必须编写成千上万行计算机代码，告诉机器人怎么动腿，比如给腿的内部增压，让人工铰链像关节一样开合。这一过程的结果就是机器人也能像真正的蜘蛛一样伸腿。由于体内要塞下各种阀门、压缩机和控制单元，蜘蛛机器人的个头难免要比真正的蜘蛛大。就算这样，这些长腿机器人也能在救援现场大显身手。

锦上添花

蜘蛛机器人配有一个摄像头和多种传感器。这些设备可以向搜救人员传输信息，比如告诉他们什么地方有怎样的危险。

蛛丝总动员

蛛丝是一种韧性很高的材料。虽然不同蜘蛛分泌的蛛丝有所差异，但是要论受力的极限，最强韧的蛛丝足以和钢材相提并论。蛛丝既有弹性又有黏性，更棒的是，蜘蛛还能用它织出各种各样的图案。因此，仿生蜘蛛网的用途可多了！

▼ 每条蛛丝都是由几千根更细的丝组成的，所以蛛丝才能成为自然界最强韧的材料之一

沾水后自动分解的材料

你会怎么处理穿旧的运动鞋？ 大多数人会把它们扔掉。不过，有一家制鞋公司创造出了一种大部分可以被生物降解的跑鞋。实现这一点的秘诀就在于制造这种跑鞋时，使用了能够降解的人造蛛丝。当然，这种鞋穿在脚上时并不会自己散架。想要使它分解，你必须把鞋放进水槽里，然后在水槽里加入水和一种能促进分解的特殊的酶。除了鞋底部分，鞋子的其他部分都能被降解。最后，你可以把这些液体直接倒进下水道，但对于鞋底，你还是得手动把它扔进垃圾桶。

在太空捕捉水分的材料

自然界里的蜘蛛网可以承受各种各样的东西，比如蜘蛛自己、各种昆虫或者小水珠。加拿大卡尔加里大学的学生们经过探索，创造出了一种类似蜘蛛网的材料。它不仅能吸收周围的水蒸气，还能留住水分。你见过清晨挂着露珠的蜘蛛网吗？"太空蜘蛛网"的工作原理和它一样：大气中的水分被干燥的网吸收后，会在网的表面凝聚成小水珠。对在水分稀少的星球上建设人类家园来说，这项发明将起到至关重要的作用。

太空建材

美国国家航空和航天局正在研制类似蜘蛛的机器人，让它们利用从地球发射的部件在太空中建造巨型人造天体，比如人造卫星等。这些机器人会像蜘蛛织网一样用碳纤维之类的材料进行搭建。纤维把各种部件连接起来，最终组成机械设备等人造物。实现了这一点就意味着，我们不必耗巨资把各种预先在地面组装好的物体送入太空，只需要把基本的原材料发射上去就行了。听起来真像科幻小说里的故事情节！

鸟嘴高速列车

神奇动物 翠鸟

翠鸟是一类毛色鲜艳的小鸟，体长为17~19厘米。除了南极洲以外的各大洲的水体周边都有它们的身影。翠鸟最有仿生价值的特征是什么？答案就是它那流线型的喙。

现实难题

如果你建造的列车行驶速度太快，以至于会发出类似打雷的声音，那该怎么办呢？由中津英治领导的一个日本工程师团队想到了解决方法。日本的高速列车每个工作日都要运送约42万名乘客，在不到两个半小时的时间里会行驶500千米。这个速度比在高速公路上行驶的汽车的速度还要快一倍多！

高速列车的行驶速度很快，这的确可以帮助乘客节省不少时间，可是它们产生的噪声却让人头疼。如果列车在穿越隧道时速度太快，车头周围的空气就会形成一个"气囊"。在列车冲出隧道的瞬间，"气囊"会突然破掉，产生震耳欲聋的巨响，这非常影响隧道周围的人和动物的正常生活。起初，工程师们苦思冥想也想不出解决这个问题的办法。后来，当他们研究了翠鸟细长的喙之后，终于有了答案。

锦上添花

为了降低乘客的不适感，高速列车也会像飞机一样，进行内部加压。

仿生原理

翠鸟有着尖尖的喙，且整个喙呈流线型，因此翠鸟可以只激起很小的水花便轻轻松松地钻进水里——就像针线穿过布一样顺畅。因此，工程师们认为翠鸟的喙或许是设计列车车头的理想模本。

中津英治和他的团队在制造高速列车的车头时发现，平头容易产生更大的"气囊"，而尖一些的车头则会让空气从列车四周流过，从而降低空气对列车的阻力，或者说空气对车头的反作用力。只要阻力小，就不易形成"气囊"。

后来，工程师们利用一个缩小版的隧道模型，测试了配备不同形状的车头的列车的行驶效果。最终发现，配备了模仿翠鸟喙设计而成的车头后，列车行驶效果最佳。于是，他们决定在真车上试试这款新型的车头。

成功了！不久之后，日本的许多高速列车换上了"尖鼻子"。吵人的轰鸣声消失了，隧道周围的人和动物终于恢复了宁静的生活。

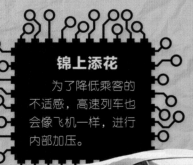

◀ 日本的高速列车静悄悄地驶入东京站

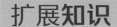

扩展知识

高速列车产生的轰鸣不是声爆。真正的声爆是在物体的运动速度大于声速的时候产生的（最常见的例子就是喷气式战斗机和航天器），你在几千米之外都能听到。飞行器在运动时产生的声波会在周围堆积起来，当层层挤压的声波被突然冲破时，便会产生爆炸般的巨响。我们通常认为声音的传播速度是每小时1236千米左右。而高速列车的行驶速度远达不到声音的传播速度。

你知道吗？

大多数鸟类用各种材料搭建鸟巢，而翠鸟则是用脚挖洞。

善于变通的海星

神奇动物 海星

海星的英文可直译为"星星鱼",可海星并不是鱼。海星通常有五条腕,但也有一些海星不止五条腕。这些生物无论在冰冷的海床上还是在温暖的热带水域里,都能生存。它们最引人注目的特点就是"缺胳膊少腿"也能照常生活。

现实难题

机器人有时会出现故障。毕竟,它们身上有几百个,甚至几千个小零件。如果机器人出故障的时候刚好处在离家很远的地方,比如水下或太空,那就麻烦了。毕竟,如果我们连赶到现场都做不到,那还怎么修复受困的机器人呢?如果无法收回坏掉的机器人,那么科研人员多年来的心血,以及团队投入的经费都将付诸东流。别担心,美国纽约州康奈尔大学的研究人员有了办法。他们设计出了一种就算"缺胳膊少腿"也能照常行走的机器人。

锦上添花

人类要想在火星上居住,也许就要以这种海星机器人为起点,设计出更多适应力强的机器人。

▲ 和真实的海星一样,海星机器人可以学会如何在失去一条腿后照常工作

你**知道**吗？

海星的每条腕的前端都长有能感觉光线变化的眼点。

仿生原理

科学家们研制出了一个四条腿的机器人，并且给它取名为"海星"。这个机器人的程序和它的许多同类截然不同。它不是按具体的指令行动，而是自己摸索着练就各项技能。

海星机器人拥有一种独一无二的"思考"方式。工程师们首先赋予它识别自己四肢的能力，然后编程让它向前运动。不过，他们并没有告诉机器人具体怎么动腿。海星机器人必须自己琢磨出"步法"。

它是怎么做到的呢？就像小宝宝学步一样：跌倒，爬起来，再跌倒，再爬起来……走路的时候，海星机器人要向15台不同的计算机发射无线电信号，由计算机计算出机器人每次移动所需要做出的调整。这个过程会不断重复，直到海星机器人（它是科学家用柔性塑料3D打印出来的）"学会"利用四条腿行走。整个过程或许很长，而且中间要经历许多次失败，但是最终，海星机器人成功地学会了走路。

一旦机器人"掌握"了走路的技巧，研究人员便把它的其中一条腿去掉一部分，让它重新学步。虽然海星机器人无法像真的海星那样长出新的腿来，但是通过这种方式，它能够像真的海星一样适应异常状态。

◀ 大多数种类的海星在断腕之后能长出新的腕来，甚至失去大部分身体后也能再生。不过，再生的过程可能需要一年或更久，所以海星必须学会在肢体残缺的情况下生活

龟壳装甲

神奇动物 龟

龟是地球上最古老的爬行动物之一，它们在这个星球上已经存在了2.2亿年以上。坚硬的外壳是龟的"招牌"。龟壳不仅是龟的护甲，还是它们的家。真方便！

现实难题

自从人类文明诞生以来，人们就一直在寻求武装的手段。例如，古罗马的军人就曾经身穿沉重的铠甲来保护自己，并且举着重达10千克的盾牌。虽然这些装备在作战时的确能发挥作用，但是由于实在太重，携带起来特别困难。军人需要在战斗中快速行动，背负一身笨重的铠甲的确影响行动速度。

随着时间的推移，铠甲的确变得轻便了一些，可轻质的材料不一定能起到良好的防护效果。而且，铠甲没有韧性，这也是导致身穿铠甲的人活动起来不方便的重要原因。

现代军人拥有另一种选择，那就是非金属硬甲。非金属硬甲靠由陶瓷制成的刚性内核来起到防护作用。可是这样的现代护甲穿起来还是太重了，会减慢军人的行动速度，导致屈身和行走不便。那么，怎样才能让现代军人既拥有防护，又行动自如呢？

工程师们承担起了解决这个问题的重任。他们把目光投向了仿生学。哪种动物最适合参考？当然是龟啦。

▲ 古代的铠甲造型圆润，就像龟壳一样罩在人体外面发挥防护作用

仿生原理

龟是研究防护的绝佳模本。龟壳就像一件一体式强化铠甲，它的内部由几十块不同的骨头组成，其中一些骨头也是组成龟的脊柱和肋骨的部件。正是由于这种构造，龟壳才能特别坚固。龟壳受到硬物打击时，龟的脊柱会把外力分散。所以，不仅龟壳上连一个缺口都不会留下，缩在里面的龟也几乎没有感觉。人体护甲的最佳参考对象就是龟壳啦！

人类无法在脊柱上安装甲壳，但可以在身体外面套上功能和龟壳相似的护甲。得益于工程师们的辛勤研究，现在的军人和执法人员有了用增强织物制成的全身护甲。增强织物可以起到和乌龟的脊柱还有肋骨相似的作用。这些特殊的织物可以让子弹偏转方向，并阻止尖锐的物体穿透护甲。

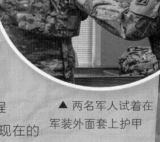

▲ 两名军人试着在军装外面套上护甲

▼ 鱼鳞的特写

扩展知识

鱼类也是人类研究护甲的灵感来源之一。把硬甲分散成许多小片,可以让穿此护甲的军人活动起来更加方便。人们长时间穿这种护甲可比穿硬甲舒服得多。鱼类也跟龟类一样,**比人类在地球上存在的时间久多了**。为什么不向它们学习呢?

自带减震功能的啄木鸟

神奇动物 啄木鸟

除了**澳大利亚、马达加斯加**、新西兰和南、北两极之外，啄木鸟几乎随处可见。这些美丽的小鸟喜欢用它们强有力的喙敲击树干，同时发出梆梆梆的声音，啄木鸟也因此而得名。

你知道吗？

啄木鸟是少数能够平行于树干行动的鸟类。这是因为它们拥有特殊的对生趾，也就是说，它们的每只脚上都有两个朝前的脚趾和两个朝后的脚趾，所以夹持力非常强。

现实难题

怎样才能让物体在被撞之后不受损伤呢？ 解决了这个问题，就能让许多事情变得更加安全。一名玩美式橄榄球的球员抱对方球员时，会跟对方重重地撞到一起。这样的撞击有可能给运动员造成脑震荡。飞机上的黑匣子也面临着同类的问题。黑匣子负责记录飞机在空中的方位，还有飞行员和机场之间的通信等信息。空难发生后，黑匣子可以帮助调查人员了解事故发生时的情况。如果能想办法减轻黑匣子在碰撞之后受到的损伤，那将是个多么了不起的成就哇。那么，工程师们该从哪里入手呢？

答案就是观察啄木鸟。

扩展知识

什么是"G力"？ G力是衡量重力或重力加速度对物体产生的作用力的单位。我们用G力来描述物体在碰撞其他物体时吸收了多少力。啄木鸟用喙敲击树干时，脑袋会迅速地来回运动。这时，它们会经受超过1200 g's的G力。相比之下，**两名美式橄榄球运动员迎头相撞时，受到的G力只有80~100 g's**。黑匣子从高空坠落后可能会经受1000 g's的G力。换句话说，G力越大，**冲击就越强**。

▼ 美式橄榄球运动员互相撞击

仿生原理

　　咦，旁边那棵树上怎么传来了敲打声？ 原来是自然界的工程师正在"施工"呢。在1分钟的时间里，一只啄木鸟可以用它尖尖的喙对着树干撞击18~22下。啄木鸟敲树是为了寻找树干里美味的幼虫，而科学家们更关心的是，啄木鸟为什么承受了那么大的力也不头疼。

　　他们发现，啄木鸟的头和喙简直就是为了承受敲树时产生的力而生的。人类的骨骼十分坚硬，而啄木鸟的头骨软且多孔，所以具有韧性。啄木鸟还有一个叫舌骨层的特殊结构，其中包含了能够减轻震动的舌骨和软组织。舌骨层支撑系统的功能有点像海绵，它能把啄木鸟敲击时受到的力分散开来，防止同一位置受力过大。

　　为了给飞机的黑匣子提供保护，工程师们用钢材制作了一个箱子。用钢制作箱子，是为了让它像啄木鸟的喙一样坚固。此外，他们在箱子的内壁铺了一层具有减震效果的橡胶来模拟啄木鸟的舌骨层，还加上一层薄薄的金属来模拟啄木鸟头骨，又在"头骨"层里密密麻麻地塞满了玻璃珠，这样可以还原鸟骨软且多孔的特性。做好这些准备之后，他们把黑匣子放在了钢制箱子的中间。

　　接着，他们用一把巨大的气枪轰击黑匣子所在的钢制箱子，测试黑匣子能承受多大的力。结果，黑匣子受力的极限超出了工程师们的预期。实验成功！

▲ 空难之后受损的黑匣子

蝠鲼搜救队

神奇动物 蝠鲼

蝠鲼是一种神出鬼没，看起来"雄伟壮观"的鱼。它们的胸鳍像翅膀一样，展开后宽达7米，看起来酷似一件光滑的灰色披风。因为这对"翅膀"，蝠鲼个个都是游泳好手。

现实难题

跟大多数人比，奥运会上的游泳健将游速已经非常快了，但他们跟生活在水里的大部分动物比起来，行动简直慢如蜗牛。人类没有海豚和鱼类那样流线型的身体，而且只能在水下憋气一分钟左右，所以更多时候需要依靠船和潜水装备才能畅游大海。然而，当我们需要在海上开展搜索和救援行动的时候，搜救船只必须经常补充燃料才能航行，活动范围十分有限。另外，如果不知道从哪里找起，不知道会遇到什么障碍，潜水员在执行水下救援任务时就有可能陷入危险。

我们能不能从蝠鲼身上找到更好地解决这些问题的方法呢？假如人类能制造出像蝠鲼一样擅长游泳的机器人，那么就能拯救更多生命了。

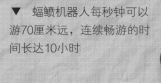

▼ 蝠鲼机器人每秒钟可以游70厘米远，连续畅游的时间长达10小时

仿生原理

30多年来，科学家们一直在研究蝠鲼独一无二的游泳方式。蝠鲼的游动速度大约为每小时15千米，相当于游泳健将游速的两倍，而且在短时间冲刺的情况下，速度可以达到每小时35千米。蝠鲼的"翅膀"能流畅自然地上下舞动，所以制造这样的机器翅膀将是一项异常复杂的任务，就连选用什么材料这一个问题也很难解决。什么东西既能防水，又具有超强的柔韧性，还可以让水几乎不受阻碍地流过呢？

新加坡国立大学的周博士最终破解了这些难题。周博士和他的团队设计出一个机器蝠鲼，并且把它命名为"蝠鲼机器人"。这个体长35厘米、翼展63厘米的机器人比真实的蝠鲼小得多，但它游动起来的速度却可以和真蝠鲼媲美。

和真实的蝠鲼一样，蝠鲼机器人左右各有一个胸鳍和一个尾鳍。首先，周博士为每个胸鳍安装了一台发动机，接着，他的团队用PVC材料制作了尾鳍。这种材料有很好的柔韧性，可以让机器人轻松便捷地调整前进方向。蝠鲼机器人每扇一下胸鳍，就能游出一个身长的距离。未来，我们说不定能用这种机器人搜救失踪的潜水者，甚至探索沉没的宝藏。

你知道吗？

蝠鲼如果停止游动就会因得不到氧气而憋死。

扩展知识

周博士和他的团队正在研制一种比蝠鲼机器人个头大一倍的机器蝠鲼。他们希望利用新的机器蝠鲼从海洋中搜集有关生物多样性的数据，比如海洋生物的数量和种类、海洋的温度等。

不可思议的蛙皮

神奇动物 箭毒蛙

这种鲜艳夺目的两栖动物是地球上毒性最强的动物之一。它们的皮肤上有一层薄薄的毒膜保护着它们。想吃它们可要三思而后行啊！

你知道吗？

一只**黄金箭毒蛙**只有2.5~5厘米长，但它的皮肤里却含有足以杀死2万只老鼠的剧毒。

现实难题

你见过给飞机除冰的场面吗？冬天的时候，冰雪会在机翼和机身上堆积起来，把它们除掉之后飞机才能起飞。为什么呢？冰雪可能会改变飞机的外形，增加飞机的重量。冰还会阻碍机翼正常工作。机翼是一个自前向后的弧形结构，上面还有被称作"襟翼"的可活动的装置，襟翼可以延伸出去，让机翼变宽。

一旦襟翼的任何一部分被冰雪覆盖住了，它就无法在飞行员需要用到它时，便捷地动起来。

▲ 一架客机正在接受化学除冰

另外，冰还会让机翼变大，改变气体在上面的流动方式。如果机翼上的冰积得太厚，飞机可能不敢飞得太高，或者说飞得要比预计的高度低。这对飞机来说可是很危险的事情。所以，飞机上面只要积了冰雪，哪怕飞机正在飞行也要尽快去除，不能放任不管。为了根除飞机积冰的问题，工程师们希望制造这样一种液态混合物：它既能除掉冰雪，又能在飞机飞行过程中防止冰雪堆积。于是，他们想到了箭毒蛙的秘密武器。

仿生原理

箭毒蛙是解决这个问题的最佳参考对象。箭毒蛙有两层皮肤，其中内层含有毒素，外层可以触摸——只要箭毒蛙没受到惊吓就行。因为受到惊吓时，箭毒蛙内层皮肤的毒素会渗透到外层皮肤上。

美国亚利桑那州立大学的康拉德·雷卡切夫斯基博士和他的团队认为，可以通过仿造箭毒蛙的双层皮肤来帮助飞机除冰。

现有的做法是，在飞机起飞之前给它喷洒抗凝剂去除冰雪，接着再喷上一层防冻液，防止飞机在飞行过程中再次结冰。起飞之后，来自发动机的热空气会经过机翼，让机翼处无法结冰。可是，在飞机高空飞行过程中，热空气的防冻效果不一定很好。于是，科学家们决定参照箭毒蛙来构思一种更好的方案。

就像箭毒蛙的双层皮肤一样，雷卡切夫斯基博士和他的团队决定给飞机喷洒两层薄薄的涂层：底层是去冰的抗凝剂，表层是具有特殊结构的防水层，可以让冰雪在飞机的外层形成小珠。

如果表层的小珠开始结冰，冰粒就会落入底层，接触到抗凝剂。这样一来，冰就会融化，让飞机在空中自动完成除冰。这个过程和箭毒蛙身上的情况正好相反。箭毒蛙的毒素是从内层向表层渗透，而飞机上的冰则是从表层落入底层后消融。不过，无论是对飞机还是对箭毒蛙来说，这都是一个别出心裁的巧点子！

▶ 雷卡切夫斯基正在喷洒并测试防水涂层

扩展知识

工程师们不会因为失败而止步不前，有的时候反而因此找到了答案。工程师们往往要做出许多不同的尝试，才能找到解决某个问题的正确方案。所以说，今后遭遇失败的时候，你可不要放弃。向工程师学习，化失败为前进的动力吧！

你**知道**吗？

蝙蝠是唯一会飞的哺乳动物。

扩展知识

蝙蝠机器人只能进行短程飞行，但是在未来的某一天，它们说不定能展翅高飞，和真正的蝙蝠一起在野外翱翔呢。顺便说一下，这种机器人软软的，所以就算撞上你的脑袋，你也不会太疼。

蝙蝠快递员

神奇动物 蝙蝠

这些长着翅膀、小巧玲珑的哺乳动物飞行起来总是悄无声息。它们还拥有一套声呐系统来帮助它们"看"清夜间环境。

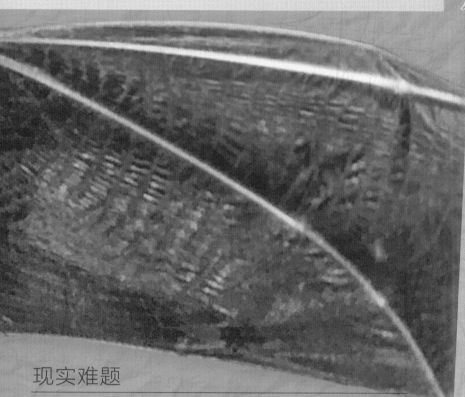

▲ 蝙蝠机器人的身体是由电子元件等构成的，它的翅膀挥动起来毫不费力

现实难题

想象一下：医院的急诊室里有大量的物资需要分发，而且要尽快发放到位。大部分医生和护士已经因为照顾病人忙得不可开交，所以现在该你这个实习生来帮忙了。你该怎么做才好呢？要是在补给柜和各个病房之间来回跑，肯定耗时又费力。这时，你最需要的其实是一个帮手。这个帮手可以高效地运送物资，最好还能从忙碌的医护人员头顶飞过，避免打扰他们。可这样的好帮手上哪儿去找呢？

找蝙蝠帮忙呀。不过，这里说的蝙蝠不是真蝙蝠，而是名叫"蝙蝠机器人"的机器蝙蝠。它可以在医院、建筑工地，甚至你的家里运送小物件。工程师们正在研究相关技术，让它变成现实。

仿生原理

要想打造机器蝙蝠，最大的挑战在于制作翅膀。真实蝙蝠的每个翅膀都有许多关节，所以蝙蝠能特别灵活地改变翅膀的形状，轻轻松松地做出俯冲、爬升，甚至乘风滑翔等动作。

蝙蝠的两个翅膀总共有40~50块骨头，要全部仿造出来可是个麻烦事儿。最终，工程师们决定只仿造其中最重要的9块骨头。

要想让机器蝙蝠飞起来，就得让它的所有部件都非常轻。所以，蝙蝠机器人的总重量需要不超过100克。

为了实现这一点，除了要选用迷你发动机，还要用轻便且柔韧度高的材料来制作翅膀。于是，工程师们选中了一种超薄的有机硅。这种材料使机器蝙蝠张开翅膀便能"捕捉"空气，实现和帆船的帆类似的功能。

成功了吗？是的！蝙蝠机器人可以实现直线飞行、空中翻滚和侧身转向。它的速度通常为每小时19千米，但是在俯冲状态下，其速度可以高达每小时48千米。未来，工程师们可能会给它添加抓持功能，让它能够在不同地点之间运送物资。

源自猫眼的巧点子

1933年，一只猫不但救了一个人的命，还启发这个人想到了一个巧点子。一天夜里，珀西·肖沿着一条黑暗的道路开车回家，在没有路灯指引的情况下拐过一个又一个弯道。突然，他从后视镜里看到了一道光。出于好奇，肖停了下来，决定下车看个究竟。他发现，那道光源自一只猫的亮闪闪的眼睛。肖不仅看到了这番午夜奇景，还因此捡回了一条命：回到车上后，他发现自己之前一直在错误的道路的一侧行驶。如果继续开下去的话，他很有可能会错过转弯，从悬崖上掉下去！

看到黑暗中发光的猫眼之后，在机械方面很有天赋的肖不禁陷入了思考。如果他能造出像猫眼一样能在黑暗中发光的"灯"，那这项发明肯定对提高交通安全大有帮助。

于是，他把想法化为行动，制造出了一个反射器，也就是一块可以把车前灯的光反射到司机眼里的玻璃。他发现，如果把反射器做得很小，并且将其沿着路两边和路中央摆放，司机就能更加容易地让车辆行驶在正确的车道上。这种反射器被称为猫眼反射器——由一个铸铁底座和反光玻璃组成。

猫眼反射器至今仍然在许多道路上发挥着作用，不过同样的创意也可以在反光道钉上看到——反光道钉就是车道中间或两侧的白色标志。多亏了一名幸运的发明家和一只两眼放光的猫，今天的夜路变得更加安全了。

◀ 路边的这些反射器看起来酷似一对猫眼

猫的眼睛其实不会在黑暗中发光，只能反射已经存在的光线。猫眼中包含光神经纤维层，这相当于眼睛自身的反射层。当光线照射进猫的眼睛时，光神经纤维层会像镜子一样反射光线，所以猫的眼睛看起来就像在发光。

你**知道**吗？

许多动物都有能够**反光的眼睛**，比如蜘蛛、短吻鳄和牛蛙。

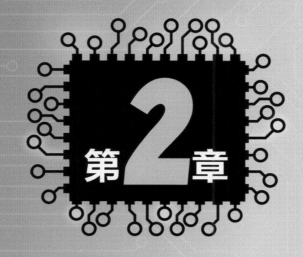

第**2**章

动物帮手

▶ **放学之后，** 你想做几块曲奇吃。于是，你开始准备材料：面粉、糖、小苏打、巧克力屑……可是问题来了，橱柜实在太高了，要想拿到所有东西，你得搬着椅子满厨房跑，拿一样东西，挪一个地方。这时的你真恨不得自己是一头大象，想拿什么，直接伸出鼻子去抓就行了，就算站在地上，也能够到橱柜的顶格。

其实，工程师们已经在研制替人排忧解难的象鼻式机械臂了，这种机械臂与真的象鼻很像，又长又有伸缩性。象鼻式机械臂不但能替你解决很多"厨房难题"，还有许多其他用途——帮外科医生做手术，帮手脚不方便的人解决生活中遇到的麻烦。

尽管很多仿生学发明的功能各不相同，但这些发明都能在日常生活中充当人们的好帮手。

高科技象鼻

神奇动物 象

这种大型陆生动物生活在亚洲和非洲的野外，它们身躯庞大，拥有又长又灵活的鼻子。象鼻很强壮，能把一棵小树从地里拔出来；象鼻也很温柔，可以拥抱一头刚出生的小象。这些特性让象鼻成为功能强大的工具。

你知道吗？

一头大象的鼻子由大约40000块肌肉组成。

现实难题

工厂和仓库的工人常常要移动大型机器，或者把笨重的箱子搬到高高的货架上。有些操作单靠工人的力量可能无法完成。在上述以及许多类似的情况下，如果有一个机械臂帮忙，任务执行起来就能变得更加轻松和安全。大象身上正好有解决这个问题的关键线索。

锦上添花

未来，象鼻机械臂上将配备一台3D 摄像机，使象鼻机械臂能够避开包括人在内的障碍物。

▲ 象鼻机械臂能够举起和移动大小、重量各异的物体

仿生原理

象鼻是动物界最灵活的身体部位之一。为了解决搬运重物方面的难题，工程师们决定从大象的鼻子上找寻灵感。虽说象鼻的主要作用是充当大象的鼻子，但它的功能远远不止于此。

大象可以用鼻子从树上抓取美味的叶子吃，也可以用它吸水，然后把水喷进嘴里喝掉，或者喷到身上来清洁身体。象鼻几乎可以朝任何方向移动。它不但能投掷重物，还能小心翼翼地拎起小东西。

那么，给人用的"象鼻"是什么样子的呢？工程师们发明了一种名叫"仿生装卸助手"的象鼻机械臂。每条这样的机械臂都由许多个塑料小节组成，机械臂的用途不同，其拥有的小节个数也不同，最多可以拥有48个小节。这种构造使机械臂非常灵活，因为其中的每个小节都包含一个由执行器控制的弹簧，它可以使机械臂灵活伸缩。

象鼻机械臂格外灵活的特性使得它在厨房或手术室这样不算很大的空间里工作也能游刃有余。而且它还十分轻便，移动起来不用消耗太多能量。机械臂末端有一个带四指的爪子，它既能捡起小物件，又不会把物品挤碎。这可真是个能给人类带来便利的发明！

扩展知识

让机械臂动起来的方法不止一种。名叫"仿生装卸助手"的象鼻机械臂靠由执行器控制的弹簧来工作。工程师们还创造出了另一种采用其他设计思路的机械臂。这种机械臂的小节由空腔组成，运用气动驱动系统，利用空气被迫通过这些腔室时产生的压力，控制机械臂朝某个方向运动。

向头足纲动物学伪装

神奇动物
鱿鱼、章鱼和墨鱼

这些"手""脚"都长在头上的水生动物被称为头足纲动物，它们都是"变形天才"，可以随意改变自己的大小、形状，甚至颜色！

现实难题

世界各地的士兵都希望自己在作战时能和周围的环境融为一体，可是有时直到他们抵达行动地点，才知道自己应该穿什么颜色的衣服。而救援人员则要尽可能地使自己看起来显眼，以便让陷入困境的人和救援队的其他成员一眼就能看到自己。

有时士兵们需要在不同环境间（例如从森林到沙漠）快速移动，这样一来很难做到及时换上适合当下环境的作战服。同样，如果救援人员遭遇雪崩时没有穿显眼的红夹克，那就很难让其他人很快发现自己。

如果有一套衣服可以自动变成当下需要的颜色，那该多棒啊！是时候向章鱼、墨鱼和鱿鱼这样的头足纲动物学习了。它们可是"伪装大师"！

仿生原理

头足纲动物的皮肤里有一种被称为色素细胞的小囊，这些就是它们用来改变自身颜色的秘密武器。它们挤压肌肉，使小囊膨胀，小囊在变大的过程中，会逐渐变成头足纲动物想要的颜色。例如，头足纲动物在沙子或岩石上活动时，其颜色会变得跟沙子或岩石的颜色相似；如果它们在珊瑚礁上移动，则会变成跟珊瑚礁颜色相匹配的鲜艳颜色。

为了模仿这些伪装大师，一组研究人员研制出了一种多层的可穿戴变色材料——人造皮肤。它的表层包含颜料，中间层负责"指挥"变色，底层则负责感知目标颜色。一旦底层感知到颜色，就通过传感器将信息传递给中间层。接着，中间层通过改变自身温度来"告诉"表层该呈现什么颜色。这个过程的结果就是人造皮肤整体变色。由于要动用大量的传感器，这种材料比头足纲动物需要更长的时间来适应变化。

另一组研究人员则尝试制造不同质感的人造皮肤。这种人造皮肤由一种叫作有机硅的材料制成，底层是网状结构。网状结构中的气囊可以像小气球一样充气，从而改变人造皮肤的质感。

◀ 鱿鱼身上微小的变色囊（色素细胞）

你知道吗？

不少科学家认为头足纲动物都是色盲。尽管如此，它们还是能把自己的颜色变得跟周围环境的颜色几乎一样。

扩展知识

我们已经知道，变色服装在搜救方面大有用处，可未来它能不能在时尚领域也派上用场呢？你想要一条能搭配新衬衫的裤子，却没时间购物怎么办？直接让衣柜里的裤子变色吧！你想给卧室换个风格？那就用变色墙纸好啦。

红尾蚺夹持器

神奇动物 红尾蚺

红尾蚺可以长到4米长，是一种又长又粗的蛇。这种爬行动物没有毒性，而是靠强大的绞杀力"行走江湖"，所以它们会在抓住猎物后牢牢地缠住对方。

现实难题

科学家们利用名叫"遥控无人潜水器"的水下机器人来探索人类无法抵达的海洋深处。从那些偏远地带采集回来的生物体样本可以为科学家提供各种线索，让他们了解地球的形成过程和健康现状。在这些冰冷刺骨、几乎一片漆黑的水域之中，遥控无人潜水器可以帮科学家们研究海洋生物是如何适应极端环境的。可是，珊瑚和贝壳等海洋生物十分娇贵，对采集样本这项任务来说，遥控无人潜水器的机械臂就稍显笨拙了。

怎么才能把这些易受损的样本完好无损地采集回来呢？遥控无人潜水器使用的机械臂像个爪子，通常只能做出张开和闭合这样的简单动作，一不小心就会把珊瑚夹碎。科学家是怎么解决这个问题的呢？他们从红尾蚺那里获得了灵感。工程师们模仿红尾蚺，为遥控无人潜水器设计出了一个夹持器，它可以伸入狭小的空间，轻轻地兜住易受损的海洋生物样本。

锦上添花

夹持器可以和各式各样的部件搭配起来工作。除了受红尾蚺启发而发明的夹持器，还有一种波纹管式夹持器。它的工作原理是利用挤过管道的液体来实现"手指"的张开和闭合。

你知道吗？

红尾蚺长得越粗，就能把猎物勒得越紧。

仿生原理

红尾蚺通过缠绕并挤压的方式来制服猎物。不过，它们不会一下子就使出全力，而是先用身体缠住猎物，然后再缓缓地勒紧。工程师们想让夹持器模仿的正是红尾蚺轻柔挤压的动作。

在制造这种柔性水下夹持器的过程中，工程师们用到了一种名为"软体机器人学"的特殊学科。所谓软体机器人，就是说机器人是由可变形的材料制成的。工程师们先用3D打印机制造出一根增强塑料管，并向管内填充记忆泡沫（一种又软又厚的泡沫，在某些运动鞋里可以看到）。接着，他们往记忆泡沫中插入微型发动机。记忆泡沫和发动机组合起来，可以使管子完成轻柔挤压的动作。下一步就是做出适当调整，使挤压的力度能在各个方向上保持相同。结果怎么样呢？这个夹持器不但可以在水中抓起样本，还能轻轻地握住它，然后完好无损地带回地面供科研人员研究。

扩展知识

人类既不该触摸，也不该采摘珊瑚，因为这么做可能会损伤甚至杀死它们。更何况，有的珊瑚生活在人类无法接近的海洋深处。正因如此，科学家们才要靠拥有夹持器的遥控无人潜水器来帮忙。如果既能触摸珊瑚，又不伤害它们，那该多好？也许将来有一天，这些夹持器不仅能拾取珊瑚碎片，还能利用微型传感器让操作夹持器的人感受到珊瑚的质地呢！

▲ 这个机器人可以用柔软的"手指"轻轻地抓起物体

▶ 一种生物，多种创造

聪明的蜜蜂

你知道吗？ 蜜蜂不但启发人们研究出帮植物授粉的新技术，还给科研人员带来灵感，使他们实现了大规模改善拍照质量的想法，甚至促成了海洋研究方面的重大进展。说起来，人类还真得感谢它们的"蜂"功伟绩呢！

研究海洋的蜜蜂机器人

小巧的蜜蜂机器人拥有可以**扇动和转动的翅膀**，未来，它们将为科学家收集有关**海洋和海洋生物健康状况**的信息。蜜蜂机器人的翅膀还能在水下划水，实现游泳的功能。蜜蜂机器人的体内有一个**微型化学实验室**，在这里可以把水转化为**氢气和氧气**。蜜蜂机器人只要用一丝小小的火花点燃体内的这些气体，就能嗖的一下**冲出水面**，去执行另一项任务。

蜜蜂帮你拍出更好的照片

你有没有在熄灯之后拍过照片？照片上的事物是不是看起来发灰或者褪色了？这是因为一般的照相机在光线昏暗的条件下无法"看见"颜色。在同样的条件下，蜜蜂却能看见物体并分辨颜色。它们有三只朝上方看的单眼，单眼可以感受来自天空的光线并进行调整，帮助蜜蜂更好地识别物体的实际色彩。

通过研究蜂眼对光线和色彩的处理方式，科学家们努力开发计算机程序，让照相机也拥有了同样的功能。

蜜蜂让
互联网高效运作

互联网维护工作的一大难题，就是如何使服务器以**超快的速度**传输海量的信息。别担心，**蜜蜂有办法**。蜜蜂家族中有一个组织系统，在这个系统中，它们会以**团队分工**的方式采集花蜜。蜜蜂小队分散开来，在一大片区域里的不同花朵上采蜜，然后**返回蜂巢**。它们会参考当日的**时间和天气**来确定行动模式，还会通过一种特殊的"**摇摆舞**"来告知其他同伴如何找到**最好的花丛**。工程师们研究了蜜蜂使用的这种模式，并且将它**编为计算机代码**，为网络服务器**开发出了提高应用程序运行效率的方法**，从而帮助人们在使用高科技时节省时间和金钱。

▶ 一种生物，多种创造

大黄蜂身上的仿生

你在百货商店里看到的水果、蔬菜和谷物都曾经生长在田地里。植物在结果前，其花朵都需要被授粉。授粉就是把一朵花的花粉传给另一朵花。大黄蜂是自然界的主要传粉者之一。然而，寒冷的天气、病虫害和杀虫剂都能影响大黄蜂的种群规模，而大黄蜂种群的缩减会对农业不利。幸好，科学家们正在制订计划来解决这个问题！

复眼 ⊢

触角

翅膀

腿 ⊢

大黄蜂

触角：触角帮助大黄蜂嗅探花粉。

复眼：复眼使大黄蜂在飞行过程中拥有三维视野。

腿：大黄蜂用它们的后腿收集花粉。

翅膀：大黄蜂有两对翅膀帮助它们飞翔。为了在空中悬停，大黄蜂必须迅速地振动和转动翅膀。

机器蜂大约有一元硬币那么大， 翅膀非常薄。这对翅膀每秒振动120次，使机器蜂能够前进、盘旋。两个机器翅膀独立受控，它们可以旋转，也可以朝不同的方向动，从而让机器蜂在空中垂直悬停。

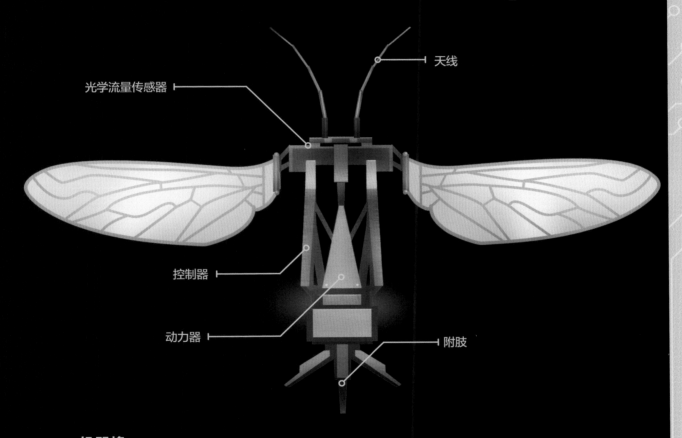

光学流量传感器

天线

控制器

动力器

附肢

机器蜂

天线： 机器蜂的天线可以感知环境的变化，就像真正的大黄蜂的触角一样。

光学流量传感器： 这个电子传感器能让机器蜂"看到"周围运动的物体。

控制器： 它控制着翅膀朝什么方向动和怎么动。

动力器： 它为翅膀的振动提供动力。

附肢： 附肢可用于着陆和运输花粉。

仿生鱼密探

神奇动物 鱼

这种水生动物在咸水和淡水中都有分布，它们经常成群结队地游动。我们的星球上生活着三万多种鱼，其中一些物种可以作为人类的食物。

现实难题

　　鱼是极好的蛋白质来源，很多人都爱吃鱼。那么人类食用的鱼都是从哪里来的呢？有的鱼来自野外，有的来自养鱼场。是的，我们不仅有养牛场，还有养鱼场，只不过后一种养殖场位于水下。

　　养鱼场催生了一个引人思考的问题：这么多鱼挤在同一个地方，养殖环境会不会不利于鱼类的健康呢？我们如何才能确保水质安全清洁呢？

　　为了确保养殖鱼的健康，工作人员要检测养鱼场不同位置的水质。他们使用探针来检测：先把探针安装在由机器人控制的小船上，接着让这些船在指定水域移动，收集信息。可惜，这些奇怪的东西会让鱼儿感到害怕。如果鱼儿的心理压力太大，它们可能会生病，这对养鱼场来说可不是什么好事。研究人员该怎么做才好呢？难道让长得像鱼的机器人混进鱼群里收集情报？他们真的这么做了。

▲ 法国马赛沿岸的养鱼场

仿生原理

　　制造出来的机器鱼必须拥有可以平滑摆动的鱼尾，能够以不同的速度游动，而且还要像真鱼一样能突然向上或向下迅猛前进。对一个只有两个糖块并排摆放那么大的东西来说，这些要求算很高了。这种机器鱼身上最重要的部分其实是传感器，因为科学家需要借助它来收集有关水温和pH值的信息。pH值是衡量水质健康程度的可靠指标，pH值太高或是太低，鱼都会死亡。

　　首先，科学家用金属片制作了一副机器鱼骨架，其中放置了微型发动机，发动机可以帮助鱼尾左右摆动，这样一来，机器鱼就能在水中游动了。接着，他们用由聚碳酸酯做成的皮把整副骨架裹起来，使它看起来像一条真正的鱼。最后，他们再给鱼尾装上pH传感器。这些传感器会在机器鱼游动时收集信息，然后以无线传输的方式将信息发送给计算机。机器鱼出现在养鱼场时，真鱼对它视而不见，自然也就不会感到害怕了。由于机器鱼在养鱼场的出色表现，它们也被用来测量开放海域的pH值和水温。

◀仿生鱼的造型
可以帮它骗过真鱼

善于爬树的尺蠖机器人

这些微小的动物实际上是等着变成飞蛾的幼虫。它们的脚分布在长长的身体两端，所以它们只能弓着身子一点一点地拱着向前移动。

现实难题

研究人员希望在树顶监测森林环境，但是怎么上树却成了问题。爬树对人类来说不是一件容易的事情，更何况研究人员还要拖着许多装备爬树。如果遇到一棵大树，树上没有位置较低的树枝可供攀爬，人们可能需要借助绳子、带钉子的鞋等装备，并且付出很多努力才能爬上去。如果这棵树很大很高，可能就需要借助一台起重机，用吊篮把人送上去。但有些树实在是太高了，就连起重机都够不着树顶，可树冠的顶部是科学家收集很多信息的最佳地点。要是有个机器人能替人爬树该多棒啊！最终，科学家从爬树健将尺蠖那里获得了灵感。

仿生原理

尺蠖的移动方式跟许多动物都不一样。尺蠖没有骨头，所以只能用肌肉推动自己前进。它们身体的每一部分（或者说段）都有两组肌肉——环绕在身体每一段的环状肌。它们还拥有贯穿全身的长直肌。这些肌肉能够帮助尺蠖抓住地面，并且把身体往前"拽"。尺蠖移动的时候，先伸出前脚让身体变长，然后收缩身体中段的肌肉，把尾端往前拽。当这个过程重复进行时，尺蠖看起来就像是在往前"拱"。

研究人员认为这套动作非常适合爬树，因此制造出了一个可以用类似方式移动的机器人。他们先用柔韧的金属丝网制造出机器人的身体，然后在机器人内部放置了发动机和执行器——可以让机器人移动的自动化部件。尺蠖机器人比真正的尺蠖要大得多，看起来和尺蠖也不太像，但它确实能像尺蠖一样移动。这种人造爬虫可以"拱"着爬树，并利用体内的传感器收集气候信息，然后将数据无线传输给地面上的科学家。

▶ 这种机器人可以像真正的尺蠖一样爬树

你知道吗？

如果尺蠖感觉到周围有捕食者，它会用后腿站立并保持不动，让自己看起来像一根小树枝。

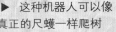

扩展知识

未来，尺蠖机器人或许可以帮你清洁窗户。可以说，它们充满了无限的可能。

白蚁巢式
环保建筑

这些小不点昆虫是群居动物，它们住在自带温控功能的大土丘里。白蚁丘的设计使其具有保持凉爽的功能。

现实难题

如果你生活在一个热到让你吐舌头的地方，你肯定会想方设法来降温。可是，如果你住的地方买不到空调，或者电费贵得离谱，又或者你既想降温又不想对环境造成太大影响，那该怎么办才好呢？能不能找到一种建造方法，既能让屋内保持凉爽，又比较节能，而且成本较低呢？

为了寻找答案，工程师们一直在研究一种非常擅长建造家园的小生物：白蚁。白蚁不仅能挖掘规模庞大的隧道，还懂得利用空气流动来让隧道内保持凉爽。如果人类也能做到这一点该多好哇。事实证明，我们真的可以。

扩展知识

工程师们的终极目标是用3D打印机制造出几乎和白蚁丘一模一样的、供人居住的特殊建筑。

$$\int xe^x dx = (x-1)e^x$$

$$\int x^n e^x dx = x^n e^x - n \int x^{n-1} e^x dx$$

$$\int \ln x \, dx = x\ln x - x + C$$

▶ 有的白蚁丘可以高达13米

你知道吗？

白蚁从不睡觉（尽管有些会进入一种叫"滞育"的"冷冻"状态），它们整天都忙忙碌碌的。

仿生原理

白蚁丘看起来就像一根或几根非常长的管子。和居住在其中的小昆虫相比，白蚁丘就相当于摩天大楼，只不过，这座摩天大楼是由土壤、白蚁唾液和粪便建成的……放心，工程师们模仿的不是白蚁的建筑材料，而是白蚁把材料组合在一起的方法。

蚁丘较低、较宽的部分是蚁巢的所在地，也是蚁后居住的地方。蚁后从不离开它的腔室，可它又必须呼吸新鲜空气，所以，其他白蚁必须挖出从蚁后的腔室延伸到土丘顶部的通风通道（或者说烟囱），在引入新鲜空气的同时，让整个土丘保持凉爽。

由于热空气上升，冷空气下降，白蚁丘能够一直保持凉爽。丘内热的时候，温暖的空气会顺着通道流到外面，外面凉爽的空气会流入白蚁丘。这个过程使空气在整个蚁丘中流动，使蚁丘好像拥有一个天然的空调系统。

工程师们决定为人类设计出具有同样功能的建筑。津巴布韦的一座办公楼便是最早建成的类似白蚁丘的建筑物之一。这座办公楼的混凝土墙上分布着数不清的小孔，它们可以让空气从中流过。美中不足的是，这座建筑物必须配备一套风扇系统才能保持空气流通，这和真正的白蚁丘还是有所区别的。不过，这里的工作人员倒是对办公楼的通风系统十分满意。

▲ 非洲国家津巴布韦的这座环保建筑就是受白蚁巢启发而设计出来的

从海豚到海啸探测器

海豚是一种海兽， 有着光滑的身体、鳍和圆润的脑袋。它们以高高跃起的技能和随船伴游的形象为人们熟知。除此之外，这种顽皮的动物还拥有与同类进行远距离交流的能力。

现实难题

海底深处发生地震时， 有可能引发危险的海啸。届时，一波接一波的巨浪会涌向内陆，把沿途的一切都淹没。由于海啸来得实在太快，科学家很难在它发生之前向人们发出警告。那么，我们该怎么做，才能在海啸发生前更好地预警呢？

▲ 海啸会给沿海地区造成严重的破坏

海啸预警系统早在1940年就已经存在了，但它并不能每次都精准预测海啸。毕竟，跨越海洋远距离发送信号本身就有难度。信号有时还会因为中断而无法到达目的地。对海啸预警工作来说，时效就是生命，可是工程师们怎么也想不出改进的方法……直到海豚启发了他们。

声波会在水中弯曲和散射，但海豚却可以跟20千米以外的其他海豚"交谈"。工程师们决定摸清背后的玄机。

仿生原理

海豚会从它们的喉部（海豚呼吸孔下方的一个区域）发出咔嗒声，然后以不同的频率将声音传送出去。这个原理有点像更换电视频道。你在换频道时，实际上就是在改变频率。海豚喜欢用低频率的声音进行交流，用高频率的声音进行回声定位。和我们一次只能锁定一个电视频道不同，海豚可以一次性听到所有频率的声音，然后选择关注其中一个。

有几位工程师灵机一动：为什么不在海洋中布置许多传感器来实现这一点呢？于是，他们制造了一种形状像小圆筒的防水传感器，它自带天线，可以记录地震，并能发送不同频率的信号。这样一来增大了信号被收到的可能性，而且传感器之间不会互相干扰。

▼ 放置在水下的声波传感器能够发出海啸预警

海豚的回声定位原理，就是通过发出咔嗒声和吹哨声，然后接收这些声音在接触物体后反射回来的声波，收集有关物体大小、形状和运动速度等的信息。

扩展知识

什么地方**最适合声音传播**？答案是海面以下大约1000米深的海水层，那里被称为"深海声道"。在这个区域，**声波**可以几乎无损地**传播数千千米**。

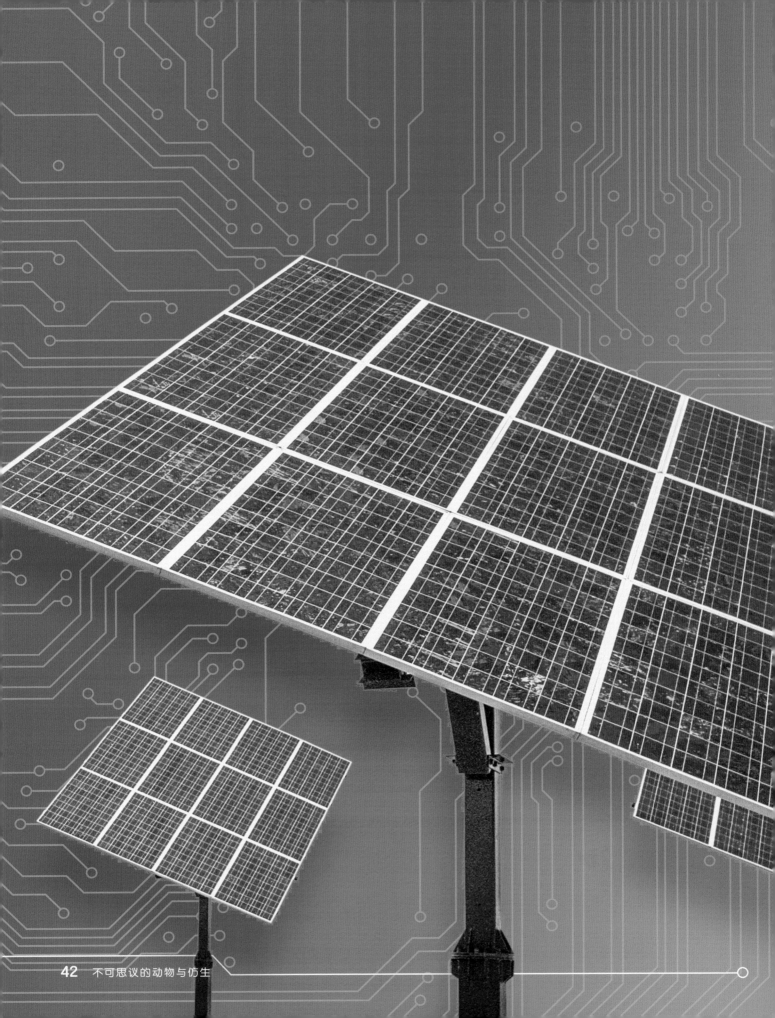

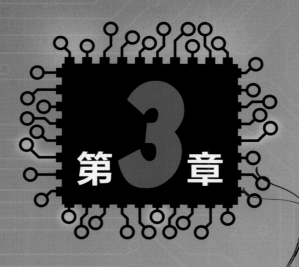

第3章
3
动物能源

▶ **呀呼！今天下雪了！** 整个下午你都在自己最喜欢的雪山上滑雪。可是现在，你的手指和脚趾都快被冻成冰棍儿了。是时候跑回家，把空调温度调高，喝点热巧克力暖身了。一个温暖的家固然美好，可如果热量是用环保能源产生的，那不是好上加好吗？仿生学可以帮我们实现这个愿望。

想想看，建造你家的房子要消耗多少能源。太多了。维持日常生活所使用的能源也很多。给房子装上太阳能电池板或许能有所帮助。假如它们能把收集到的所有能量都储存起来并且转化为可用的电能，你家甚至连供电公

司都不需要了。可惜，太阳能发电目前在效率上还比不上化石燃料发电。不过，这个局面正在被迅速改变，背后的功臣之一就是对红珠凤蝶的仿生研究。在这一章里，你将了解各种提高能源利用效率的方法，比如模仿鲸和猫头鹰而设计的风力发电机，从甲虫那里学来的"捕水"技术，还有以珊瑚为灵感制造的水泥。

大多数**蝴蝶**的寿命只有一个月左右，黑脉金斑蝶等少数物种可以存活九个月甚至更长时间。

扩展知识

目前，太阳能电池板必须以一定的**角度安装**，吸收阳光的效果才能达到最佳。为此，有些太阳能电池板会全天跟随太阳方位调整自身的朝向，但这个过程需要消耗能量。将来，如果太阳能电池板是由受蝴蝶启发而研制的材料制成的，它们就能从多个角度吸收阳光，再也不需要"折腾"了！

太阳能蝴蝶

神奇动物 红珠凤蝶

这种生活在东南亚的大型黑翅昆虫需要阳光才能飞行。得益于翅膀的特殊构造，它们可以从任何角度吸收阳光。

现实难题

科学家们一直在研究如何捕获太阳能，以便将它用于我们的日常生活。为什么要这么做呢？因为太阳能是可再生能源，只要有太阳，就会有太阳能。使用太阳能发电也利于保护环境。那么，为什么太阳能没有被广泛使用呢？

现有的太阳能电池板是由吸收阳光的"光伏电池"组成的，它们可以吸收太阳光线的能量并将其转化为电能。可惜光伏电池造价高，且太阳能电池板吸收阳光的效果会受安装角度等原因的影响。除此之外，还有一种薄膜太阳能电池，但它们效率不高，通常只用在手表和计算器之类的小东西上。

仿生原理

红珠凤蝶是冷血动物，它通过黑色的翅膀接收太阳光，从而产生让自己飞行的能量。可是，这个过程究竟是怎么实现的呢？

红珠凤蝶的翅膀由几百个微小的鳞片组成，这些鳞片有序地叠加在一起，就像屋顶上交错摆放的瓦片一样。鳞片上分布着很小很小的孔（每个孔的直径大约只有万分之一厘米），热量很有可能是从这些小孔渗入蝴蝶的身体，让它保持温暖的。工程师们认为，正是这些小孔让阳光均匀地散布到了红珠凤蝶的翅膀上。

基于这个想法，工程师们将极薄的硅片装到太阳能电池板上，并且在硅片上打上小孔——就像蝴蝶翅膀上的那些孔一样。他们想看看热量是否会传到硅片底下的电池板上。没想到真的成功了！这些被改造过的太阳能电池板吸收热量的速度比普通太阳能电池板更快。说不定在将来的某一天，你就会在自家的屋顶上看到这样的太阳能电池板呢。

▲仿照红珠凤蝶鳞片构造而改造的太阳能电池板

悄无声息的猫头鹰

这些美丽而庄严的鸟儿一边在夜空中悄无声息地翱翔，一边寻找着猎物。它们翅膀上的羽毛很有特点，边缘粗糙且有细小的分叉，所以空气经过它们时只会发出轻微的嗖嗖声。

现实难题

只要你在家里用过电风扇，你就知道它有多么吵了。扇叶转得越快，发出的声音就越大。想象一下，如果风扇在室外运行，而且发出的噪声比在家里还大，那是什么感受？周围的人和动物肯定要烦透了。

这正是巨型风力发电机面临的问题。风力发电机通常很大，看起来像风扇。你可能已经见过它们矗立在山顶风电场的身影了。这些发电机利用风能产生可再生的高效电能。可是问题在于，风力发电机的转子叶片在转动时会产生很大的噪声。研究表明，这种噪声会干扰动物的交配习性和交流，甚至会把它们从生活的区域逼走。那么问题来了，怎么才能让一台超大号风扇变得安静一些呢？这个问题还得请教猫头鹰。

▼ 风力发电场

仿生原理

猫头鹰为什么能悄无声息地从空中俯冲下来呢？因为它们特殊的羽毛具备两种特性，使它们飞起来格外安静。首先，猫头鹰羽毛的边缘非常粗糙，有点像毛刷。这样一来，翅膀划过空气时，会分解声波，防止空气高速流过翅膀时产生噪声。其次，每个翅膀的上表面都有一层像棉球一样柔软的绒毛。柔软的羽毛通过分散空气来降低气压，同时也起到了消音的作用。

科学家们模仿猫头鹰粗糙的羽毛，给发电机巨大的转子叶片前后装上像羽片一样的装置，然后在风洞中对它进行测试。结果呢？噪声被羽片减少到了原来的十分之一。改进之后的发电机转子叶片不仅转得更快，而且更安静了。生活在附近的动物和人都十分欢迎这一改进。

▲ 猫头鹰翅膀边缘的粗糙羽毛可以分解声波，减少噪声

猫头鹰可以用它们
强有力的爪子把相当于自
身重量好几倍的猎物抓起
来带着飞。

扩展知识

噪声污染是一个严重的问题。如果你
在城市生活,你会持续不断地听到车来车
往、装卸货物、建筑施工等各种乱七八糟的
声音。这些都会形成噪声污染,给人们带来负
面影响。生活在城市或城市周边的动物也会
跟着遭殃。风力发电机的改良设计,可以
帮助工程师们进一步思考减少各类噪声
污染的其他方法。

跟鲸学"御风"

你知道吗?

每头座头鲸尾巴上的图案都是独一无二的，就像人类的指纹一样！

弗兰克·E.菲什博士是美国宾夕法尼亚州西切斯特大学的生物力学专家。有一次，他在礼品店里挑选礼物时，被一个座头鲸雕塑吸引了目光：在他认为是鲸胸鳍前缘的地方，也就是鳍状肢前部的边缘处，竟然有一些小结节（或者说小突起）！这让他困惑不已。此前他并不知道鲸的那个部位有结节。该不会是艺术家加上去的吧？然而，店主给他看了一张座头鲸的照片。

菲什博士发现，座头鲸的鳍状肢边缘真的有结节。受到这件事启发，他在研制节能风力发电机方面取得了重大进展。座头鲸在深海中游动时，利用尾部的叶突和凹凸不平但整体呈流线型的巨大鳍状肢推着自己前进。由于在水中游动类似在空气中移动，所以鲸的鳍状肢给设计飞机的机翼或风力发电机的转子叶片提供了完美的灵感来源。

当叶片在空中旋转时，有两种力作用在叶片上：升力和阻力。固体在空气或水中移动时会产生升力。当叶片移动时，升力推着叶片向上。升力越大，叶片就越容易在空气中移动。阻力也在起作用。当叶片向上移动时，阻力会把它向下推。阻力减慢了叶片移动的速度，这意味着叶片需要更多的能量来保持运动。

菲什博士意识到，座头鲸的鳍和风力发电机的转子叶片是以相似的方式运动的，只不过鲸鳍划破的是水，叶片划破的是空气。鲸鳍上的结节具有增加升力、减少阻力的作用，因此鲸在游动时消耗的能量更少。菲什博士从鲸身上获得了灵感，然后将其应用到风力发电机的转子叶片上，竟然成功了！

◀ 得益于叶片边缘的结节，风力发电机的转子叶片在空中转动起来就像鲸游泳一样轻松

结节是怎么解决节能问题的？扁平的叶片以大倾角旋转时会使阻力增大，导致转速变慢。这时就该"鳍"思妙想来救场了！工程师们在风力发电机转子叶片的边缘加上小结节，就能使叶片更容易划破空气。这些锯齿状叶片减少了大约三分之一的阻力，增加了8%的升力。还真节能呢！

萤火虫灯泡

神奇动物 萤火虫

要不是因为腹部有一个"闪光灯"，这种会飞的昆虫估计会被误认为是普通的苍蝇。

你知道吗？

萤火虫是夜行性昆虫，也就是说它们只在晚上出来活动。

现实难题

现在的灯泡通常由LED（发光二极管）制成，它们不仅节能，摸起来不烫手，而且通常可以使用10年之久。LED 灯内部有一个微小的二极管，这是一种允许电流通过的电子设备。二极管通电后产生的光亮透过灯泡的外壳，便能照亮你的房间。

然而，早期的 LED 灯有一个问题：部分光线会被灯泡壁反射回光源（也就是二极管），导致灯泡看起来偏暗。工程师们知道，要想让LED具有实用价值，就必须解决这个问题。好在他们从小小的萤火虫身上获得了帮助，最终找到了解决办法。

扩展知识

灯泡自19世纪问世以来，已经取得了**长足的发展**。起初，灯泡由玻璃外壳罩以及里面的一根弯曲的细金属丝组成。这根金属丝被称作**灯丝**。当**电流**通过灯丝时，灯丝就会**发出光来**。问题是灯丝在照明时会变得**非常热**，所以早期的灯丝没用多久就会烧毁。多年来，工程师们不断改进着灯泡，希望能延长灯丝的寿命。最终，**LED灯被创造**了出来。

▼ 爱迪生设计的最早的白炽灯泡

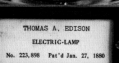

THOMAS A. EDISON
ELECTRIC-LAMP
No. 223,898　Pat'd Jan. 27, 1880

仿生原理

　　萤火虫是具有生物发光性的昆虫，也就是说它们是可以发光的生物体。萤火虫依靠腹部发光细胞中的化学反应来发光，还可以控制"开灯"和"关灯"。大多数灯在发光的过程中会释放热量，但萤火虫的光是冷光源。尽管如此，它们发出的光依然明亮，而且发光过程只消耗很少的能量。萤火虫的外骨骼上有许多参差不齐的细小鳞片。它们发出的光被这些鳞片反射之后，就会变得非常明亮。

　　科学家们心想，如果把这个方法用在LED灯上，也许就能提高它的发光效率。于是，几个团队拿出了不同的设计方案。其中一个方案是给LED灯加上锯齿状的鳞片，这样一来产生的亮度比普通LED灯强了许多。另一个研究团队将LED灯的外壳设计成了三层：表层由反光材料制成，功能类似萤火虫的外骨骼；中间层为普通二极管；底层为铝反射层。结果，LED灯的亮度比原先增加了60%。三层外壳共同作用，不仅使灯泡变得比原来更加亮，而且更加节能了。

▲ 微型 LED 灯泡
可以高效节能地照明

整齐划一的大雁

神奇动物
加拿大黑雁

加拿大黑雁是一种在迁徙时，以V字队形集体飞行的大型鸟类。秋季向南迁徙时，它们要飞越3200~4800千米的距离。

现实难题

每天都有许多飞机飞过天空，把乘客和货物运送到目的地。这些飞机要消耗大量的燃料。航空公司一直在寻找提高飞行效率的方法，以便在飞行距离相同的情况下，让飞机使用更少的燃料，花费更少的时间，同时减少对环境的影响。工程师们花了很多时间来寻找解决方案。令人哭笑不得的是，其实他们只需要仰望天空，因为天空中的加拿大黑雁就是用一种极其高效、特殊的飞行方式飞行的。

▼ 未来的某一天，可能会由这样的无人机给你送快递

锦上添花
研究人员正在研究如何利用V字队形，让多架无人机沿着大致相同的飞行路线投送包裹。

仿生原理

一群加拿大黑雁飞上天后，其中一只会在前面带头，其他成员则分散在它的身后，排成一个V字形的队伍。在整个飞行过程中，它们会轮流扮演领队的角色。

工程师们想知道大雁为什么要这样飞行。保持这种V字队形有什么好处吗？事实证明的确有好处。领队的大雁在飞行时，它的翅膀运动会让身后的空气形成旋涡。如果其他大雁在旋涡的范围内飞行，空气就会给它们带来额外的推力。这意味着它们可以减少飞行过程中消耗的能量。V字队列里的每一个成员都可以让后面的同伴飞起来更轻松。

▼ 加拿大黑雁排成V字队形飞行

如果让飞机以这样的编队方式飞行，领头的飞机也会产生相似的空气旋涡，为后面的飞机提供推力。这样一来，可以有效降低飞行过程中的能量消耗。

那些定期运送货物的航空公司正在努力开发计算机程序，使飞机保持V字形编队飞行。实现这一点需要利用自动驾驶系统。不过，由多架飞机组成的V字形编队并不适合客运航空公司，因为客机的航线各不相同，并不是所有客机都飞往同一个地方，而且它们靠得那么近可能会有危险。尽管如此，未来的某一天，你仍有可能在抬头时看到飞机以V字形编队飞行！

加拿大黑雁一天可以飞行1000多千米!

扩展知识

速滑运动员、赛车手和冲浪运动员也使用一种跟加拿大黑雁编队飞行相似的技巧。它在赛车界叫"**吸尾流**",在速滑界叫"**跟滑**",在冲浪界则叫"**滑尾波**"。参赛选手虽然不会组成V字形的队伍,但是他们经常会跟在领先的对手后面,借那个人的"**尾流**"来省力。一旦领头者慢下来或者累了,紧随其后的人就可以趁机超过去,赢得比赛!

雾中取水的甲虫

神奇动物
纳米布沙漠甲虫

这种长腿昆虫有一个小而圆的身体，主要生活在纳米布沙漠的沙丘上。它们为什么能在如此极端的条件下生存呢？因为它们有一种神奇的能力，那就是用自己的背来收集水喝。

现实难题

水是人类赖以生存的最重要的物质之一。如果你生活在缺水的地方怎么办？你可以用管道来调运水，但那样要消耗大量的人力、物力、财力。你也可以尝试收集降水，可是这种方法很费时、费力。假如雨水稀少或者干脆没有，你就一滴水都得不到。

日常取水最好的方法其实是收集露水。当地面温度比气温低时，空气中的水蒸气容易在温度比较低的岩石、树木和草丛表面凝结成小水珠。这样形成的淡水不仅相对干净，而且在处理之后很适合饮用。要是人类也能像某些甲虫一样会收集露水就好了！

锦上添花

研究人员也可以参照甲虫收集露水的方法，研究在沙漠地区利用屋顶收集水的系统。这样一来人们就能更方便地收集到水了。

▶ 纳米布沙漠甲虫背上凹凸不平的纹理有助于收集露水

你知道吗？

地球上约40%的**昆虫**都是**甲虫**。甲虫的物种数量约占动物物种总数的25%。

纳米布沙漠甲虫的背部有很多亲水的凸起物——这是大自然的一项神奇创新。当含有水蒸气的晨雾接触到这些凸起物时，水蒸气就有可能附着到上面凝结成水珠。这些凸起物周围分布着凹槽，可以把水珠直接导入甲虫的嘴里。真方便！

怎么模仿这套机制可是个大问题。起初，工程师们尝试制造一种亲水材料和疏水材料的结合物，可惜没有成功，而且这种设计成本太高。后来，沙特阿拉伯图沃地区的一个科学家团队用一种特殊的亲水性物质制造出微小的凸起物，然后把凸起物组成的图案"印"在经过化学处理的疏水性纸张上。最终的成果具有和甲虫壳类似的积水效果。但这种材料只能用来收集少量的水。虽然科学家们仍在研究大规模集水的方法，但这项技术的实现已经帮科学家向成功迈出了第一步。

▲ 在阿塔卡马沙漠，一名科学家正在检查一张捕雾网

扩展知识

智利的一名物理学教授开发出了一种**捕雾网**。这款捕雾网的网眼直径小于1毫米。捕雾网可以把雾凝结过程中形成的水聚集到捕雾网下方的水箱。这种方法比用管道把水输送到建筑物要省钱得多。

像珊瑚一样环保的水泥

神奇动物 珊瑚

珊瑚虽然看起来不像动物，更像多彩、古怪的石头，但其实充满了生机。珊瑚是由许许多多名叫"珊瑚虫"的微小海洋生物和它们的骨骼构成的。珊瑚虫聚集在一起，用自己分泌的坚硬而结实的碳酸钙外壳组成了巨大的珊瑚礁，为许多海洋动物提供了家园。

现实难题

生产用来建造居民楼、学校、购物中心等建筑物的材料有可能会对环境造成危害。这是因为制造砖块、钢铁和混凝土通常需要燃烧煤炭、天然气、石油等化石燃料，而燃烧化石燃料时会释放出二氧化碳和甲烷等气体。当这些气体越积越多时，就会导致地球温度上升。全球变暖会让地球上的生物遭殃。那么，我们能不能既生产盖新房子用的建筑材料，又不向大气中排放有害的气体呢？

工程师们想弄清这个问题的答案。于是，他们开始研究一种新型建筑材料，这种材料可以捕捉空气中过量的二氧化碳并吸收。他们意识到，珊瑚应该可以在这方面帮到他们。

▼ 加拿大约克大学的伯杰龙中心主要进行开创性生态工程研究

仿生原理

二氧化碳进入水中后，会变成碳酸。碳酸在适宜条件下会进一步变成一种叫"碳酸盐"的盐。珊瑚虫吸收海水中的碳酸盐和钙，分泌出碳酸钙并将它们黏合在一起，从而建造出更多珊瑚。这个过程其实就是减少二氧化碳的过程。工程师们希望在生产水泥时能够模仿这个过程。

水泥是把石灰石等高温加热之后的产物。加热石灰石通常需要燃烧化石燃料。如今，有些公司已经掌握捕获生产过程中产生的二氧化碳的方法，然后在水泥变硬以前，将二氧化碳注回到水泥之中。

据一家混凝土生产公司估算，自2016年以来，他们利用这项技术阻止了至少450万千克二氧化碳的排放。不管怎么说，这个环保成果都是值得庆贺的！

你知道吗?

珊瑚与水母有着很近的亲缘关系。它们都有嘴巴和许多带刺的触须。

扩展知识

二氧化碳是空气中的主要成分之一。当今人类产生的二氧化碳比以往任何时候都多。二氧化碳以及其他的温室气体,正在使我们的地球变暖。海洋可以为解决这个问题提供帮助:海洋会吸收大气中的二氧化碳,即"海洋碳汇"。在这个过程中,一部分碳会被分解成某些生物的食物,一部分碳会成为某些生物的甲壳,也有一部分碳会保存在石灰岩中。但是现在,海洋无法吸收人类产生的所有二氧化碳,过量的二氧化碳反而会增强海洋的酸性,损害它的健康。

体形像船的企鹅

神奇动物
帝企鹅

这些"穿燕尾服"的鸟身高有1.2米左右，是世界上最大的企鹅。下水之后，它们不仅可以像鱼雷一样飞快地穿梭，还能潜到海面以下约564米深的地方！

现实难题

船舶需要燃料才能在水中航行。当燃料在海上快要耗尽的时候，船可没法像汽车一样到路边找个加油站加满油。相反，加油站得主动上门服务：一艘载有燃料的驳船一边靠近需要燃料的船，一边保持和对方同样的速度，以避免两船在海浪的推动下相撞。与此同时，驳船还要用一根长长的软管将燃料泵入那艘船的油箱。也就是说，缺油的船和载油的船在这个过程中都要消耗大量的燃料。

为了加油而去耗油，这简直就是自相矛盾。既然加油这么麻烦，那怎么才能让船省油呢？对节油来说，最大的不利因素就是水的阻力，或者说是船在水中航行时受到的反作用力。我们的朋友帝企鹅也许可以帮忙，让我们在解决阻力问题的时候少点阻力。

▼ 货船载着货物跨越大洋

你知道吗?

帝企鹅可以在水下停留20分钟以上。

帝企鹅是游泳健将,但是它们最酷的绝活儿还不是游泳,而是把自己从水里"发射"出去,然后用肚子贴着冰面滑行着陆。企鹅虽然是鸟,但是不会飞。不过,它们可以突然从水里冲出来,好像翅膀下面有小火箭似的!它们的秘诀是什么呢?当一只企鹅准备从水中离开时,它会游到水面附近,轻微地前后扇动翅膀。这么做可以困住腹部和翅膀之间的空气。接着,它会下潜15~20米。在下潜过程中,企鹅用翅膀抵住腹部,挤出两者之间的空气,让小气泡扩散开来,在身体周围形成一个气泡层。这层空气可以加快它返回水面的速度。然后,只听见砰的一声,企鹅便把自己弹射到了冰面上。这对船的航行能有什么启发呢?贴着企鹅身体的气泡层减少了企鹅在水中受到的阻力。如果在船身周围加上一层气泡,说不定也能起到同样的效果!于是,科学家们尝试一边让船在水中行驶,一边在船体(船的主体部分)周围喷射气泡。结果他们发现,燃料效率真的稍有提高。谁知道未来这方面会有怎样的进展呢?在更多的测试和新技术的帮助下,我们也许会看到更加节油的船乘着"空气飞毯"在水中飞速前进。

▲ 一只帝企鹅准备从海里弹射到海冰上

扩展知识

为了利用空气层来提高船的行驶速度和燃料效率,科学家们还考虑过建造一种内陷的船体,并且向凹陷的空间输送空气。这么做将在船体和水之间创造一个空气层,就像企鹅身体周围的气泡层一样。

▶ 一种生物，多种创造

鲨鱼皮超能力

说起鲨鱼，你可能会想象它在水中疾速穿行的样子。鲨鱼的皮肤对这一令人惊叹的绝技贡献很大，极具仿生价值。

鲨鱼皮看起来很光滑，但它表面实际有许多互相重叠的微小鳞片。当水流经鲨鱼皮时，鳞片会把水分开，让水从鳞片的尖端滑过，就像轮船前进时船头劈开水流一样。这么做可以减少水带来的阻力，使鲨鱼以超快的速度在水中游动。接下来介绍的是鲨鱼皮仿生科技造福人类的几个例子。你会发现，利用这一技术不仅能减小游泳者和汽车行进时受到的阻力，甚至还能抵抗细菌！

▶ 灰鲭鲨在贴近海面的
浅水中轻松自如地游动

抗菌结构

鲨鱼皮上的鳞片最了不起的
地方在于，它们不仅能帮助动物提
高游泳速度，还能防止细菌生长。鳞
片可以阻止水在鲨鱼体表积聚，而细菌在这样
的环境下很难生存。这对时刻都要防止疾病传播的医
院来说大有用处。有一家公司已经创造出了结构类似鲨鱼鳞片的材
料。研究人员想把它喷在柜台之类的平面上，看它能不能起到抑
菌的作用。这是一个革命性的思路，说不定能降低医院的重复
感染率呢。

速游泳衣

你想游得像鲨鱼一样快？游泳运动员也是这么想的！有的游泳运动员的泳衣就是受鲨鱼皮启发而设计的。设计者在泳衣表面加上微小的齿状物，试图减小水带来的阻力。这种设计也真的奏效了：在2000年举行的悉尼奥运会上，穿鲨鱼皮仿生泳衣的运动员赢得了游泳项目80%以上的奖牌。2009年，该类仿生泳衣因为比其他泳衣更有优势而被禁止在比赛中使用。

节能汽车

鲨鱼皮仿生技术也可以用来减小汽车受到的阻力。汽车移动时，会在汽车后面形成波浪状的气流，这会减慢汽车的速度。工程师们已经开发出一种类似鲨鱼皮的"涡流发生器"涂层。用这种涂层包裹住赛车的整个外壳，涂层上的微小隆起可以分散气流，减小阻力，使赛车跑得更快、更省油。这些隆起究竟能减小多少阻力呢？研究人员目前还没有定论。尽管如此，这依然是一个很有价值的研究方向。

第4章

动物医生

▶ **假设你和一个朋友正在远足。** 突然，什么东西把你绊了一下，害你摔倒在地。原来有个大树根挡住了你的去路，而你没有看到。你爬起来，擦去泥土，这才发现自己的膝盖受伤了，而且伤口很深，血正在往外涌。为了给伤口止血，你用力压住了它。

你的朋友则翻着背包，寻找急救用品。不一会儿，她拿出来一条柔韧的蓝色绷带。虽然那东西看起来有点奇怪——又软又有弹性，你还是把它放在了自己的膝盖上。你的伤口很深，可能需要缝针。没想到，绷带一盖住伤口，血就止住了。不仅如此，你走起路来竟然一点儿也不别扭。

你可以自如地屈伸腿，轻轻松松地走回营地，甚至感觉膝盖也没那么疼了。难道朋友递给你的是一条具有超强治疗能力的绷带吗？算是这么回事吧。那条绷带其实是仿照蛞蝓的黏液做成的，和别的绷带截然不同：它能黏附在湿润的皮肤上，而且就算拉伸也不会断裂。

虽然你现在还买不到这种绷带，但是在众多受动物启发而来的未来医疗产品之中，很可能会有它的身影。在这一章，我们将看到各种令人惊叹的仿生发明是如何治疗和保护人体的。

▼一只蛞蝓慢吞吞地爬过，
留下一条黏糊糊的痕迹

扩展知识

参考**蛞蝓黏液**设计出来的绷带有
很大的市场潜力。如果它能快速**止住
大出血**，就能挽救人的生命。另外，它
还可以**充当防水膏药**。从此以后，
你将对滑溜溜的"鼻涕虫"另
眼相看。

蛞蝓医用绷带

这种缓慢蠕动的动物无论走到什么地方，都会留下一条黏黏的痕迹。一旦受到惊吓或威胁，它们会牢牢地附着在物体上，不管敌人怎么抓都纹丝不动。

现实难题

如何让伤口愈合是医学上的一大难题。处理体表的伤口已经够难的了，处理体内伤口更是难上加难。人体内部是一个潮湿的"地方"，直接往体内伤口上贴绷带，绷带有可能会脱落。另外，如何拆除绷带也是个问题。绷带必须能够自行溶解，不然就得再做一次手术来移除它。

现在，再来想象一个人体内部难以修复的器官——心脏。心脏时刻跳动着，这意味着心脏的肌肉一直在扩张和收缩。在跳动的心脏上缝合伤口可不是件容易的事情。无

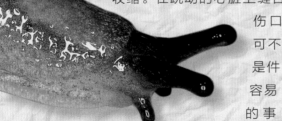

你知道吗？

蛞蝓基本就是没壳的蜗牛。它们拥有绿色的血液（学名叫血蓝蛋白），大部分时间生活在地下。

论在心脏上留下什么类型的切口，都必须用线来缝合。可是，线很难跟随心脏一起扩张和收缩。如果线出现松动，有可能会干扰心脏的跳动。多年来，医生们一直在寻找能够帮助他们解决这个问题的东西。信不信由你，蛞蝓的黏液可能就是答案。

仿生原理

蛞蝓通过从足部分泌黏液来移动。（是的，蛞蝓的身体上也有一个被称为"足"的部分，只是它和人类的脚看起来相去甚远。）黏稠的物质不断渗出，使得蛞蝓能够在各种物体表面上滑行。没有它，蛞蝓就无法移动。这种黏液是由许多微小的晶体构成的，由于介于液体和固体之间，所以被称为"液晶"。蛞蝓爬上爬下时，这些黏液可以帮助它附着在物体上。蛞蝓受到威胁时还会分泌一种超强黏液，让自己可以粘在任何表面上。如果一只鸟儿发现了蛞蝓，并且猛扑下来，准备把它当点心吃掉，这招就派上用场了。鸟儿即便使出浑身解数也抓不住、扯不下蛞蝓。就这样，幸运的蛞蝓又闯过了一关。

为了获得蛞蝓特殊的附着能力，科学家们开始研究蛞蝓的黏液。结果，他们发现了更有趣的特点：这种黏液不仅具有黏性，而且还有弹性——这是另一个大有用处的性质！于是，科学家们参考蛞蝓黏液的成分，开始打造一种像胶带一样具有黏性的物质。他们使用了大量的水（这也是蛞蝓黏液的主要成分）以及一种由藻类产生的，性质和蛞蝓黏液相近的黏液状物质。当科学家们把这些材料混合到一起时，一种具备足够的弹性和强度，可以粘在跳动的猪心上面的绷带诞生了！

这种绷带目前仍然处于测试阶段，但它也许能用来帮助接受心内直视手术的患者更快地痊愈。虽说听起来不可思议，可是未来的某一天，对经历心内直视手术的病人来说，黏糊糊的小蛞蝓说不定就是他们的救命恩人呢。

▶ 参考蛞蝓黏液设计出来的绷带（蓝色）

苍蝇助听器

神奇动物
奥米亚棕蝇

这种微小的苍蝇是一种寄生虫，也就是说它生活在蟋蟀之类的寄主动物身上。除此之外，它还拥有超强的听力。

现实难题

全世界听障人士的数量占总人口数的5%以上。听力有障碍的人不仅听不到门铃声、电视声，甚至连家人讲话也听不到，这是非常令人沮丧的。那么，医生该怎么帮助这些人呢？

助听器已经出现了很多年了，它们的性能参差不齐，效果也因人而异。人们丧失听力的原因各不相同，有的生来就没有听觉，有的可能在事故中使听力受损，还有的是在噪声很大的机器周围工作，导致听力受损。另外，助听器会把各种声音都放大，使用助听器的人很难屏蔽背景噪声，比如汽车喇叭声和人们在餐馆里大声交谈的声音。这可不行，肯定还有更好的解决方案。

奥米亚棕蝇或许能给出答案。你别看奥米亚棕蝇的身体很小，只有约1厘米长，但它拥有一套非常精密的听觉系统。工程师们正在研究这个系统。如果助听器能够模仿奥米亚棕蝇的听觉系统，将来使用者就能更好地用耳朵聆听这个世界了。

▲ 助听器有助于提高使用者的听力

你知道吗?

奥米亚棕蝇不是利用视觉,而是利用它出色的听觉来追踪蟋蟀的。

奥米亚棕蝇有一套异常精密的听觉系统。虽然它的两只耳朵仅相距2毫米,但是这个听觉系统的性能极其强大。就拿蟋蟀发出的"唧啾"声来说,声音首先会以振动的形式进入奥米亚棕蝇的耳朵,随后通过一个跷跷板式的结构传递到内耳,并且在那里被转换成电信号。电信号传输到脑部之后,奥米亚棕蝇就能准确地掌握蟋蟀的位置了。

人耳的工作原理和奥米亚棕蝇的类似,但是有一个很大的区别:我们听到的声音是源自一条直线上的振动。这些振动先被传导到中耳的三块名叫"听小骨"的小骨头处,然后被发送到一个叫作"耳蜗"的部位。在那里,振动最终被转换成电信号,发送到脑部。

科学家们认为,正是由于耳朵内部跷跷板结构的上下运动,奥米亚棕蝇才拥有出类拔萃的听力。上下运动可以更有效地传递振动。于是,科学家们也用硅为助听器制造了一个迷你跷跷板系统。

这种仿生助听器体积虽小,但功能强大。它能让人们在有背景噪声干扰的情况下,更加清晰地听到想捕捉的声音。虽然这项技术仍然处于研发阶段,但是说不定哪一天,人类也能拥有像奥米亚棕蝇一般的听觉呢!

锦上添花

从奥米亚棕蝇身上学到的技术还能用来为演唱会表演者制造微型麦克风。这些外形小巧但功能强大的麦克风能比普通麦克风更有效地屏蔽背景噪声。对那些在巨大、喧闹的会场表演的歌手来说,良好的降噪性能尤其重要。

河马防晒霜

神奇动物 河马

这种巨大的哺乳动物喜欢在水坑附近出没——它们不是待在水边，就是泡在水里。毕竟，对河马来说，保持凉爽比什么都重要。

现实难题

晒伤意味着疼痛或发痒，有时甚至还会让你产生头疼、发热、微微作呕等全身症状。大家都知道涂防晒霜可以保护皮肤。可是，研究人员发现，防晒霜里通常含有可能会伤害珊瑚礁的成分。那么，去海边玩的时候你到底该怎么做呢？难道只能在自己的皮肤和珊瑚礁之间二选一吗？

先别丧气。河马也会像我们一样被太阳晒伤。从它们身上可能会获得防止被"烤焦"的环保方案。

仿生原理

▲ 河马身上分泌的红色黏液

河马每天要在水里待大约16个小时，可以说它们见着太阳就躲。实在需要浮出水面时，它们必须想办法保护自己的皮肤。它们会分泌一种厚厚的红色黏液状物质来覆盖身体。科学家在分析这种物质之后，发现其中含有能够让光散射的晶体，这种晶体可以阻止阳光直射到河马的皮肤上，从而避免造成灼伤。

可是问题来了：怎么才能把这种物质转化为人类可用的东西呢？既然人类的皮肤无法分泌红色黏液，科学家们便开始用各种含有微小晶体的液体进行实验，试图仿造出河马的"汗"。虽然他们仍然在研究这个方案，可是说不定未来的某一天，你就能涂上参考河马分泌的黏液设计出来的防晒霜呢。但愿涂上之后不是一股河马味！至于现在，还是继续涂防晒霜吧——只要选择一款对珊瑚无害的就行。

河马经常沿着水底漂动或行走。它们可以在水下憋气五分钟之久！

扩展知识

有些人误以为河马皮肤上的分泌物是血，这大概是因为它在河马的皮肤上呈现出红色。科学家认为，这种物质可能有助于吸收阳光中的紫外线。研究人员还了解到，这种红色物质也可以发挥抗生素的作用，帮助河马皮肤上的伤口愈合。

章鱼义肢

神奇动物 章鱼

这种水生生物长着8条灵活的腕，它们可以轻松地移动、转动和抓握物体。

你知道吗?

章鱼体内三分之二的神经元分布在它们的腕上。这意味着章鱼的每条腕都能自己解决问题，比如研究如何打开贝壳。难怪人们认为章鱼是最聪明的动物之一!

现实难题

为残障人士制作假肢可不是件想做就能做到的事情。人类的手臂是一个神奇的"工具"。它可以摆动屈伸，而且位于其前端的手除了能做这些动作之外，还能做许多事。五根手指相互配合，特别适合抓取、持握和攀爬。也正因为这样，制作一个能够实现这些功能的手臂很有难度。

对有些人来说，假肢是必不可少的。这些人可能天生就缺少某个部位，也可能因为事故或疾病而导致肢体残缺。有了假肢，这些人就能更好地独立完成各种日常工作了。

然而，这些人造身体部件设计起来十分复杂。设备的重量、工作方式、制作成本，以及使用的便利和舒适程度等都是需要考量的要素。为了攻克这个难题，一些工程师决定向章鱼取经。

扩展知识

人们对假肢的需求各不相同。有些人用它行走，有些人则要用它来奔跑。为了满足大家的需求，工程师们正在另辟蹊径地构思各式各样的假肢。比如，在袋鼠和猎豹的启发下，他们创造出了赛跑用的刀片式假肢。这种假肢具有柔韧性，能够提供奔跑时需要的弹力。

研究员凯琳·高决定以章鱼腕作为参考打造自己的假肢。一只章鱼有8条非常灵活的腕，它们都是由可以屈伸的软组织和肌肉组成的。每条腕都能独立缠住一个物体，并且紧抓不放。在高看来，章鱼腕为她的假肢提供了完美的参考。于是，她制作了一根长长的塑料管子。管子从一头到另一头逐渐变细，但尖端并不尖锐，看起来大致就是章鱼腕的样子。接着，她把从"肘"到"手"的部分分成几个小段，好让假肢手臂可以屈伸。

假肢手臂的内侧装有两根钢丝绳，在一个发动机的控制下，它们能使手臂紧紧地缠住物体——比起早期的假肢，这是一个明显的改进。章鱼手臂仍然处于试验阶段，但是未来的某一天，它也许能为需要它的人排忧解难。来，让我们两手相拍，为八爪喝彩！

▼ 章鱼腕造型的假肢很适合用来拾取物体

针头蠕虫

神奇动物
棘头虫

这些蠕虫十分小，只有放在显微镜下才能被看见。它们吻部的抓持力超强，可以把自己附着到其他动物的肠子上。

现实难题

在手术过程中，医生必须切开病人的皮肤和身体组织，才能触及病人体内需要修复的部位。可是切开之后怎么缝合上呢？医生通常用缝合线来缝合伤口。缝合线就是用来把伤口两边固定在一起的线，而缝合伤口有点像用针线给你最喜欢的衬衫补洞，但缝合伤口用的线是无菌的。使用缝合线有个让人左右为难的问题：线必须紧到足以封闭伤口，但又不能紧到让伤口起皱，影响愈合。

缝合伤口的另一种方法是使用外科缝合钉。它们是无菌的，可以安全地用于人体。遇到切口较大的情况时，医生常使用缝合钉。缝合钉可以在体内停留好几周，但是它没有弹性，所以病人在活动时必须十分小心。医生们还有更好的选择吗？棘头虫身上的某个部位正好可以帮忙。

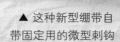
▲ 这种新型绷带自带固定用的微型刺钩

棘头虫是寄生虫，也就是说它们不能独立生活。寄生虫必须生活在宿主动物的体内。如果一条鱼是宿主，那它就成了寄生虫的食物来源。棘头虫的吻部分布着许多小钩，它们可以用这些尖锐的小钩帮自己钻进鱼的肠壁。接着，小钩会刺入鱼肠的软组织并膨胀起来，把棘头虫固定在某个地方。从此以后，棘头虫就可以守株待兔，从流入鱼肠的营养物质中吸收自己需要的东西了。

虽然这一切听起来很恶心，但细想起来其实还挺别出心裁的。科学家们在研究了棘头虫之后不禁陷入了思考：如果能模仿棘头虫的小钩，制造出一种具有附着能力的绷带，说不定能代替现有的缝合钉呢。这真的能实现吗？科学家们决定寻找答案。

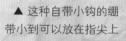

▲ 这种自带小钩的绷带小到可以放在指尖上

最终，科学家们发明出了一种可以用来封闭伤口和固定皮肤的双层绷带，或者说胶带。它的底层布满微型刺钩，刺钩可以轻松地刺穿和固定皮肤；表层是一种常用于制作尿不湿的材料，它会在吸收液体之后膨胀变大，从而确保绷带具有黏附力。这种新型绷带效果好得出奇，已经用于临床了。棘头虫竟然对人类这么有帮助，没想到吧？

你知道吗？

棘头虫大多生活在湖泊之中。虽然它们更喜欢把鱼类当宿主，但它们也有可能在两栖动物、爬行动物、鸟类和哺乳动物的体内寄生。

扩展知识

严重烧伤的人有时需要植皮。植皮就是把身体其他部位的健康皮肤移植到受伤的部位。如果用缝合钉来固定新皮肤的话，愈合过程会受到干扰。现在，有了这种借鉴棘头虫制作出的新型绷带，烧伤患者的愈合过程就能变得更加轻松了。

▲ 小小的棘头虫用它的钩把自己固定到宿主身上

随处黏附的壁虎

壁虎这类生物很有意思。它们都是蜥蜴目的动物，但体形却千差万别，有的只有约1.3厘米长，有的却可以长到30.5厘米。无论大小如何，所有的壁虎都有一种神奇的能力，那就是几乎可以黏附在任何东西上面。你可能会怀疑壁虎的脚趾上有胶水，但实际上并没有。壁虎的脚上分布着数百万根纳米级的纤毛。你知道那有多么细吗？一根人类毛发的直径在6万纳米到10万纳米之间！

这些纤毛的附着力极其强大。实际上，特氟龙（聚四氟乙烯）是壁虎唯一不能黏附的材料，因为它太滑了。要想让壁虎黏附在由特氟龙制成的平底锅上，只有一个办法，那就是把锅弄湿。锅里的水分会提供微小的摩擦力，使壁虎的脚能够粘上去。不用说，随遇而"粘"的壁虎自然激发出了许多仿生发明。

壁虎绷带

壁虎的黏黏脚启发人类设计出了一种新型绷带。这种超黏绷带既可以用在体外，也可以用在体内，既可以粘在干燥的表面，也可以粘在潮湿的表面，甚至还能随着人体的运动而屈伸变形。绷带上面涂有一层特殊的材料，其中含有好几千个可以"粘"在皮肤上的微型刺钩。如果给这种绷带加上敷料，它还可以敷在伤口上治愈创伤。

爬墙垫

你想像蜘蛛侠一样飞檐走壁吗？这也不是不可能。科学家们正在研制可以穿在手、脚上的爬墙垫。这些垫子上有纳米级尺寸的超细纤维，无论是往墙上贴还是从墙上拔，这些垫子操作起来都很轻松，可以让攀岩者用更少的体力持续攀爬。

太空黏黏脚

壁虎吸附器是一种扁平的小型装置，表面似壁虎的脚垫。为了测试它们能不能在微重力环境下发挥作用，美国国家航空航天局把它们发送到了国际空间站。如果这种吸附器真的有效的话，它们将为在空间站工作的宇航员带来很大帮助。

▲ 壁虎的黏性脚垫

独具慧眼

壁虎的眼睛非常特别！ 地球上只有很少的动物眼里仅有视锥细胞而没有视杆细胞，壁虎就是其中之一。视杆细胞主要感受弱光，使眼睛拥有暗视觉，而视锥细胞主要感受强光，使眼睛拥有明视觉以及辨色能力。科学家们认为，壁虎可能是少数能在夜间看到颜色的动物之一。他们正在研究壁虎的眼睛，以便制造出更好的相机和隐形眼镜。

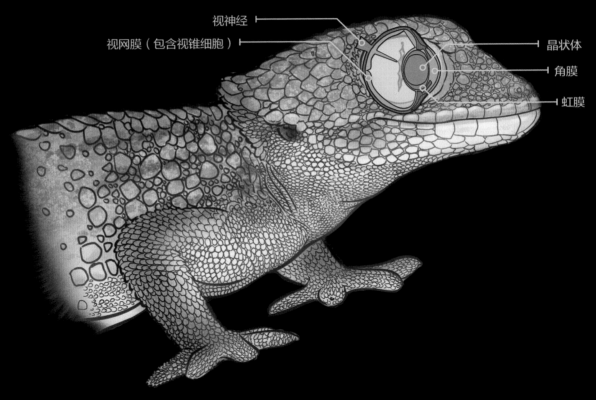

角膜：它是眼球的主要屈光结构，能帮助眼睛聚焦光线。

晶状体：负责将光聚焦到眼球的后部（视网膜）。

虹膜：它的肌肉可以改变形状，从而调整透光量。

瞳孔：它会随着光线的变化而扩大和缩小。

视网膜：它能感受光刺激，然后将其转化为神经冲动，沿视神经传入大脑。

视神经：它负责把神经信号从视网膜传递到大脑。

视锥细胞：它们可以感知颜色。

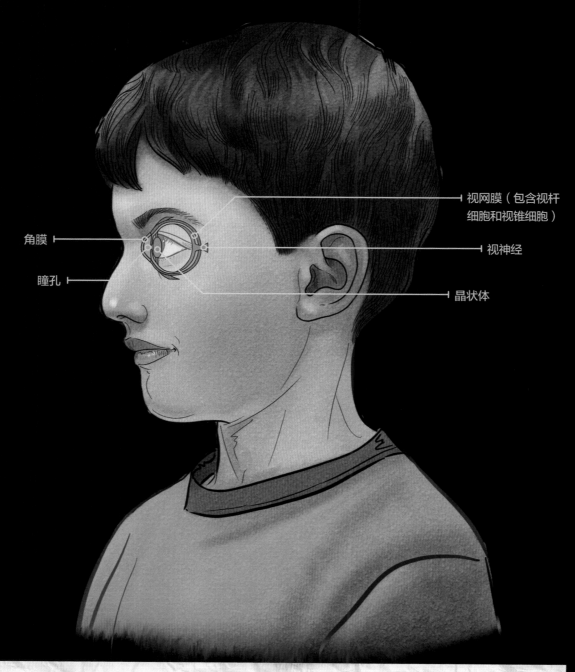

视网膜（包含视杆
细胞和视锥细胞）

角膜

视神经

瞳孔

晶状体

夜视能力

　　壁虎拥有一双大眼睛，为了在夜里尽可能地捕捉光线，它们的瞳孔能扩得很大。这种特性很有用处，因为壁虎是夜行性动物，需要在夜间捕食。

蠕虫疗骨

神奇动物 沙堡蠕虫

这种小小的褐色蠕虫最长不过7.6厘米，它们长有紫色的触须，终其一生都在海滩上用沙子建造蜂窝状的小型结构。沙堡蠕虫的身体会分泌出一种超级坚固的物质，这种物质不仅是沙堡蠕虫建造家时用的材料，也是科学家们研究这种蠕虫的首要原因。

现实难题

你骨折过吗？如果是严重骨折，你也许因此接受过手术治疗。外科医生大概会用钉子、钢板等把骨头固定回原位。可是这样一来，恢复过程可能既漫长又痛苦。有的时候，这些钉子、钢板甚至会留在你的身体里，一辈子和你做伴。

如果不用经受痛苦的手术就能修复骨折，那该多好呀？在沙堡蠕虫的帮助下，这个愿望兴许有朝一日能实现呢。

▼ 有了骨修复凝胶，给断腿打起石膏来会更加容易

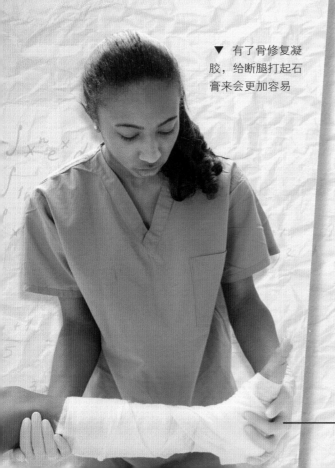

仿生原理

沙堡蠕虫的家是它们自己建造的。它们用一种类似胶水的物质将沙子粘在一起，组成类似蜂窝的结构。最酷的是，这种物质还不溶于水。虽然它从沙堡蠕虫体内流出来时像凝胶似的，但是它几乎立刻就会硬化，变得超级坚硬。

人体的内部是一个潮湿的环境，对于解决在体内固定骨骼这个难题，一种不溶于水的胶水简直太重要了。另外，蜂窝沙堡的结构跟人类骨骼的结构有些相似。人类的骨骼并不是完全实心的，它们外部坚硬，内部则相对较软，充髓。科学家们已经种类似沙堡蠕虫胶水，并且在牛了测试。目前看效果还不错。也一天，这种胶水到人类身上。

锦上添花

受沙堡蠕虫启发而研制出来的胶水，也许将来还能用来黏合牙齿。

沙堡蠕虫的紫色触须上布满了纤毛。它们利用这些触须捞取身边漂浮的微粒物，从中挑出自己想吃的食物。

扩展知识

参考沙堡蠕虫分泌物设计出来的这种胶水还可以将抗生素或止痛药送到需要的部位，帮助患者更快地康复。

抗菌的蝉

和大多数种类的蝉一样，这种胖乎乎的昆虫也能发出响亮的"声音"。不过，科学家倒不是因为这一点才对它感兴趣，而是因为鸣蝉透明的翅膀包含一种特殊的结构，可以防止细菌滋生。

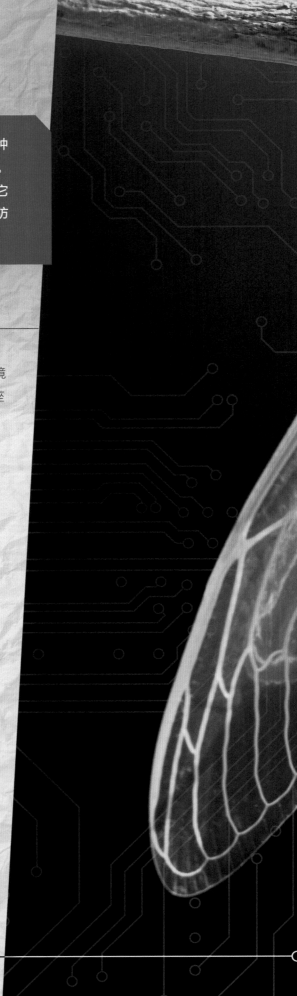

现实难题

细菌是随处可见的单细胞生物。它们小到只能在显微镜下才能被看见，而且可以生活在很多不同的东西上，比如马桶座圈、门把手、楼梯栏杆、手机等。

有些细菌对你有好处，比如肠道中帮你分解食物的细菌。而"有害细菌"是指一切有可能害你生病的细菌，比如链球菌可以使你的喉咙发炎。当你身上有伤口时，细菌可能会从伤口进入你的身体，引发疾病。对免疫系统薄弱的人来说，细菌感染是个尤其需要重视的问题。由于我们在日常活动中会遇到许多种类的细菌，所以勤用肥皂洗手，去除有害的细菌十分重要。

可是，在公共场所很难避免触碰东西。如果有什么办法能让物体表面不滋生细菌，就能起到事半功倍的效果了。得益于鸣蝉小小的翅膀，这个想法也许能在未来的某天变成现实。

锦上添花

美国海军正在尝试模仿蝉的声音，以便将来把它应用到舰对舰通信和遥感任务之中。

你知道吗?

有些人喜欢吃蝉。这也难怪,蝉是极好的蛋白质来源。

蝉的翅膀呈近似椭圆的形状,而且向后翘起。一提到蝉的翅膀,你想到的大概是蝉用来在夜里发出噪声的工具。不过,科学家们对蝉感兴趣的地方却不在于它的声音。

细菌一碰到蝉翼就会死掉,这是因为蝉翼上的细微凸起具有阻止细菌黏附的作用。它的工作原理是这样的:一个细菌落在小凸起上面后,柔软的身体会伸展下垂。想象一下,气球落到一堆尖刺上会发生什么?气球会在重力作用下弯曲变形,包住尖刺。这时如果有风吹动气球或者有人推动气球,尖刺就会把其接触到的气球壁越刺越薄,直到气球砰的一声爆掉。同样的事情也发生在细菌身上。最终,蝉翼上的小凸起会导致细菌的细胞膜破裂,从而杀死细菌。

科学家们正在研制一种具有类似功能的、可以在公共浴室等公共场所使用的物质。未来的某一天,我们也许再也不用担心物体表面的细菌了。至于现在,还是继续认真洗手吧!

◀ 细菌在蝉翼的微小凸起上命悬一线

测癌水母

神奇动物 水母

这些软绵绵的肉球状生物拖着长长的触手，漂浮在海洋之中。它们当中的某些成员色彩艳丽，而且具有生物发光性——也就是说它们会发光。

现实难题

　　癌症是人类最难攻克的疾病之一。当细胞以一种不正常的方式生长时，就有可能引发这种疾病，因为不正常的细胞会形成肿瘤。恶性肿瘤出现在体内的一个器官后，可能会逐渐扩散到其他器官。我们把癌细胞从一个器官扩散到另一个器官的现象称为"转移"。肿瘤刚开始或许很小，以至于常常检查不到。等肿瘤大到可以在X光片上看到时，它可能已经给身体造成很大的伤害了。那么，医生怎么才能更早地发现癌组织并切除它呢？水母这种生物或许能帮上忙。

扩展知识

　　X射线十分适合用来检查骨骼，因为骨骼会在胶片上显示为白色。

仿生原理

　　水母的发光细胞可以帮助医生发现肿瘤。钱永健是一位生物化学家，他因为在标记癌细胞方面做出的贡献而荣获诺贝尔化学奖。钱永健使用一种能被紫外线等激发出荧光的蛋白质，让被标记的细胞在黑暗中发出荧光。这种蛋白质就是"绿色荧光蛋白（GFP）"。这项研究引起了其他科学家的思考：能不能用绿色荧光蛋白来帮助人们发现人体内部的癌细胞呢？

　　科学家们首先得想办法让绿色荧光蛋白进入人体。于是，他们把它附着到了一种病毒上。这种病毒具有复制能力，也就是说它可以产生更多的自己。不过，和那些害你患上感冒的病毒不同，这种经过改造的病毒不会让人生病。

　　这是因为这种病毒的任务已经被设定成了寻找癌细胞。只要科学家将这种病毒和绿色荧光蛋白的结合物植入人体，它就能找到深藏在人体内的癌细胞。最终，这个实验大获成功！虽然这项技术仍然处于测试阶段，但有朝一日它将帮助医生了解病人的癌细胞扩散到了什么位置，从而使医生可以更加及时地帮助病人。

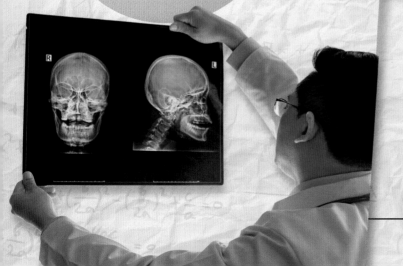

◀ 医生在查看一张人头骨的X光片

水母会利用它们的发光能力来吓退捕食者,从而保护自己。有些水母甚至会掉下一些发光的触手来分散捕食者的注意力,自己则趁机逃跑。

锦上添花

绿色荧光蛋白或许还能用来追踪其他疾病,这让科学家们兴奋不已。

结语

仿生学就在你的身边

　　看过这些令人惊叹、大有用处的，甚至可以挽救生命的发明之后，你有什么感想呢？很不可思议吧？在动物的启发下，我们不仅学会了如何帮助人类爬墙，如何治愈伤口，如何保护环境，还实现了许多其他了不起的想法。虽然许多发明现在还不成熟，但是科学家和工程师正在努力让它们真正为人类所用。他们每天都在进行各种研究，建立新的模型，然后测试，优化，再测试……直到令人满意的产品诞生为止。请你记住，这本书里介绍的所有伟大发明都是从观察动物开始的。也许有一天，你正在欣赏自己的宠物鱼，或者看着宠物狗在公园里跑来跑去，突然之间就有了灵感呢。科学的大门一直为你敞开，你要做的就是去思考，去想象，去设计！

词汇解释

▶ **水产养殖：** 为了获取食物而饲养水生动物或水生植物。

▶ **生物光：** 某些生物由体内器官中特殊的化学反应而产生的光。

▶ **迷彩：** 能起迷惑作用、使人不易分辨的色彩。

▶ **吸尾流：** 在赛车比赛中，为了减少阻力（摩擦力）而紧跟在另一辆赛车后面的做法。

▶ **阻力：** 因为与物体运动方向相反而减慢物体速度的力。

▶ **亲水：** 物体吸引水。

▶ **疏水：** 物体排斥水。

▶ **白炽灯：** 利用热辐射现象发光的灯。

▶ **LED（发光二极管）：** 一种通电后发光的电子装置。

▶ **发动机：** 把热能、电能等转换为机械能的机器，用来带动其他机械工作。

▶ **寄生虫：** 生活在其他生物体内或体表的生物体。

▶ **pH 值：** 溶液中的氢离子浓度。

▶ **光伏电池：** 把光能转换成电能的电池。

▶ **假肢：** 人工制作的上肢和下肢，供肢体有残疾的人使用。

▶ **转子：** 旋转式机械的旋转部件的总称。

▶ **硅：** 一种天然存在的元素，可以用来制造计算机芯片和其他机器部件。

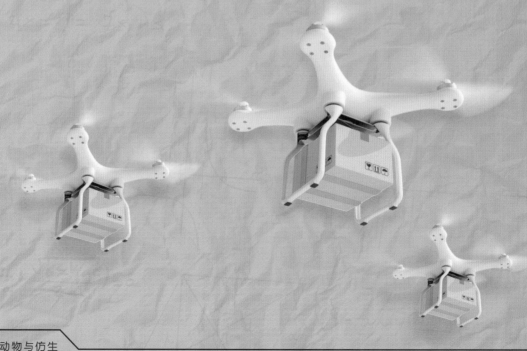

图片来源

Cover (LO), PetlinDmitry/Shutterstock; (UP), Mark R. Cutkosky, Stanford University and Sangbae Kim, MIT; (LO RT), Festo AG & Co. KG, all rights reserved; back cover (UP LE), Beth Ruggiero-York/ Shutterstock; (CTR LE), James Hager/Robert Harding/Getty Images; (LO LE), Caltech Division of Engineering and Applied Science; (LO RT), Courtesy Kaylene Kau; (CTR), mj0007/iStock; (UP), Hsc/ Dreamstime; (UP), Matee Nuserm/Shutterstock. Ian Gethings/ Moment Open/ Getty Images; (LO), Caltech Division of Engineering and Applied Science; hphimagelibrary/Gallo Images/ Getty Images; Festo AG & Co. KG, all rights reserved; PetlinDmitry/ Shutterstock; (UP), Mark R. Cutkosky, Stanford University and Sangbae Kim, MIT; Emanuele Biggi/NPL/Minden Pictures; 1, picture alliance/Getty Images; 2, Cathy Keifer/Shutterstock; 3 (RT), picture alliance/Getty Images; 3 (LE), deepspace/Shutterstock; 4 (LO), Pletnyakov Peter/Shutterstock; 4-5, Rudolf Vlcek/Getty Images; 4 (UP), AMSilk; 5, Tethers Unlimited, Inc.; 6, Tupungato/Shutterstock; 7 (LO), sakharumoowan/Shutterstock; 7 (UP), Eliyahu Yosef Parypa/ Shutterstock; 8-9, Hans Leijnse/NiS/Minden Pictures; 8 (LE), Lindsay France/Cornell University Photography; 8 (LE), Private Collection/Look and Learn/Bridgeman Images; 8 (RT), U.S. Army photo by Cpl. Emily Knitter; 9 (LE), Christian Puntorno/ Shutterstock; 9 (RT), Image Ideas; 12-13, FotoRequest/ Shutterstock; 12 (LE), Chris Gardner/Getty Images; 13 (RT), Dibyangshu Sarkar/AFP/Getty Images; 14, National University of Singapore; 15, Westend61/ Getty Images; 16 (LE), Media_works/Shutterstock; 16-17, Thomas Marent/Visuals Unlimited/Getty Images; 17 (RT), Jessica Hochreiter/Arizona State University; 18-19, James Hager/robertharding/Getty Images; 19 (LE), gpointstudio/Shutterstock; 19 (RT), Caltech Division of Engineering and Applied Science; 20 (LE), Studio Octavio/Alamy; 20-21, Jane Burton/ NPL/Minden Pictures; 22 (UP), Festo AG & Co. KG, all rights reserved; 22 (CTR), M. Unal Ozmen/ Shutterstock; 22 (LO), Wim van den Heever/Getty Images; 24, Sidekick/E+/Getty Images; 24-25, dirkr/ Shutterstock; 25 (RT), Festo AG & Co. KG, all rights reserved; 26 (LE), Shell114/Shutterstock; 26 (RT), Ted Kinsman/Science Source; 27, Wild Wonders of Europe/Pitkin/NPL/Minden Pictures; 28-29, GFC Collection/age fotostock/Getty Images; 29 (RT), Wyss Institute at Harvard University; 30-31, lightpoet/ Shutterstock; 30 (LO), Maite Pons/Addictive Creative/ Offset.com; 31 (INSET), Bart Houben/ EyeEm/Getty Images; 32, Michael Durham/Minden Pictures; 33, Harvard Microbiotics Lab/National Geographic Image Collection; 34, SergeUWPhoto/Shutterstock; 35 (LE), encrier/iStock/Getty Images; 35 (RT), Claudio Rossi and William Coral, Bioinspired Systems Lab, CAR UPM-CSIC, Spain; 36 (LE), Candia Baxter/Shutterstock; 36 (RT), South China Morning Post/Getty Images; 37, Visuals Unlimited, Inc./ Robert Pickett/Getty Images; 38, Piotr Gatlik/Shutterstock; 38-39, bamgraphy/ Shutterstock; 39 (RT), Ken Wilson-Max/Alamy Stock Photo; 40 (LE), Bloomberg/Getty Images; 40 (RT), EvoLogics GmbH; 41, Andrea Izzotti/iStock/Getty Images; 42-43, Pinosub/Shutterstock; 43 (UP), Matee Nuserm/Shutterstock; 44-45 (LO), Pinosub/ Shutterstock; 44, Matee Nuserm/Shutterstock; 45 (UP), Radwanul H. Siddique, KIT/ Caltech; 46 (LO), Kim Wilson/Shutterstock; 46 (UP), Jan van Arkel/ NiS/ Minden Pictures; 47, Jim Cumming/Shutterstock; 48-49, Dave Fleetham/Perspectives/Getty Images; 49 (CTR), Carmen Dunkjo, Joe Subirana and WhalePower; 50-51, Dwight R. Kuhn; 51 (LE), Bloomberg/ Getty Images; 51 (RT), demarco-media/iStock/Getty Images; 52 (LE), dencg/Shutterstock; 52 (RT), sharply_done/E+/Getty Images; 53 (LO), Richard Heathcote/Getty Images; 53 (UP), rck_953/ Shutterstock; 54-55, Art Wolfe/Art Wolfe Stock; 55 (LO), Martin Bernetti/AFP/Getty Images; 56, Jayashree/Alamy; 57, Sarawut Kundej/Shutterstock; 58 (LO), VladSV/Shutterstock; 58-59, Jan Martin Will/ Shutterstock; 59 (RT), Paul Nicklen/National Geographic Image Collection; 60 (LO), Ted Kinsman/

Science Source; 60-61, wildestanimal/Shutterstock; 61 (UP), AFP/Getty Images; 61 (LO), action sports/ Shutterstock; 62-63, NadyaEugene/Shutterstock; 63, blickwinkel/Alamy; 64-65, blickwinkel/ Alamy; 65, Wyss Institute at Harvard University; 66 (LE), Pavel_D/ Shutterstock; 66-67, Ken Jones, Courtesy University of Toronto Scarborough; 68 (LE), Konstantin Faraktinov/ Shutterstock; 68 (RT), Avalon/Photoshot License/ Alamy; 68-69, Image Source/Getty Images; 70-71, Olga Visavi/Shutterstock; 71 (CTR and LO), Courtesy Kaylene Kau; 72 (CTR), Thunderstock/Shutterstock; 72-73, Dr. Richard Kessel/ Visuals Unlimited/Getty Images; 73 (RT), Courtesy of Karplab; 74 (RT), Claudio Divizia/ Shutterstock; 74-75, Alex Snyder; 75 (RT), NASA/JPL-Caltech; 76, Dave Hunt/Alamy; 77, Image Source Plus/ Alamy; 78, ER Productions Limited/DigitalVision/Getty Images; 78-79, Rob Francis/ robertharding/Getty Images; 80-81, Pascal Pittorino/naturepl.com/Getty Images; 81 (RT), Dr. Jolanta Watson/University of the Sunshine Coast; 82, Photo_DDD/Shutterstock; 83, Atthapol Saita/Shutterstock; 84 (LE), AboutLife/ Shutterstock; 84-85, alexei_tm/ Shutterstock; 86 (LO), dencg/Shutterstock; 88, rck_953/ Shutterstock.

献给所有组建科学俱乐部并且梦想着有一天成为工程师的孩子。

NATIONAL
GEOGRAPHIC
KiDS

更多美国国家地理系列产品，
期待与你相遇！

《探险家学院》系列

《美国国家地理 儿童大百科》系列

《环球少年地理》精选集

请扫码添加客服微信，

Copyright © 2020 National Geographic Partners, LLC. All rights reserved.

Copyright Simplified Chinese edition ©2023 National Geographic Partners, LLC. All rights reserved.

Reproduction of the whole or any part of the contents without written permission from the publisher is prohibited.

本作品中文简体版由国家地理合股企业授权青岛出版社出版发行。未经许可，不得翻印。

NATIONAL GEOGRAPHIC和黄色边框设计是美国国家地理学会的商标，未经许可，不得使用。

自1888年起，美国国家地理学会在全球范围内资助超过13,000项科学研究、环境保护与探索计划。学会的部分资金来自国家地理合股企业。您购买本书也为学会提供了支持。本书所获收益的一部分将用于支持学会的重要工作。

山东省版权局著作权合同登记号图字：15-2021-127号

图书在版编目（CIP）数据

不可思议的动物与仿生 /（美）珍妮弗·斯旺森著；

陈宇飞译. — 青岛：青岛出版社，2022.2

ISBN 978-7-5552-8143-6

Ⅰ.①不… Ⅱ.①珍… ②陈… Ⅲ.①动物学—少儿

读物 Ⅳ.① Q95-49

中国版本图书馆 CIP 数据核字 (2021) 第 236886 号

BUKESIYI DE DONGWU YU FANGSHENG

书　名	不可思议的动物与仿生	邮购电话	0532-68068719
作　者	[美]珍妮弗·斯旺森	制　版	青岛艺非凡文化传播有限公司
译　者	陈宇飞	印　刷	青岛时代色彩文化发展股份有限公司
出版发行	青岛出版社	出版日期	2022年2月第1版
社　址	青岛市崂山区海尔路182号（266061）		2023年6月第2次印刷
总策划	连建军	开　本	16开（889mm×1194mm）
责任编辑	吕洁 窦畅 王琰	印　张	6
文字编辑	江冲 邓荃	字　数	160千
美术编辑	孙恩加	图　数	200幅
顾　问	王坤阳	书　号	ISBN 978-7-5552-8143-6
邮购地址	青岛市崂山区海尔路182号出版大厦7层	定　价	72.00元
	少儿期刊分社邮购部（266061）		

版权所有　侵权必究

编校印装质量、盗版监督服务电话：4006532017　0532-68068050

印刷厂服务电话：0532-88786655

本书建议陈列类别：少儿科普

U0243227

现代骨外科

诊治精要

XIANDAI GU WAIKE ZHENZHI JINGYAO

主编 史 斌 等

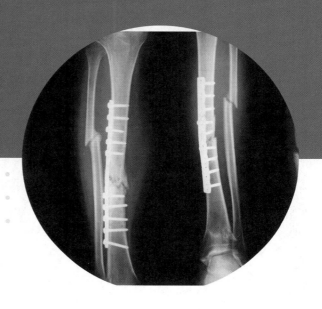

中国出版集团有限公司

世界图书出版公司
广州·上海·西安·北京

图书在版编目（CIP）数据

现代骨外科诊治精要 / 史斌等主编. — 广州：世界图书出版广东有限公司，2023.8

ISBN 978-7-5232-0873-1

Ⅰ. ①现… Ⅱ. ①史… Ⅲ. ①骨疾病－诊疗 Ⅳ. ①R68

中国国家版本馆CIP数据核字(2023)第189796号

书　　名　现代骨外科诊治精要
　　　　　XIANDAI GU WAIKE ZHENZHI JINGYAO
主　　编　史　斌　等
责任编辑　刘　旭
责任技编　刘上锦
装帧设计　品雅传媒
出版发行　世界图书出版有限公司　世界图书出版广东有限公司
地　　址　广州市海珠区新港西路大江冲25号
邮　　编　510300
电　　话　（020）84460408
网　　址　http://www.gdst.com.cn/
邮　　箱　wpc_gdst@163.com
经　　销　新华书店
印　　刷　深圳市福圣印刷有限公司
开　　本　889 mm × 1 194 mm　1/16
印　　张　15.5
字　　数　449千字
版　　次　2023年8月第1版　2023年8月第1次印刷
国际书号　ISBN 978-7-5232-0873-1
定　　价　148.00元

版权所有　翻印必究
（如有印装错误，请与出版社联系）
咨询、投稿：（020）84460408　451765832@qq.com

编　委　会

主　编　　史　斌　　符彦基　　郑晓玲　　覃国忠　　庞元新

副主编　　梁相辰　　李春辉　　常　龙　　张小会　　魏代好
　　　　　甘吉明　　谭　昊　　张　玲　　陈锦标　　曾锁林

编　委　(按姓氏笔画排序)

甘吉明　云南省中医医院

史　斌　临沂市人民医院

冯万文　南京医科大学康达学院附属连云港东方医院

李春辉　南京医科大学康达学院附属连云港东方医院

李雪丽　荆门市人民医院

张　玲　陆军军医大学第一附属医院江北院区

张小会　北华大学附属医院

陈锦标　广东省惠州市中心人民医院

庞元新　梁山县人民医院

郑晓玲　平度市人民医院

常　龙　宁夏医科大学总医院

符彦基　广东省农垦中心医院

梁相辰　胜利油田中心医院

覃国忠　深圳平乐骨伤科医院（深圳市坪山区中医院）

曾锁林　荆门市人民医院

谭　昊　长沙市中医医院（长沙市第八医院）

魏代好　宁夏医科大学总医院

前言

随着社会经济的发展和人们生活水平的提高，材料学、生物力学、生物材料、光纤技术、激光技术的发展和成熟，骨外科学成为当今临床医学中发展最为活跃的一个学科。关于骨外科疾病治疗的新理论、新方法不断涌现，并广泛应用于临床治疗，有效减轻了患者经济负担，提高了患者的生活质量。目前，骨外科疾病治疗的书籍众多，有些书籍存在内容繁冗复杂、图表不清等不当之处。鉴于此，本书作者参考大量国内外文献资料，结合国内临床实际情况和自身实践经验，编写了本书。

本书充实了骨外科疾病治疗基础内容，如骨折治疗的一般原则、局部检查等，还详细介绍了创伤骨科及骨与关节疾患方面各种常见病的病因、临床表现、诊断技术、治疗技术等。同时，鉴于骨外科医师们面临的形势，并着重对脊柱部分的介绍，使全书更接近临床，更具有实用价值，针对儿童骨外科疾病也作了简单的阐述。希望本书能为医务工作者处理相关问题提供参考，本书也可作为医学院校学生和基层医生学习之用。

在编写过程中，由于作者较多，写作方式和文笔风格不一，若存在疏漏和不足之处，望广大读者提出宝贵的意见和建议。

编　者

目录

第一章

骨的构造

骨是骨骼系统的主要器官，由骨组织、骨髓和骨膜构成。骨骼构成了人体的支架，并赋予人体基本形态，起着保护、支持和运动的作用。在运动中，骨起着杠杆作用，关节是运动的枢纽，骨骼肌则是运动的动力器官。骨骼作为钙、磷、镁等无机矿物质的贮存库和缓冲库，在骨代谢调节激素的作用下，维持矿物质的内环境稳定。骨髓既是主要的造血系统和机体免疫系统的组成部分，也是成骨性谱系细胞和破骨性谱系细胞的来源。在活体中，骨能不断地进行新陈代谢，并有修复和改建的能力。

第一节　骨组织细胞的功能

骨组织是一种特殊的结缔组织，是骨的结构主体，由数种细胞和大量钙化的细胞间质组成，钙化的细胞间质称为骨基质。骨组织的特点是细胞间质有大量骨盐沉积，即细胞间质矿化，使骨组织成为人体最坚硬的组织之一。

在活跃生长的骨中，有4种类型细胞：骨祖细胞、成骨细胞、骨细胞和破骨细胞。其中骨细胞最多，位于骨组织内部，其余3种均分布在骨质边缘。

一、骨祖细胞

骨祖细胞或称骨原细胞，是骨组织的干细胞，位于骨膜内。胞体小，呈不规则梭形，突起很细小。核为椭圆形或细长形，染色质颗粒细而分散，故核染色浅。胞质少，呈嗜酸性或弱嗜碱性，含细胞器很少，仅有少量核糖体和线粒体。骨祖细胞着色浅淡，不易鉴别。骨祖细胞具有多分化潜能，可分化为成骨细胞、破骨细胞、成软骨细胞或成纤维细胞，分化取向取决于其所处部位和所受刺激性质。骨祖细胞存在于骨外膜及骨内膜贴近骨质处，当骨组织生长或重建时，它能分裂分化成为骨细胞。骨祖细胞有两种类型：决定性骨祖细胞（DOPC）和诱导性骨祖细胞（IOPC）。DOPC位于或靠近骨的游离面上，如骨内膜和骨外膜内层、生长骨骺板的钙化软骨小梁上和骨髓基质内。在骨的生长期和骨内部改建或骨折修复以及其他形式损伤修复时，DOPC很活跃，细胞分裂并分化为成骨细胞，具有蛋白质分泌细胞特征的细胞逐渐增多。IOPC存在于骨骼系统以外，几乎普遍存在于结缔组织中。IOPC不能自发地形成骨组织，但经适宜刺激，如骨形态发生蛋白（BMP）或泌尿道移行上皮细胞诱导物的作用，可形成骨组织。

二、成骨细胞

成骨细胞又称骨母细胞，是指能促进骨形成的细胞，主要来源于骨祖细胞。成骨细胞不但能分泌大量的骨胶原和其他骨基质，而且能分泌一些重要的细胞因子和酶类，如基质金属蛋白酶、碱性磷酸酶、骨钙素、护骨素等，从而启动骨的形成过程，同时也通过这些因子将破骨细胞耦联起来，控制破骨细胞的生成、成熟及活化。成骨细胞常见于生长期的骨组织中，大都聚集在新形成的骨质表面。

（一）成骨细胞的形态和结构

骨形成期间，成骨细胞被覆骨组织表面，当成骨细胞生成基质时，被认为是活跃的。活跃的成骨细胞胞体呈圆形、锥形、立方体形或矮柱状，通常单层排列。细胞侧面和底部出现突起，与相邻的成骨细胞及邻近的骨细胞以突起相连，连接处有缝隙连接。胞质呈强嗜碱性，与粗面内质网的核糖体有关。在粗面内质网上，镶嵌着圆形或细长形的线粒体，成骨细胞的线粒体具有清除胞质内钙离子的作用，同时也是能量的加工厂。某些线粒体含有一些小的矿化颗粒，沉积并附着在嵴外面，微探针分析表明这些颗粒有较高的钙、磷和镁的踪迹。骨的细胞常有大量的线粒体颗粒，可能是激素作用于细胞膜的结果。例如，甲状旁腺激素能引起进入细胞的钙增加，并随之引起线粒体颗粒数目的增加。成骨细胞核大而圆，位于远离骨表面的细胞一端，核仁清晰。在核仁附近有一浅染区，高尔基复合体位于此区内。成骨细胞胞质呈碱性磷酸酶强阳性，可见许多 PAS 阳性颗粒，一般认为它是骨基质的蛋白多糖前身。当新骨形成停止时，这些颗粒消失，胞质碱性磷酸酶反应减弱，成骨细胞转变为扁平状，被覆于骨组织表面，其超微结构类似成纤维细胞。

（二）成骨细胞的功能

在骨形成非常活跃处，如骨折、骨痂及肿瘤或感染引起的新骨中，成骨细胞可形成复层堆积在骨组织表面。成骨细胞有活跃的分泌功能，能合成和分泌骨基质中的多种有机成分，包括Ⅰ型胶原蛋白、蛋白多糖、骨钙蛋白、骨粘连蛋白、骨桥蛋白、骨唾液酸蛋白等。因此，认为其在细胞内的合成过程与成纤维细胞或软骨细胞相似。成骨细胞还分泌胰岛素样生长因子Ⅰ、胰岛素样生长因子Ⅱ、成纤维细胞生长因子、白细胞介素-1 和前列腺素等，它们对骨生长均有重要作用。此外，成骨细胞还分泌破骨细胞刺激因子、前胶原酶和胞质素原激活剂，它们有促进骨吸收的作用。

因此，成骨细胞的主要功能概括起来有：①产生胶原纤维和无定形基质，即形成类骨质。②分泌骨钙蛋白、骨粘连蛋白和骨唾液酸蛋白等非胶原蛋白，促进骨组织的矿化。③分泌一些细胞因子，调节骨组织形成和吸收。成骨细胞不断产生新的细胞间质，并经过钙化形成骨质，成骨细胞逐渐被包埋在其中。此时，细胞内的合成活动停止，胞质减少，胞体变形，即成为骨细胞。总之，成骨细胞是参与骨生成、生长、吸收及代谢的关键细胞。

1. 成骨细胞分泌的酶类

（1）碱性磷酸酶（ALP）：成熟的成骨细胞能产生大量的 ALP。由成骨细胞产生的 ALP 称为骨特异性碱性磷酸酶（BALP），它以焦磷酸盐为底物，催化无机磷酸盐的水解，从而降低焦磷酸盐浓度，有利于骨的矿化。在血清中可以检测到四种不同的 ALP 同分异构体，这些异构体都能作为代谢性骨病的诊断标志，但各种异构体是否与不同类型的骨质疏松症（绝经后骨质疏松症、老年性骨质疏松症以及半乳糖血症、乳糜泻、肾性骨营养不良等引起的继发性骨质疏松症）相关，尚有待于进一步研究。

（2）组织型谷氨酰胺转移酶（tTGs）：谷氨酰胺转移酶是在组织和体液中广泛存在的一组多功能酶类，具有钙离子依赖性。虽然其并非由成骨细胞专一产生，但在骨的矿化中有非常重要的作用。成骨细胞主要分泌组织型谷氨酰胺转移酶。处于不同阶段或不同类型的成骨细胞，其胞质内的谷氨酰胺转移酶含量是不一样的。tTGs 能促进细胞的黏附、细胞播散、细胞外基质的修饰，同时也在细胞凋亡、损伤修复、骨矿化进程中起着重要作用。成骨细胞分泌的 tTGs，以许多细胞外基质为底物，促进各种基质的交联，其最主要的底物为纤连蛋白和骨桥素。tTGs 的活化依赖钙离子，即在细胞外钙离子浓度升高的情况下，才能催化纤连蛋白与骨桥素的自身交联。由于钙离子和细胞外基质成分是参与骨矿化最主要的物质，在继发性骨质疏松症和乳糜泻患者的血液中，也可检测到以 tTGs 为自身抗原的自身抗体，因而 tTGs 在骨的矿化中肯定发挥着极其重要的作用。

（3）基质金属蛋白酶（MMP）：MMP 是一类锌离子依赖性的蛋白水解酶类，主要功能是降解细胞外基质，同时也参与成骨细胞功能与分化的信号转导。

2. 成骨细胞分泌的细胞外基质　成熟的成骨细胞分泌大量的细胞外基质，也称为类骨质，包括各种胶原和非胶原蛋白。

（1）骨胶原：成骨细胞分泌的细胞外基质中大部分为胶原，其中主要为Ⅰ型胶原，占 ECM 的 90% 以上。约 10% 为少量Ⅲ型、Ⅴ型和Ⅹ型胶原蛋白及多种非胶原蛋白。Ⅰ型胶原蛋白主要构成矿物质沉积和结晶的支架，羟磷灰石在支架的网状结构中沉积。Ⅲ型胶原和Ⅴ型胶原能调控胶原纤维丝的直径，使胶原纤维丝不致过分粗大，而Ⅹ型胶原纤维主要是作为Ⅰ型胶原的结构模型。

（2）非胶原蛋白：成骨细胞分泌的各种非胶原成分如骨桥素、骨涎蛋白、纤连蛋白和骨钙素等在骨的矿化、骨细胞的分化中起重要的作用。

3. 成骨细胞的凋亡　成骨细胞经历增殖、分化、成熟、矿化等各个阶段后，被矿化骨基质包围或附着于骨基质表面，逐步趋向凋亡或变为骨细胞、骨衬细胞。成骨细胞的这一凋亡过程是维持骨的生理平衡所必需的。和其他细胞凋亡途径一样，成骨细胞的凋亡途径也包括线粒体激活的凋亡途径和死亡受体激活的凋亡途径，最终导致成骨细胞核的碎裂、DNA 的有控降解、细胞皱缩、膜的气泡样变等。由于成骨细胞上存在肿瘤坏死因子受体，且在成骨细胞的功能发挥中起着重要作用，因此推测成骨细胞主要可能通过死亡受体激活的凋亡途径而凋亡。细胞因子、细胞外基质和各种激素都能诱导或组织成骨细胞的凋亡。骨形态生成蛋白（BMP）被确定为四肢骨指间细胞凋亡的关键作用分子。此外，甲状旁腺激素、糖皮质激素、性激素等对成骨细胞的凋亡均有调节作用。

三、骨细胞

骨细胞是骨组织中的主要细胞，埋于骨基质内，细胞体位于的腔隙称骨陷窝，每个骨陷窝内仅有一个骨细胞胞体。骨细胞的胞体呈扁卵圆形，有许多细长的突起，这些细长的突起伸进骨陷窝周围的小管内，此小管即骨小管。

1. 骨细胞的形态　骨细胞的结构和功能与其成熟度有关。刚转变的骨细胞位于类骨质中，它们的形态结构与成骨细胞非常近似。胞体为扁椭圆形，位于比胞体大许多的圆形骨陷窝内。突起多而细，通常各自位于一个骨小管中，有的突起还有少许分支。核呈卵圆形，位于胞体的一端，核内有一个核仁，染色质贴附核膜分布。HE 染色时胞质嗜碱性，近核处有一浅染区。胞质呈碱性磷酸酶阳性，还有 PAS 阳性颗粒，一般认为这些颗粒是有机基质的前身物。较成熟的骨细胞位于矿化的骨质浅部，其胞体也呈双凸扁椭圆形，但体积小于年幼的骨细胞。核较大，呈椭圆形，居胞体中央，在 HE 染色时着色较深，仍可见有核仁。胞质相对较少，HE 染色呈弱嗜碱性，甲苯胺蓝着色甚浅。电镜下其粗面内质网较少，高尔基复合体较小，少量线粒体分散存在，游离核糖体也较少。

成熟的骨细胞位于骨质深部，胞体比原来的成骨细胞缩小约 70%，核质比例增大，胞质易被甲苯胺蓝染色。电镜下可见一定量的粗面内质网和高尔基复合体，线粒体较多，此外尚可见溶酶体。线粒体中常有电子致密颗粒，与破骨细胞的线粒体颗粒相似，现已证实，这些颗粒是细胞内的无机物，主要是磷酸钙。成熟骨细胞最大的变化是形成较长突起，其直径为 85～100 nm，为骨小管直径的 1/4～1/2。相邻骨细胞的突起端对端地相互连接，或以其末端侧对侧地相互贴附，其间有缝隙连接。成熟的骨细胞位于骨陷窝和骨小管的网状通道内。骨细胞最大的特征是细胞突起在骨小管内伸展，与相邻的骨细胞连接，深部的骨细胞由此与邻近骨表面的骨细胞突起和骨小管相互连接和通连，构成庞大的网样结构。骨陷窝－骨小管－骨陷窝组成细胞外物质运输通道，是骨组织通向外界的唯一途径，深埋于骨基质内的骨细胞正是通过该通道运输营养物质和代谢产物的。而骨细胞－缝隙连接－骨细胞形成细胞间信息传递系统，是骨细胞间直接通讯的结构基础。据测算，成熟骨细胞的胞体及其突起的总表面积占成熟骨基质总表面积的 90% 以上，这对骨组织液与血液之间经细胞介导的无机物交换起着重要作用。骨细胞的平均寿命为 25 年。

2. 骨细胞的功能

（1）骨细胞性溶骨和骨细胞性成骨：大量研究表明，骨细胞可能主动参加溶骨过程，并受甲状旁腺激素、降钙素和维生素 D_3 的调节以及机械性应力的影响。Belanger 发现骨细胞具有释放枸橼酸、乳酸、胶原酶和溶解酶的作用。溶解酶会引起骨细胞周围的骨吸收，他把这种现象称为骨细胞性骨溶解。骨细胞性溶骨表现为骨陷窝扩大，陷窝壁粗糙不平。骨细胞性溶骨也可类似破骨细胞性骨吸收，使骨溶解持续地发生在骨陷窝的某一端，从而使多个骨陷窝融合。当骨细胞性溶骨活动结束后，成熟骨细胞又可在较高水平的降钙素作用下进行继发性骨形成，使骨陷窝壁增添新的骨基质。生理情况下，骨细胞性溶骨和骨细胞性成骨是反复交替的，即平时维持骨基质的成骨作用，在机体需提高血钙量时，又可通过骨细胞性溶骨活动从骨基质中释放钙离子。

（2）参与调节钙、磷平衡：现已证实，骨细胞除了通过溶骨作用参与维持血钙、磷平衡外，还具有转运矿物质的能力。成骨细胞膜上有钙泵存在，骨细胞可能通过摄入和释放 Ca^{2+} 和 P^{3+}，并可通过骨细胞相互间的网样连接结构进行离子交换，参与调节 Ca^{2+} 和 P^{3+} 的平衡。

（3）感受力学信号：骨细胞遍布骨基质内并构成庞大的网样结构，成为感受和传递应力信号的结构基础。

（4）合成细胞外基质：成骨细胞被基质包围后，逐渐转变为骨细胞，其合成细胞外基质的细胞器逐渐减少，合成能力也逐渐减弱。但是，骨细胞还能合成极少部分行使功能和生存所必需的基质，骨桥蛋白、骨连蛋白以及 I 型胶原在骨的黏附过程中起着重要作用。

四、破骨细胞

1. 破骨细胞的形态

（1）光学显微镜特征（光镜特征）：破骨细胞是多核巨细胞，细胞直径可达 50 μm 以上，胞核的大小和数目有很大的差异，15～20 个不等，直径为 10～100 μm。核的形态与成骨细胞、骨细胞的核类似，呈卵圆形，染色质颗粒细小，着色较浅，有 1～2 个核仁。在常规组织切片中，胞质通常为嗜酸性；但在一定 pH 下，用碱性染料染色，胞质呈弱嗜碱性，即破骨细胞具嗜双色性。胞质内有许多小空泡。

破骨细胞的数量较少，约为成骨细胞的 1%，细胞无分裂能力。破骨细胞具有特殊的吸收功能，从事骨的吸收活动。破骨细胞常位于骨组织吸收处的表面，在吸收骨基质的有机物和矿物质的过程中，造成基质表面不规则，形成近似细胞形状的凹陷，称吸收陷窝。

（2）电镜特征：功能活跃的破骨细胞具有明显的极性，电镜下分为 4 个区域，紧贴骨组织侧的细胞膜和胞质分化成皱褶缘区和亮区。①皱褶缘区，此区位于吸收腔深处，是破骨细胞表面高度起伏不平的部分，光镜下似纹状缘，电镜观察可见是由内陷很深的质膜内褶组成，呈现大量的叶状突起或指状突起，粗细不均，远侧端可膨大，并常分支互相吻合，故名皱褶缘。ATP 酶和酸性磷酸酶沿皱褶缘细胞膜分布。皱褶缘细胞膜的胞质面有非常细小的鬃毛状附属物，长 15 ~ 20 nm，间隔约 20 nm，致使该处细胞膜比其余部位细胞膜厚。突起之间有狭窄的细胞外裂隙，其内含有组织液及溶解中的羟基磷灰石、胶原蛋白和蛋白多糖分解形成的颗粒。②亮区或封闭区，环绕于皱褶缘区周围，微微隆起，平整的细胞膜紧贴骨组织，好像一堵环行围堤，包围皱褶缘区，使皱褶缘区密封与细胞外间隙隔绝，造成一个特殊的微环境。因此将这种环行特化的细胞膜和细胞质称为封闭区。切面上可见两块封闭区位于皱褶缘区两侧。封闭区有丰富的肌动蛋白微丝，但缺乏其他细胞器。电镜下观察可见封闭区电子密度低，故又称亮区。破骨细胞若离开骨组织表面，皱褶缘区和亮区均消失。③小泡区，此区位于皱褶缘的深面，内含许多大小不一、电子密度不等的膜被小泡和大泡。小泡数量多，为致密球形，小泡是初级溶酶体或内吞泡或次级溶酶体，直径为 0.2 ~ 0.5 μm。大泡数量少，直径为 0.5 ~ 3 μm，其中有些大泡对酸性磷酸酶呈阳性反应。小泡区还有许多大小不一的线粒体。④基底区，位于亮区和小泡区的深面，是破骨细胞远离骨组织侧的部分。细胞核聚集在该处，胞核之间有一些粗面内质网、发达的高尔基复合体和线粒体，还有与核数目相对应的中心粒，很多双中心粒聚集在一个大的中心粒区。破骨细胞膜表面有丰富的降钙素受体和亲破粘连蛋白或称细胞外粘连蛋白受体等，参与调节破骨细胞的活动。破骨细胞表型的标志是皱褶缘区和亮区以及溶酶体内的抗酒石酸酸性磷酸酶（TRAP），细胞膜上的 ATP 酶和降钙素受体，以及降钙素反应性腺苷酸环化酶活性。近年研究发现，破骨细胞含有固有型一氧化氮合酶（cNOS）和诱导型一氧化氮合酶（iNOS），用 NADPH - 黄递酶组化染色，破骨细胞呈强阳性，这种酶是一氧化氮合酶（NOS）活性的表现。

2. 破骨细胞的功能　破骨细胞在吸收骨质时具有将基质中的钙离子持续转移至细胞外液的特殊功能。骨吸收的最初阶段是羟磷灰石的溶解，破骨细胞移动活跃，细胞能分泌有机酸，使骨矿物质溶解和羟基磷灰石分解。在骨的矿物质被溶解吸收后，接下来就是骨的有机物质的吸收和降解。破骨细胞可分泌多种蛋白分解酶，主要包括半胱氨酸蛋白酶（CP）和基质金属蛋白酶（MMP）两类。有机质经蛋白水解酶水解后，在骨的表面形成豪希普氏（Howships）陷窝。在整个有机质和无机矿物质的降解过程中，破骨细胞与骨的表面是始终紧密结合的。此外，破骨细胞能产生一氧化氮（NO），NO 对骨吸收具有抑制作用，与此同时破骨细胞数量也减少。

（史　斌）

第二节　骨的基质

骨的基质简称骨质，即钙化的骨组织的细胞外基质。骨基质含水较少，仅占湿骨质量的 8% ~ 9%。骨基质由无机质和有机质两种成分构成。

一、无机质

无机质即骨矿物质，又称骨盐，占干骨质量的 65%～75%，其中 95% 是固体钙和磷，无定形的钙－磷固体在嫩的、新形成的骨组织中较多（40%～50%），在老的、成熟的骨组织中少（25%～30%）。骨矿物质大部分以无定形的磷酸钙和结晶的羟基磷灰石 $[Ca_{10}(PO_4)_6(OH)_5]$ 的形式分布于有机质中。无定形磷酸钙是最初沉积的无机盐，以非晶体形式存在，占成人骨无机质总量的 20%～30%。无定形磷酸钙继而组建成结晶的羟基磷灰石。在电镜下观察，羟基磷灰石结晶呈柱状或针状，长 20～40 nm，宽 2～3 nm。经 X 线衍射法研究表明，羟基磷灰石结晶体大小很不相同，体积约为（2.5～5）nm×40 nm×（20～35）nm。结晶体体积虽小，但密度极大，每克骨盐含 1 016 个结晶体，故其表面积甚大，可达 100 m²。它们位于胶原纤维表面和胶原纤维之间，沿纤维长轴以 60～70 nm 的间隔规律地排列。在液体中的结晶体被一层水包围形成一层水化壳，离子只有通过这层物质才能达到结晶体表面，有利于细胞外液与结晶体进行离子交换。羟基磷灰石主要由钙、磷酸根和羟基结合而成。结晶体还吸附许多其他矿物质，如镁、钠、钾和一些微量元素，包括锌、铜、锰、氟、铅、锶、铁、铝、镭等。因此，骨是钙、磷和其他离子的储存库。这些离子可能位于羟基磷灰石结晶的表面，或能置换晶体中的主要离子，或者两者同时存在。

骨骼中的矿物质晶体与骨基质的胶原纤维之间存在十分密切的物理－化学和生物化学－高分子化学结构功能关系。正常的羟磷灰石形如长针状，大小较一致，有严格的空间定向，如果羟磷灰石在骨矿化前沿的定点与排列紊乱，骨的矿化即可发生异常，同时也使基质的生成与代谢异常。

二、有机质

有机质包括胶原纤维和无定形基质（蛋白多糖、脂质，特别是磷脂类）。

（一）胶原纤维

胶原纤维是一种结晶纤维蛋白原，被包埋在含有钙盐的基质中。在有机质中胶原纤维占 90%，人体的胶原纤维大约 50% 存在于骨组织中。构成骨胶原纤维的化学成分主要是 Ⅰ 型胶原，占骨总重量的 30%，还有少量 Ⅴ 型胶原，占骨总质量的 1.5%。在病理情况下，可出现 M 型胶原。骨的胶原纤维与结缔组织胶原纤维的形态结构基本相同，分子结构为 3 条多肽链，每条含有 1 000 多个氨基酸，交织呈绳状，故又称三联螺旋结构。胶原纤维的直径为 50～70 nm，具有 64 nm 周期性横纹。Ⅰ 型胶原由 20 多种氨基酸组成，其中甘氨酸约占 33%，脯氨酸和羟脯氨酸约占 25%。骨的胶原纤维和其他胶原蛋白的最大不同在于它在稀酸液中不膨胀，也不溶解于可溶解其他胶原的溶剂中，如中性盐和稀酸溶液等。骨的胶原纤维具有这些特殊的物理性能，是由于骨 Ⅰ 型胶原蛋白分子之间有较多的分子间交联。骨胶原与羟磷灰石结晶结合，形成了抗挤压和抗拉扭很强的骨组织。随着骨代谢不断进行，胶原蛋白也不断降解和合成。胶原的功能是使各种组织和器官具有强度完整性，1 mm 直径的胶原可承受 10～40 kg 的力。骨质含的胶原细纤维普遍呈平行排列，扫描电镜下胶原细纤维分支，形成连接错综的网状结构。

（二）无定形基质

无定形基质仅占有机质的 10% 左右，是一种没有固定形态的胶状物，主要成分是蛋白多糖和蛋白多糖复合物，后者由蛋白多糖和糖蛋白组成。

蛋白多糖类占骨有机物的 40%～50%，由一条复杂的多肽链组成，还有几个硫酸多糖侧链与其共价连接。多糖部分为氨基葡聚糖，故过碘酸希夫反应阳性（PAS），某些区域呈弱的异染性。尽管骨有机质中存在氨基葡聚糖，但由于含有丰富的胶原蛋白，骨组织切片染色呈嗜酸性。还有很少脂质，占干骨重0.1%，主要为磷脂类、游离脂肪酸和胆固醇等。

无定形基质含有许多非胶原蛋白，占有机物的0.5%，近年来已被分离出来的主要有以下几种。

1. 骨钙蛋白或称骨钙素　骨钙蛋白是骨基质中含量最多的非胶原蛋白，在成人骨中约占非胶原蛋白总量的20%，占骨基质蛋白质的1%～2%。它一是种依赖维生素K的蛋白质，是由47～351个氨基酸残基组成的多肽，其中的2～3个氨基酸残基中含有Y－羧基谷氨酸残基（GIA）链，相对分子质量为5 900。一般认为骨钙蛋白对羟基磷灰石有很高亲和力，在骨组织矿化过程中，能特异地与骨羟基磷灰石结晶结合，主要通过侧链GIA与晶体表面的Ca^{2+}结合，每克分子骨钙蛋白能结合2～3 mol的Ca^{2+}，从而促进骨矿化过程。骨钙蛋白对成骨细胞和破骨细胞前体有趋化作用，并可能在破骨细胞的成熟及活动中起作用。骨钙蛋白还可能控制骨Ca^{2+}的进出，影响肾小管对Ca^{2+}的重吸收，提示它参与调节体内钙的平衡。当成骨细胞受1,25－$(OH)_2D_3$刺激，可产生骨钙蛋白。此外，肾、肺、脾、胰和胎盘的一些细胞也能合成骨钙蛋白。

骨钙素的表达受许多激素、生长因子和细胞因子的调节。上调骨钙素表达的因子主要是1,25－$(OH)_2D_3$，而下调其表达的因子有糖皮质激素、TGF－B、PGE_2、IL－2、TNF－A、IL－10、铅元素和机械应力等。

2. 骨桥蛋白　又称骨唾液酸蛋白Ⅰ（BSP Ⅰ），分泌性磷蛋白。它是一种非胶原蛋白，主要由成骨性谱系细胞和活化型T淋巴细胞表达，存在于骨组织、外周血液和某些肿瘤中。OPN分子大约由300个氨基酸残基组成，分子量为44～375 ku，其突出的结构特点是含有精氨酸－甘氨酸－天冬氨酸（RGD）基序。骨桥蛋白具有9个天冬氨酸的区域，该处是同羟基磷灰石相互作用的部位，故对羟基磷灰石有很高的亲和力。骨桥蛋白浓集在骨形成的部位、软骨成骨的部位和破骨细胞同骨组织相贴的部位，它是成骨细胞和破骨细胞黏附的重要物质，是连接细胞与基质的桥梁。骨桥蛋白不仅由成骨细胞产生，破骨细胞也表达骨桥蛋白mRNA，表明破骨细胞也能合成骨桥蛋白。此外，成牙质细胞、软骨细胞、肾远曲小管上皮细胞以及胎盘、神经组织及骨髓瘤的细胞也分泌骨桥蛋白。

OPN能与骨组织的其他组分结合，形成骨代谢的调节网络。破骨细胞中的OPN与CD44／αvβ₃受体形成复合物，可促进破骨细胞的移行。

3. 骨唾液酸蛋白　又称骨唾液酸蛋白Ⅱ（BSPⅡ），是酸性磷蛋白，相对分子质量为7 000，40%～50%由碳水化合物构成，13%～14%为唾液酸，有30%的丝氨酸残基磷酸化。BSPⅡ在骨中占非胶原蛋白总量的15%左右。BSPⅡ的功能是支持细胞黏附，对羟基磷灰石有很高的亲和力，具有介导基质矿化作用。它由成骨细胞分泌。

4. 骨酸性糖蛋白－75（BAG－75）　它含有30%的强酸残基、8%的磷酸，是酸性磷蛋白，相对分子质量为75 000。它存在于骨骺板中，其功能与骨桥蛋白和BSPⅡ一样，对羟基磷灰石有很强的亲和力，甚至比它们还大。

5. 骨粘连蛋白或称骨连接素　它是一种磷酸化糖蛋白，由303个氨基酸残基组成，相对分子质量为32 000，其氨基酸末端具有强酸性，有12个低亲和力的钙结合位点和一个以上高亲和力的钙结合位点。骨粘连蛋白能同钙和磷酸盐结合，促进矿化过程，能使Ⅰ型胶原与羟基磷灰石牢固地结合，它与钙结合后引起本身分子构型变化。如果有钙螯合剂，骨粘连蛋白即丧失其选择性结合羟基磷灰石能力。骨粘连蛋白在骨组织中含量很高，由成骨细胞产生。但一些非骨组织也存在骨粘连蛋白，如软骨细胞、皮肤的成纤维细胞、肌腱的腱细胞、消化道上皮细胞及成牙质细胞。骨连蛋白还与Ⅰ型、Ⅲ型和Ⅴ型胶原以及与血小板反应素－1结合，并增加纤溶酶原活化抑制因子－1的合成。骨连蛋白可促进牙周组织MMP－2的表达，同时还通过OPG调节破骨细胞的形成。

6. 钙结合蛋白 钙结合蛋白是一种维生素D依赖蛋白，存在于成骨细胞、骨细胞和软骨细胞胞质的核糖体和线粒体上，成骨细胞和骨细胞突起内以及细胞外基质小泡内也有钙结合蛋白，表明钙结合蛋白沿突起传递，直至细胞外基质小泡。所以，钙结合蛋白是一种钙传递蛋白，基质小泡内的钙结合蛋白在矿化过程中起积极作用。此外，钙结合蛋白还存在于肠、子宫、肾和肺等器官中，体内分布较广。

7. 纤连蛋白 纤连蛋白主要由发育早期的成骨细胞表达，以二聚体形式存在，分子量约为400 ku，两个亚基中含有与纤维蛋白、肝素等的结合位点，亦可与明胶、胶原、DNA、细胞表面物质等结合。纤连蛋白主要由成骨细胞合成，主要功能是调节细胞黏附。成骨细胞的发育和功能有赖于细胞外基质的作用，基质中的黏附受体将细胞外基质与成骨细胞的细胞骨架连接起来，二氢睾酮可影响细胞外基质中纤连蛋白及其受体的作用，刺激纤连蛋白及其受体碱性磷酸酶（ALP）、破骨细胞抑制因子（OPG）的表达。

（史　斌）

第三节　骨的种类

一、解剖分类

成人有206块骨，可分为颅骨、躯干骨和四肢骨三部分。前两者也称为中轴骨。按形态骨可分为四类。

（一）长骨

呈长管状，分布于四肢。长骨分一体两端，体又称骨干，内有空腔称髓腔，容纳骨髓。体表面有1~2个主要血管出入的孔，称滋养孔。两端膨大称为骺，具有光滑的关节面，活体时被关节软骨覆盖。骨干与骺相邻的部分称为干骺端，幼年时保留一片软骨，称为骺软骨。通过骺软骨的软骨细胞分裂繁殖和骨化，长骨不断加长。成年后，骺软骨骨化，骨干与骺融合为一体，原来骺软骨部位形成骺线。

（二）短骨

形似立方体，往往成群地联结在一起，分布于承受压力较大而运动较复杂的部位，如腕骨。

（三）扁骨

呈板状，主要构成颅腔、胸腔和盆腔的壁，以保护腔内器官，如颅盖骨和肋骨。

（四）不规则骨

形状不规则，如椎骨。有些不规则骨内具有含气的腔，称含气骨。

二、组织学分类

骨组织根据其发生的早晚、骨细胞和细胞间质的特征及其组合形式，可分为未成熟的骨组织和成熟的骨组织。前者为非板层骨，后者为板层骨。胚胎时期最初形成的骨组织和骨折修复形成的骨痂，都属于非板层骨，除少数几处外，它们或早或迟被以后形成的板层骨所取代。

（一）非板层骨

又称为初级骨组织。可分两种，一种是编织骨，另一种是束状骨。编织骨比较常见，其胶原纤维束呈编织状排列，因而得名。胶原纤维束的直径差异很大，但粗大者居多，最粗直径达 13 μm，因此又有编织骨之称。编织骨中的骨细胞分布和排列方向均无规律，体积较大，形状不规则，按骨的单位容积计算，其细胞数量约为板层骨的 4 倍。编织骨中的骨细胞代谢比板层骨的细胞活跃，但前者的溶骨活动往往是区域性的。在出现骨细胞溶骨的一些区域内，相邻的骨陷窝同时扩大，然后合并，形成较大的无血管性吸收腔，使骨组织出现较大的不规则囊状间隙，这种吸收过程是清除编织骨以被板层骨取代的正常生理过程。编织骨中的蛋白多糖等非胶原蛋白含量较多，故基质染色呈嗜碱性。若骨盐含量较少，则 X 线更易透过。编织骨是未成熟骨或原始骨，一般出现在胚胎、新生儿、骨痂和生长期的干骺区，以后逐渐被板层骨取代，但到青春期才取代完全。在牙床、近颅缝处、骨迷路、腱或韧带附着处，仍终身保存少量编织骨，这些编织骨往往与板层骨掺杂存在。某些骨骼疾病，如畸形性骨炎、氟中毒、原发性甲状旁腺功能亢进引起的囊状纤维性骨炎、肾病性骨营养不良和骨肿瘤等，都会出现编织骨，并且最终可能在患者骨中占绝对优势。束状骨比较少见，也属编织骨。它与编织骨的最大差异是胶原纤维束平行排列，骨细胞分布于相互平行的纤维束之间。

（二）板层骨

又称次级骨组织，它以胶原纤维束高度有规律地成层排列为特征。胶原纤维束一般较细，因此又有细纤维骨之称。细纤维束直径通常为 2~4 μm，它们排列成层，与骨盐和有机质结合紧密，共同构成骨板。同一层骨板内的纤维大多是相互平行的，相邻两层骨板的纤维层则呈交叉方向。骨板的厚薄不一，一般为 3~7 μm。骨板之间的矿化基质中很少存在胶原纤维束，仅有少量散在的胶原纤维。骨细胞一般比编织骨中的细胞小，胞体大多位于相邻骨板之间的矿化基质中，但也有少数散在于骨板的胶原纤维层内。骨细胞的长轴基本与胶原纤维的长轴平行，显示了有规律的排列方向。

在板层骨中，相邻骨陷窝的骨小管彼此通连，构成骨陷窝－骨小管－骨陷窝通道网。由于骨浅部骨陷窝的部分骨小管开口于骨的表面，而骨细胞的胞体和突起又未充满骨陷窝和骨小管，因此该通道内有来自骨表面的组织液。通过骨陷窝－骨小管－骨陷窝通道内的组织液循环，既保证了骨细胞的营养，又保证了骨组织与体液之间的物质交换。若骨板层数过多，骨细胞所在位置与血管的距离超过 300 μm，则不利于组织液循环，其结果往往导致深层骨细胞死亡。一般认为，板层骨中任何一个骨细胞所在的位置与血管的距离均在 300 μm 以内。

板层骨中的蛋白多糖复合物含量比编织骨少，骨基质染色呈嗜酸性，与编织骨的染色形成明显的对照。板层骨中的骨盐与有机质的关系十分密切，这也是与编织骨的差别之一。板层骨的组成成分和结构的特点，赋予板层骨抗张力强度高、硬度强的特点；而编织骨的韧性较大，弹性较好。编织骨和板层骨都参与松质骨和密质骨的构成。

（史　斌）

第四节　骨的组织结构

人体的 206 块骨，分为多种类型，其中以长骨的结构最为复杂。长骨由骨干和骨骺两部分构成，表面覆有骨膜和关节软骨。典型的长骨，如股骨和肱骨，其骨干为一厚壁而中空的圆柱体，中央是充满骨髓的大骨髓腔。长骨由密质骨、松质骨和骨膜等构成。密质骨为松质骨质量的 4 倍，但松质骨代谢却为密质骨的 8 倍，这是因为松质骨具有大量表面积，为细胞活动提供了条件。松质骨一般存在于骨干端、骨骺和如椎骨的立方形骨中，松质骨内部的板层或杆状结构形成了沿着机械压力方向排列的三维网状构架。松质骨承受着压力和应变张力的合作用，但压力负荷仍是松质骨承受的主要负载形式。密质骨组成长骨的骨干，承受弯曲、扭转和压力载荷。长骨骨干除骨髓腔面有少量松质骨，其余均为密质骨。骨干中部的密质骨最厚，越向两端越薄。

一、密质骨

骨干主要由密质骨构成，内侧有少量松质骨形成的骨小梁。密质骨在骨干的内外表层形成环骨板，在中层形成哈弗斯系统和间骨板。骨干中有与骨干长轴几乎垂直走行的穿通管，内含血管、神经和少量疏松结缔组织，结缔组织中有较多骨祖细胞；穿通管在骨外表面的开口即为滋养孔。

（一）环骨板

是指环绕骨干外、内表面排列的骨板，分别称为外环骨板和内环骨板。

1. 外环骨板　外环骨板厚，居骨干的浅部，由数层到十多层骨板组成，比较整齐地环绕骨干平行排列，其表面覆盖骨外膜。骨外膜中的小血管横穿外环骨板深入骨质中。贯穿外环骨板的血管通道称穿通管或福尔克曼管，其长轴几乎与骨干的长轴垂直。通过穿通管，营养血管进入骨内，和纵向走行的中央管内的血管相通。

2. 内环骨板　内环骨板居骨干的骨髓腔面，仅由少数几层骨板组成，不如外环骨板平整。内环骨板表面衬以骨内膜，后者与被覆于松质骨表面的骨内膜相连续。内环骨板中也有穿通管穿行，管中的小血管与骨髓血管通连。从内、外环骨板最表层骨陷窝发出的骨小管，一部分伸向深层，与深层骨陷窝的骨小管通连；一部分伸向表面，终止于骨和骨膜交界处，其末端是开放的。

（二）哈弗斯骨板

哈弗斯骨板介于内、外环骨板之间，是骨干密质骨的主要部分，它们以哈弗斯管为中心呈同心圆排列，并与哈弗斯管共同组成哈弗斯系统。哈弗斯管也称中央管，内有血管、神经及少量结缔组织。长骨骨干主要由大量哈弗斯系统组成，所有哈弗斯系统的结构基本相同，故哈弗斯系统又有骨单位之称。

骨单位为厚壁的圆筒状结构，其长轴基本上与骨干的长轴平行，中央有一条细管称中央管，围绕中央管有 5～20 层骨板呈同心圆排列，宛如层层套入的管鞘。改建的骨单位不总是呈单纯的圆柱形，可有许多分支互相吻合，具有复杂的立体构型。因此，可以见到由同心圆排列的骨板围绕斜行的中央管。中央管之间还有斜行或横行的穿通管互相连接，但穿通管周围没有同心圆排列的骨板环绕，据此特征可区别穿通管与中央管。哈弗斯骨板一般为 5～20 层，故不同骨单位的横断面积大小不一，每层骨板的平均厚度为 3 μm。

骨板中的胶原纤维绕中央管呈螺旋形行走，相邻骨板中胶原纤维互成直角关系。有人认为，骨板中的胶原纤维的排列是多样性的，并根据胶原纤维的螺旋方向，将骨单位分为 3 种类型：Ⅰ 型，所有骨板中的胶原纤维均以螺旋方向为主；Ⅱ 型，相邻骨板的胶原纤维分别呈纵行和环行；Ⅲ 型，所有骨板的胶原纤维以纵行为主，其中掺以极少量散在的环行纤维。不同类型骨单位的机械性能有所不同，其压强和弹性系数以横行纤维束为主的骨单位为最大，以纵行纤维束为主的骨单位为最小。每个骨单位最内层骨板表面均覆以骨内膜。

中央管长度为 3～5 mm，中央管的直径因各骨单位而异，差异很大，平均为 300 μm，内壁衬附一层结缔组织，其中的细胞成分随着每一骨单位的活动状态而各有不同。在新生的骨质内多为骨祖细胞，被破坏的骨单位则有破骨细胞。骨沉积在骨外膜或骨内膜沟表面形成的骨单位，或在松质骨骨骼内形成的骨单位，称为初级骨单位。中央管被同心圆骨板柱围绕，仅有几层骨板。初级骨单位常见于未成熟骨，如幼骨，特别是胚胎骨和婴儿骨，随着年龄增长，初级骨单位也相应减少。次级骨单位与初级骨单位相似，是初级骨单位经改建后形成的。次级骨单位或称继发性哈弗斯系统，有一黏合线，容易辨认，并使其与邻近的矿化组织区分开来。

中央管中通行的血管不一致。有的中央管中只有一条毛细血管，其内皮有孔，胞质中可见吞饮小泡，包绕内皮的基膜内有周细胞。有的中央管中有两条血管，一条是小动脉，或称毛细血管前微动脉，另一条是小静脉。骨单位的血管彼此通连，并与穿通管中的血管交通。在中央管内还可见到细的神经纤维，与血管伴行，大多为无髓神经纤维，偶可见有髓神经纤维，这些神经主要由分布在骨外膜的神经纤维构成。

（三）间骨板

位于骨单位之间或骨单位与环骨板之间，大小不等，呈三角形或不规则形，也由平行排列骨板构成，大都缺乏中央管。间骨板与骨单位之间有明显的黏合线分界。间骨板是骨生长和改建过程中哈弗斯骨板被溶解吸收后的残留部分。

在以上三种结构之间，以及所有骨单位表面都有一层黏合质，呈强嗜碱性，为骨盐较多而胶原纤维较少的骨质，在长骨横断面上呈折光较强的轮廓线，称黏合线。伸向骨单位表面的骨小管，都在黏合线处折返，不与相邻骨单位的骨小管连通。因此，同一骨单位内的骨细胞都接受来其中央管的营养供应。

二、松质骨

长骨两端的骨骺主要由松质骨构成，仅表面覆以薄层密质骨。松质骨的骨小梁粗细不一，相互连接而成拱桥样结构，骨小梁的排列配布方向完全符合机械力学规律。骨小梁也由骨板构成，但层次较薄，一般不显骨单位，在较厚的骨小梁中，也能看到小而不完整的骨单位。例如，股骨上端、股骨头和股骨颈处的骨小梁排列方向，与其承受的压力和张力曲线大体一致；而股骨下端和胫骨上、下端，由于压力方向与它们的长轴一致，故骨小梁以垂直排列为主。骨所承受的压力均等传递，变成分力，从而减轻骨的负荷，但骨骺的抗压抗张强度小于骨干的抗压抗张强度。松质骨骨小梁之间的间隙相互连通，并与骨干的骨髓腔直接相通。

三、骨膜

骨膜是由致密结缔组织组成的纤维膜。包在骨表面的较厚层结缔组织称骨外膜，被衬于骨髓腔面的薄层结缔组织称骨内膜。除骨的关节面、股骨颈、距骨的囊下区和某些籽骨表面外，骨的表面都有骨外膜。肌腱和韧带的骨附着处均与骨外膜连续。

（一）骨外膜

成人长骨的骨外膜一般可分为内、外两层，但两者并无截然分界。

纤维层是最外的一层薄的、致密的、排列不规则的结缔组织，其中含有一些成纤维细胞。结缔组织中含有粗大的胶原纤维束，彼此交织成网状，有血管和神经在纤维束中穿行，沿途有些分支经深层穿入穿通管。有些粗大的胶原纤维束向内穿进骨质的外环层骨板，亦称穿通纤维，起固定骨膜和韧带的作用。骨外膜内层直接与骨相贴，为薄层疏松结缔组织，其纤维成分少，排列疏松，血管及细胞丰富，细胞贴骨分布，排列成层，一般认为它们是骨祖细胞。

骨外膜内层组织成分随年龄和功能活动而变化，在胚胎期和出生后的生长期，骨骼迅速生成，内层的细胞数量较多，骨祖细胞层较厚，其中许多已转变为成骨细胞。成年后骨处于改建缓慢的相对静止阶段，骨祖细胞相对较少，不再排列成层，而是分散附着于骨的表面，变为梭形，与结缔组织中的成纤维细胞很难区别。当骨受损后，这些细胞又恢复造骨的能力，变为典型的成骨细胞，参与新的骨质形成。由于骨外膜内层有成骨能力，故又称生发层或成骨层。

（二）骨内膜

骨内膜是一薄层含细胞的结缔组织，衬附于骨干和骨骺的骨髓腔面以及所有骨单位中央管的内表面，并且相互连续。骨内膜非常薄，不分层，由一层扁平的骨祖细胞和少量的结缔组织构成，并和穿通管内的结缔组织相连续。非改建期骨的骨内膜表面覆有一层细胞，称为骨衬细胞，细胞表型不同于成骨细胞。一般认为它是静止的成骨细胞，在适当刺激下，骨衬细胞可再激活成为有活力的成骨细胞。

骨膜的主要功能是营养骨组织，为骨的修复或生长不断提供新的成骨细胞。骨膜具有成骨和成软骨的双重潜能，临床上利用骨膜移植，已成功地治疗骨折延迟愈合或不愈合、骨和软骨缺损、先天性腭裂和股骨头缺血性坏死等疾病。骨膜内有丰富的游离神经末梢，能感受痛觉。

四、骨髓

骨松质的腔隙彼此通连，其中充满小血管和造血组织，称为骨髓。在胎儿和幼儿期，全部骨髓呈红色，称红骨髓。红骨髓有造血功能，内含发育阶段不同的红骨髓和某些白细胞。约在 5 岁以后，长骨骨髓腔内的红骨髓逐渐被脂肪组织代替，呈黄色，称黄骨髓，失去造血活力，但在慢性失血过多或重度贫血时，黄骨髓可逐渐转化为红骨髓，恢复造血功能。在椎骨、髂骨、肋骨、胸骨及肱骨和股骨等长骨的骺内终生都是红骨髓，因此临床常选髂前上棘或髂后上棘等处进行骨髓穿刺，检查骨髓象。

（史　斌）

第五节　骨的血管、淋巴管和神经

1. 血管　长骨的血供来自三个方面：骨端、骨骺和干骺端的血管；进入骨干的滋养动脉；骨膜动脉。

滋养动脉是长骨的主要动脉，一般有 1～2 支，经骨干的滋养孔进入骨髓腔后，分为升支和降支，每一支都有许多细小的分支，大部分直接进入皮质骨，另一些分支进入髓内血窦。升支和降支的终末血管供给长骨两端的血液，在成年人中可与干骺端动脉及骺动脉的分支吻合。干骺端动脉和骺动脉均发自邻近动脉，分别从骺软骨的近侧和远侧穿入骨质。上述各动脉均有静脉伴行，汇入该骨附近的静脉。不规则骨、扁骨和短骨的动脉来自骨膜动脉或滋养动脉。

2. 淋巴管　骨膜的淋巴管很丰富，但骨的淋巴管是否存在尚有争议。

3. 神经　骨的神经伴滋养血管进入骨内，分布到哈弗管的血管周隙中，以内脏传出纤维较多，分布到血管壁；躯体传入纤维则分布于骨膜、骨内膜、骨小梁及关节软骨深面。骨膜的神经最丰富，并对张力或撕扯的刺激较为敏感，故骨脓肿和骨折常引起剧痛。

一、血管

骨的血管包括动脉、静脉和毛细血管。

骨血管解剖学特点是适应骨骼系统坚固支架之功能。骨的动脉广泛吻合，互相连接。静脉网的直径较大，以适应动脉特点，以便于将血液迅速排出。同时，这一广阔开放系统，有利于骨构成造血骨髓的保护囊，尽快排出血液，不会造成血容量的变化，引起骨内压升高。此外，由于骨骼具有制造并释放血细胞的功能，如果毛细血管、窦状隙发生障碍，必然影响骨髓功能。

（一）动脉

骨的动脉丰富，按解剖部位，长骨的动脉可分为6组：①骨干动脉或营养动脉；②近侧干骺端动脉；③远侧干骺端动脉；④近侧骨骺动脉；⑤远侧骨骺动脉；⑥骨膜动脉。慨言之，共有骨干营养系统、骨骺－干骺端系统与骨膜－骨皮质系统。

1. 骨干动脉 每个长骨均有界限清楚，固定走行的骨干动脉。动脉经营养管进入骨内，一般多位于骨骺生长活跃部位附近，并伸向生长较慢的骨骺。在营养管内没有分支。进入髓腔后则骨干动脉分成两个主干，走向两侧骨骺。其一为主干的延伸而斜行，另一主干骤然弯曲，走向相反方向。上述两支又形成分支，互相平行。骨干动脉的终末支与干骺端系统分支吻合，这两个系统可互相代替。上述两个主要分支均向内骨膜伸出横向分支，并相互吻合，形成内骨膜网。从内骨膜网又伸出三种骨皮质动脉：短支进入骨皮质的中间三分之一；返回支则先形成180°血管环，而进入骨皮质的内侧，然后返回髓腔；贯穿支则横向进入骨皮质与外骨膜动脉吻合。总之，骨干营养动脉主要供应骨髓腔与骨皮质内三分之一。骨干动脉与中央静脉窦有密切关系，有时骨干动脉可呈螺旋状环绕中央静脉窦。

2. 干骺端－骨骺动脉 干骺端－骨骺动脉不仅对关节与关节骨，而且对整个骨至关重要。干骺端与骨骺动脉两者进入骨内的部位及其起源不同。干骺端动脉系 Huvter 环状关节动脉分支，流经许多血管开口而进入干骺端。骨骺动脉起自靠近骨骺的环状动脉网，于关节软骨边缘附近，穿进骨骺。骨骺板代表骨生长时两个系统的边界。有时干骺端动脉可穿进骨骺。成人中，这两个系统有大量吻合连接，构成血管单位间的通道。

3. 骨膜动脉 骨膜系覆盖于长骨骨干的特有的结缔组织，有生骨功能。外纤维层有动脉网，此环行动脉网围绕在骨干与干骺端表面，以纵向吻合相连，并和相邻肌肉动脉相连。骨膜深层的血管网和骨膜的骨母细胞层毛细血管相连，而且也和骨皮质内循环相连。对于骨皮质内血运的形态和特点尚有不同意见，传统描述为起自骨膜动脉，多数穿透支进入骨皮质后和来自营养动脉的内骨膜动脉吻合。而 Brook 等则认为只有骨膜的毛细血管，并没有真正的微动脉传入骨皮质。

（二）静脉

静脉系统的容量比动脉系统大6~8倍。血液可直接或间接地引流到骨内。直接静脉系统的导静脉（emissary vein）或穿透支没有瓣，以直线流经骨皮质而注入四肢的深部静脉干。大多数导静脉和动脉相连，一般是每条动脉有两条静脉。直接静脉系统包括骨骺－干骺端静脉和营养静脉。间接静脉系统则包括静脉窦及其分支。静脉窦的形状不规则，壁薄，覆以单层内皮细胞．于骨干内收集大量静脉毛细血管或短而与之垂直的小静脉，呈特殊的毛发样或履带样。中央静脉窦的直径粗大、弯曲，而营养动脉则直径小而壁光滑。干骺端－骨干结合处中央静脉窦接受数条纵向的干骺端静脉，近侧干骺端比远侧多。中央窦的主流流经营养静脉。

（三）骨皮质血管

骨皮质内血管流经皮质骨原始哈佛管与伏曼管。过去认为纵向之哈佛管和骨干纵轴平行，但实际是斜行于骨干纵轴，自骨干周围走向中央。哈佛管的直径从 25～125 μm 不等，平均为 50 μm。较大的管内含两条血管，大多数哈佛管管腔狭窄，含有一条毛细血管，直径 15 μm。而哈佛管互相吻合，形成真正的网；有关骨皮质内毛细血管的血流方向，尚有争议。骨皮质血管网和骨皮质本身相似，不断进行再塑。因为哈佛管系统的再塑需先有血管形成，因此不能将其看作固定的系统。骨皮质的血管网是由营养动脉而来的骨髓循环和骨膜循环之间的吻合系统所构成．当骨髓内骨干动脉系统受影响时，这一联系发挥重要作用。

（四）骨髓毛细血管系统

骨髓毛细血管有三型：动脉性毛细血管或真正毛细血管、窦状系毛细血管或窦状系与静脉性毛细血管或小静脉。动脉性毛血管呈直向走行，并有外膜层，是小动脉分支末端。位于窦状隙末端则扩大，呈圆锥型或喇叭状。窦状隙是骨髓循环的特殊结构，系骨髓血流的基础。窦状隙不具外膜层，故和毛细血管不同。窦状隙只有单层内皮细胞，周围是骨髓骨小梁、骨髓细胞等。窦状隙的直径不等，可扩张或狭窄。广泛相连的窦状隙网状结构，因骨髓机能的活动或静止而密度不同。小静脉则可能和窦状隙分支相连。

（五）骨静脉系统的整合作用

1. 骨干与骨皮循环　骨干血运主要来自营养动脉，对骨干骨皮质营养起次要作用。于骨皮内的吻合．将此二系统整合（interation），必要时，每个系统都能担负骨皮的营养。对骨皮血流方向，Brooks 比等认为是离心性循环，并提出内骨膜动脉经流经骨皮到哈佛管内毛细血管，然后流到骨膜与肌肉静脉网内。骨膜循环可代偿营养动脉循环之不足。此时，骨皮质内毛细血管循环，可有反流现象。

2. 关节系统　关节血运可看作是相邻两个骨端的统一系统，包括两个网状结构：一为中间网，"为深部功能性营养循环网。前者起自血供系统，由关节动脉的两个干端周围环构成，这两个环越过关节以纵向吻合相连。后者是上述深部循环网的分支构成。这些分支沿软骨与滑膜结合处周围环行。

3. 上述两个系统的联系　上述两个系统只在生长期存在，骨骺端是骨与骨干循环之间的过渡地带。

二、淋巴管

19 世纪即提出在骨内血管周围有淋巴腔隙，但以后未能证实。将带色颗粒（如含炭墨水）注射到骨髓，或将放射活性标记物注射到骨髓，可在肢体近端淋巴结内发现，表明是通过淋巴系统运输，但未能证明骨内存在有淋巴管。近来研究证明每个骨的表面均有骨膜淋巴管。骨膜内注射墨水后，可在血管附近看到纤细的淋巴管网状结构，并可形成较大的淋巴管，然后流入静脉。将墨水注射到骨髓时，血管内皮细胞与骨细胞内可见炭颗粒聚集，但不见淋巴管；经静脉内银浸透法可在一段距离内见纤维网状结构，但不见血管周围之淋巴腔隙。实验研究证明结扎静脉而造成淤血，使骨外淋巴管扩张，但未见骨内淋巴系统。虽然骨内毛细血管扩张，出现血管周围水肿，但未能证明在骨髓内或骨皮内存在有淋巴管。

三、神经

1个世纪以来，组织学证明骨髓内有神经存在。最早由 Sherman 等观察到人与动物的神经直径由 10 ~ 300 μm，包括直径为 7 μm 的有髓神经纤维与 1 ~ 3 μm 的无髓神经纤维。由于这些神经靠近血管，故推测是感觉神经或运动神经。此后，Ottolenghi 将人和动物的股骨与胫骨的神经分为三型：一为动脉内膜与外膜之间形成的网状结构，二为围绕在毛细血管周围的神经纤维，三为骨髓内终末支。Decastro 证明骨髓细胞周围和与内骨膜相连的骨母细胞周围均可见纤细的环状神经末端。Kuntz 等用神经纤维选择变性研究，测出骨内各种神经纤维的性质与功能。无髓神经传出神经纤维与交感神经系统位于血管周围，具收缩血管的功能。传入有髓神经纤维也形成血管周围网，个别纤维进入骨髓，有的属感觉传导器。骨髓神经的第三功能够刺激与调节造血作用。骨膜的神经最丰富，并对张力或撕扯的刺激较为敏感，故骨脓肿和骨折常引起剧痛。

（史　斌）

第二章

骨外科诊断基础

第一节　骨外科体格检查

一、基本原则

（一）关注全身状况

人体作为一个整体，不能只注意检查局部而忽略了整体及全身情况。尤其是多发创伤患者往往骨折、脱位、伤口出血表现得比较明显。如果只注意局部骨折、脱位情况，而忽略了内出血、胸、腹、颅内等情况，就会造成漏诊。所以一定要注意外伤患者的生命体征，争取时间而不至于延误病情，做到准确及时地诊断和处理。

（二）注意检查顺序

一般先进行全身检查再重点进行局部检查，但不一定系统进行，也可先检查有关的重要部分。既注意局部症状、体征明显的部位，又不放过全身其他部位的病变或其他有意义的变化，如膝关节的疼痛可能来自腰髋的疾病，膝、髋关节的窦道可能来自腰椎等。检查者对每一部位要建立一套完整的检查程序和顺序，从而避免遗漏一些资料。

一般按视诊、触诊、动诊、量诊顺序进行。

1. 先健侧后患侧　有健侧做对照，可发现患侧的异常。

2. 先健处后患处　否则由于检查引起疼痛，易使患者产生保护性反应，难以准确判定病变的部位及范围。

3. 先主动后被动　先让患者自己活动患肢，以了解其活动范围、受限程度、痛点等，然后再由医生做被动检查。反之，则因被动检查引起的疼痛、不适会影响检查结果的准确性。

（三）抓住检查要点

1. 充分暴露、两侧对比　检查室温度要适宜，光线充足。充分暴露检查的部位是为了全面了解病变的情况，也便于两侧对比。两侧对比即要有确切的两侧同一的解剖标志，对患者进行比较性检查，如长度、宽度、周径、活动度、步态等。

2. 全面、反复、轻柔、到位、多体位

（1）全面：不可忽视全身检查，不能放过任何异常体征，有助于诊断以防止漏诊。

（2）反复：每一次主动、被动或对抗运动等检查都应重复几次以明确症状有无加重或减轻，及时

· 16 ·

发现新症状和体征。尤其对于神经系统定位，应反复检查。

（3）轻柔：检查操作时动作要轻柔，尽量不给患者增加痛苦。

（4）到位：检查关节活动范围时，主动或被动活动都应达到最大限度。检查肌力时肌肉收缩应至少持续5秒，以明确有无肌力减弱。

（5）多体位检查：包括站立、行走、坐位、仰卧、俯卧、侧卧、截石位等姿势。特殊检查可采取特殊体位。

（四）综合分析

物理学检查只是一种诊断方法，必须结合病史、辅助检查及化验等获得的各种信息，综合分析，才能得出正确诊断。任何疾病在发展过程中，其症状和体征也会随之发生变化。同一疾病在不同阶段有不同的症状和体征。同一症状和体征在不同阶段其表现和意义也各不相同。必须综合考虑病史、物理检查、辅助检查综合做出诊断。

二、基本检查法

（一）视诊

观察步态有无异常，患部皮肤有无创面、窦道、瘢痕、静脉曲张及色泽异常，脊柱有无侧凸、前后凸，肢体有无畸形，肌肉有无肥大和萎缩，软组织有无肿胀及肿物，与健侧相应部位是否对称等。

（二）触诊

①检查病变的部位、范围，肿物的大小、硬度、活动度、压痛，皮肤感觉及温度等。②检查压痛时，应先让被检查者指明疼痛部位及范围，检查者用手从病变外周向中央逐步触诊。应先轻后重、由浅入深，注意压痛部位、范围、深浅程度、有无放射痛等，并注意患者的表情和反应。③有无异常感觉如骨擦感、骨擦音、皮下捻发感、肌腱弹响等。④各骨性标志有无异常，检查脊柱有无侧凸可用棘突滑动触诊法。

（三）叩诊

主要检查有无叩击痛。为明确骨折、脊柱病变或做反射检查时常用叩诊，如四肢骨折时常有纵向叩击痛；脊柱病变常有棘突叩痛；神经干叩击征（Tinel征）即叩击损伤神经的近端时其末端出现疼痛，并逐日向远端推移，表示神经再生现象。

（四）动诊

包括检查主动运动、被动运动和异常活动情况，并注意分析活动与疼痛的关系。注意检查关节的活动范围和肌肉的收缩力。先观察患者的主动活动，再进行被动检查。当神经麻痹或肌腱断裂时，关节均不能主动活动，但可以被动活动。当关节强直、僵硬或有肌痉挛、皮肤瘢痕挛缩时，则主动和被动活动均受限。异常活动包括以下几种情况：①关节强直，运动功能完全丧失。②关节运动范围减小，见于肌肉痉挛或与关节相关联的软组织挛缩。③关节运动范围超常，见于关节囊破坏，关节囊及支持韧带过度松弛和断裂。④假关节活动，见于肢体骨折不愈合或骨缺损。

（五）量诊

根据检查原则测量肢体长度、周径、关节的活动范围、肌力和感觉障碍的范围。

1. 肢体长度测量　测量时患肢和健肢必须放在对称位置，以相同的解剖标志为起止点，双侧对比测量。

（1）上肢长度：肩峰至桡骨茎突或肩峰至中指尖。

（2）上臂长度：肩峰至肱骨外上髁。

（3）前臂长度：肱骨外上髁至桡骨茎突或尺骨鹰嘴至尺骨茎突。

（4）下肢长度：绝对长度测量自髂前上棘至内踝尖；相对长度测量自肚脐至内踝尖。

（5）大腿长度：次转子至膝关节外侧间隙。

（6）小腿长度：膝关节内侧间隙至内踝下缘，或外侧间隙至外踝下缘。

2. 肢体周径测量

（1）上肢周径：通常测两侧肱二头肌腹周径。

（2）大腿周径：通常在髌骨上 10 cm 或 15 cm 处测量。

（3）小腿周径：通常测腓肠肌腹周径。

3. 关节活动范围测量　用量角器较准确地测量，采用目前国际通用的中立位作为 0°的记录方法。以关节中立位为 0°，测量各方向的活动度。记录方法：四肢关节可记为 0°（伸）＝150°（屈），数字代表屈伸角度，两数之差代表活动范围，"＝"代表活动方向。脊柱活动范围记录法如图 2－1。

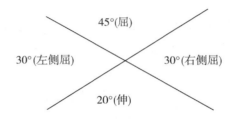

图 2－1　脊柱活动范围记录法

（六）神经系统检查

1. 肌张力检查　肌张力指肌肉松弛状态下做被动运动时检查者所遇到的阻力。肌张力降低可见于下运动神经元病变及肌源性病变等。肌张力增高见于锥体束病变和锥体外系病变，前者表现为痉挛性肌张力增高，即上肢的屈肌及下肢的伸肌肌张力增高明显，开始做被动运动时阻力较大，然后迅速减小，称折刀样肌张力增高；后者表现为强直性肌张力增高，即伸肌和屈肌的肌张力均增高，做被动运动时向各个方向的阻力是均匀一致的，亦称铅管样肌张力增高（不伴震颤），如伴有震颤则出现规律而断续的停顿，称齿轮样肌张力增高。

2. 肌力检查　需要结合视诊、触诊和动诊来了解随意运动肌的功能状态。许多疾病使某一肌肉或一条运动神经支配的肌群发生不同程度的肌力减弱。根据抗引力或阻力的程度可将肌力分级（表 2－1）。

表 2－1　肌力测定的分级（Code 六级分法）

级别	运动
0 级	肌力完全消失，无活动
Ⅰ 级	肌肉能收缩，但无关节活动
Ⅱ 级	肌肉能收缩，关节稍有活动，但不能对抗重力
Ⅲ 级	能对抗肢体重力使关节活动，但不能抗外来阻力
Ⅳ 级	能对抗外来阻力使关节活动，但肌力较弱
Ⅴ 级	肌力正常

3. 感觉检查 一般只检查痛觉及触觉，必要时还要检查温觉、位置觉、两点辨别觉等。常用棉花测触觉；用注射针头测痛觉；用分别盛有冷热水的试管测温度觉。用以了解神经病损的部位和程度，并可观察疾病的发展情况和治疗结果。

4. 反射检查 应在肌肉放松体位下进行，两侧对比，检查特定反射。常用的有以下几种。

（1）深反射：肱二头肌（腱）反射（$C_{5\sim6}$，肌皮神经），肱三头肌（腱）反射（$C_{6\sim7}$，桡神经），桡反射（$C_{5\sim6}$，桡神经），膝（腱）反射（$L_{2\sim4}$，股神经），踝反射或跟腱反射（$S_{1\sim2}$，胫神经）。深反射减弱或消失表示反射弧抑制或中断；深反射亢进通常由上运动神经元病变所致，如锥体束病损，致脊髓反射弧的抑制释放；深反射对称性改变不一定是神经系统病损所致，而不对称性改变则是神经系统病损的重要体征；髌阵挛和踝阵挛是腱反射亢进的表现，在锥体束损害时出现。

（2）浅反射：腹壁反射，上方（$T_{7\sim8}$），中部（$T_{9\sim10}$），下方（$T_{11\sim12}$）；提睾反射（$L_{1\sim2}$）；跖反射（$S_{1\sim2}$）；肛门反射（$S_{4\sim5}$）；球海绵体反射。

（3）病理反射：一般在中枢神经系统受损时出现，主要是锥体束受损，对脊髓的抑制作用丧失而出现的异常反射。常见的有：Hoffmann 征、Babinski 征、Chaddock 征、Oppenheim 征、Gordon 征、Rossolimo 征。

5. 自主神经检查 又称植物神经检查。

（1）皮肤、毛发、指甲营养状态：自主神经损害时，表现为皮肤粗糙、失去正常的光泽、表皮脱落、发凉、无汗；毛发脱落；指（趾）甲增厚、失去光泽、易裂。此外，可显示血管舒缩变化：毛细血管充盈迟缓。

（2）皮肤划痕试验：用光滑小木签在皮肤上划线，数秒后如果出现先白后红的条纹，为正常。若划后出现白色线条并持续时间较长，超过 5 分钟，则提示有交感神经兴奋性增高。如红色条纹持续时间较长，而且逐渐增宽甚至隆起，提示副交感神经兴奋增高或交感神经麻痹。

三、各部位检查法

（一）脊柱检查

脊柱由 7 个颈椎、12 个胸椎、5 个腰椎、5 个骶椎、4 个尾椎构成。常见的脊柱疾病多发生于颈椎和腰椎。

1. 视诊 脊柱居体轴的中央，并有颈、胸、腰段的生理弯曲。先观察脊柱的生理弧度是否正常，检查棘突连线是否在一条直线上。正常人第 7 颈椎棘突最突出。如有异常的前凸、后凸和侧凸则应记明其方向和部位。脊柱侧凸如继发于神经纤维瘤病，则皮肤上常可见到咖啡斑，为该病的诊断依据之一。腰骶部如有丛毛或膨出是脊椎裂的表现。常见的脊柱畸形有：角状后凸（结核、肿瘤、骨折等）、圆弧状后凸（强直性脊柱炎、青年圆背等），侧凸（特发性脊柱侧凸、先天性脊柱侧凸、椎间盘突出症等）。还应观察患者的姿势和步态。腰扭伤或腰椎结核的患者常以双手扶腰行走；腰椎间盘突出症的患者，行走时身体常向前侧方倾斜。

2. 触诊 颈椎从枕骨结节向下，第一个触及的是第 2 颈椎棘突。颈前屈时第 7 颈椎棘突最明显，故又称隆椎。两肩胛下角连线，通过第 7 胸椎棘突，约平第 8 胸椎椎体。两髂嵴最高点连线通过第 4 腰椎棘突或第 4、5 腰椎椎体间隙，常依此确定胸腰椎位置。棘突上压痛常见于棘上韧带损伤、棘突骨折；棘间韧带压痛常见于棘间韧带损伤；腰背肌压痛常见于腰肌劳损；腰部肌肉痉挛常是腰椎结核、急性腰扭伤及腰椎滑脱等的保护性现象。

3. 叩诊 脊柱疾患如结核、肿瘤、脊柱炎，以手指（或握拳）、叩诊锤叩打局部时可出现深部疼痛，而压痛不明显或较轻。这可与浅部韧带损伤进行区别。

4. 动诊和量诊 脊柱中立位是身体直立，目视前方。颈段活动范围：前屈后伸均45°，侧屈45°。腰段活动：前屈45°，后伸20°，侧屈30°。腰椎间盘突出症患者，脊柱侧屈及前屈受限；脊椎结核或强直性脊柱炎的患者脊柱的各个方向活动均受限制，失去正常的运动曲线。腰椎管狭窄症的患者主观症状多而客观体征较少，脊柱后伸多受限。

5. 特殊检查

（1）Eaton 试验：患者坐位，检查者一手将患者头部推向健侧，另一手握住患者腕部向外下牵引，如出现患肢疼痛、麻木感为阳性。见于颈椎病。

（2）Spurling 试验：患者端坐，头后仰并偏向患侧，术者用手掌在其头顶加压，出现颈痛并向患手放射为阳性，患颈椎病时，可出现此征。

（3）幼儿脊柱活动检查法：患儿俯卧，检查者双手抓住患儿双踝上提，如有椎旁肌痉挛，则脊柱生理前凸消失，呈板样强直为阳性，常见于脊柱结核患儿。

（4）拾物试验：在地上放一物品，嘱患儿去拾，如骶棘肌有痉挛，患儿拾物时只能屈曲两侧膝、髋关节而不能弯腰，多见于下胸椎及腰椎病变。

（5）髋关节过伸试验（yedman sign）：患者俯卧，检查者一手压在患者骶部，一手将患侧膝关节屈至90°，握住踝部，向上提起，使髋过伸，此时必扭动骶髂关节，如有疼痛即为阳性。此试验可同时检查髋关节及骶髂关节的病变。

（6）骶髂关节扭转试验（gaenslen sign）：患者仰卧，屈健侧髋、膝，让患者抱住；病侧大腿垂于床缘外。检查者一手按健侧膝，一手压病侧膝，出现骶髂关节痛者为阳性，说明腰骶关节有病变。

（7）腰骶关节过伸试验（naoholos sign）：患者俯卧，检查者的前臂插在患者两大腿的前侧，另一手压住腰部，将患者大腿向上抬，若骶髂关节有病，即有疼痛。

（8）Addison 征：患者坐位，昂首转向患侧，深吸气后屏气，检查者一手抵患侧下颌，给以阻力，一手摸患侧桡动脉。动脉搏动减弱或消失，则为阳性，表示血管受挤压，常见于前斜角肌综合征等。

（9）直腿抬高试验：患者仰卧，检查者一手托患者足跟，另一手保持膝关节伸直，缓慢抬高患肢，如在60°范围之内即出现坐骨神经的放射痛，称为直腿抬高试验阳性。在直腿抬高试验阳性时，缓慢放低患肢高度，待放射痛消失后，再将踝关节被动背屈，如再度出现放射痛，则称为直腿抬高加强试验（Bragard 征）阳性。

（10）股神经牵拉试验：患者俯卧、屈膝，检查者将其小腿上提或尽力屈膝，出现大腿前侧放射性疼痛者为阳性，见于股神经受压，多为腰$_{3\sim4}$椎间盘突出症。

（二）肩部检查

肩关节也称盂肱关节，是全身最灵活的关节。它由肩胛骨的关节盂和肱骨头构成。由于肱骨头大而关节盂浅，因而其既灵活又缺乏稳定性，是肩关节易脱位的原因之一。肩部的运动很少是由肩关节单独进行的，常常是肩关节、肩锁关节、胸锁关节及肩胛骨－胸壁连接均参与的复合运动，因此检查肩部活动时需兼顾各方面。

1. 视诊 肩的正常外形呈圆弧形，两侧对称。三角肌萎缩或肩关节脱位后弧度变平，称为"方肩"。先天性高肩胛患者患侧明显高于健侧。斜方肌瘫痪表现为垂肩，肩胛骨内上角稍升高。前锯肌瘫痪向前平举上肢时表现为翼状肩胛。

2. 触诊　锁骨位置表浅，全长均可触到。喙突尖在锁骨下方肱骨头内侧，与肩峰和肱骨大结节形成肩等边三角称为肩三角。骨折、脱位时此三角有异常改变。

3. 动诊和量诊　检查肩关节活动范围时，须先将肩胛骨下角固定，以鉴别是盂肱关节的单独活动还是包括其他两个关节的广义的肩关节活动。肩关节的运动包括内收、外展、前屈、后伸、内旋和外旋。肩关节中立位为上臂下垂屈肘90°，前臂指向前。正常活动范围：外展80°～90°，内收20°～40°，前屈70°～90°，后伸40°，内旋45°～70°，外旋45°～60°。

肩外展超过90°时称为上举（160°～180°），须有肱骨和肩胛骨共同参与才能完成。如为肩周炎仅外展、外旋明显受限；关节炎则各个方向运动均受限。

4. 特殊检查

（1）Dugas 征：正常人将手搭在对侧肩上，肘部能贴近胸壁。肩关节前脱位时肘部内收受限，伤侧的手搭在对侧肩上，肘部则不能贴近胸壁，或肘部贴近胸部时，则手搭不到对侧肩，此为 Dugas 征阳性。

（2）痛弧：冈上肌腱有病损时，在肩外展60°～120°有疼痛，因为在此范围内肌腱与肩峰下面摩擦、撞击，此范围以外则无疼痛。常用于肩周炎的检查判定。

（三）肘部检查

肘关节包括肱尺关节、肱桡关节、上尺桡关节3个关节。除具有屈伸活动功能外，还有前臂的旋转功能。

1. 视诊　正常肘关节完全伸直时，肱骨内、外上髁和尺骨鹰嘴在一直线上；肘关节完全屈曲时，这3个骨突构成一等腰三角形（称肘后三角）。肘关节脱位时，三点关系发生改变；肱骨髁上骨折时，此三点关系不变。前臂充分旋后时，上臂与前臂之间有10°～15°外翻角，又称提携角。该角度减小时称为肘内翻，增大时称为肘外翻。肘关节伸直时，鹰嘴的桡侧有一小凹陷，为肱桡关节的部位。桡骨头骨折或肘关节肿胀时此凹陷消失，并有压痛。桡骨头脱位在此部位可见到异常骨突，旋转前臂时可触到突出的桡骨头转动。肘关节积液或积血时，患者屈肘从后面观察，可见鹰嘴之上肱三头肌腱的两侧胀满。肿胀严重者，如患化脓性或结核性关节炎时，肘关节成梭形。

2. 触诊　肱骨干可在肱二头肌与肱三头肌之间触知。肱骨内、外上髁和尺骨鹰嘴位置表浅容易触知。肘部慢性劳损常见的部位在肱骨内、外上髁处。外上髁处为伸肌总腱的起点，肱骨外上髁炎时，局部明显压痛。

3. 动诊和量诊　肘关节屈伸运动通常以完全伸直为中立位0°。活动范围：屈曲135°～150°，伸0°，可有5°～10°过伸。肘关节的屈伸活动幅度，取决于关节面的角度和周围软组织的制约。在肘关节完全伸直位时，因侧副韧带被拉紧，不可能有侧方运动，如果出现异常的侧方运动，则提示侧副韧带断裂或内、外上髁骨折。

4. 特殊检查　Mills 征：患者肘部伸直，腕部屈曲，将前臂旋前时，肱骨外上髁处疼痛为阳性，常见于肱骨外上髁炎，或称网球肘。

（四）腕部检查

腕关节是前臂与手之间的移行区，包括桡尺骨远端、腕骨掌骨基底、桡腕关节、腕中关节、腕掌关节及有关的软组织。前臂的肌腱及腱鞘均经过腕部。这些结构被坚实的深筋膜包被，与腕骨保持密切的联系，使腕部保持有力并容许广泛的运动以适应手的多种复杂功能。

1. 视诊　微屈腕时，腕前区有 2~3 条腕前皮肤横纹。用力屈腕时，由于肌腱收缩，掌侧有 3 条明显的纵行皮肤隆起，中央为掌长肌腱，桡侧为桡侧腕屈肌腱，尺侧为尺侧腕屈肌腱。桡侧腕屈肌腱的外侧是扪桡动脉的常用位置，皮下脂肪少的人可见桡动脉搏动。解剖学"鼻烟窝"是腕背侧的明显标志，它由拇长展肌和拇短伸肌腱、拇长伸肌腱围成，其底由舟骨、大多角骨、桡骨茎突和桡侧腕长、短伸肌组成。其深部是舟骨，舟骨骨折时该窝肿胀。腕关节结核和类风湿关节炎表现为全关节肿胀。腕背皮下半球形肿物多为腱鞘囊肿。月骨脱位后腕背或掌侧肿胀，握拳时可见第 3 掌骨头向近侧回缩（正常时较突出）。

2. 触诊　舟骨骨折时"鼻烟窝"有压痛。正常时桡骨茎突比尺骨茎突低 1 cm，当桡骨远端骨折时这种关系有改变。腱鞘囊肿常发生于手腕背部，为圆形、质韧、囊性感明显的肿物。疑有舟骨或月骨病变时，让患者半握拳尺偏，叩击第 3 掌骨头时腕部近中线处疼痛。

3. 动诊和量诊　通常以第 3 掌骨与前臂纵轴成一直线为腕关节中立位 0°。正常活动范围：背屈 35°~60°，掌屈 50°~60°，桡偏 25°~30°，尺偏 30°~40°。腕关节的正常运动对手的活动有重要意义，因而其功能障碍有可能影响到手的功能，利用合掌法容易查出其轻微异常。

4. 特殊检查

（1）Finkelstein 试验：患者拇指握于掌心，使腕关节被动尺偏，桡骨茎突处疼痛为阳性。为桡骨茎突狭窄性腱鞘炎的典型体征。

（2）腕关节尺侧挤压试验：腕关节中立位，使之被动向尺侧偏并挤压，下尺桡关节疼痛为阳性。多见于腕三角软骨损伤或尺骨茎突骨折。

（五）手部检查

手是人类劳动的器官，它具有复杂而重要的功能，由 5 个掌骨和 14 个指骨组成。人类的拇指具有对掌功能，这是区别于其他哺乳动物的重要特征。

1. 视诊　常见的畸形有并指、多指、巨指（多由脂肪瘤、淋巴瘤、血管瘤引起）等。钮孔畸形见于手指近侧指间关节背面中央腱束断裂；鹅颈畸形系因手内在肌萎缩或作用过强所致；爪形手是前臂肌群缺血性挛缩的结果；梭形指多为结核、内生软骨瘤或指间关节损伤。类风湿关节炎呈双侧多发性掌指、指间和腕关节肿大，晚期掌指关节尺偏。

2. 触诊　指骨、掌骨均可触到。手部瘢痕检查需配合动诊，观察是否与肌腱、神经粘连。

3. 动诊和量诊　手指各关节完全伸直为中立位 0°。活动范围掌指关节屈 60°~90°，伸 0°，过伸 20°；近侧指间关节屈 90°，伸 0°，远侧指间关节屈 60°~90°，伸 0°。手的休息位：手休息时所处的自然静止的姿势，即腕关节背屈 10°~15°，示指至小指呈半握拳状，拇指部分外展，拇指尖接近示指远侧指间关节。手的功能位：腕背屈 20°~35°，拇指外展、对掌，其他手指略分开，掌指关节及近侧指间关节半屈曲，而远侧指间关节微屈曲，相当于握小球的体位。该体位使手能根据不同需要迅速做出不同的动作，发挥其功能，外伤后的功能位固定即以此为标准。

手指常发生屈肌腱鞘炎，屈伸患指可听到弹响，称为弹响指或扳机指。

（六）骨盆和髋部检查

髋关节是人体最大、最稳定的关节之一，属典型的球窝关节。它由股骨头、髋臼和股骨颈形成关节，下方与股骨相连。其结构与人体直立所需的负重与行走功能相适应。髋关节远较肩关节稳定，没有强大暴力一般脱位机会很少。负重和行走是髋关节的主要功能，其中负重功能更重要，保持一个稳定的髋关节是各种矫形手术的原则。由于人类直立行走，髋关节是下肢最易受累的关节。

1. 视诊　应首先注意髋部疾病所致的病理步态，常需行走、站立和卧位结合检查。特殊的步态，骨科医生应明了其机制，对诊断疾病十分重要。髋关节患慢性感染时，常呈屈曲内收畸形；髋关节后脱位时，常呈屈曲内收内旋畸形；股骨颈及转子间骨折时，伤肢呈外旋畸形。

2. 触诊　先天性髋关节脱位和股骨头缺血性坏死的患者，多有内收肌挛缩，可触及紧张的内收肌。骨折的患者有局部肿胀压痛；髋关节感染性疾病局部多有红肿、发热且有压痛。外伤性脱位的患者可有明显的局部不对称性突出。挤压分离试验对骨盆骨折的诊断具有重要意义。

3. 叩诊　髋部有骨折或炎症，握拳轻叩大粗隆或在下肢伸直位叩击足跟部时，可引起髋关节疼痛。

4. 动诊　髋关节中立位0°为髋膝伸直，髌骨向上。正常活动范围：屈130°～140°，伸0°，过伸可达15°；内收20°～30°，外展30°～45°；内旋40°～50°，外旋30°～40°。除检查活动范围外，还应注意在双腿并拢时能否下蹲，有无弹响。臀肌挛缩症的患者，双膝并拢不能下蹲，活动髋关节时会出现弹响，常称为弹响髋（snapping hip）。

5. 量诊　发生股骨颈骨折、髋脱位、髋关节结核或化脓性关节炎股骨头破坏时，大转子向上移位。测定方法：①Shoemaker线，正常时，大转子尖与髂前上棘的连线延伸，在脐上与腹中线相交；大转子上移后，该延线与腹中线相交在脐下。②Nelaton线，患者侧卧并半屈髋，在髂前上棘和坐骨结节之间画线。正常时此线通过大转子尖。③Bryant三角，患者仰卧，从髂前上棘垂直向下和向大转子尖各画一线，再从大转子尖向近侧画一水平线，该三线构成一三角形。大转子上移时底边比健侧缩短。

6. 特殊检查

（1）滚动试验：患者仰卧位，检查者将一手掌放患者大腿上轻轻使其反复滚动，有急性关节炎时可引起疼痛或滚动受限。

（2）"4"字试验（Patrick sign）：患者仰卧位，健肢伸直，患侧髋与膝屈曲，大腿外展、外旋将小腿置于健侧大腿上，形成一个"4"字，一手固定骨盆，另一手下压患肢，出现疼痛为阳性。见于骶髂关节及髋关节内有病变或内收肌有痉挛的患者。

（3）Thomas征：患者仰卧位，充分屈曲健侧髋膝，并使腰部贴于床面，若患肢自动抬高离开床面或迫使患肢与床面接触则腰部前凸时，称Thomas征阳性。见于髋部病变和腰肌挛缩。

（4）骨盆挤压分离试验：患者仰卧位，从双侧髂前上棘处对向挤压或向后外分离骨盆，引起骨盆疼痛为阳性。见于骨盆骨折。须注意检查时手法要轻柔，以免加重骨折端出血。

（5）Trendelenburg试验：患者背向检查者，健肢屈髋、屈膝上提，用患肢站立，如健侧骨盆及臀褶下降为阳性。多见于臀中、小肌麻痹，髋关节脱位及陈旧性股骨颈骨折等。

（6）Allis征：患者仰卧位，屈髋、屈膝，两足平行放于床面，足跟对齐，观察双膝的高度，如一侧膝比另一侧高时，即为阳性。见于髋关节脱位、股骨或胫骨短缩。

（7）望远镜试验：患者仰卧位，下肢伸直，检查者一手握住患侧小腿，沿身体纵轴上下推拉，另一手触摸同侧大转子，如出现活塞样滑动感为阳性，多见于儿童先天性髋关节脱位。

（七）膝部检查

膝关节是人体最复杂的关节，解剖学上被列为屈戌关节。主要功能为屈伸活动，膝部内外侧韧带、关节囊、半月板和周围的软组织保持其稳定。

1. 视诊 检查时患者首先呈立正姿势站立。正常时，两膝和两踝应能同时并拢互相接触，若两踝能并拢而两膝不能互相接触则为膝内翻（genu varum），又称"O形腿"。若两膝并拢而两踝不能接触则为膝外翻（genu valgum），又称"X形腿"。膝内、外翻是指远侧肢体的指向。在伸膝位，髌韧带两侧稍凹陷。有关节积液或滑膜增厚时，凹陷消失。比较两侧股四头肌有无萎缩，早期萎缩可见内侧头稍平坦，用软尺测量更为准确。

2. 触诊 触诊的顺序为先检查前侧，如股四头肌、髌骨、髌腱和胫骨结节之间的关系等，然后再俯卧位检查膝后侧，在屈曲位检查腘窝、外侧的股二头肌、内侧的半腱肌半膜肌有无压痛或挛缩。

髌骨前方出现囊性肿物，多为髌前滑囊炎。膝前外侧有囊性肿物，多为半月板囊肿；膝后部的肿物，多为腘窝囊肿。考虑膝关节积血或积液，可行浮髌试验。膝关节表面软组织较少，压痛点的位置往往就是病灶的位置，所以，检查压痛点对定位诊断有很大的帮助。髌骨下缘的平面正是关节间隙，关节间隙的压痛点可以考虑是半月板的损伤处或有骨赘之处。

内侧副韧带的压痛点往往不在关节间隙，而在股骨内髁结节处；外侧副韧带的压痛点在腓骨小头上方。髌骨上方的压痛点代表髌上囊的病灶。另外，膝关节的疼痛，要注意检查髋关节，因为髋关节疾病可刺激闭孔神经，引起膝关节牵涉痛。如果膝关节持续性疼痛、进行性加重，可考虑股骨下端和胫骨上端肿瘤的可能性。

3. 动诊和量诊 膝伸直为中立位0°。正常活动范围：屈120°～150°，伸0°，过伸5°～10°。膝关节伸直时产生疼痛是由于肌肉和韧带紧张，导致关节面的压力加大。可考虑为关节面负重部位的病变。如果最大屈曲时有胀痛，可推测是由于股四头肌的紧张，髌上滑囊内的压力增高和肿胀的滑膜被挤压而引起，这是关节内有积液的表现。总之，一般情况下伸直痛是关节面的病变，屈曲痛是膝关节水肿或滑膜炎的表现。

当膝关节处于向外翻的压力下，并做膝关节屈曲动作时，若产生外侧疼痛，则说明股骨外髁和外侧半月板有病变。反之，内翻同时有屈曲疼痛者，病变在股骨内髁或内侧半月板。

4. 特殊检查

（1）侧方应力试验：患者仰卧位，将膝关节置于完全伸直位，分别做膝关节的被动外翻和内翻检查，与健侧对比。若超出正常外翻或内翻范围，则为阳性，说明有内侧或外侧副韧带损伤。

（2）抽屉试验：患者仰卧屈膝90°，检查者轻坐在患侧足背上（固定），双手握住小腿上段，向后推，再向前拉。前交叉韧带断裂时，可向前拉0.5 cm以上；后交叉韧带断裂者可向后推0.5 cm以上。将膝置于屈曲10°～15°位置进行试验（Lachman试验），则可增加本试验的阳性率，有利于判断前交叉韧带的前内束或后外束损伤。

（3）McMurray试验：患者仰卧位，检查者一手按住患膝，另一手握住踝部，将膝完全屈曲，足跟抵住臀部，然后将小腿极度外展外旋，或内收内旋，在保持这种应力的情况下，逐渐伸直。在伸直过程中若能听到或感到响声，或出现疼痛为阳性，说明半月板有病变。

（4）浮髌试验：患者仰卧位，伸膝，放松股四头肌，检查者的一手放在髌骨近侧，将髌上囊的液体挤向关节腔，同时另一手示指、中指急速下压。若感到髌骨碰击股骨髁部时，为浮髌试验阳性。一般有中等量积液时（50 mL），浮髌试验才呈阳性。

（八）踝和足部检查

踝关节属于屈戊关节，其主要功能是负重，运动功能主要限于屈伸，可有部分内外翻运动。与其他负重关节相比，踝关节活动范围小，但更为稳定。其周围多为韧带附着，有数条较强壮肌腱。由于其承担较大负重功能，故扭伤发病率较高。足由骨和关节形成内纵弓、外纵弓及前部的横弓，是维持身体平衡的重要结构。足弓还具有吸收震荡，负重，完成行走、跑跳动作等功能。

1. 视诊　观察双足大小和外形是否正常一致。足先天性、后天性畸形很多，常见的有：马蹄内翻足、高弓足、平足、踇外翻等。脚印对检查足弓、足的负重点及足的宽度均有重要意义。外伤时踝及足均有明显肿胀。

2. 触诊　主要注意疼痛的部位、性质，肿物的大小、质地。注意检查足背动脉，以了解足和下肢的血循环状态。一般可在足背第 1、2 跖骨之间触及其搏动。足背的软组织较薄，根据压痛点的位置，可估计疼痛位于某一骨骼、关节、肌腱和韧带。然后再根据主动和被动运动所引起的疼痛，就可以推测病变的部位。例如：跟痛症多在足跟跟骨前下方偏内侧，相当于跖腱膜附着于跟骨结节部。踝内翻时踝疼痛，而外翻时没有疼痛，压痛点在外踝，则推断病变在外踝的韧带上。

3. 动诊和量诊　踝关节中立位为小腿与足外缘垂直，正常活动范围：背屈 20°～30°，跖屈 40°～50°。足内、外翻活动主要在胫距关节；内收、外展在距跗和距间关节，范围很小。跖趾关节的中立位为足与地面平行。正常活动范围：背屈 30°～40°，跖屈 30°～40°。

（九）上肢神经检查

上肢的神经支配主要来自臂丛神经，它由 C_5～T_1 神经根组成。主要有桡神经、正中神经、尺神经和腋神经。通过对神经支配区感觉运动的检查可明确病变部位。

1. 桡神经　发自臂丛后束，为臂丛神经最大的一支，在肘关节水平分为深、浅二支。根据损伤水平及深、浅支受累不同，其表现亦不同，是上肢手术中最易损伤的神经之一。在肘关节以上损伤，出现垂腕畸形（drop - wrist deformity），手背"虎口"区皮肤麻木，掌指关节不能伸直。在肘关节以下，桡神经深支损伤时，因桡侧腕长伸肌功能存在，所以无垂腕畸形。单纯浅支损伤可发生于前臂下 1/3，仅有拇指背侧及手桡侧感觉障碍。

2. 正中神经　由臂丛内侧束和外侧束组成。损伤多发生于肘部和腕部，在腕关节水平损伤时，大鱼际瘫痪，桡侧三个半手指掌侧皮肤感觉消失，不能用拇指和示指捡起一根细针；损伤水平高于肘关节时，还表现为前臂旋前和拇指示指的指间关节不能屈曲。陈旧损伤还有大鱼际萎缩，拇指伸直与其他手指在同一水平面上，且不能对掌，称为"平手"或"猿手"畸形。

3. 尺神经　发自臂丛内侧束，在肘关节以下发出分支支配尺侧腕屈肌和指深屈肌尺侧半；在腕以下分支支配骨间肌，小鱼际，拇收肌，第 3、4 蚓状肌。尺神经在腕部损伤后，上述肌麻痹。查 Froment 征可知有无拇收肌瘫痪。肘部尺神经损伤，尺侧腕屈肌瘫痪（患者抗阻力屈腕时，在腕部掌尺侧摸不到）。陈旧损伤出现典型的"爪形手"（claw fingers）：小鱼际和骨间肌萎缩（其中第 1 骨间背侧肌萎缩出现最早且最明显），小指和环指指间关节屈曲，掌指关节过伸。

4. 腋神经　发自臂丛后束，肌支支配三角肌和小圆肌，皮支分布于肩部和上臂后部的皮肤。肱骨外科颈骨折、肩关节脱位或使用腋杖不当时，都可损伤腋神经，导致三角肌瘫痪，臂不能外展、肩部感觉丧失。如三角肌萎缩，则可出现方肩畸形。

5. 腱反射　肱二头肌腱反射（$C_{5～6}$）：患者屈肘 90°，检查者手握其肘部，拇指置于肱二头肌腱上，用叩诊锤轻叩该指，可感到该肌收缩和肘关节屈曲。肱三头肌反射（$C_{6～7}$）：患者屈肘 60°，用叩诊锤轻叩肱三头肌腱，可见到肱三头肌收缩及伸肘。

（十）下肢神经检查

1. 坐骨神经　损伤后，下肢后侧、小腿前外侧、足底和足背外侧皮肤感觉障碍，不能屈伸足踝各关节。损伤平面高者尚不能主动屈膝。

2. 胫神经　损伤后，出现仰趾畸形，不能主动跖屈踝关节，足底皮肤感觉障碍。

3. 腓总神经　损伤后，足下垂内翻，不能主动背屈和外翻，小腿外侧及足背皮肤感觉障碍。

4. 腱反射

（1）膝（腱）反射（$L_{2\sim4}$）：患者仰卧位，下肢肌肉放松。检查者一手托腘窝部使膝半屈，另一手以叩诊锤轻叩髌腱，可见股四头肌收缩并有小腿上弹症状。

（2）踝反射或跟腱反射（$S_{1\sim2}$）：患者仰卧位，肌肉放松，两髋膝屈曲，两大腿外展。检查者一手掌抵足底使足轻度背屈，另一手以叩诊锤轻叩跟腱，可见小腿屈肌收缩及足跖屈。

（十一）脊髓损伤检查

脊柱骨折、脱位及脊髓损伤的发病率在逐年升高，神经系统检查对脊髓损伤的部位、程度的初步判断及进一步检查和治疗具有重要意义。其检查包括感觉、运动、反射、交感神经和括约肌功能等。

1. 视诊　检查时应尽量不搬动患者，去除衣服，注意观察：①呼吸，若胸腹式主动呼吸均消失，仅有腹部反常活动者为颈髓损伤。仅有胸部呼吸而无主动腹式呼吸者，为胸髓中段以下的损伤。②伤肢姿势，上肢完全瘫痪显示上颈髓损伤；屈肘位瘫为第7颈髓损伤。③阴茎可勃起者，反映脊髓休克已解除，尚保持骶神经功能。

2. 触诊和动诊　一般检查躯干、肢体的痛觉、触觉，根据脊髓节段分布判断感觉障碍平面所反映的损伤部位，做好记录；可反复检查几次，前后对比，以增强准确性并为观察疗效提供依据。麻痹平面的上升或下降表示病情的加重或好转。不能忽视会阴部及肛周感觉检查。检查膀胱有无尿潴留。肛门指诊以检查肛门括约肌功能。触诊脊柱棘突及棘突旁有无压痛及后凸畸形，判断是否与脊髓损伤平面相符。

详细检查肌力、腱反射和其他反射。①腹壁反射：用钝针在上、中、下腹皮肤上轻划。正常者可见同侧腹肌收缩，上、中、下各段分别相当于胸髓7~8、9~10、11~12。②提睾反射：用钝针划大腿内侧上1/3皮肤，正常时同侧睾丸上提。③肛门反射：针刺肛门周围皮肤，肛门皮肤出现皱缩或肛诊时感到肛门括约肌收缩。④球海绵体反射：用拇、示指两指挤压龟头或阴蒂，或牵拉插在膀胱内的蕈状导尿管，球海绵体和肛门外括约肌收缩。肛门反射、肛周感觉、球海绵体反射和屈趾肌自主运动的消失，合称为脊髓损伤四征。

（符彦基）

第二节　骨外科相关实验室检查

与其他疾病一样，除了临床检查和影像学检查外，实验室检查也是骨外科疾病诊疗过程中必不可少的工具。以下所讨论的是骨外科有关实验室检查的参考值及其意义。

一、红细胞沉降率（ESR）

1. 参考值　男性0~15 mm/h，女性0~20 mm/h（魏氏法）。

2. 意义　增快：①风湿性疾病活动期。②活动性肺结核。③恶性肿瘤。④结缔组织病。⑤高球蛋白症，如多发性骨髓瘤。⑥妇女绝经期、妊娠期等。

二、出、凝血功能检查

1. 血浆凝血酶原时间（PT）和国际标准化比值（INR）　　参考值：PT 11～13 秒，INR 0.82～1.15。

PT 比参考值延长 3 秒以上有意义。凝血酶原时间延长见于：①先天性凝血因子缺乏，如凝血酶原（因子Ⅱ）、因子Ⅴ、因子Ⅶ、因子Ⅹ及纤维蛋白原缺乏。②获得性凝血因子缺乏，如继发性/原发性纤维蛋白溶解功能亢进、严重肝病等。③抗凝治疗。④维生素 K 缺乏。

PT 缩短或 INR 减小见于：先天性凝血因子Ⅴ增多症、妇女口服避孕药、血栓栓塞性疾病及高凝状态等。

2. 部分活化的凝血活酶时间（APTT）和比值（APTT－R）　　参考值：32～43 秒，APTT－R 0.8～1.2。

APTT 延长 10 秒以上有意义，见于凝血因子Ⅷ、Ⅸ和Ⅺ显著减少，血友病甲、乙、丙；凝血因子Ⅱ、Ⅴ、Ⅹ和纤维蛋白原显著减少，如先天性凝血酶原缺乏症、重症肝病等；纤溶系统活性亢进，如DIC、抗凝治疗、SLE。

APTT 缩短见于血栓前状态和血栓性疾病。

3. 血浆纤维蛋白原（fibrinogen，FIB）　　参考值：2.0～4.0 g/L。

升高见于肺炎、胆囊炎、肾炎、风湿性关节炎、脑血栓、心肌梗死、糖尿病、恶性肿瘤等。

降低见于严重肝病、大量出血、DIC 等。

三、血液生化

1. 血清钾（K）　　参考值：3.5～5.5 mmol/L。

2. 血清钠（Na）　　参考值：135～145 mmol/L。

3. 血清氯化物（Cl）　　参考值：95～110 mmol/L。

4. 血清钙（Ca）　　参考值：成人 2.12～2.69 mmol/L，儿童 2.25～2.69 mmol/L。意义：①增高，甲状旁腺功能亢进、骨肿瘤、维生素 D 摄入过多，肾上腺皮质功能减退、结节病。②降低，甲状旁腺功能降低、维生素 D 缺乏、骨质软化症、佝偻病、引起血清蛋白减少的疾病（如恶性肿瘤）。

5. 血清离子钙　　参考值：1.10～1.34 mmol/L。

意义：增高见于甲状旁腺功能亢进、代谢性酸中毒、肿瘤、维生素 D 摄入过多；降低见于甲状旁腺功能降低、维生素 D 缺乏、慢性肾衰竭。

6. 血清无机磷（P）　　参考值：成人 0.80～1.60 mmol/L，儿童 1.50～2.08 mmol/L。

意义：①增高，甲状旁腺功能降低、急慢性肾功能不全、多发性骨髓瘤、维生素 D 摄入过多、骨折愈合期。②降低，甲状旁腺功能亢进、骨质软化症、佝偻病、长期腹泻及吸收不良。

7. 血清硒（Se）　　参考值：1.02～2.29 μmol/L。

降低：克山病、大骨节病、肝硬化、糖尿病等。

8. 尿酸（UA）　　参考值：男性 149～416 μmol/L，女性 89～357 μmol/L。

增高：痛风、肾脏疾病、慢性白血病、红细胞增多症、多发骨髓瘤。

9. 血清碱性磷酸酶（ALP）　　参考值：40～160 U/L。

增高：①肝内外阻塞性黄疸明显增高。②肝脏疾病。③佝偻病、骨质软化症、成骨肉瘤、肿瘤的骨转移等。④甲状旁腺功能亢进、妊娠后期。⑤骨折恢复期。⑥生长发育期的儿童。

10. C 反应蛋白（CRP）　　参考值：420～5 200 μg/L。

阳性：急性化脓性感染、菌血症、组织坏死、恶性肿瘤、类风湿关节炎、结缔组织病、创伤及手术后。

11. 血清蛋白电泳　参考值：白蛋白，60% ～70%；α_1 球蛋白，1.7% ～5.0%；α_2 球蛋白，6.7% ～12.5%；β 球蛋白，8.3% ～16.3%；γ 球蛋白，10.7% ～20.0%。

α_1 球蛋白升高：肝癌、肝硬化、肾病综合征、营养不良。

α_2 球蛋白升高：肾病综合征、胆汁性肝硬化、肝脓肿、营养不良。

β 球蛋白升高：高脂血症、阻塞性黄疸、胆汁性肝硬化。

γ 球蛋白升高：慢性感染、肝硬化、多发性骨髓瘤、肿瘤。

γ 球蛋白降低：肾病综合征、慢性肝炎。

四、血清免疫学检查

1. 单克隆丙种球蛋白（M 蛋白）　参考值：阴性。

阳性见于多发性骨髓瘤、巨球蛋白血症、恶性淋巴瘤、冷球蛋白血症等。

2. 抗链球菌溶血素"O"（ASO）　参考值：250 kU/L。

增高：风湿性关节炎、风湿性心肌炎、扁桃体炎、猩红热等。

3. 类风湿因子（RF）　参考值：阴性。

RF 有 IgA、IgG、IgM、IgD 和 IgE 五类。

IgM 类 RF 与类风湿关节炎（RA）活动性无关。

IgG 类 RF 与 RA 患者的滑膜炎、血管炎、关节外症状密切相关。

IgA 类 RF 见于 RA、硬皮病、Felty 综合征、系统性红斑狼疮，是 RA 的活动性指标。

4. 人类白细胞抗原 B27（HLA－B27）　参考值：阴性。

意义：大约 90% 的强直性脊柱炎患者 HLA－B27 阳性，故 HLA－B27 阳性对强直性脊柱炎的诊断有参考价值，尤其对临床高度疑似病例。但仍有 10% 强直性脊柱炎患者 HLA－B27 阴性，因此 HLA－B27 阴性也不能排除强直性脊柱炎。

五、脑脊液检查

（一）常规检查

1. 压力　成人在侧卧位时脑脊液正常压力为 0.785 ～1.766 kPa（80 ～180 mmH$_2$O），椎管阻塞时脑脊液压力增高。

2. 外观　为无色透明水样液体。蛋白含量高时则呈黄色。如为血色者，应考虑蛛网膜下隙出血或穿刺损伤。

3. 潘氏（Pandy's）试验　又名石炭酸试验，为脑脊液中蛋白含量的定性试验，极为灵敏。根据白色混浊或沉淀物的多少用"＋"号的多少表示，正常为阴性，用"－"号；如遇有椎管梗阻则由于蛋白含量增高而出现阳性反应，最高为"＋＋＋＋"，表示强度白色浑浊和沉淀。

4. 正常脑脊液　白细胞数为（0 ～5）×10^5/L（0 ～5/mm），多为单个核的白细胞（小淋巴细胞和单核细胞）。6 ～10 个为界限状态，10 个以上即为异常。白细胞的增大见于脑脊髓膜或其实质的炎症。

（二）生物化学检查

1. 蛋白质定量　正常脑脊液中含有相当于 0.5% 的血浆蛋白，即 45 g/L。蛋白质增高多见于中枢神经系统感染、脑肿瘤、脑出血、脊髓压迫症、吉兰－巴雷综合征等。

2. 糖　正常脑脊液含有相当于 60% ~ 70% 的血糖，即 2.5 ~ 4.2 mmol/L（45 ~ 75 mg/dL）。患各种椎管炎症时糖量减少，糖量增高见于糖尿病。

3. 氯化物　正常脑脊液含有的氯化物为 120 ~ 130 mmol/L，较血氯高，细菌性和真菌性脑膜炎时含量减少，结核性脑膜炎时尤其明显。

（三）特殊检查

1. 细菌学检查　为查明致病菌的种类及其抗药性与药敏试验，必要时行涂片、细菌培养或动物接种。

2. 脑脊液蛋白电泳　主要判定 γ 蛋白是否增高，有助于对恶性肿瘤的诊断。

3. 酶　观察其活性以判定脑组织受损程度及提高与预后之关系。

4. 免疫学方法测定　主要用于神经内科疾患的诊断和鉴别诊断。

六、尿液检查

1. 尿蛋白　参考值：0 ~ 0.15 g/24 h。
中度尿蛋白（0.5 ~ 4.0 g/24 h）见于多发性骨髓瘤、肾炎。

2. 尿钙　参考值：2.5 ~ 7.5 mmol/24 h。
增高：甲状旁腺功能亢进、维生素 D 中毒、多发性骨髓瘤等。
降低：甲状旁腺功能降低、恶性肿瘤骨转移、维生素 D 缺乏、肾病综合征等。

3. 尿磷　参考值：9.7 ~ 42 mmol/l。
增高：肾小管佝偻病、甲状旁腺功能降低、代谢性酸中毒等。降低：急慢性肾功能不全、维生素 D 中毒等。

七、肺功能检查与血气分析

（一）肺功能的测定及分级

肺功能测定包括肺容量及通气功能的测定项目，包括肺活量、功能残气量、肺总量、每分通气量、最大通气量、第一秒用力呼出量、用力呼气肺活量及用力呼气中期流速等。还需根据肺活量，最大通气量的预计值公式，按年龄、性别、身高、体重等，算出相应的值，然后以实测值与预计值相比，算出所占百分比，根据比值，来评定肺功能的损害程度并分级。肺功能评定参考标准见表 2 - 2。

表 2 - 2　肺功能评定参考标准

肺功能评定	最大通气量	残气/肺总量	第 1 秒最大呼气流量
正常	>75%	<35%	>70%
轻度损害	60 ~ 74	36 ~ 50	55 ~ 69
中度损害	45 ~ 59	51 ~ 65	40 ~ 54
重度损害	30 ~ 44	66 ~ 80	25 ~ 39
极重度损害	<29	>81	<24

注：总评定重度，3 项中，至少有 2 项达重度以上损害。中度，①3 项中，至少有 2 项为中度损害。②3 项中，轻、中、重度损害各 1 项。轻度，不足中度者。

（二）血气分析参考值

血液 pH 7.40（7.35 ～ 7.45）；PCO_2 40 mmHg（35 ～ 45）；PO_2 90 mmHg（80 ～ 110）；SaO_2 96% ±1%。

八、关节液检查

关节液检查是关节炎鉴别诊断中最重要的方法之一。所有滑膜关节内部都有滑液（关节液），是由滑膜毛细血管内的血浆滤过液加上滑膜衬里细胞产生分泌的透明质酸而形成。正常关节腔内滑液量较少，其功能是帮助关节润滑和营养关节软骨。正常滑液清亮、透明、无色、黏稠度高。正常滑液细胞数低于 200×10^6/L（$200/mm^3$），且以单核细胞为主。滑液检查有助于鉴别诊断，尤其是对感染性或晶体性关节炎，滑液检查有助于确定诊断。

由于滑膜的炎症或其他的病理变化可以改变滑液的成分、细胞内容和滑液的物理生化特点，因此不同疾病的滑液表现各不相同，为此滑液检查应包括：①滑液物理性质的分析如颜色、清亮度、黏性、自发黏集试验及黏蛋白凝集试验等。②滑液的细胞计数及分类。③滑液内晶体的检查。④滑液病原体的培养、分离。⑤生化项目的测定，葡萄糖、免疫球蛋白、总蛋白定量等。⑥特殊检查，滑液类风湿因子、抗核抗体、补体等。

临床上常将滑液分为四类：Ⅰ类非炎症性；Ⅱ类炎症性；Ⅲ类感染性；Ⅳ类出血性。各类滑液的物理生化性质特点见表 2 - 3。

表 2 - 3　滑液的分类及特点

	正常	Ⅰ类非炎症性	Ⅱ类炎症性	Ⅲ类化脓性
肉眼观察	清亮透明	透明黄色	透明或浑浊黄色	浑浊黄 - 白色
黏性	很高	高	低	很低，凝固酶阳性
白细胞数（/L）	$<0.15 \times 10^9$	$<3 \times 10^9$	$< (3 \sim 5) \times 10^9$	$(50 \sim 300) \times 10^9$
中性粒细胞	<25%	<25%	>50%	>75%
黏蛋白凝集试验	很好	很好 - 好	好 - 较差	很差
葡萄糖浓度	接近血糖水平	接近血糖水平	低于血糖水平差别 > 1.4 mmol/L	低于血糖水平差别 >2.8 mmol/L
细菌涂片	-	-	-	有时可找到
细菌培养	-	-	-	可为 +

Ⅰ类非炎症性滑液常见于骨关节炎和创伤性关节炎。Ⅱ类炎症性滑液最常见于以下三组疾病：①类风湿关节炎或其他结缔组织病。②血清阴性脊柱关节病，如强直性脊柱炎、赖特综合征。③晶体性关节炎，如痛风、假痛风。Ⅲ类化脓性滑液最常见的疾病为细菌感染性关节炎及结核性关节炎。Ⅳ类滑液为出血性，可由全身疾病或局部原因所致，最常见的原因是血友病、出凝血机制障碍或抗凝过度、创伤、绒毛结节性滑膜炎和神经病性关节病等。

（符彦基）

第三章

骨折概述

　　骨折自古以来就被当作医学问题。希波克拉底的大多数文章都描述了损伤的处理，特别是骨折的治疗。在 20 世纪期间，关于骨折处理的生物学方面的知识有了极大发展。患者的预期也达到了前所未有的水平。针对骨折的手术和药物治疗的庞大的跨国产业已经形成。

　　骨的血供是骨折愈合的基础。早在 1932 年，Girdlestone 曾警示："我们现在治疗骨折的方法在机械效能方面有其固有的危险，这种危险就是术者忘记了骨折愈合只能被促进而不能被强制进行。骨骼就像一株植物，它扎根于软组织中，一旦血供受到破坏，其通常所需要的不是细木工的技术，而是园丁的呵护和理解。"

　　现在，骨科医师正在深切体会着 Girdlestone 的预言的巨大冲击。在决定所需外科治疗的时机和方式时，处理创伤的骨科医师必须能够理解创伤对全身的影响，包括免疫系统损害、营养不良、肺部和胃肠道功能障碍及神经系统损伤。由于选择众多，骨折治疗的方法不易确定，每种方法均有其优点和潜在的并发症。因此，要想在恰当的时间进行合适的治疗，就必须对下面这些治疗原则有全面的了解。

　　骨折治疗的目的是要在解剖位置上获得骨性愈合，使患肢恢复最大的功能。由于外科手术不可避免地会对肢体造成进一步的损伤，所以，必须选择对软组织及骨组织损伤最小的手术。为求得解剖学复位而付出完全破坏骨折段血供的代价的手术，无论从计划还是从实施的角度来讲都不可取。另外，应考虑作用于患肢和固定物上的机械应力。最后，对患者的全身情况和手术的风险必须加以权衡，以决定最佳的治疗方法。

　　任何形式的固定物充其量都是有一定寿命的夹板装置。因此，在固定物失效和骨折愈合之间存在一场持续的赛跑。关键是找到合适的治疗方法，在达到最可预期的和接受的骨折愈合的同时发生最少的并发症。在尝试复杂的切开复位内固定手术之前，外科医师必须考虑自己所接受的专业训练和所掌握的手术技能，必须熟悉相应的术式。实施手术的场所也必须加以考虑，手术间应具有良好的环境。参加手术的人员应熟悉术式和器械，全套器械和内植物应齐备并保养良好。出色的麻醉和术中监护是手术安全的必要保障。患者应被充分告知所选外科治疗方法的利弊，并愿意配合术后所需的康复锻炼，这一点对于任何治疗方法的成功都至关重要。

　　骨折的成功治疗取决于对患者的全面评估（不仅仅限于受伤部分），以及针对每位患者的特殊需要制订治疗计划。应选择最有可能使软组织和骨愈合且并发症最少的治疗方法。

第一节　骨折的分类

　　在综合评估外科医师的能力、设备、物力及患者具体情况的基础上，对骨折及伴随软组织损伤的范

围和类型进行分类，可以让医师确定最佳的治疗方案。骨折类型的分析能揭示肢体所遭受的创伤的能量的大小和骨折复位后的稳定性，使外科医师对高危损伤类型有所警惕。分类也可使外科医师能够观察手术的结果，并将自己的治疗结果与其他外科医师及研究者的治疗结果进行比较；同时，分类也可为评估新的治疗方法提供基础。

骨科创伤协会扩展的分类法已将骨折的编码与扩展的国际疾病分类（第10版）码对应起来，以利于诊断和治疗。该分类法已尽可能地将普遍认可的分类系统并入其中，如髋臼骨折的 Judet、Judet 和 Letournel 分类以及肱骨近端骨折的 Neer 分类，已制定了标准的随诊评估格式以进行一致的术后评估。2007年最新版本的 OTA 分类法包含了 AO 分类法。AO 字母数字式分类法是一项国际性合作的结果，由许多学者根据"AO 文献中心"的信息和每个人自己的临床经验完成。该分类系统是根据骨折的形态特征和位置而制定的。AO 分类系统已被用于2 700例与此系统观念相对应的、经手术治疗的骨干骨折上，并在400例胫骨或腓骨骨干骨折病例中进行了专门的评估。随着骨折类型的严重程度的增加，所造成的损伤类型和组别也在相应提高。所有这些分类系统都是详细而又复杂的，详细的讨论请读者参阅参考文献。

（郑晓玲）

第二节　软组织损伤的分类

正如骨损伤必须进行分类以便对骨折做出正确的评估并进行比较性研究以得出正确的结果那样，对伴随的软组织损伤也必须进行评估。开放性损伤已有几种分类系统。Gustilo 和 Anderson 在1976年介绍1 025例开放性骨折的治疗时，应用一种分级系统为感染性骨折的结局提供了预后信息。1984年又对这一系统进行了修改，并对其结果进行了修订。修改后的分类系统以创面大小、骨膜软组织损伤、骨膜剥离和血管损伤为基础，将开放性骨折分为：

1. Ⅰ类开放性骨折，仅有 <1 cm 的清洁伤口。
2. Ⅱ类开放性骨折，伤口的撕裂超过1 cm，但没有广泛的软组织损伤、皮瓣或撕脱。
3. ⅢA 类开放性骨折，有广泛软组织撕裂伤或形成皮瓣，但骨骼仍有适当的软组织覆盖，或者不论伤口大小的高能量外伤。这一类损伤包括节段性或严重的粉碎性骨折，甚至包括那些只有1 cm 撕裂伤的骨折。
4. ⅢB 类开放性骨折，有广泛的软组织缺失并伴有骨膜剥离和骨外露，这类骨折常被严重污染。
5. ⅢC 类开放性骨折，包括伴有动脉损伤需要修补的开放性骨折，不论软组织创口有多大。

这种分类法对预后有重要意义，在开放性骨折部分进行更加详尽的讨论。

其他分类方法包括广泛应用于欧洲的 Tscherne 和 Gotzen 分类法。闭合性骨折被分为0～3级，开放性骨折被分为1～4级。这个分类法包括其他方法所没有的软组织损伤和筋膜间室综合征。AO－ASIF 工作组将类似于 Tscherne 和 Gotzen 分类法的软组织损伤分类法加入其广泛的骨折分类系统中。这个分类系统包括闭合性和开放性损伤、肌肉和肌腱损伤及神经血管损伤。也有人提出了其他一些创伤评分体系，包括：创伤评分系统（TS）；改进的创伤评分系统（RTS）；创伤严重程度评分系统（ISS）；修正后的简明创伤严重程度评分系统（MISS）；儿童创伤评分系统（PTS）；综合考虑神经损伤、局部缺血、软组织损伤、骨骼损伤、休克以及患者年龄等因素的评分系统（NISSSA）；Hanover 骨折评分系统－97

（HFS-97）。这些评分系统都试图定量评估骨折相关软组织损伤的程度及感染或其他不利于愈合的问题发生的可能性。然而，一项评价 AO/OTA 骨折分类系统的研究发现，C 型骨折患者的功能表现和损害程度明显差于 B 型骨折患者，而与 A 型骨折患者没有显著性差异，说明对于孤立的单侧下肢骨折，AO/OTA 骨折分类系统并不能很好地预测功能表现和损害程度。

在 2010 年 OTA 分类法委员会为开放性骨折推荐了一种新的分类方法，这种新的分类方法使用了五种评价指标：皮肤损伤、肌肉损伤、动脉损伤、污染及骨缺损。它为患者一入院还未接受任何治疗时就进行分类提供了一种系统化的方法。对于所有分类系统，其复杂性可能导致重复性下降而影响广泛使用，并且其评估预后的能力也需要考虑在内。

（郑晓玲）

第三节　创伤治疗的原则

多发性创伤患者的处理需要更多的医疗资源，在小的社区医院里通常缺乏这些资源。按照目前的创伤中心治疗方案，可能无法提供对长骨、骨盆和脊柱骨折进行紧急固定所需的设施以及医师和护理辅助人员。在 1 级或 2 级创伤中心的治疗目前已被证实可以提高多发创伤患者的治疗水平和存活率。另外，最初就在创伤中心治疗的患者其住院时间和治疗费用都比先在另一地治疗后再转移到创伤中心的患者明显低。从医疗质量和经济角度来讲，对多发性创伤患者的最佳处理办法就是尽快将其转送到专门的创伤救治中心。

自 20 世纪 90 年代初以来，救治重点已经放在对多发性损伤患者的早期"全面"救治上，包括骨折固定。肺部并发症的发生率，包括成年人呼吸窘迫综合征（ARDS）、脂肪栓塞综合征、肺炎等，与长骨骨折的治疗时机和方式有关。据统计，如果大骨折延迟固定，肺部并发症的发生率和住院时间在统计学上都显著增加。一项大规模多中心的研究也报道，采用早期全面救治可减少死亡率。

50% 以上的多发性创伤患者有骨折或脱位或两者兼有，因此，骨科医师在创伤救治组中起着关键性的作用。骨科损伤的处理对患者最后的功能恢复可能会产生深远的影响，甚至可能影响到其生命或肢体保存，如果早期即积极地补液或输血后患者仍出现血流动力学不稳定的骨盆开放性损伤，则使用骨盆带固定。对于开放性骨折、伴有泌尿生殖系损伤的骨盆或髋臼损伤及伴有血管损伤的肢体骨折，治疗组内成员的交流和合作是非常必要的。

早期固定脊柱、骨盆、髋臼骨折和其他大关节的骨折可减少肺部并发症和其他被迫卧床所引起的疾患，但对这类骨折的治疗需要较复杂的外科技术、设备，常常需要神经系统的监护。"骨科损伤控制"即在对肢体全面评估的同时，用外固定架迅速稳定骨折，使骨折获得稳定的固定，并恢复肢体长度，是目前治疗的标准模式。如果尚未获得血流动力学的稳定，危及生命的潜在因素尚未解决，或化验及放射检查结果尚不足以制订出一个令人满意的外科手术计划，就不应进行手术治疗。

在特殊情况下，骨科损伤控制可在急诊室或复苏区进行。对于长骨骨折不稳定的患者，进行急诊外固定架固定可能是必要的，但是这会带来针道感染或更少见的深静脉血栓等并发症。对于有些患者而言，外固定可以一直保留到骨折愈合。与髓内钉固定相比，使用外固定架治疗股骨骨折，成年人呼吸窘迫综合征的发病率明显下降。在一项前瞻性的、随机的、多中心的研究中，在用髓内钉和外固定架治疗的股骨骨折患者中检测到了炎症因子。研究发现，髓内钉固定能引起炎症反应，而外固定则不会。由于样本量较小，没有发现临床并发症的差异。创伤外科中损伤控制的概念目前正在进行深入的评估。这一理念被发现有助于在紧急情况下处理复杂的骨折。并发症多出现于因临床情况无法改善又不能进行最终固定的患者中。

多发伤及其复苏过程可激活伤员的细胞因子而产生全身反应，包括由细胞因子介导产生的炎症因子、免疫因子和血流动力学因子。细胞因子的增加与器官功能的减退密切相关。多发伤还与系统免疫综合征有关，是广泛损伤产生的细胞因子和其他化学物质介导的一种弥漫性的炎症反应。骨科损伤控制是一种处理双重损伤的方法，即在处理外伤的同时又兼顾处理手术加重的损伤。

因为有以下一些因素存在，例如，患者有意识状态的改变，血流动力学不稳定妨碍了全面的骨科检查，同一肢体上有另一处较明显的损伤，以及早期的 X 线检查不充分等，5%～20% 的多发性创伤患者在初次检查时会有一些损伤被漏诊。当较危急的损伤稳定后，应重复进行骨科检查，找出所有漏诊的损伤并进行早期治疗。研究表明，骨盆和颈椎的 CT 扫描比 X 线透视和 X 线平片检查能更多地发现损伤。

对多发伤患者的治疗要求进行特殊的和可靠的评估及治疗。美国外科医师协会制定的高级创伤生命支持系统（ATLS）是应用最广泛的创伤患者评估系统。该评估系统可基于 ABCDE 助记：

A（airway，气道）：气道应该保持通畅。

B（breathing，呼吸）：在正常给氧的情况下，呼吸应该尽可能保持正常。

C（circulation，循环）：包括中央循环和外周循环，所有肢体有良好的毛细血管充盈反应并维持正常血压。

D（disability，功能障碍）：包括神经系统、骨骼肌肉系统、泌尿生殖系统损伤，尽管很少危及生命，但可以导致严重的长期功能障碍。

E（environment，环境）：很多损伤并非发生在隔离的环境中，由此可能造成污染，使医护人员染病。

从骨科学角度来看，骨骼肌肉系统和神经系统的评估方案在决定损伤的类型和程度方面极为重要。危及生命和肢体的骨骼肌肉损伤包括：伤口和骨折的出血，开放性骨折的感染，血管损毁和筋膜间室综合征造成的肢体丧失，脊柱和周围神经损伤导致的功能丧失。隐性出血、原因不明的多部位失血以及伴发的血流动力学不稳定，是血液循环评估的主要方面。多发骨折，特别是骨盆和长骨骨折引发的出血，要求早期固定减少失血。

处置时应首先考虑患者的全身情况。急诊措施必须包括治疗疼痛、出血和休克。出血应该以加压来控制。由于可能进一步损伤神经、血管，极少推荐使用止血带。由于有损伤邻近的周围神经的风险，建议不要在伤口内盲目使用止血钳钳夹止血。从患者受伤到清理伤口准备手术这段时间内，应用无菌敷料保护伤口，用夹板固定肢体，以防止锐利骨折块移动造成软组织的额外损伤。

病史应包括受伤的时间和地点。体检应包括确定软组织伤口的范围和类型及是否存在血管、神经损伤。应紧急处理血管损伤或筋膜间室综合征，以避免组织缺血，如果这些损伤超过 8 小时，将造成不可逆转的肌肉和神经损伤。一项对犬的实验研究发现，当组织压低于舒张压 10 mmHg 或平均动脉压在 30 mmHg 之内时将发生不可逆转的肌肉损伤。该研究强调，组织压和舒张压之间 10～20 mmHg 的差距是急性筋膜切开的指征，而非绝对的组织压数值。

X 线摄像应该用来显示骨骼损伤的程度和类型。有时软组织损伤的程度只有在手术探查时才能确定。距离受伤的时间及软组织损伤的类型和范围对治疗的选择有指导意义。与低速率、低能量的创伤相比，高速率、高能量的创伤可以对软组织和骨骼造成更广泛的损伤，同时可以带来更不确定的预后。患者的全身情况、有无相关损伤及众多的其他因素都会影响最终结果，并且对治疗产生影响。

一、开放性骨折

开放性骨折属于外科急症，也许应当被看作不全离断伤。Tscherne 描述了开放性骨折治疗的四阶段：挽救生命、保全肢体、防止感染、保存功能。第 1 个阶段或清创前阶段一直持续到 20 世纪。第 2 个阶段（保全肢体阶段）跨越了两次世界大战，其特点是截肢率高，引起了对人工假肢研究的兴趣。第 3 个阶段持续至 20 世纪 60 年代中期，在这一时代人们的注意力集中在防止感染和应用抗生素上。第 4 个阶段，即保存功能时代，其特征是积极的伤口清创、用内固定或外固定确实地制动骨折及延期闭合创口。目前的第 5 个阶段是快速高效的创伤救治的结果。最新的研究证实，大多数开放性骨折（Gustilo – Anderson Ⅲ A 类以下）都可以闭合创口，这样做并没有明显的风险，而且并发症发生率和住院时间都有所降低。另外，预防性应用抗生素的需求也遭到了质疑。最近一篇有关预防性应用抗生素的文献综述揭示，那些支持预防性应用抗生素的研究文章质量低劣，其结论值得怀疑。有些文章的作者对开放性骨折患者入院 2 小时内迅速预防性应用抗生素的做法和所用抗生素的剂量及给药时间都提出了疑问。最后，许多研究也表明，至少对于 Gustilo – Anderson Ⅰ、Ⅱ类和Ⅲ A 类开放性骨折来说，对于严格的正规清创术及入院 6 小时内冲洗所有创口给予预防性应用抗生素并不是必需的。

（一）火器所致的开放性骨折

对火器所致的开放性骨折患者的评估应包括受伤部位的正、侧位 X 线平片，包括上、下关节。可能需要关节造影来判明是否存在关节的子弹贯通伤。如果损伤涉及脊柱或骨盆，CT 可用于确定子弹的精确位置，并可有助于评估关节损伤。如果怀疑血管损伤，可能需要血管造影或动脉造影明确诊断。

在和平时期遇到的火器伤有三种不同类型：①低速手枪或步枪伤口。②高速步枪伤口。③近距离的猎枪伤口。在低速手枪或步枪伤口中，软组织损伤常常较小，故不需广泛清创。伤口的进出口小，常常不需缝合，而只需对皮肤边缘进行清创。在低速枪伤伤口的治疗中，冲洗、局部清创、预防破伤风及肌内注射单次剂量的长效头孢菌素与 48 小时静脉应用抗生素的疗效相同，而且口服和静脉输注抗生素对于预防感染有同等的疗效。在这类伤口中，感染很少见。有人推荐了一套关节内骨折的治疗方案，即对于子弹穿过清洁皮肤或衣物的损伤预防性使用抗生素 1～2 天；对于子弹穿过肺、肠道、严重污染的皮肤或衣物的损伤，使用广谱抗生素 1～2 周。民间枪伤的分类方法包括创伤能量、是否累及致命性的组织结构、伤口特征、骨折和伤口的污染程度。然而，这种复杂的分类方法并没有被确立，对治疗也没有起到指导作用。

某些枪伤可以在静脉注射单次剂量的头孢菌素后在院外口服抗生素治疗。Dickson 等报道，用以下方法院外治疗 41 例患者（44 处骨折）低速枪伤所致的 Gustilo Ⅰ、Ⅱ型开放性骨折，仅有 1 例发生了浅表感染：破伤风抗毒素 0.5 mL 肌内注射冲洗和局部伤口清创，闭合复位（必要时），放置敷料或夹板，静脉注射头孢唑林 1 g，口服头孢氨苄 500 mg，每日 4 次，共 7 天。

在高速步枪和猎枪伤口中，软组织和骨损伤是大量的，组织坏死是广泛的。对这类伤口最好采用类似战伤的治疗方式。需要广泛地显露并清除所有失活的软组织。这类伤口应敞开，根据伤口本身情况再做延迟一期或二期缝合。在近距离猎枪伤口中，骨和软组织有广泛的损伤。除非伤口是贯通的，否则弹壳填料常存留在伤口内，可引起严重的异物反应。因此，应找到并去除所有填料，同时切除失活的软组织。没有必要清除所有的铅弹散粒，因铅弹似乎很少引起反应，而企图去除它们时会对软组织造成更多的损伤。然而，应从关节内或滑囊内清除子弹和子弹碎片，因为它们可能造成机械磨损、铅滑囊炎和全身性铅中毒等并发症。据报道，关节内枪伤后全身性铅中毒的发生早可至伤后2天，晚可至伤后40年。这类伤口也应敞开，择期再关闭。

虽然延期和急诊应用扩髓交锁髓内钉都成功地治疗股骨开放性骨折，但对于因枪伤引起的股骨骨折，与延期髓内钉固定相比，即刻髓内钉固定可缩短住院日，明显降低住院费用，对临床结果也没有不利影响。目前，我们倾向于使用静力型交锁髓内钉治疗低速和中速股骨干骨折，包括多数粗隆下和髁上骨折。高速股骨骨折应以外固定架做临时固定，直至创面愈合满意；在伤后2周左右行髓内钉固定。有些高速骨折可以即刻行不扩髓髓内钉固定。如果有严重的软组织损伤，包括血管神经损伤，可能需要一期截肢。在我们当地一级创伤中心治疗的52例伴有动脉损伤的股骨干骨折中，保存肢体的有32例（61.5%）。在一期（16例）髓内钉固定，或在牵引和外固定后行髓内钉固定的所有22例股骨骨折病例，均保肢成功。在高速损伤的肢体中有8例行一期截肢，9例行二期截肢，3例患者死于其他损伤。在骨折固定前行血管修复的患者中没有发生吻合口撕裂。

外固定可能适合于严重损伤（Gustilo Ⅲ型）。有报道认为，延迟一期闭合伤口和Ilizarov外固定架在治疗这些复杂骨折时的总并发症发生率和感染率较低。

在一篇髋部枪伤治疗的报道中，发现检查关节是否被穿透的最好的诊断性试验为髋关节穿刺抽吸和随后做关节造影。虽然所选择的病例都未做关节切开，而以抗生素治疗获得了成功，但对所有穿透关节腔的损伤都需要立即做关节切开。子弹继续接触关节液可导致关节损坏或感染。因为所有用内固定治疗的移位性股骨颈骨折的结果都不佳，所以，该报道建议用髋关节成形术或关节融合术作为这类损伤的最终治疗方法。

（二）截肢与保肢

随着复杂的开放性骨折处理方案的出现，设计了相应的治疗手段，挽救了许多没有功能的肢体。然而，人们注意到了"只重技术而忽视合理性"的问题，并指出，如此保肢的最终结果不仅是留下了一个无用的肢体，而且也使每个患者在身体上、心理上、经济上和社交上都受到了影响。不可避免的截肢常被拖延太久而增加了财政、个人和社会的花费，更重要的是，增加了伴随而来的后遗症发生率和可能的死亡率。在一项对开放性胫骨骨折的研究中，与早期行膝下截肢患者相比，保肢患者并发症更多，手术次数更多，住院时间更长，住院费用也更高。与早期截肢患者相比，更多的保肢患者认为自身有残疾。

为了更好地评估损伤和更好地确定采用早期截肢治疗的损伤类型，人们进行了几种尝试。Mangled肢体创伤严重程度评分（Mangled Extremity Severity Score，MESS）从四个方面进行评分：骨骼和软组织损伤、休克、局部缺血及骨龄。在一些研究中，MESS分数达到1~12分的患者的肢体最终都需要截肢，而MESS分数为3~6分的患者的肢体能够存活。然而，在其他研究中均未发现MESS、LSI（保肢指数）或PSI（预测保肢指数）有预测价值。评分系统的高特异性证实，低分可以预测保肢的可能性，但其低敏感性却不能证明其作为截肢预测指标的有效性。这些评分系统似乎用途有限，不能作为判断是否应该截肢的唯一标准。而位于或高于截肢阈值的下肢创伤严重程度评分在决定能否保留遭受高能量创伤的下肢时应该谨慎使用。

最近，Rajasekaran等为了评估开放性胫骨Gustilo ⅢA、ⅢB骨折，提出了一种新的评分系统，包括皮肤覆盖、骨骼结构、肌腱和神经损伤以及并存病情况。他们使用该系统，把109例Ⅲ型开放性胫骨骨折分成四组，以评估保肢的可能性。第 1 组分数为 5 分或更少，第 2 组分数为 6～10 分，第 3 组分数为 11～15 分，第 4 组分数为 16 分或更高。分数为 14 分或更大的作为截肢指标，敏感性为 98%，特异性为 100%，阳性预测值为 100%，阴性预测值为 70%。这些结果与 MESS 分析的 99% 敏感性及 97% 的阳性预测值相似，但是优于 MESS 分析的 17% 的特异性和 50% 的阴性预测值。这个新的评分系统的高特异性可能成为更好的截肢预测方法。然而，目前所有的评分系统的预测能力都维持在低水平。

（三）抗生素治疗

开放性骨折的治疗实际上是应用微生物学的一次临床实践。一旦皮肤屏障遭破坏，细菌就从局部进入伤口并企图附着和繁殖。损伤区域愈广，坏死组织愈多，对细菌的营养支持潜力就愈大。由于损伤部位的循环遭到损坏，机体免疫系统利用细胞防御和体液防御的能力也都遭到破坏，于是在细菌造成感染和机体动员足够的免疫机制克服感染之间就展开了一场竞赛。

感染微生物的毒力取决于：它对宿主基质如坏死的皮肤、筋膜、肌肉和骨的黏附能力，它的致病力，以及由细菌本身的体液和机械因素所决定的中和宿主防卫的攻击力。目前已认识到，异物反应是保护细菌免受吞噬细胞吞噬的细菌糖蛋白的一种复杂的相互作用。细菌侵入机体后黏附在宿主的细胞基质上并分泌体液和糖蛋白保护罩，于是它们就能进行细胞复制，形成临床感染。细菌的繁殖会以对数形式进行，直至耗尽可获得的营养物质、宿主死亡或宿主的防御成功地抵抗了感染为止。如果发生了后者且宿主仍存活，则细菌或被消灭，或被抑制和孤立，形成慢性骨髓炎。

一般来说，开放性损伤的治疗包括术后全身使用抗生素。2004 年，Cochrane 的系统性综述确立了抗生素对开放性骨折患者的益处。这篇综述表明，开放性骨折使用抗生素后可将感染风险降低 59%。数据支持这样的结论：伤后迅速短期使用第一代头孢菌素并结合骨折伤口及时处理的先进方法，可以显著降低感染风险。其他常用的治疗方法尚缺乏足够的数据证明其有效性，比如，延长抗生素的使用时间或重复短程使用抗生素，扩大抗生素的抗菌谱至革兰氏阴性杆菌或梭状芽孢杆菌，或者局部使用抗生素，如 PMNA 链珠。

多数方案建议使用广谱抗生素，通常是第一代头孢菌素，而对于有革兰氏阴性细菌污染风险的严重污染的 Gustilo Ⅲ 型损伤的伤口，则需另加氨基糖苷类抗生素，如妥布霉素或庆大霉素。如果有厌氧菌感染的可能性，如梭状菌，则推荐使用大剂量青霉素。由于多数情况下病原菌是医源性的，所以，抗生素治疗的时间应加以限制。Gustilo 建议，对于 Gustilo Ⅰ 型和 Ⅱ 型开放性骨折，在入院时给予头孢孟多 2 g，然后每 8 小时 1 g，持续 3 天。对 Gustilo Ⅲ 型开放性骨折，每天给予氨基糖苷类抗生素 3～5 mg/kg，而对于田间损伤，则需每天另加青霉素 1 000 万～1 200 万单位。Gustilo 仅持续应用 3 天双抗生素治疗，并在闭合伤口、行内固定和植骨手术时重复此疗法。近来，Okike 和 Bhattacharyya 推荐使用头孢唑林 1 g，静脉注射，每 8 小时 1 次，直至创口闭合后 24 小时。对于 Ⅲ 型骨折，加用静脉注射庆大霉素（根据体重调整剂量）或左氧氟沙星（每 24 小时 500 mg）。由于喹诺酮类对骨折愈合有不良反应，所以，不应该作为开放性骨折患者的预防性抗生素应用。

尽管医师一致认为应用抗生素治疗开放性骨折有效，但对持续时间、给药方式和抗生素的种类还存在争议。一项前瞻性双盲研究发现，使用头孢菌素者感染率为 2.3%，与之相比，不使用抗生素者感染率则为 13.9%，但有人对该结果提出了疑问，而关于这个问题目前还缺乏足够数量的可靠的研究。另一项研究发现，每日 1 次大剂量抗生素和低剂量分次给药的效果是一样的。

对于何时对开放性伤口做细菌培养尚存争议。人们认为，清创前仅有很少量的细菌最终造成感染，这说明清创术前或术后进行细菌培养基本没有价值。最常见的感染细菌是革兰阴性菌和甲氧西林耐药金黄色葡萄球菌（MRSA），多数可能是在院内获得的。我们建议对第二次清创时存在明显临床感染表现的患者进行培养。虽然可能增加二次手术率，最近人们还提到一种显著改善感染率的方法，即根据清创术和创口冲洗后获得的细菌培养结果来决定是否需要重复进行正规的清创术和冲洗。根据伤口的具体情况，早期、快速按经验使用抗生素是预防开放性骨折感染的最有效的方法。

二、软组织损伤的治疗

在将开放性损伤患者送往医疗机构前，初步处理应包括伤口压迫、骨折夹板固定、无菌敷料覆盖。组织暴露于空气可以导致细菌进一步污染，因此，必须将患者迅速转移至合适的医疗中心。有人发现，受伤20分钟内在创伤中心接受治疗的患者的感染率为3.5%，而受伤10小时内由其他医院转至创伤中心的患者的感染率为22%。

在急诊室，有必要对患者的状况进行快速评估，并即刻对伤口进行清创和冲洗。清创和冲洗自第一次世界大战后才开始用于防止创伤后感染。比利时外科医师 DePag 基于伤口的细菌学评估引入了清除失活组织和延迟闭合伤口的概念。从那时起，清创连同冲洗就成为治疗开放性损伤的主要治疗方式，尤其是伴有骨折的开放性损伤。

推荐采取以下步骤治疗开放性损伤：

1. 将开放性骨折当作急诊处理。

2. 进行全面的初期评估，诊断危及生命和肢体的损伤。

3. 在急诊室或最迟于手术室开始给予合适的抗生素治疗，仅持续2～3天。

4. 即刻清除伤口内污染和失活的组织，广泛冲洗，并于24～72小时重复清创。

5. 按照初期评估时确定的方法固定骨折。

6. 敞开伤口（尚存争议）。

7. 早期进行自体松质骨移植。

8. 积极进行患肢的康复锻炼。

总体来说，文献报道的伤口感染率在Ⅰ型骨折中为0～2%，在Ⅱ型骨折中为2%～7%，在全部Ⅲ型骨折中为10%～25%，其中在ⅢA型骨折中为7%，在ⅢB型骨折中为10%～50%，在ⅢC型骨折中为25%～50%。在ⅢC型骨折中截肢率高达50%以上。

伴随闭合骨折的软组织损伤尽管不如开放性骨折明显，但可能更加严重。没有发现这些损伤并在治疗中加以考虑可能会导致严重的并发症，从延迟愈合到部分或全厚组织坏死和严重感染。此型损伤中最常遗漏的是皮肤与筋膜分离时发生的 Morel－Lavallee 综合征。其将产生间隙并有大量出血。通常会形成皮下血肿，血肿过大时将危及表面皮肤的活力。此综合征常发生于骨盆骨折的患者中，特别是遭受剪力损伤的肥胖患者。建议使用 MRI 和超声检查确定诊断。

许多治疗方法可以用于 Morel－Lavallee 综合征的治疗，包括：根治性切开术，这一方法经常留有巨大的伤口；以及微创方法，如伤口引流。最初的建议是在稳定骨折的同时处理软组织问题。由于切开会增加皮肤失去血供的风险，我们更愿意等待观察而非进行急诊减压。对于经皮穿刺我们有一定经验，但发现肿胀有复发的可能。股部（大腿）的血供不恒定，故此种情况尤其危险。有人建议对血肿行小切口引流和绷带加压包扎。我们一直使用类似的引流技术，但发现当发生皮肤坏死或伤口裂开时，感染概率增加。

最近，Tseng 和 Tornetta 描述了 19 例有 Morel – Lavallee 损伤的患者，这些患者在入院后的 3 天内使用经皮引流技术治疗取得了良好效果。在 6 例髋臼手术和 2 例骨盆环手术中，保留引流至少 24 小时。随访 6 个月没有深部感染。

三、清创术

在决定清创所需的准确范围时，应考虑每个患者的特点；一般来说，皮肤应清创至边缘出血为止。清创时不应上止血带，以免不能分辨皮肤的活力。

肌肉清创应将没有收缩或明显污染的失活肌肉全部清除。严重污染的完全断裂的肌腱断端也应切除，尽管这点在肌肉肌腱单位完整时存在很大争议。清除污染的同时保留肌腱是可能的。必须注意保持肌腱湿润，肌腱一旦干燥将发生坏死，就必须切除。早期皮瓣或敷料覆盖可以防止这些脆弱组织干燥。处理肌肉时，必须观察"4C 征"，即韧性、颜色、收缩性和循环。夹持或电刺激时应该能看到肌肉的正常收缩。肌肉的质地应该正常，不能是苍白的或水煮样的。肌肉应该是正常的红色，而不是褐色。应该在组织边缘看到好的出血点。

及时清创的经验性标准为"6 小时原则"，但是只有少数研究表明 6 小时内清创可以减少感染率，许多研究对这个标准的可靠性提出了疑问。有些学者认为，手术清创对于低级别的开放性骨折可能是不必要的。尽管如此，我们认为，伤后尽快进行彻底的手术清创是对所有开放性骨折的治疗标准。最近有项研究质疑：手术医师是否清除了正常的肌肉。此研究中，手术医师根据"4C"原则来判断肌肉的活性，同时做组织学检查进行比较。60% 的样本，组织学显示为正常肌肉和轻度间质性炎症的组织，而手术医师认为是坏死或即将坏死的组织。如果这类肌肉组织未被清除，其预后不得而知。在没有更好的办法在术中判断肌肉活性之前，清除可疑的组织是谨慎的做法（否则还得回到手术室进行二次清创）。

在清除失活污染的坏死组织后，应进行大量冲洗。一些实验研究对冲洗的效果进行了评价，但这方面的临床研究很少。最常用生理盐水进行冲洗，可以通过球状注射器、倾倒、低压或高压灌洗的方式进行。每一种方法都有其各自的优点。高压灌洗较球状注射器能够清除更多的细菌和坏死组织，如果有大量污染或处理延迟，可能更加有效。然而，有人注意到，高压灌洗后第 1 周新骨形成较对照部位减少，而且脉冲灌洗后伤口外 1～4 cm 受到污染。他们还注意到，污染可以沿骨髓腔扩散。另外，灌洗器尖端接近组织的位置可以影响清洁的程度。最近，Draeger 和 Dhaners 在体外实验模型中发现，高压冲洗枪（HPPL）比球形注射器冲洗对软组织的损伤更大。他们也注意到，高压冲洗比其他清创方法清除的污染物少，并由此推断可能是由于高压使污染物进入更深层的组织内。其他学者也发现，高压冲洗较低压冲洗增加了组织损伤。目前一致认为，高容量、低压力、反复足够次数冲洗可以最好地促进愈合和预防感染。

液体的用量随冲洗方法而变。我们的方案是用 9 L 液体进行脉冲冲洗。另外，对在灌洗液中使用添加剂是否有益尚存疑问。添加剂通常分为三种类型：①防腐剂，包括聚乙烯吡咯烷酮 – 碘、氯己定 – 葡萄糖酸盐、六氯芬和过氧化氢。②抗生素，如杆菌肽、多链丝霉素和新霉素。③表面活性剂，如橄榄皂或苯扎溴铵。Bhandari 等指出，用于低压冲洗的 1% 液体肥皂是体内清除细菌最有效的灌洗液。在近期的一项前瞻性随机对照研究中，Anglen 对非消毒橄榄皂和杆菌肽溶液灌洗的 398 例下肢开放性骨折进行了比较，发现在感染和骨愈合方面两者没有差异，但杆菌肽组存在更多的伤口愈合问题。

所有这些添加剂都有各自的优点和缺点，还没有哪一种添加剂有非常明确的好于其他添加剂的证据，而且哪一种添加剂最好目前还没统一的意见。以下的研究有助于我们明确冲洗压力及冲洗液成分相关的争论。在一项国际性的、多中心的双盲随机对照研究中，四肢开放性骨折患者被分为六组：高压冲洗（>20 psi）、低压冲洗（5~10 psi）、极低压冲洗（1~2 psi），并分别采用正常生理盐水或45%的生理盐水加橄榄皂冲洗。手、足及骨盆部位的骨折被排除在外。我们将12个月内骨折再手术次数、伤口愈合问题及伤口感染作为初始研究指标。在2 447例入组的病例中，不同压力冲洗组在再手术方面无明显差异（高压组13.2%，低压组12.7%，极低压组13.7%），肥皂冲洗组再手术率（14.8%）明显高于盐水冲洗组（11.6%）。作者的结论是：极低压冲洗是可接受的，并且是冲洗装置费用较低的方式，而橄榄皂冲洗液并不比盐水更具有优势。

我们的大多数病例的处理方式是采用9 L液体重力自流动冲洗。对于污染较重的骨折需要另外增加冲洗液，而对于污染较轻的上肢损伤用较少的冲洗液（5~6 L）即可有效冲洗。我们以前的方案是将泌尿生殖系冲洗液作为添加剂，然而，我们目前不再在冲洗液中加入添加剂。无论使用什么冲洗方法，伤口清创最重要的是手术清除坏死和污染组织。

围绕灌洗后是否闭合伤口仍存在争议。以往建议保持伤口开放，不过随着强效抗生素和早期积极清创技术的发展，越来越多的医疗机构有了松弛闭合伤口、留置或不留置引流获得成功的报道。如果清创不能获得清洁的伤口，则不应闭合伤口。另外，为防止皮肤进一步缺血坏死，也不应在有张力的情况下闭合伤口。用2-0尼龙缝线关闭创口并保持不裂开时所产生的张力较为适当。局部的组织结构应用吸水敷料保持湿润。有人报道，用含有万古霉素或妥布霉素等抗生素粉末浸染的甲基丙烯酸甲酯制成链珠，由线穿在一起放置于伤口内，对于深部感染的控制率较高。

早期闭合伤口可以减少感染、畸形愈合和不愈合的发生率。闭合切口的方法很多，包括直接缝合、皮片移植、游离或带蒂肌瓣。方法的选择取决于以下几个因素，包括缺损的大小、部位及相关的损伤。一项需要皮瓣覆盖的195例胫骨干骨折的多中心研究发现，对于ASIF/OTA分类的C型损伤，行旋转皮瓣后发生伤口并发症而需要手术处理的概率为游离皮瓣的4.3倍。

真空辅助闭合伤口装置（KCI，San Antonio，TEX）是一个近期的创新，它可以减轻慢性水肿，增加局部血液循环，促进肉芽组织形成，有利于伤口愈合。一些有关真空辅助闭合伤口装置在骨创伤治疗方面的报道得到普遍认同，但其有效性尚未明确。真空辅助闭合装置一般在灌洗和清创后使用并使用到伤口清洁前。

四、骨损伤的治疗

对完全失去软组织附着而无血供的小骨折块可以摘除。由于很难清洁干净，被异物严重污染的小骨折块也应被摘除。对是否摘除无血供的大骨折块尚存争议。一般来说，最好摘除所有无血供的骨折块，并计划行二期自体骨移植。保留无血供的骨折块是一个细菌黏附的根源，而且可能是开放性骨折发生持续感染的最常见原因。曾经有使用聚乙烯吡咯烷酮-碘、高压灭菌和氯己定-葡糖酸盐抗生素溶液对脱出的大段骨皮质进行实验性灭菌的报道。应用Ilizarov牵伸组织生长技术治疗大段骨缺损也有报道。对于开放性骨折的这类处置，必须用心判断。对有完整骨膜和软组织附着的小片骨折应该保留，以便作为小块植骨刺激骨折愈合。

除污染外，开放性骨折时骨膜的撕裂减少了骨骼的血供和活力，因此，较闭合性骨折更难处理。通常软组织撕脱越严重，骨折越不稳定，骨折固定就越困难。

一般来说，应该以对损伤区域的血供及其周围软组织损伤最小的方法来固定开放性骨折。对于Ⅰ型损伤，任何适合闭合性骨折的方法均可取得满意的结果。对Ⅱ型和Ⅲ型损伤的处理则存在争议，可以使用牵引、外固定、不扩髓髓内钉，偶尔采用钢板和螺丝钉。对于干骺端－骨干骨折，更倾向于用外固定，偶尔用螺丝钉行有限的内固定。对于上肢，石膏、外固定、钢板和螺丝钉固定是常用的方法。对于下肢，已经应用髓内钉成功治疗了开放性股骨干和胫骨干骨折，结果显示，对于 Gustilo Ⅰ型、Ⅱ型和ⅢA型骨折，应使用不扩髓髓内钉。

我们在 Elvis Presley 地区创伤中心治疗的开放性股骨和胫骨骨折的经验也支持使用不扩髓髓内钉。对125例开放性股骨干骨折行扩髓或不扩髓髓内钉治疗，所有骨折均愈合，仅有5例（4%）发生感染。而对50例开放性胫骨骨折（Gustilo Ⅰ型3例、Ⅱ型13例、ⅢA型22例和ⅢB型12例），48例（96%）获得愈合，4例（8%）发生感染，2例（4%）发生畸形愈合。其中，18例（36%）骨折需要动力加压和（或）植骨以获得愈合。对于可以救治的 GustiloⅢB型和ⅢC型损伤，外固定仍然是首选的方法。外科医师对所选择的外科固定技术的熟练程度与减少血供的进一步破坏同等重要。

骨折复位和固定的方法取决于骨折部位、骨折类型、清创的效果和患者的一般状况。如果期望限制进一步的手术损伤且骨折稳定，闭合骨折可以采用类似闭合骨折的复位和石膏外固定技术予以治疗。石膏必须分为两半或开窗，以便观察伤口。用外固定架可以方便地评估皮肤和软组织，甚至适合于存在不稳定软组织的稳定骨折。涉及肱骨、胫骨、腓骨或小骨骼的开放性骨折可以通过这种方式复位和制动。如果没有可以使用的成熟技术，骨牵引可以提供足够的稳定，对多数伤口允许足够的显露。骨折越不稳定，手术固定或分期固定就越具合理性。

涉及关节或骨骺的骨折可能需要内固定以维持关节面和骨骺的对线。通常，克氏针或有限内固定，伴或不伴外固定可以达到此目的，同时又不使用过多的内固定物。如果可能，我们先治疗软组织损伤并处理伤口，待软组织愈合后，再通过清洁切口行关节内骨折的切开复位和内固定。骨折固定的具体方法在本章的后面部分进行讨论。

（覃国忠）

第四节　骨折愈合（骨再生）

尽管已有大量的临床、生物力学和实验研究探讨了众多影响骨折愈合的因素，但还没有最终定论。我们对控制骨折愈合的细胞和分子途径的理解正在深入，但尚不完全。骨折愈合可以从生物学、生物化学、力学和临床等角度加以考虑。对骨折愈合各个方面进行讨论超出了本书的范围，建议读者参考相关的优秀杂志文章和教科书以获取更多的信息。

骨折愈合是一个复杂的过程，需要在正确的时间和地点募集合适的细胞（成纤维细胞、巨噬细胞、成软骨细胞、成骨细胞和破骨细胞）和相关基因（控制基质的生成和有机化、生长因子和表达因子）的继发表达。骨折可激发一系列炎症、修复和重塑反应，如果这一复杂的相互影响的过程的每一阶段都进展顺利，则患骨将在数月内恢复其初始状态。随着矿化进程而逐渐增加的刚度和强度使骨折部位获得稳定并使疼痛消失时，骨折即达到临床愈合。当 X 线片显示骨小梁或骨皮质穿越骨折线时，骨折即达到愈合。放射性核素研究显示，在恢复无痛性功能活动和获得 X 线检查愈合以后的很长时间内，骨折部位仍有浓聚，提示重塑过程需持续数年。

在骨折愈合的炎性阶段，因创伤造成的血管破裂将形成血肿。随后，炎性细胞浸润血肿并激活坏死组织的酶解。Bolander 认为，血肿是信号分子来源，如转化生长因子－β（TGF－β）、血小板衍化生长因子（PDGF），可以激发和调控－系列导致骨折愈合的细胞反应。在创伤后 4～5 天开始的修复阶段，其特征是多潜能间质细胞浸润，此细胞可以分化为成纤维细胞、成软骨细胞、成骨细胞，并形成软骨痂。骨膜和髓腔内血管增生（血管生成）有助于引导相应的细胞进入骨折部位并促使肉芽组织床的形成。而骨痂转变为编织骨及矿化的过程可使新生骨质的刚度和强度增加，这标志着将持续数月甚至数年的重塑阶段的开始。最终编织骨被板层骨替代，髓腔重建，骨骼恢复至正常或接近正常的形态和力学强度。骨折愈合是一个连续的过程，每一个阶段均与后续阶段重叠。

Einhorn 描述了以部位为特征的四个不同的愈合反应：骨髓、骨皮质、骨膜和外周软组织。他认为，骨折愈合最重要的部位是骨膜，在骨膜中定向骨原细胞和未定向的未分化间质细胞通过重演胚胎时期的膜内骨和软骨内成骨过程促使骨折愈合。骨膜反应能够迅速桥接骨骼半径长度的缝隙；此过程可被运动加强而被坚强固定抑制。同样，外周软组织反应也非常依赖于力学因素，可被坚强制动抑制。这一反应涉及快速的细胞反应和稳定骨折块的早期桥接骨痂的形成。组织形成的方式是软骨内成骨，通过未分化间质细胞募集、吸附、增殖并最终分化为软骨形成细胞来完成。

在骨折愈合的复杂过程中，新骨形成的四种形式为：骨软骨骨化、膜内成骨、相对的新骨形成和骨单位迁移（爬行替代）。新生骨的类型、数量和部位受骨折类型、间隙状况、固定强度、负荷和生物学环境的影响。研究发现，承受压力和低氧张力的细胞向成软骨细胞和软骨分化，而承受牵张应力和高氧张力的细胞则向成纤维细胞分化并产生纤维组织，表明对不成熟或未分化组织施加的应力类型可以决定新生骨的类型。

Uthoff 列举了大量影响骨折愈合的全身和局部因素，并将其分为创伤当时存在的因素、创伤造成的因素、依赖于治疗的因素和并发症相关的因素。人们发现，下列因素是骨折愈合并发症（特别是感染）的最好的预测指标，包括 AO 骨折分类中软组织情况和创伤能量水平、体重指数≥40、并存疾病因素的存在，如年龄在 80 岁以上、吸烟、糖尿病、恶性疾病、肺功能不全和全身免疫缺陷。存在上述三个或以上因素的患者发生感染的概率几乎是只存在一个因素患者的 8 倍。

我们也发现，一个患者的健康状况、生活习惯、社会经济地位、神经精神病史是开放性骨折后并发症较好的预测指标。综合考虑患者的几种变量，我们制定了非常实用的群体分类法。在对 87 例开放性胫骨骨折病例进行的回顾性分析中，我们发现，并发症的发生率在 C 型人群中为 48%，在 B 型中为 32%，在 A 型中为 19%。特别是感染发生率在 C 型中为 32%，在 B 型中为 17%，在 A 型中为 11%。群体分类法能在初期评估并发症，因此，它对并发症的预测早于 Gustilo 分类法（常需要清创时才能最后确定）。作为 Gustilo 系统的补充，群体分类还能在初次评估时决定清创后是否能够闭合创口。

一、骨移植

自体骨移植包含骨形成所需要的三个要素——骨传导性、成骨性及骨诱导性。骨传导性是指能够让骨长入的支架。骨诱导性是指诱导产生成骨细胞的能力。成骨细胞的形成也需要原始的骨细胞。

自体骨移植物可从身体多部分获取。关节融合术时移除的骨，去除所有软组织且碎成更小的小骨块后可再次使用。可以用一个碎骨机来将骨弄碎。这样就会为骨诱导增加活细胞和蛋白质的数量。

髂嵴是自体骨移植的第 2 常用部位。髂骨的后方能比前方提供更多的骨质，可作为碎骨或结构性骨，例如，三皮质骨移植。但是，从髂嵴处取骨常造成下列并发症：取骨区疼痛、神经瘤、骨折及异位成骨。

腓骨可以用作结构性植骨，肋骨可以用作结构性植骨或碎骨移植。胫骨也可以用作长的皮髓质结构移植，然而，由于坚强内固定及可靠的同种异体骨移植的出现，这些结构移植的应用范围正在逐渐缩小。

使用股骨钉及一个特制的钻孔/冲洗/抽吸器（RIA）（Synthes）来获取大量股骨内部的骨髓是最近一个常用的方法。开发 RIA 就是为了降低髓内压，减少钻孔时造成的脂肪栓塞。有文献记载了使用 RIA 能使髓内压明显降低及股静脉内的脂肪明显减少。在该过程中，钻出物和流出物均可获得，可以抽吸出数量可观的骨髓用来移植。根据患者及来源骨的不同，可以获取 25~90 mL 的骨质。这些骨性的碎片富含间充质干细胞。另外，上清液内也含有成纤维细胞生长因子（FGF）－2、胰岛素样生长因子（IGF）－β_1 以及隐性的转化生长因子（TGF）－β_1，但不含有骨形态生成蛋白－2（BMP2）。因此，RIA 是自体骨、间充质干细胞和骨生长因子的一个潜在来源。在不同位置的脊柱手术之前，采用这项技术获得的自体骨也可以用作椎骨移植物。

这项技术也有一些并发症。曾有报道称，在供骨部位有骨折发生，一些需要额外的固定。也有报道称，骨皮质钻孔的地方需要预防性地置入髓内固定装置。还有因为误吸出现明显的出血。为了避免这些问题或使这些问题出现的概率降到最小，我们需要采取如下一些措施：

1. 术前对取骨区进行 X 线摄像，评估骨的变形情况，对峡部进行测量，来决定钻孔的最大值。

2. 进行输血来替代被吸取的血和骨髓。

3. 当进行钻孔而无法避免不必要的出血时，抽吸装置应该被关闭。

4. 钻孔后，对取骨区应进行详细评估，检查孔眼，如果发现一个孔眼，应该预防性地置入髓内固定装置。

5. 术后活动时应采取一些保护措施，避免取骨区的骨折。

6. 手术最后应该检查患者的血容量，接下来的 24 小时检查有无明显出血。

7. 最后，在有代谢性骨病的患者，如骨质疏松症甚或骨量减少，都不太适合行此手术。

二、骨移植替代物

尽管自体骨如髂嵴骨移植依然是填充创伤、感染、肿瘤及手术所造成的骨缺损的"金标准"，但是，使用自体骨常造成下列并发症增多：增加手术过程、增加手术时间和失血量及常存在术后供区并发症（疼痛、美容上的缺陷、疲劳骨折及异位成骨）。可以用于骨移植的自体骨也十分有限。正是由于这些限制，骨移植替代物有了大的发展。

Laurencin 等将这些替代材料划分为五种主要的类型：同种异体材料、以因子为基础的材料、以细胞为基础的材料、以陶瓷为基础的材料以及以多聚体为基础的材料。同种异体替代物使用同种异体骨，单用或复合其他元素，能被用作结构移植物或填充移植物。以因子为基础的移植材料不仅包括天然的生长因子，也包括重组的生长因子，能单独使用，或结合其他材料使用。以细胞为基础的替代物是使用细胞产生新骨。以陶瓷为基础的替代物是使用各种类型陶瓷来作为骨生长的支架。以多聚体为基础的替代物可以单独使用生物可降解多聚体，也可以复合其他材料使用。其各种各样的材料还包括来自海洋的材料，如珊瑚和海绵骨架。

1. 基于同种异体的骨移植替代物　同种异体移植物可以以很多形式存在，可以通过很多方法制备，包括冻干、辐照（电子束和 γ 射线）和脱钙。经冻干和辐照处理的材料能用作皮质骨的结构支撑。一些材料可以磨碎作特殊的用途，如椎间融合器。脱钙骨是同种异体移植物脱钙后的产物，包含骨诱导蛋白，能刺激骨形成，可做成油状、可注射凝胶状、糊状、粉状、敷贴状和它们的混合。这些不同类型的材料可以与骨髓混合在一块以增加成骨多能细胞。不同 DBM 产品在刺激骨愈合方面有很大的差异，这可能受多种因素影响，包括移植物的来源［骨库和（或）捐赠者］、处理方法、形态和载体类型。矿化的同种异体移植物通常与载体混合在一起使用，如甘油、硫酸钙粉、玻璃酸钠和明胶。通过 γ 射线和环氧乙烷灭菌的 DBM 可减少疾病传播的风险，但也可减少产品的骨诱导活性。所有这些因素在骨活化的有效性上有明显差异。

DBM 在合并严重血管或神经疾病、发热、不可控的糖尿病、严重骨退变性疾病、孕妇、高钙血症、肾衰竭、Pott 病、手术部位有骨髓炎或脓毒血症的患者中，禁忌使用。

来自供体的疾病传播是非常少见的，但是有潜在的风险。同种异基因骨移植并发症还有骨诱导能力不确定、移植物的感染。即使经过严格的筛查和无菌消毒，完全清除病毒及污染的细菌也是不可能的。大的结构性异基因骨移植也增加了疾病传播的风险。细菌感染和乙型肝炎、丙型肝炎的感染在接受移植患者中也有文献报道。DBM 传播感染的可能性更小。

2. 基于生长因子的骨移植替代物　1965 年 Urist 首先发现了骨形态发生蛋白。同时他发现，BMP 有诱导软骨内成骨的能力。此后，很多蛋白质从这组中分离出来。它们是一个非常大的细胞因子族团的一部分，对多种组织的生长发育有帮助。目前使用的 BMP 中很多被归类为骨转化生长因子家族（TGF－β）。这个家族包括抑制/激活家族、苗勒管抑制物质家族和生存因子蛋白家族。TGF－β 家族的很多蛋白质对成骨没有帮助，但是对其他组织的生长、调节有作用。目前，仅仅有两种蛋白质被分离、生产并运用于人类。通过重组产生的蛋白质被命名为 rhBMP－2 和 rhBMP－7。其他 BMP 家族中被发现有成骨性能的是 BMP－4、BMP－6 和 BMP－9。美国食品药品监督管理局（FDA）已经允许 rhBMP－2 在用钛融合器进行腰椎前路融合时使用。FDA 限制 rhBMP－7 和 OP－1 仅用于人道主义装置豁免下的脊柱融合翻修术。

BMP－2 和 BMP－7 是水溶性的，需要一种载体，以使其在手术位置发挥更有效的作用。它们可以由载体提供，也可以添加到载体上。选择一种具有骨传导性的载体，骨诱导的作用会显著增强。选择载体时一定要谨慎，以防 BMP 的丢失。

其他蛋白质可能对骨的生长有作用，包括血小板源性生长因子（PDGF）和血管内皮生长因子（VEGF）。

3. 基于细胞的骨移植替代物　细胞可以刺激种子细胞产生新生组织。目前，最常使用的以细胞为基础的移植物是自体骨髓。未来，成熟干细胞和胚胎干细胞、成体干细胞将随着移植物的使用不断发展，如骨髓间质细胞、表皮干细胞和脐带血细胞。

变性的胶原是一种骨诱导材料。这种材料的常用形式是牛（异种移植物）和人 I 型胶原，常被用作 BMP 的载体。rhBMP－2 和 rhBMP－7 复合骨胶原在形成肌腱和韧带胶原时可避免 BMP 的压缩和潜在丢失。

4. 以陶瓷为基础的骨移植替代物　陶瓷和胶原骨替代物能提供骨传导的性能，没有疾病传播的风险。可利用的陶瓷包括硫酸钙、磷酸钙和生物活性玻璃。此外，它们产生骨传导的同时可保持骨的完整性并与组织产生紧密的粘合。这种产品易碎，需要作为一种载体或保护装置（比如笼），与其他材料联合使用。磷酸钙陶瓷以多种形式存在，包括磷酸钙和人工羟基磷灰石。这些产品可以做成固体基质、油状、颗粒状。生物活性玻璃是以硅酸盐为基础的玻璃，具有生物活性，目前与聚甲基丙烯酸甲酯一块使用，可提高黏合性。如果这个产品没有进行改良或没有与强度更高的产品联合，单用此产品，不被推荐在负重区使用，这个产品应该与 DBM 一块用，或作为 BMP 的载体使用。

5. 基于聚合物的骨移植替代物　可以用于骨移植替代物的聚合物包括天然和人工合成的聚合物，可以是降解的或非降解的。一些不能降解的天然和人工合成的聚合物由聚合物和陶瓷构成，可以用于负重区的填充。生物可降解的天然和人工合成的材料包括 PLA 和 PLGA。这些材料的可吸收性限制了其在负重区的应用。

6. 其他骨移植替代物　珊瑚羟基磷灰石是最早用作骨移植替代物使用的物质之一。它吸收缓慢，并且可以用作 BMP 的载体。这种材料具有抗压性强、抗剪切力弱的特性，这些限制了其在脊柱外科的应用。当用作填充物时，由于其吸收缓慢，骨的加压可能会导致置入物的移位。

壳聚糖和海绵状骨骼是一种非常有潜力的骨植替代物，已经证明它们有可靠的疗效，但是需紧密接触宿主骨组织获得骨传导的作用。

三、电刺激和超声波刺激

从 20 世纪 70 年代早期起，电磁刺激就已被来治疗骨折延迟愈合和不愈合，报道的成功率分别为 64% 和 85%，但在新鲜骨折的治疗中却未被证明其有效。前瞻性双盲研究显示，电磁刺激对股和胫骨截骨术后的愈合具有促进作用，但是对其促进骨折愈合作用的细胞机制目前还不清楚。将成骨细胞暴露于电磁场中培养发现，多种生长子的分泌增加，包括 BMP - 2、BMP - 4、TGF - 4 和 IGF - 2。

尽管动物实验和临床研究已经证实超声能够促进骨折愈合，但其确切的物理机制尚未明确。低强度超声可以增加钙离子与培养的软骨和骨细胞的结合，并刺激大量参与骨折愈合过程的基因表达，包括 IGF 和 TGF - β。在鼠模型动物实验中，超声能够增加软骨痂的形成，导致软骨内化骨的早期启动。对大鼠和兔的动物实验显示，应用超声治疗新鲜骨折可平均加速骨折愈合达 1.5 倍。临床研究发现，超声可以使胫骨和桡骨骨折愈合时间缩短约 40%。另外，低强度超声对伴有糖尿病、供血不足、骨质疏松等疾病及服用激素、非甾体消炎药或钙离子通道阻滞药等药物的患者的骨折愈合也有促进作用。

四、影响骨愈合的不利因素

许多因素不利于骨的愈合，吸烟是这些因素中最值得注意的。临床和动物实验均已经证明，吸烟、曾经吸烟、咀嚼碎烟末均会导致骨的延迟愈合。吸烟也会导致一般伤口的延迟愈合。吸烟可使骨折愈合时间加倍并明显增加骨折不愈合的风险。非甾体抗炎药（环氧化酶 - 1 或环氧化酶 - 2），如布洛芬，可以延迟甚至阻滞骨的愈合过程。其影响随个体使用药物的不同而不同。喹诺酮家族抗生素也会减慢骨的愈合，尽管这些药物对深部骨感染有效。其他影响骨折愈合的因素包括：缺乏负重，骨折部位肌肉收缩的刺激减少，以及患有糖尿病等并存病等。

（覃国忠）

第四章

脊柱概述

第一节　脊柱损伤的分类

随着 CT、MRI 等现代影像技术在临床的广泛使用，对脊柱损伤的判断更加直观、精细，对脊柱损伤的认识也不断增加。但是由于受伤机制的多样性和脊柱解剖结构的复杂性，目前脊柱损伤的分类在国内外尚无公认的方法。根据不同的损伤特性，如病程、解剖部位、骨折形态或损伤机制，脊柱损伤有不同的分类方法，现将目前常用的分类方法介绍如下。

一、根据病程分类

根据脊柱损伤病程不同进行分类，可分为以下 3 种。

1. 急性期损伤　是指在 1 周以内的损伤，损伤呈现进行性发展的特点，损伤反应在 72 小时达到高峰，这种病理状态持续大约 7 天，之后逐步缓解。

2. 早期损伤　是指损伤未超过 3 周，出血、水肿等病例变化开始减轻，脊髓功能逐步恢复，还没有形成瘢痕粘连，是修复损伤的较好时期。

3. 陈旧性损伤　是指损伤时间超过 3 周，急性损伤的病理过程逐步消退，软组织也基本愈合，如伴有脊髓损伤，其内部有瘢痕修复。

二、按损伤部位分类

按损伤部位进行分类更为简单、方便、清晰，具体可以分为颈椎、胸椎、胸腰椎、骶椎、尾椎损伤等。

（一）颈椎损伤

颈椎损伤可分为上颈椎损伤和下颈椎损伤。

1. 上颈椎损伤　是包含枕、寰、枢复合体在内的任一部位的损伤。具体包含：①寰枕关节脱位、半脱位。②寰椎爆裂性骨折。③寰椎前、后弓骨折。④枢椎椎弓骨折。⑤枢椎椎体骨折。⑥齿突骨折。⑦寰枢间韧带损伤、寰枢关节脱位等。

2. 下颈椎损伤　指 $C_3 \sim C_7$ 椎体的损伤。损伤的类型包括以下几种：①颈椎前、后半脱位。②椎体压缩性骨折。③上下关节突关节交锁和/或脱位。④椎体爆裂性骨折、撕脱性骨折。⑤椎体水平或矢状骨折。⑥椎弓或椎板骨折。⑦单侧或双侧关节突骨折。⑧棘突骨折。⑨钩椎关节骨折。

（二）胸椎损伤

由于胸椎有完整的胸廓保护，胸椎活动度有限，相对而言胸椎损伤并不常见。但胸椎椎管空间相对狭小，活动范围有限，受到外力损伤时发生爆裂骨折、脊髓损伤的风险较高。根据其解剖部位可分为：①上胸椎损伤，$T_1 \sim T_3$。②中胸椎损伤，$T_4 \sim T_{10}$。③下胸椎损伤，$T_{11} \sim T_{12}$。

（三）胸腰椎损伤

脊柱胸腰段指 $T_{11} \sim L_2$ 这一节段，其解剖特点有：①为活动的腰椎与相对固定的胸椎转折点。②为胸椎后凸和腰椎前凸的转折部。③也是关节突关节面的朝向移行部位。这些解剖特点构成了胸腰段损伤发生率高的内在因素。胸腰段骨折是一种常见脊柱损伤，据统计，胸腰段骨折约占脊柱骨折脱位的 $2/3 \sim 3/4$；其中压缩性骨折是胸腰段骨折中最常见的类型，约占 $58\% \sim 89\%$。胸腰段骨折除骨结构损伤外，常伴脊髓、马尾的损伤，增加了诊治的重要性和复杂性。有关胸腰椎骨折的具体分类方法下文将进一步阐述。

（四）腰椎损伤

腰椎椎体较大，椎管空间较大，椎间盘间歇大，活动灵活，矢状面呈前凸，伸屈活动灵活，在其他方向活动受限，是身体负荷的主要承受者，受到剧烈外力时容易出现损伤。根据其部位具体可分为：①上腰椎损伤，包括 $L_1 \sim L_3$。②下腰椎损伤，包括 $L_4 \sim L_5$。

（五）骶椎损伤

骶骨骨折多与骨盆损伤伴发出现，在骨盆骨折中约占 $30\% \sim 40\%$。在治疗上常需与骨盆骨折的治疗一并考虑，所以分类上通常将其归入骨盆损伤。

（六）尾椎损伤

尾椎是人类进化后退变的结构，由于在脊柱生物力学上并无重要功能，骨折后一般没有明显的后遗症，一般保守治疗即可。

三、按照脊柱稳定性分类

根据损伤后脊柱的不同稳定程度进行分类，可以分为稳定性损伤和不稳定性损伤。关于脊柱稳定性的判断，目前学术界还没有统一的共识。20世纪80年代，Ferguson、Denis等在前人的研究基础上将脊柱分为三柱，即前柱（椎体和椎间盘的前2/3）、中柱（椎体和椎间盘的后1/3及椎体上的附属结构）、后柱（双侧关节突关节，棘突间韧带复合体），认为累及中柱的脊柱损伤属于不稳定性损伤，该分类方法特别强调了中柱对脊柱力学稳定性的作用。

常见的脊柱稳定性损伤有：椎体轻、中度压缩骨折，单纯棘突骨折，横突骨折，关节突骨折等。不稳定损伤负重时可出现脊柱弯曲或成角畸形者，显示其机械性不稳定，比如严重的压缩骨折或爆裂性骨折以及骨折脱位等。

四、按照损伤机制分类

颈椎与胸腰段骨折是常见的脊柱损伤类型，由于解剖和生物力学特点的不同，其损伤机制也不尽相同，现将其分开阐述。

（一）颈椎骨折的分类

现实情况中，急性颈椎损伤的受伤因素通常较为复杂，不能进行确切控制和观察，只能依据患者病史、临床表现和辅助检查进行判断，并根据实验研究中出现类似结果的外力所致的损伤进行归类。此分类方法较以上分类方式更为复杂烦琐，但有助于充分明确损伤的机制，指导治疗方法。通常采用的分类法见表 4 - 1 所示。

表 4 - 1　颈椎损伤机制分类

Ⅰ		屈曲型损伤
	A	向前半脱位（过屈性损伤）
	B	双侧小关节脱位
	C	单纯楔形压缩骨折
	D	铲土者骨折（棘突撕脱骨折，多在 $C_4 \sim T_1$）
	E	屈曲泪滴状骨折（椎体前方大块三角形骨块分离）
Ⅱ		屈曲旋转损伤
		单侧关节突关节脱位
Ⅲ		伸展旋转损伤
		单侧小关节突骨折
Ⅳ		垂直压缩损伤
	A	寰椎爆裂骨折（Jefferson 骨折）
	B	轴向负荷的椎体爆裂、分离骨折
Ⅴ		过伸性损伤
	A	过伸性脱位
	B	寰椎前弓撕脱骨折
	C	枢椎伸展泪滴状骨折（枢椎前下角撕脱之三角形骨块）
	D	椎板骨折
	E	创伤性枢椎滑脱（Hangman 骨折）
	F	过伸性骨折脱位
Ⅵ		侧屈损伤
		钩状突骨折
Ⅶ		机制不明损伤
	A	寰枕脱位
	B	齿状突骨折

（二）胸腰椎损伤分类

脊柱胸腰段骨折（$T_{10} \sim L_2$）是最为常见的脊柱损伤类型，按照损伤机制可分为：

1. 屈曲压缩骨折　是最为常见的一种类型，约占胸腰椎损伤的 50%。受伤时，因脊柱曲度处于屈曲位，矢状面应力超负荷，前柱压缩和后柱牵张造成脊柱损伤。其损伤机制的特点是：前柱受到压缩应力，后柱受到牵张应力，中柱作为支点，椎体后缘高度不变。根据所受外力方向不同，又可分为前屈型及侧屈型，受伤部位多为 $T_{11} \sim L_1$，其中侧屈型以 L_2、L_3 为多；椎体压缩一般小于 50%，当超过 50% 时，伴有后柱受累。压缩骨折以椎体上终板受累多见，下终板较少（图 4 - 1）。

2. 爆裂性骨折　爆裂性骨折是椎体压缩骨折的一种严重类型，约占脊椎骨折的 20%。发生原因通常包括纵向压力、屈曲和/或旋转应力作用于脊椎，使椎间盘的髓核进入椎体，引起椎体应力集中，导致椎体粉碎骨折（图 4 - 2）。最显著的一个表现是脊柱中柱受损。前柱与中柱均损伤，椎体后柱压缩向周围移位，椎体后方骨碎片及椎间盘组织突入椎管，压迫硬膜囊，后纵韧带不一定断裂。该类损伤最常发生于胸腰段，其中 L_1 爆裂性骨折占 50% 以上，原因可能是胸椎和腰椎应力交界集中，并且无胸廓保护，结构不稳定。

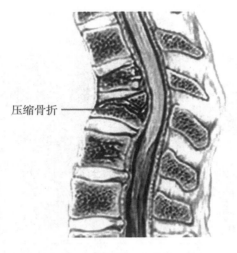

图 4-1　屈曲压缩骨折矢状位示意图

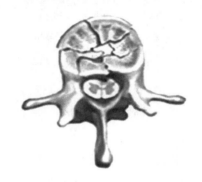

图 4-2　爆裂性骨折示意图

3. 安全带型损伤　又称屈曲牵开型损伤，这种类型的损伤通常由于乘坐汽车时系安全带，发生撞车事故时急剧的应力将患者躯体上部迅速前移并屈曲，以前柱为支点，后柱与中柱受到紧急张力而破裂损伤。骨折包括棘突、椎板、椎弓根与椎体，以及后方复合韧带断裂。也可不发生骨折，而表现为后纵韧带及椎间盘纤维环断裂，或伴有椎体后缘的撕脱骨折。根据损伤所在的不同平面，可分为水平骨折（就是常说的 Chance 骨折）（图 4-3）和椎间分离的脱位两种类型。

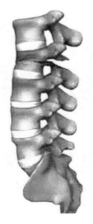

图 4-3　Chance 骨折示意图

Chance 骨折在正位 X 线片示两侧椎弓根和棘突水平分离，或棘突间距增大；侧位片示椎板、椎弓出现水平间隙。典型病例可见到椎体后缘高度增大，椎间隙后部增大张开。CT 可见椎弓根骨折（图 4 - 4）。此型损伤轻者可无神经症状，但严重骨折和脱位常出现不可逆神经损伤。

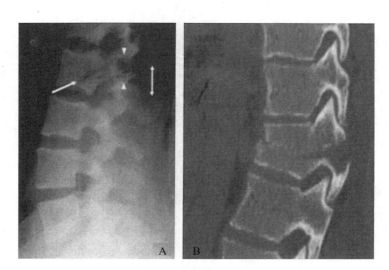

图 4 - 4　典型 Chance 骨折

A. X 线片侧位；B. 矢状位重建 CT

4. 骨折脱位　在各种复杂剧烈的作用力下，包括压力、张力、旋转及剪式应力等，脊柱在出现骨折同时可发生脱位或半脱位。出现脱位后常导致严重的后果，三柱可同时受损。根据患者致伤外力作用方向的不同又可分为以下 4 个不同类型。

（1）屈曲旋转型骨折脱位：这种类型较为常见，压缩力与旋转力作用于前柱，中柱与后柱受到牵张与旋转力，可出现关节突骨折、椎体间脱位或半脱位，并且前纵韧带及骨膜可从椎体前缘剥离（图 4 - 5）。若脱位经椎间盘水平，则椎体高度不变，棘突间距变大；若经椎体脱位可出现切割样损伤。X 线片不能进行清晰判断，CT 可见上关节突移位，可见横突及肋骨骨折，脊柱旋转变化，可见上、下两节椎体间旋转、小关节骨折，骨折片突入椎管。该类型极不稳定，通常出现脊髓或马尾损伤，畸形进行性加重。

图 4 - 5　屈曲旋转型骨折脱位示意图

（2）剪力型脱位：又叫作平移性损伤，水平外力导致椎体向前、后或侧方移位。前、中、后三柱均可受累。过伸严重时可出现前纵韧带断裂，并可以伴有椎间盘撕裂，出现脱位，未见明显椎体骨折（图 4 - 6），如果移位超过 25% 可导致所有韧带断裂，甚至出现硬脊膜损伤伴有严重神经并发症。又分为前后型及后前型两个亚型，前者是指剪切力来自上节段向内后，常出现上一椎节棘突骨折，伴有下一椎节的上关节突骨折，出现前纵韧带的完全撕裂，伴有小关节脱位交锁，但未见椎板出现游离；后前型常发生于伸展位时，上一椎节向前移位，椎体未见明显压缩，可见多节段脱位的椎体后弓断裂，因而可有游离浮动的椎板。

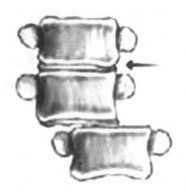

图 4 - 6　剪力型脱位示意图

（3）牵拉屈曲型骨折脱位：发生在屈曲位受到应力时，在安全带型损伤的基础下，出现椎体间脱位或半脱位，合并韧带撕裂及撕脱性骨折（图 4 - 7）。

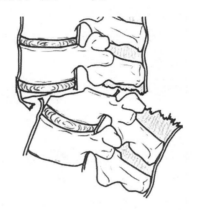

图 4 - 7　牵拉屈曲型骨折脱位示意图

（4）牵拉伸展型：是指受到伸展位应力，导致出现前柱张力性断裂，伴有后柱压缩（图 4 - 8）。

图 4 - 8　牵拉伸展型骨折 CT 矢状位重建片

由于胸腰段骨折的发生率高，在过去的几十年间学者们提出了多种分类系统。1993 年，Magerl 等基于骨折的形态提出了一个复杂的分类系统（即 AO 分型），将脊柱骨折按损伤机制和稳定性分为椎体压缩性骨折、牵张分离和骨折脱位伴旋转三种类型，同时在各个分类下按骨折形态进行亚组分型。该系统虽然较精确，但分型复杂，有研究表明应用的可靠性差，因此临床应用并不方便。

近年来学者们认识到脊柱的附属结构如椎间盘、韧带等等对脊柱稳定性起到重要作用，因此国际脊柱创伤研究组（spine trauma study group）在 2005 年提出了胸腰椎损伤 TLICS 分型（thoracolumbar injury classification and severity），其目的是借此分型系统来指导临床治疗方案的选择。该分型系统主要参考脊柱骨折的形态、后方韧带复合体的完整性和患者的神经功能状态这三个方面的指标。根据其评分总和用来决策是否需要手术及手术的方式。这一分型系统目前在临床应用较为广泛。

近期，AO 脊柱分类组（AO spine classification group，AOSCG）开始尝试将 Magerl 等胸腰段骨折 AO 分型和 TLICS 分型进行整合，建立新的 AO 胸腰椎骨折分型系统。该分型系统在原来的基础上对脊柱骨折形态的分型进行简化，也将神经功能纳入分型考虑因素，该分型系统对完全性和不完全性椎体爆裂性骨折有了区分，而是否是完全性椎体爆裂性骨折对保守治疗后期脊柱后凸是否进展有重要的参考意义。目前这一分型的应用还在推广中。

此外，胸腰段骨折应用较多的另一个分类是 Mc Cormack 在 1994 年提出的 Load‐sharing 评分系统，该系统主要用来评估脊柱前柱骨折后在轴向抗负荷能力，包含 3 个因素，即椎体破坏的比例、骨折块的分离程度和脊柱后凸畸形程度，依据上述 3 个因素进行综合评分以评估其稳定性及是否需要前路的稳定。

五、脊柱损伤的其他分类

（一）复杂性脊柱损伤

所谓复杂性脊柱损伤是指除了多节段脊柱损伤或同时伴有其他器官及组织损伤，这种损伤相对复杂，致伤因素多样，治疗较为棘手。脊柱复合性损伤由 Blauth 1998 年最早提出，从创伤分类应属于多发性创伤的一种。Blauth 将复合性脊柱损伤分为 3 型。Ⅰ型：相邻或非相邻多节段不稳定损伤，发生率约为 2.5%。Ⅱ型：合并胸或腹腔脏器损伤，大约超过 50% 的患者同时合并有肺损伤。进行 CT 检查可以明确受伤情况，2 周内进行前路手术效果不佳；大约 3% 的患者合并有腹部脏器损伤。Ⅲ型：合并有全身多发创伤的脊柱骨折，在多发创伤中约占 17%~18%，需要通过手术治疗的胸腰段损伤患者，大约 6.2% 合并有全身多发损伤。

（二）依据是否合并脊髓损伤的分类

部分脊柱骨折脱位的患者伴有不同程度的脊髓损伤，根据脊髓受伤严重程度可分为：①脊椎损伤合并脊髓不可逆性损伤。②脊椎损伤合并一过性脊髓损伤。③无脊髓损伤，这种类型恢复效果好，远期并发症少，对生活质量的影响小。

（庞元新）

第二节　脊柱损伤合并脊髓损伤

一、脊柱损伤合并脊髓损伤概述

脊柱损伤常常并发脊髓损伤，脊髓损伤是指由于外界直接或间接因素导致的脊髓形态及功能上的改变，在损害节段以下出现各种运动、感觉和括约肌功能障碍，肌张力异常及病理反射等改变。在医学比较发达的今天，脊髓损伤的治疗依然是困扰医学界的难题，给患者本人带来了身体和心理的严重伤害，同时给患者家庭和社会带来了沉重的经济负担。目前，创伤性脊髓损伤的全球发病率约为 23/100 万，北美约为 40/100 万，西欧为 16/100 万，亚洲的预测发病率为（21～25）/100 万。加拿大一项回顾研究发现，创伤性脊髓损伤的发病率一直稳定在 35.7/100 万，男女比例为 4.4∶1，并且男性患者以下颈椎为主，女性患者以上颈椎为主。尽管近年来手术率大幅提高（61.8%～86.4%），但是患者院内死亡率（3.1%）未降低，平均住院时间（26 天）也未缩短。其中，75 岁以上患者的院内死亡率可达 20%。在我国，尚缺少大规模普查脊柱脊髓伤发病率，但是针对创伤患者的研究发现，脊髓损伤患者占创伤总数的 0.74%，占脊柱损伤的 16.87%。

二、脊柱损伤合并脊髓损伤的致伤因素

脊髓损伤是指由于受到直接或间接机械外力而导致脊髓结构与功能的损害。脊髓损伤可分为原发性脊髓损伤与继发性脊髓损伤。前者是指外力直接或间接作用于脊髓所造成的损伤，后者是指在原发损伤基础上继发一系列生化机制所造成的组织自毁性损伤。

根据有无伤口脊髓损伤又可分为开放性损伤和闭合性损伤。开放性损伤多见于枪弹、锐器等直接作用于脊椎，使脊髓受到损害，损伤与外力作用的部位一致，以胸髓最为多见。闭合性损伤多见于暴力导致脊柱异常活动，如车祸、坠落、扭伤、过重负荷等，使脊柱发生过度伸展、屈曲、扭转，造成椎体、附件或血管损伤，进而造成闭合性脊髓损伤。

（一）直接外力导致的脊髓损伤

由于脊髓位于骨性椎管内，受到脊柱良好的保护，一般情况下不易遭受直接外力损伤。但在少数情况下，刀刃、子弹、弹片等穿过椎板或者通过椎板间隙直接损伤脊髓，伴有轻度的脊柱骨性结构的损伤，或者没有骨性结构的损伤。由于脊髓受到这种直接外力的损伤，往往造成脊髓的完全性横贯性损伤，绝大多数患者神经功能无法改善，预后不良。比较复杂的是火器伤，即使弹道并未直接穿过脊髓组织，高速的火器如子弹进入人体后产生的局部震荡等效应仍可损伤脊髓。在一些国家，火器伤是脊髓损伤的主要因素，可高达 44%，大多数患者为青年男性。约有 70% 的颈椎损伤患者出现完全性神经损害，70% 的腰骶椎损伤患者出现不完全性马尾损伤。

（二）间接外力导致的脊髓损伤

间接外力是造成脊柱损伤合并脊髓损伤的主要原因。外力并非直接作用于脊髓，而是作用于脊柱，导致脊柱骨折脱位，或是无骨折脱位的损伤，间接作用于脊髓导致脊髓损伤。高空坠落、交通意外等间接外力可引起各种类型的脊柱骨折、脱位，导致脊髓损伤；反之，脊髓损伤并不一定伴有脊柱骨折脱位，儿童脊髓损伤多属此种情况。总体来说，发达国家因交通事故致伤的比例在降低，但是老年患者跌

倒的比例较高；发展中国家交通事故比例很高，老年患者摔倒的比例也很高。研究发现，交通事故仍然是脊柱损伤的主要病因（约50%），其次是摔倒（28%）。一项全球研究指出，发展中国家虽然汽车总数占全球48%，但是致死性车祸占全球90%。北京和天津的创伤性脊髓损伤的发病率分别为60.6/100万和23.7/100万。其中，车祸约占总体病因的50%。

在病理情况下，轻微的外力也可以导致脊柱骨折，并使脊髓遭受间接暴力，导致脊髓损伤。常见于强直性脊柱炎、类风湿性关节炎患者中。

三、脊髓损伤的病理变化

脊髓损伤按损伤的轻重程度分为不完全性脊髓损伤和完全性脊髓损伤；按病程进展分为原发性损伤和继发性损伤。脊髓在遭受外力后所受到的最初损伤为原发性损伤。原发性脊髓损伤的常见病理类型为脊髓挫伤及挫裂伤、脊髓断裂。脊髓在原发性损伤后因缺血、缺氧而导致的神经组织进一步损伤称为继发性脊髓损伤。继发性脊髓损伤最早表现为脊髓组织水肿，如果缺血、缺氧状态持续存在，会相继出现脊髓神经组织细胞坏死、凋亡等继发性改变，导致脊髓神经组织不可逆性损害。

四、脊髓损伤的分类

按照病理变化可分为脊髓震荡、脊髓休克、不完全脊髓损伤、完全脊髓损伤、脊髓圆锥综合征、马尾神经损伤等。

五、脊髓损伤的临床表现

由于脊髓功能节段性分布的特点，不同部位的脊髓损伤所表现的症状和体征各不相同，从患者的症状特点上可以推测脊髓损伤的节段。

（一）上颈段脊髓（$C_1 \sim C_4$）损伤

颈椎骨折占脊柱骨折的20%左右，但是占脊髓损伤死亡率的60%。上颈髓损伤四肢呈痉挛性瘫痪，损伤平面以下节段感觉、运动、反射功能消失。因 $C_2 \sim C_4$ 段内有膈神经中枢，累及可引起膈肌麻痹，出现呼吸困难、咳嗽无力、发音低沉甚至窒息死亡。

（二）下颈段脊髓（$C_5 \sim C_8$）损伤

可出现四肢瘫，双上肢表现为下运动神经元受损：远端麻木无力，肌肉萎缩，腱反射减低或消失。双下肢则为上运动神经元性瘫痪：肌张力增高，膝、踝反射亢进，病理反射阳性。损伤节段平面以下感觉消失，并伴有括约肌功能障碍。

（三）胸段脊髓（$T_1 \sim T_2$）损伤

由于胸椎管较窄，脊髓损伤多为完全性，损伤平面以下感觉消失，下肢痉挛性瘫痪，肌张力增高，同时部分肋间肌瘫痪出现呼吸困难。T_6节段以上损伤可导致脊髓休克，伴有交感神经麻痹：血管张力丧失、血压下降、体温随环境温度变动、Horner综合征等。脊髓休克期过后出现总体反射、反射性膀胱、射精反射和阴茎勃起等。

（四）腰膨大（$L_1 \sim S_2$）损伤

胸腰段脊椎骨折较常见，损伤后膝、踝反射和提睾反射皆消失。腹壁反射则不受累；因脊髓中枢失去对膀胱及肛门括约肌的控制，排便、排尿障碍明显。

（五）脊髓圆锥（$S_3 \sim S_5$）及马尾损伤

脊髓圆锥损伤一般不出现肢体瘫痪，可见臀肌萎缩，肛门反射消失，会阴部呈马鞍状感觉消失。脊髓圆锥内存排尿中枢，损伤后不能建立反射性膀胱，直肠括约肌松弛，出现大小便失禁和性功能障碍。L_2 以下损伤马尾神经，马尾神经在椎管内比较分散和活动度大，不易全部损伤，多为不完全性损伤，两侧症状多不对称，可出现剧烈的疼痛和不同程度的感觉障碍，括约肌和性功能障碍多不明显。

六、脊髓损伤的诊断

脊柱损伤伴脊髓损伤的诊断包括：明确的外伤病史（坠落、敲击、交通事故、枪弹伤、摔倒等），局部症状（剧痛，运动时加剧），神经功能障碍（感觉、运动、反射和自主神经功能障碍）和辅助检查结果。除脊柱损伤的诊断外，还需要明确脊髓损伤的平面、损伤性质和严重程度。

1. 脊髓损伤平面　根据不同损伤节段，具有不同的临床征象，进行全面神经查体，按照深浅感觉、运动、深浅反射、病理反射仔细检查，确定受损节段。完全性与不完全性脊髓损伤、脊髓休克与脊髓震荡需要仔细鉴别。

2. 脊髓损伤严重度分级　可作为脊髓损伤治疗和转归的观察指标。目前较常用的是国际 Frankel 分级和美国脊髓损伤学会（ASIA）分级。

3. 脊髓损伤的影像学诊断　X 线、CT 和 MRI 检查，可发现脊髓损伤部位的脊柱骨折或脱位及脊髓信号改变。

4. 脊髓损伤电生理检查　体感诱发电位检查（SEP）可测定脊髓感觉，运动诱发电位检查（MEP）可测定锥体束运动功能。

七、脊髓损伤的处理原则

脊髓损伤通常较为严重，C_4 以上的高位损伤大部分当场死亡。C_4 以下的脊髓损伤虽然不致命，但通常合并有颅脑、胸部、腹部或四肢的严重创伤。由于完全性脊髓损伤至今尚无有效治疗方法，因此需重视预防和减少脊髓功能的丧失。治疗后可残留功能障碍，因此需要加强康复治疗，促进其融入社会。

1. 非手术治疗　伤后 6 小时内是抢救关键时期，24 小时内为创伤炎症反应急性期，应积极救治。

（1）药物治疗：控制脊髓炎症反应和局部充血水肿，稳定神经细胞膜，促进神经功能恢复。甲强龙、神经节苷脂、神经营养因子等需要尽早应用。

（2）高压氧治疗：可改善脊髓缺氧，于伤后数小时进行。一般为 0.2 MPa 氧压，1.5 h/次，10 次为一个疗程。

2. 手术治疗原则　脊柱骨折复位，重建脊柱稳定性，解除脊髓压迫。

3. 脊髓损伤并发症防治　瘫痪一般不直接危及患者生命，但其并发症则是导致截瘫患者死亡的主要原因。

（1）肺部感染：为颈髓损伤的严重并发症，是导致患者早期死亡的主要原因。要坚持每 2 ~ 3 小时翻身一次，给予化痰药物，选用有效抗生素，鼓励患者咳痰，必要时行气管切开。

（2）泌尿系感染和结石：圆锥以上脊髓损伤由于尿道外括约肌失去高级神经支配，出现尿潴留。阴部神经中枢受损，出现尿失禁。患者长期留置导尿，容易发生泌尿道感染。应抬高床头，多饮水，定期冲洗膀胱、清洁尿道口及更换导尿管。

（3）神经源性膀胱：神经源性膀胱是指中枢神经和周围神经疾患引起的排尿功能障碍。要进行持续导尿及膀胱功能锻炼，必要时可行药物治疗及手术治疗。

（4）大便功能障碍：主要表现为顽固性便秘、大便失禁及腹胀。可采取饮食和药物治疗，必要时灌肠、针灸甚至手掏。

（5）压疮是截瘫患者最常见的并发症：最常发生的部位为骶部、坐骨结节、背部等。防治办法为解除压迫、局部皮肤按摩，使用气垫床、红外线灯烘烤等，同时改善全身状况，增加蛋白质及维生素的摄入，必要时输血。

（6）深静脉血栓及肺栓塞：截瘫患者长期卧床可导致下肢深静脉血栓，血栓脱落可导致肺栓塞。预防的办法是每日加强肢体被动活动，促进血液流动。

4. 康复治疗脊髓损伤康复目标　因损伤的水平、程度和患者基础情况不同，需要区别对待。重获独立是康复的首要目标。要通过训练提高患者生活自理能力，从而尽可能地达到身心的独立。方法有思想教育，让患者接受现实，消除患者忧虑和悲观心态，使其乐观、积极面对生活；同时给予按摩、电疗、水疗等物理治疗；加强主动及被动功能锻炼。

八、脊髓损伤的三级预防

Ⅰ级预防即预防伤残。主要是指采取必要的措施，防止脊髓损伤的发生。注意生产生活安全，避免创伤是防治本病的关键。一旦创伤发生，在院前及院后急救及检查治疗过程中，应防止搬运过程中发生脊髓损伤。在脊髓损伤发生后，抢救患者生命的同时早期采取急救措施、制动固定、药物治疗和正确地选择外科手术适应证以防止脊髓二次损伤和继发性损害，防止脊髓功能障碍加重和为促进脊髓功能恢复创造条件。必须牢记预防脊髓损伤比治疗脊髓损伤更重要，必须避免在急救治疗过程中发生或加重脊髓损伤。必须指出正确的外科治疗只是脊髓损伤治疗的一部分，而不适当的手术可能加重脊髓损伤。

Ⅱ级预防即预防残疾。脊髓损伤发生后，预防各种并发症和开展早期康复治疗，最大限度地利用所有的残存功能（如利用膀胱训练建立排尿反射），达到最大限度地生活自理，防止或减轻残疾的发生。

Ⅲ级预防即预防残障。脊髓损伤造成脊髓功能障碍后，应采取全面康复措施（医学的、工程的、教育的），最大限度地利用所有的残存功能并适当改造外部条件（如房屋无障碍改造），以便使患者尽可能地在较短时间内重返社会，即全面康复。

（庞元新）

第三节　脊柱脊髓损伤的临床检查

脊柱脊髓损伤的临床检查对于伤情的评估很重要，通过相关病史的询问（受伤时间，受伤地点，受伤时的体位及受伤后当时所行的处理措施等），感觉、运动、肌力反射等相关的体格检查以及相关影像学（X线，CT或者MRI等）的检查，能详细了解脊柱和脊髓损伤的平面，对保守治疗或者手术治疗均具有重要意义。但是必须指出的是，切忌对已损伤的脊柱进行反复的搬动和检查，这样可能会加重脊髓的损伤，使不完全瘫痪变为完全瘫痪，造成严重的后果。

一、病史采集

病史采集在脊柱脊髓损伤中具有重要的作用。通过详细的病史询问，可以对患者伤情有个初步的了解。询问病史主要包括以下几个方面。

（一）外伤史

脊柱损伤应时刻考虑到是否伴有脊髓的损伤。但是脊柱脊髓的损伤是个多因素引起的综合性损伤，椎体的骨折脱位程度与脊髓损伤程度也并非完全一致（临床上可见椎体骨折片压迫椎管超过50%的患者仍然无相关神经脊髓症状），而且严重的脊髓损伤也可以由于轻微的脊柱骨折或者强烈的脊髓震荡引起。外伤史的询问主要包括以下几点：①受伤时间。②受伤地点。③损伤因素：枪弹伤、刀刺伤、火器伤、车祸、高处坠落等。④受伤时的姿势及先受伤的部位。⑤伤后治疗经过：脊柱脊髓损伤后是否经过及时的制动处理，并且了解这些临时措施的疗效，均有助于疾病的诊断和治疗。⑥受伤后搬运过程中神经症状是否加重：如果伤后四肢能有微弱的活动，但通过搬运后肢体功能障碍由轻渐重，截瘫平面由低渐高，可伴有大小便失禁，说明在搬运过程中产生了继发性的脊髓损伤，这将预示损伤的预后不良。⑦既往史：患者过去是否有脊柱外伤病史或慢性脊柱退变性疾病，以及神经系统症状如何，是否有明显的神经卡压症状及明显的病理征，这些均对脊髓损伤的性质、诊断和预后具有重要意义。如原有颈椎病脊髓受压或明显的颈椎管狭窄，患者只需经受轻微外力作用即可发生脊髓损伤，甚至出现明显的四肢瘫痪。如果既往经历过脊柱损伤，包括明显或者不明显的骨折或脱位，经过数年后逐渐出现脊髓受压的表现，则多为脊柱不稳导致的脊髓慢性压迫。

（二）主要临床症状

脊柱损伤与脊髓损伤所表现出来的临床症状不一定有明显的正相关性。严重的脊柱损伤可不伴有任何脊髓症状，而有时患者出现四肢瘫痪也可由轻微的脊柱骨折脱位引起。如果仅是简单的脊柱损伤不合并有脊髓损伤的情况，临床症状主要以疼痛及活动受限为主。如果脊柱损伤伴有不同程度的脊髓损伤时，不同节段的脊髓损伤具有不同的临床表现。

1. 高位颈脊髓损伤　是指脊髓损伤发生在颈$_3$脊髓平面以上。由于此平面以上的损伤可损伤膈神经（由颈$_3$至颈$_5$脊髓节段发出的分支组成）而引起肋间肌和膈肌的瘫痪，因此此类患者可能出现呼吸困难症状，如果伤后不进行及时辅助呼吸，可立即死亡，如 Hangman 骨折颈$_1$颈$_2$骨折脱位等。症状轻者，可无明显的脊髓损伤症状，仅出现颈部疼痛不适，疼痛可放射至枕部。

2. 中段颈脊髓损伤　指颈$_4$至颈$_6$脊髓节段损伤。患者可表现为完全的四肢瘫。由于颈$_4$的脊髓损伤后，炎症反应往往波及颈$_3$颈脊髓节段，因此患者也会出现自主呼吸消失症状。此外由于累及交感神经，可引起患者体温调节系统的异常，出现散热障碍，因此伤后可出现高热。

3. 低位颈脊髓损伤　指颈$_7$至胸$_1$脊髓节段损伤。损伤较小者，如单纯椎体压缩性骨折可仅以局部症状为主：疼痛活动受限，有时可合并神经症状和体征。损伤较重者，如颈椎过伸伤，可出现上肢症状较下肢症状严重的中央管综合征。

4. 胸段脊髓损伤胸椎椎体损伤　可表现为损伤节段的疼痛，活动受限。而胸段脊髓损伤可表现为损伤平面以下的截瘫，包括感觉及运动障碍。

5. 脊柱脊髓损伤　脊柱脊髓损伤中以胸腰段脊柱脊髓损伤最为多见。腰段的脊髓损伤可无神经症状及体征，仅表现为腰背部的疼痛及活动受限。但是必须指出的是，较严重的腰段的脊柱脊髓损伤可累及脊髓圆锥及马尾神经，出现相关的脊髓圆锥综合征和马尾神经综合征。一旦出现，需立即急诊手术，解除压迫，防止大小便功能和性功能的丧失。

二、体格检查

脊柱脊髓损伤后的体格检查尤为重要，包括感觉检查、运动检查、损伤平面的确定、有无马尾神经综合征等。通过详细的体格检查，能大致确定损伤平面及脊髓神经的损伤程度，结合之前的病史及稍后的实验室及影像学检查，对脊柱脊髓损伤的诊断和治疗具有指导作用。

（一）脊柱损伤的体格检查

无论是单纯脊柱损伤、单纯脊髓损伤或脊柱损伤合并脊髓损伤，伤后对于生命体征的检查是首要的。应明确患者的呼吸道是否通畅，心脏是否骤停，血压及脉搏情况等。只有在维持稳定的生命体征条件下，才有必要对患者的专科情况进行检查。单纯的脊柱损伤不合并脊髓损伤时，阳性体征主要涉及受伤部位的压痛、叩击痛、活动受限等。胸腰段的脊柱骨折可见后凸畸形，而无四肢感觉、肌力、运动及反射的减退，无锥体束征受损的阳性体征。在单纯腰椎骨折中，直腿抬高试验可能阳性，但加强试验阴性。在不合并脊髓损伤的脊柱骨折中，阳性体征相对较少，主要检查重点应放在是否合并有脊髓神经损伤的鉴别上。

（二）脊髓损伤的体格检查

脊髓损伤同时影响损伤区域的运动和感觉。急性脊柱脊髓损伤后的神经功能的评估常依据由 ASIS 发布的脊髓损伤神经功能分级国际标准（international standards for the neurologic classification of spinalcord injury，ISNCSCI）来判断损伤的严重程度（图 4 - 9）。脊髓损伤后患者应立刻平躺、制动，搬运时应承轴线搬运，避免伤后活动引起脊髓的二次损伤。对多发创伤、中毒昏迷、镇静、气管插管及药物麻醉的患者而言，神经功能评估存在一定困难。但是通过神经系统的检查，能对伤情有个大致的判断。对于脊髓损伤后的体格检查，主要包括以下几个方面：感觉检查、神经损伤平面的确定、运动检查、肌力及深浅反射病理征等。

1. 感觉检查及感觉平面的确定感觉的检查　主要通过检查身体两侧的 28 个皮节的关键点。从缺失、障碍到正常分别为 0 分、1 分和 2 分。NT 表示无法检查。两侧感觉检查的 28 个关键点，如图 4 - 9 所示。每个关键点均应检查两种感觉：针刺觉和轻触觉。此外，感觉检查不能遗漏骶尾部肛门这个节段，可以通过肛门指检确定肛门感觉功能是否存在（分为存在和缺失）。可以在肛门部位黏膜和表皮交接处评估 $S_4 \sim S_5$ 节段的皮神经感觉功能。除了浅感觉的检查外，深感觉如位置觉、深压觉和深痛觉也应进行详细的检查。等级评分为：缺失、障碍和正常。感觉平面是指具有正常感觉功能的最低脊髓节段。通过感觉平面的确定，可大致确定损伤的脊柱节段，为治疗提供重要线索。

2. 运动及肌力检查　运动检查包括四肢的活动程度、主动及被动运动功能。其中主要涉及肌力的检查，包括 5 对上肢肌节关键肌和 5 对下肢肌节关键肌。上肢肌节关键肌包括：C_5 屈肘肌（肱二头肌、肱肌）、C_6 伸腕肌（桡侧腕长伸肌、桡侧腕长短肌）、C_7 伸肘肌（肱三头肌）、C_8 中指屈肌（指深屈肌）和 T_1（小指外展肌）。下肢肌节关键肌包括：L_2 髋关节屈曲（屈髋肌 - 髂腰肌）、L_3 膝关节伸展（伸膝肌 - 股四头肌）、L_4 踝关节背伸（踝背屈肌 - 胫前肌）、L_5 大踇趾伸展（长伸趾肌 - 踇长伸肌）和 S_1 踝关节跖屈（踝跖屈肌 - 腓肠肌、比目鱼肌）。肌力的评估可分为 6 级：①0 级为完全瘫痪。②1 级可见或者可触及肌肉收缩。③2 级全关节可主动活动，但不能对抗重力，只能水平移动。④3 级全关节可主动活动，能对抗重力，但不能对抗外力。⑤4 级全关节可主动活动，能对抗部分外力。⑥5 级全关节可主动活动可对抗外力。此外还需检查肛门括约肌的收缩功能，这在评定马尾综合征时具有重要的作用。

3. 深浅反射及病理征　轻微的脊髓损伤，如脊髓震荡，可没有明显的反射改变及病理征。但是严重的脊髓损伤，如脊髓休克急性期，所有反射都不能引出，肢体表现为弛缓性瘫痪。随着时间的推移，脊髓休克进入恢复期，深部腱反射呈亢进状态，病理征如 Babiskin 征等通常在此时可以引出。可以通过刺激龟头、阴茎或者是牵拉导尿管引出球海绵体反射。而且不同的脊髓损伤平面可表现出不同的反射改变。上脊髓损伤可能出现四肢痉挛性瘫痪，病理征阳性。而胸腰椎平面的损伤上肢深浅反射可能正常，双下肢出现痉挛性瘫痪，深反射亢进，病理征阳性。故不同的深浅反射及是否有病理征的出现对确定脊髓损伤平面具有重大意义。

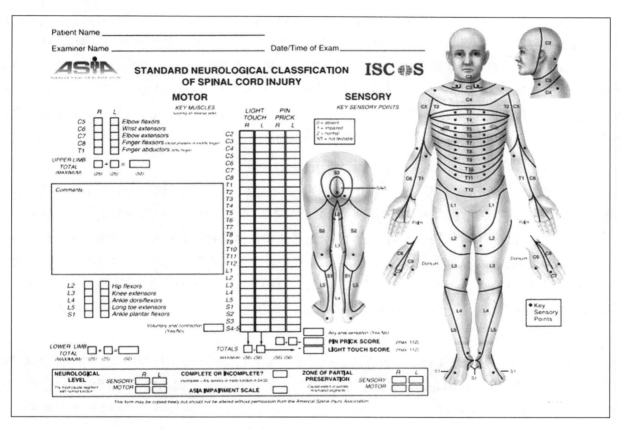

图 4 - 9　脊髓损伤神经功能分级国际标准（ASIA 发布）

三、实验室检查

实验室检查对脊柱脊髓外伤的患者同样具有重要意义。如多发伤的患者，由于失血过多，可能出现血红蛋白、血球压积的降低，白细胞的增高。由于血液的浓缩，尿量减少，尿比重增加。同时体内可能出现一系列的酸碱平衡紊乱，影响整个治疗的效果。如低钠血症可见于脊柱脊髓损伤的患者，尤其是颈脊髓损伤的患者。重度的低钠血症可导致患者出现意识模糊等神经精神方面的症状，甚至死亡。此外，机体的保护因素，使交感神经系统处于兴奋状态，使得胰岛素的分泌受到抑制，血糖升高。对于严重的脊柱脊髓损伤患者来说，还可能存在胰岛素抵抗。

动脉血气的分析在脊柱脊髓损伤中也具有重要的作用。上位颈脊髓的损伤，累及膈神经，引起膈肌麻痹，呼吸困难，严重时甚至威胁生命。急性上脊髓损伤患者出现呼吸性酸中毒，动脉血气分析可出现 PO_2 浓度的减少，PCO_2 浓度的增加，HCO_3^- 可正常。因此，进行相关的实验室检查，监测电解质、酸碱平衡对于脊柱脊髓损伤患者尤为重要。

四、影像学检查

目前最新的临床指南建议，外伤患者若无相关脊柱脊髓损伤的症状，则无须进行影像学检查，这便使得病史的询问及体格检查在脊柱脊髓损伤治疗中具有重要作用。如果患者自述有疼痛、神经功能损伤，或者反应迟钝等均需要接受影像学评估。

（一）X 线检查

X 线检查为脊柱脊髓损伤影像学检查中最基本的检查。常规摄正侧位片，必要时可拍摄斜位片以确定有无椎弓根峡部裂。通过 X 线片，可测量椎体前缘和椎体后缘的比值，测量椎弓根间距和椎体宽度，测量棘突间距及椎间盘间隙宽度并与上下邻近椎间隙相比较，还能观察椎体是否有形变等。对于上脊椎损伤的患者，张口位 X 线也具有重要的诊断意义。此外，根据 X 线的损伤程度可以预估脊髓损伤的程度。如胸椎的椎体滑脱 I 度以上，可能导致完全性的脊髓损伤；而腰椎的滑脱程度可能与脊髓的损伤程度不一致。

（二）CT 检查

与 X 线相比，CT 更能精确地显示微小的骨折块，并间接反映椎间盘、韧带及关节突的损伤（与 X 线相比，CT 更能清楚地显示枕颈关节和颈胸关节）。通过 CT 平扫，我们能观察到骨折块进入椎管的程度，并根据该程度进行脊髓损伤的预测。我们定义：骨折块占据椎管前后径 <1/3 者为 I 度，1/3 ~ 1/2 者为 II 度狭窄，>1/2 者为 III 度狭窄。中、重度狭窄者多有脊髓的损伤。此外，三维 CT 重建能更直观地显示病变部位，对手术具有重要的指导意义。值得注意的是，在搬动患者进行 CT 检查的过程中，应遵循轴线滚动原则进行搬动，防止脊髓的二次损伤。但是 CT 的缺点在于其对软组织的不敏感性。

（三）MRI 检查

相比较 CT 而言，MRI 能更好地反映脊髓、神经根、韧带等软组织的结构与功能。特别是对判断脊髓的损伤具有重要的价值，因为临床工作中也会碰到 CT 和 X 线正常，但 MRI 提示严重脊髓损伤的患者。轻微的脊髓损伤，其在 MRI 上可无明显的改变。但是在较为严重的病例中，MRI 能显示出脊髓的水肿、出血、椎间盘的突出、压迫脊髓的严重程度，甚至脊髓横断、不完全损伤或者完全损伤均能在 MRI 中得到体现。对于脊柱脊髓损伤后出现神经脊髓症状的患者，均建议行 MRI 检查，判断脊髓的受压迫程度及其相关病理改变。此外，MRI 也可显示软组织的损伤。如韧带断裂，在 T_1WI 可观察到断裂处的黑色条纹影，在 T_2WI 可观察到高信号。但是 MRI 对于骨头的敏感性不如 CT，骨折线在 MRI 上呈长 T_1、短 T_2 信号改变。

（四）其他

另外有一些影像学检查，虽然不常用，但是对于在 CT、MRI 无法清楚显示的情况下，仍有一些参考价值。如脊髓造影对陈旧性脊柱脊髓损伤及陈旧性椎管狭窄具有一定的诊断价值；椎间盘造影可显示受损的椎间盘；神经根管造影术能显示神经的形态及其周围的结构变化；脊髓动脉造影术则能显示脊髓和周围组织缺血性、血管性和肿瘤性病变。

五、神经电生理检查

神经电生理检查主要评估脊髓及神经的功能，对于脊柱脊髓损伤后的脊髓损伤程度的判断具有一定的指导作用。主要包括：①运动诱发电位（MEP），指刺激大脑皮层、脊髓或者周围运动神经，在外周肌肉上测得的电位。②体感诱发电位（SEP），刺激肢体末端的感觉纤维，在上行感觉通路中记录的电位，主要反映周围神经、上行传导通路及皮层感觉区等。③皮质体感诱发电位（CSEP），CSEP 是通过感觉冲动经脊髓后索即薄束与楔束传导的，因脊髓感觉区与脊髓前角很近，又为一个整体被蛛网膜所包绕，故通过 CSEP 检查可及时发现脊髓损伤与否及其程度。④脊髓诱发电位（SCEP），直接将电极放在硬膜外或蛛网膜腔，对脊髓进行阶段性检测；肌电图（electronmusclegram）等。但是神经电生理检查必须结合病史、体格检查及相关影像学检查，这样才能较全面地评估脊柱脊髓损伤程度。

（梁相辰）

第四节 脊柱损伤的治疗

对于不伴有神经功能损伤的脊柱损伤，外科治疗的根本原则是恢复脊柱的机械稳定，以利于患者的护理、搬动以及脊柱的解剖复位。在多数脊柱损伤的患者常合并有神经功能的受累，但神经功能受损并非手术的绝对适应证，除非损伤呈进行性加重。单纯的脊柱骨折脱位，应按照骨折的一般原则进行复位、固定及功能锻炼，并注意避免加重或诱发脊髓损伤。伴有脊髓损伤的脊柱骨折脱位，则更应重视神经功能的挽救和恢复。通常而言，对于脊柱损伤及其引起的不稳，治疗原则和目标包括：恢复脊柱序列，稳妥固定，必要时进行融合，防止再次发生移位；恢复椎管形态，彻底减压，利于神经功能恢复；预防并发症（积极治疗，早日开始恢复，避免长期卧床并发症）；合并神经损伤者应密切护理。

一、院前治疗

如同任何骨折损伤的急救一样，脊柱损伤的院前急救必须及时，措施得当，这对于治疗预后有着至关重要的影响。脊柱损伤的治疗应在伤后即刻开始，正确的搬运和固定可以有效地保护脊柱损伤患者的神经功能，避免神经损伤的进一步恶化；如若得不到正确的救助，后期将可能出现不可恢复的神经功能损伤。有合并严重的颅脑、胸部或腹部损伤、四肢血管伤者，应当首先处理窒息、大出血等危急情况，稳定气道、呼吸及循环。若患者神志清楚，可根据主诉了解受伤经过及部位。搬运时应保持脊柱轴线稳定及正常的生理曲线，切忌使脊柱做过伸、过屈的搬运动作，以避免进一步的损伤。而应使脊柱在无旋转外力的情况下，3 人用手同时平抬患者放至于木板上，人少时可用滚动法。对颈椎损伤的患者，要有专人扶托下颌和枕骨，沿纵轴略加牵引力，使颈部保持中立位，患者置木板上后用沙袋或折好的衣物放在头颈的两侧，防止头部转动，并保持呼吸道通畅。最好使用充气式颈围、制式固定担架等急救器材，避免引起或加重脊髓损伤。随后，根据伤情及附近医疗资源配置情况，将患者送至有治疗能力的医院，途中应密切观察病情，出现生命体征危象者应及时抢救，注意保持气道通畅，避免由于缺氧或低血压加重脊髓损伤。

二、非手术治疗

（一）支具治疗

非手术治疗可用于稳定性损伤、神经功能受累较轻的不稳定性骨折/脱位、不便行内固定治疗的脊柱损伤。非手术治疗通常需进行牵引或佩戴各类矫形器及支具。例如 Halo 牵引环、颅骨牵引、石膏背心等。非手术治疗的具体措施取决于损伤的性质和可用的设备。矫形器及支具的选择应在保证固定效果的前提下，兼顾护理的便利以及患者的舒适程度。如医疗条件不允许，可用枕头或沙袋垫于损伤平面处，慢慢伸直脊柱进行复位。但无论采取何种方式，均需要注意避免在牵引复位的过程中造成二次损伤。

对于大部分力学稳定的脊柱损伤，单纯保守治疗就可获得较好的临床疗效。塑形良好的脊柱支具或过伸位石膏等均可以获得良好的效果。但需要注意的是，非手术治疗可能需要长时间的制动或者卧床，这对于老年患者或者全身情况较差患者而言，可能导致新的并发症的出现。并且，非手术治疗因为制动周期较长，也存在发生并发症的可能，如血栓、肺部感染、肌肉萎缩等，非手术治疗通常并不能恢复患者的脊柱高度，后期容易出现脊柱畸形。

单纯压缩性骨折或稳定性的爆裂性骨折（无后方骨或韧带结构破裂）不合并神经功能损伤的患者，可以通过支具或卧床休息进行治疗。支具制动可以通过对损伤节段上下方椎体的相对制动而对脊柱进行稳定作用。对于腰椎上段和胸椎中下段的损伤，可佩戴常规胸腰段支具；而对于腰椎下段（L_3 以下）损伤而言，腰骶关节活动度较大，支具制动的范围也应相对延伸。同样，T_6 以上的骨折通常应佩戴颈胸支具。无论损伤的节段或类型如何，安装支具之后应及时复查站立位平片，以确保支具固定时脊柱已处于稳定状态。当患者离床活动时均应当佩戴支具，并避免进行弯腰、扭转、持举重物等活动。支具通常应佩戴 3 个月，轻度的压缩性骨折患者可适当缩短，而三柱骨折的患者可延长至 4～6 个月。患者通常于伤后 2 周和 6 周复查平片，以确保脊柱处于稳定状态，随后每隔 6～8 周门诊复查，观察有无关节强直或自发性融合导致的畸形，直至影像学结果及临床查体证明骨折已愈合，可考虑卸除支具。此后应复查动力位平片，确认无脊柱不稳后，患者方可逐渐恢复日常工作及活动。

（二）药物等其他治疗

全身支持疗法对高位脊柱伴脊髓损伤者尤为重要，包括气道管理。其他治疗还包括低温休眠疗法、高压氧及各类促神经生长药物等，但不能代替手术治疗。例如：

1. 脱水疗法　应用 20% 甘露醇 250 mL 静脉滴注，目的是减轻脊髓水肿。注意水电解质平衡。

2. 激素治疗　应用地塞米松或甲强龙静脉滴注，对缓解脊髓的创伤性反应有一定意义。应注意相关并发症，如败血症、肺炎等。

3. 氧自由基清除剂　如维生素 E、维生素 A、维生素 C 及辅酶 Q 等。

4. 促进神经功能恢复的药物　如三磷酸胞苷二钠、维生素 B_1、维生素 B_6、维生素 B_{12} 等。

5. 支持疗法　注意维持伤员的水和电解质平衡，热量、营养和维生素的补充。

三、手术治疗

手术治疗的目标是去除压迫神经的组织，恢复并维持脊柱序列，稳定脊柱直至形成骨性愈合。手术的远期目标是尽可能为神经功能和脊柱运动功能的恢复提供稳定的环境。在进行手术决策时需要考虑患者骨折部位、椎体破坏程度、是否累及神经功能、脊柱后凸畸形的角度、后柱结构的稳定性等因素，综合致伤史、既往病史、神经系统查体结果、各项辅助检查结果等信息制订手术方案。

针对脊柱损伤的外科手术治疗，其适应证和禁忌证在很大程度上取决于损伤的类型和全身情况。绝大多数伴有神经损伤的患者和部分合并有不稳定性骨折的患者，均为手术治疗的适应人群。若不稳定型脊柱损伤合并有完全、不可恢复的脊髓损伤，仍应进行融合手术，以方便护理，减少由于脊柱畸形造成的呼吸功能受累或局部神经根受累引起的慢性背痛。不能通过佩戴支具、牵引等保守方法进行复位的脊柱损伤，应进行手术。有5%～10%的颈椎损伤患者在佩戴颈围进行保守治疗后效果不佳，出现后凸进行性加重、疼痛加剧或移位进展，此类保守治疗失败的患者具备手术适应证。

此外，当患者合并有多发伤（例如颌面部损伤、胸壁损伤等）和其他基础情况（过度肥胖难以适应支具）、不宜进行支具固定等非手术治疗时，也应考虑手术干预。早期复位有利于神经功能的恢复，并且早期复位的成功率也较延迟复位的成功率高。

总体而言，所有的不稳定型脊柱损伤都应进行内固定手术，特别是伴有神经损伤的骨折或脱位、明显的脊柱畸形、应进行手术治疗，便于术后的护理及早期活动、保全神经功能。

（一）手术治疗的原则

1. 获得并维持解剖复位及稳定　为了获得并维持解剖复位，造成损伤的外力作用需要通过内固定的矫形力进行对抗，且这一过程需要持续到脊柱损伤完全愈合。后路椎弓根钉棒系统较前路内固定系统刚性更强，已成为胸腰段损伤的首选术式。然而，由于脊柱前柱对于承担轴向载荷的作用更大，前方入路也常用于前柱的减压及结构重建，提供稳定性或为随后的后路固定创造条件。

2. 减压　无论椎管内占位情况如何，只要出现神经功能受累，就应当进行神经减压。椎管占位50%以上但神经功能完好的患者可以不用直接减压，向后方椎管内突入的骨片可被缓慢吸收；当脊柱序列良好时，并不一定导致椎管狭窄。前路和后路手术均可用于脊柱损伤的治疗；而除了直接减压之外，后方张力带的修整复位可对神经组织进行间接减压。

通常导致脊柱损伤神经症状的骨组织来自前柱的椎体，位于硬膜囊前方，需要直接减压，而通过椎体切除和椎间盘切除，前路减压可直接去除来自脊柱前柱的致压物；后路手术可进行椎板切除，以去除突入椎管的骨块或椎间盘碎片，必要时亦可修补撕裂的硬膜。对于某些腰椎损伤而言，也可通过后路进行经椎弓根截骨而对前柱进行减压，因此，手术入路的选择主要取决于是否存在神经压迫，以及致压因素的来源。其次，应当考虑选择的手术入路是否能有效进行螺钉、线缆等内固定的置入，是否会出现内固定失败等风险。例如，小关节脱位合并椎体终板骨折时最好采用后方入路，而关节突连续性良好的骨折则最好通过前路椎间盘切除融合。但对严重不稳的脊柱损伤，应采用前后路联合固定及融合，以重建稳定，使患者得到更快的恢复。

3. 减少固定节段长度　"减少固定节段长度，保留脊柱运动功能"这一原则对于活动度更大的腰段脊柱而言更为重要。配合椎弓根钉棒系统使用的椎板钩可在保留生物力学作用的前提下进一步减少固定长度。随着内固定器材、技术的不断发展和对适应证的深化认识，对特定损伤的短节段固定也可取得和长节段固定相仿的疗效，特别是"伤椎置钉"概念的提出和实践，为医生在治疗脊柱损伤时提供了更多选择。

此外，固定节段长度也对手术入路的决策产生影响。例如，颈椎短节段的手术可考虑从前方入路，而颈胸交界段的长节段手术则应考虑后方入路，否则前方入路造成开胸等手术创伤过大，等等。

4. 手术时机的选择　目前，学者对减压和固定的最佳手术时机尚未达成共识，但已有研究证明脊柱损伤的延迟手术（72小时以后）治疗效果与早期手术（24小时以内）有明显差异。因此笔者仍建议伤后特别是伴有神经功能持续恶化者，尽早进行手术干预，以期尽早恢复神经功能。存在脊髓或神经根持续受压，并有神经功能受累等临床表现时，晚期减压甚至可在伤后12～18个月内进行。

5. 避免并发症　手术相关并发症包括硬膜撕裂、医源性神经损伤、假关节形成、内固定失败、医源性平背（iatrogenic flat back）、感染等。合并椎板骨折的爆裂性骨折发生硬膜破裂的概率更高，医生在手术时应充分估计到神经根嵌顿于结构破坏的椎板内的可能，并做好修补硬膜以及留置脑脊液引流的准备。对患者翻身进行俯卧位手术的过程可能导致医源性神经损伤，因此对不稳定型脊柱损伤的患者，应注意围术期体位摆放、人工气道建立等问题；特别是对于高位脊柱损伤及合并脊髓损伤的患者，谨慎进行气管插管/拔管操作、维持生命体征平稳、保证脊髓灌注等方面均应当予以重视。感染、假关节形成、内固定失败、医源性平背等并发症与患者自身基础条件及手术技巧有关，应及时识别、发现并予以对应处理。此外，根据损伤的节段不同，应当考虑到特殊的风险，例如骶椎骨，应考虑损伤本身或手术复位导致骶前静脉出血、神经丛损伤，颈椎骨折应考虑到有无椎动脉损伤及继发的脑血管事件等。

（二）合并脊髓损伤的脊柱损伤治疗

合并脊髓损伤的脊柱损伤可能引起长远而严重的神经系统并发症，而及时、积极的救治措施能有效减少损伤节段的神经细胞损害，改善神经功能的长期预后。治疗措施主要包括药物治疗和手术干预，但可选择的治疗手段并不充裕。需要指出的是，目前尚无关于脊髓损伤统一而绝对的治疗标准，医生应结合患者的受伤节段、损伤程度和综合情况进行治疗措施和治疗时机的选择。

（三）微创手术在脊柱创伤手术治疗中的应用

近年来，随着显微外科、导航技术、手术器械的不断发展以及医生对疾病理解的逐渐深入，微创脊柱手术在脊柱损伤的手术治疗中的地位得到了明显的重视，并已取得了一定的进步，例如微创入路（通道拉钩系统、内镜技术）、微创器械（经皮内固定系统）以及影像和导航系统等。微创手术不仅为脊柱各节段损伤的手术处理提供了更多的选择，更为一些难以耐受开放手术的伤患提供了更为安全有效的手术方法。

微创手术的适应证包括：不稳定骨折（伴或不伴骨折移位），开放性损伤，伴有原发性全瘫或不全瘫，在椎管狭窄的基础上并发继发性或进行性神经功能障碍，创伤后出现继发性骨折移位，骨不连，无法进行佩戴支具等保守治疗。禁忌证包括：不能进行全麻或传统开放手术者，有其他严重并发症者。条件允许时，可以考虑微创手术，因其具有手术创伤更小、出血量少、可以实现术后早期活动、加速进入康复训练等优点。此外，椎体成形术与经皮骨水泥强化术，也可用于骨质疏松性骨折的前柱支撑以及内固定的强化。

目前已有多项研究证实微创脊柱手术在治疗脊柱创伤中的作用，例如经皮或微创化椎弓根螺钉固定可以在减少创伤的同时获得脊柱的稳定性。但需要注意的是，微创脊柱手术的最终目标仍然是顺利达成手术目的，故其开展应遵循"先简单后复杂"的原则，使医师熟练掌握手术技巧和经验，并不断发展微创手术的技术。

（四）术后康复训练

术后应尽快进行康复训练，通过综合的物理治疗、活动技巧锻炼，强化肌肉力量，防止挛缩，并使用辅助装置（例如校正器、助步器或轮椅）以改善活动能力和神经性疼痛。康复训练还应当包括动作能力和认知能力的评估，以便更好地帮助患者返回工作岗位。

（梁相辰）

第五章 颈椎创伤

第一节 脊柱创伤概论

在所有节段的脊柱损伤患者中，10%～25%会发生不同程度的脊髓神经损伤，其中发生于颈椎者神经损伤可达40%，发生于胸腰椎者为15%～20%。这些患者平均和中位数年龄在25～35岁之间，80%～85%患者为男性。脊柱损伤最主要的原因为交通伤（45%），其次为摔伤（20%）、运动损伤（15%）、暴力打击（15%）以及其他原因（5%）。对于个人和社会而言，处理这些损伤的经济负担都是巨大的。

一、脊柱解剖生理特点在脊柱创伤中的意义

脊柱是人体的中轴，四肢和头颅均直接或间接附着其上，故身体任何部位的冲击力或压力，均可能传导到脊柱而造成损伤。在诊治多发损伤患者时，应记住这一点，以免漏诊。

脊柱有4个生理弧度，在脊柱的后凸和前凸的转换处，受力作用较大，是整个脊柱中最易受伤害的部分。绝大多数的脊柱骨折和脱位均发生在脊柱活动范围大与活动度小的移行处，此处也正是生理性前凸和后凸的转换处，如 $C_{1～2}$、$C_{5～6}$、$T_{11～12}$、$L_{1～2}$ 和 $L_{4～5}$ 处的骨折脱位最为常见，约占脊柱骨折的90%以上，而胸腰段 $T_{11～12}$ 和 $L_{1～2}$ 的骨折，又约占脊柱骨折的 2/3～3/4。

不同部位脊椎关节突的方向不同。第一颈椎无椎体和棘突，寰椎的前部及背部均比较细，和侧块相连处尤为薄弱，故局部容易发生骨折。颈椎关节突的方向呈冠状位，与横断面呈45°，可做屈、伸、侧屈和旋转运动，故易向前后或左右脱位，又容易在脱位后自然复位，在临床上常常可见到外伤性高位截瘫的病例，其X线片显示颈椎的解剖结构正常。胸椎关节突的方向呈冠状斜行，与横断面呈60°，可做旋转、侧屈，但只有少量屈伸运动，故极少脱位。腰椎关节突的方向呈矢状面，与横断面呈90°，小关节突的排列是一内一外，即上关节突在外、下关节突在内，可做屈伸和侧屈运动，但几乎不能旋转。因此，腰椎不易发生单纯性脱位和绞锁，除非并发有一侧的关节突骨折。

胎儿1～3个月时脊髓与椎骨长度一致。自胚胎第4个月起，脊髓与椎骨的生长不一致，椎骨生长速度快而脊髓慢，终使脊髓的节段和椎骨的平面不相符。新生儿脊髓的下端平对第三腰椎；至成人则平对第一腰椎下缘。第二腰椎以下无脊髓，仅有脊髓发出的马尾神经。因而脊髓内部运动和感觉的分节及其神经的分出，均与相应的脊椎平面不符合，脊髓分节平面较相应椎体节段高，在颈部高1个节段，在胸椎$_{1～6}$部位高2个节段，胸椎$_{6～11}$部位高3个节段。整个腰脊髓位于胸椎$_{10～12}$之间，骶脊髓位于胸椎$_{12}$与腰椎$_1$之间。应根据脊柱损伤的节段来分析神经损伤的情况。

二、损伤原因及机制

造成脊柱骨折的各种暴力包括屈曲暴力、旋转暴力、后伸暴力、侧屈暴力和纵向压缩暴力，也可以是复合暴力。由各种暴力引起的骨折、脱位和骨折脱位的形式取决于脊柱受累的部位以及前方或后方韧带结构是否破裂。脊柱损伤后稳定与否，除与骨、关节损伤类型有关外，与周围软组织和韧带损伤的程度也很有关系。如周围的软组织和韧带还比较完整，则脊柱可保留一定的稳定性，若软组织和韧带也同时破裂，则脊柱将丧失其稳定性。

1. 屈曲暴力引起的损伤　最常见，占全部脊柱骨折的 60%~70% 左右，致伤原因有：

（1）从高处跌下，足或臀部先着地，脊柱随之猛烈向前屈曲，上位椎体前下部挤压下位椎体的前上部，致使下位椎体发生楔形压缩骨折。若屈曲力较弱，则椎体压缩只累及 1 或 2 个椎体。屈曲力较大时可波及 5~6 个椎体。后方韧带结构可有不同程度的断裂。脊柱可有后凸、侧弯等畸形。

（2）向前变腰时，重物砸于上背部，致使脊柱极度前屈，发生椎体压缩骨折，压缩范围可达椎体 1/2 以上，且常为粉碎骨折。脊椎的后方韧带结构也可断裂，常并发椎间关节半脱位、脱位、绞锁等。也常有关节突骨折。

（3）正在运动的物体撞击于站立或行走的人体背部，可发生脊柱的骨折脱位。椎体可压缩或粉碎，后方有椎板骨折、关节突骨折脱位，常有脊髓损伤。上位椎体大都移位至下位椎体的前方或侧方。在纯粹的屈曲应力下，后方韧带结构是很难破裂的。后方韧带结构完整时，应力消耗在椎体上，产生楔形压缩骨折。这是由纯粹的屈曲应力引起的。常见于胸、腰椎部。

2. 屈曲旋转暴力　若受伤时的作用力不仅屈曲且伴有旋转，椎体除可发生前楔形或侧楔形压缩外，还可有一侧椎间关节脱位、半脱位或绞锁。后方韧带结构常破裂，而且旋转的成分越大，破裂的程度越严重。后方韧带断裂后，一个或 2 个关节突同时骨折，上位椎体带着椎间盘和下椎体上部薄薄的一块三角骨片在下位椎体之上旋转，形成典型的屈曲旋转骨折脱位，常并发截瘫。这种骨折脱位极不稳定。

3. 后伸暴力　因前纵韧带很坚强，且外力使脊椎后伸较前屈的机会少，故后伸性损伤少见。可发生于舞蹈、杂技等演员，腰部急剧过度后伸时，有时可发生椎板或关节突骨折或骨折脱位。跌倒时面部着地，颈椎过伸，也可发生此类损伤，易并发脊髓损伤。在纯粹的后伸暴力作用下，韧带通常是完整的。椎体的后部可有椎板和椎弓根骨折，较罕见。

4. 后伸旋转暴力　后伸性损伤少见，后伸旋转性损伤也极少。损伤的类型同后伸性损伤。因并发韧带断裂，故更不稳定，更易并发脊髓损伤。

5. 纵向压缩暴力　暴力直接沿着脊柱纵轴传导，只能发生于能保持直立的脊柱，即颈椎和腰椎。暴力作用于颅顶后，沿着脊柱纵轴向下传导至脊柱产生椎体的暴散骨折。在颈部常并发四肢瘫痪，脊髓常被椎体后部所伤。这种暴力也可引起典型的寰椎前后弓骨折。

6. 侧向暴力　发生的机会相对少，多发生于颈椎，可造成侧块关节突的骨折。

三、事故现场处理

对各种创伤患者进行早期评估应从受伤现场即开始进行。意识减退或昏迷患者往往不能诉说疼痛。对任何有颅脑损伤、严重面部或头皮裂伤、多发伤的患者都要怀疑有脊柱损伤的可能，通过有序的救助和转运，减少对神经组织进一步的损伤。

不论现场患者的体位如何，搬运时都应使患者脊柱处于沿躯体长轴的中立位。搬动患者前，最重要的事就是固定患者受伤的颈椎或胸腰椎。用硬板搬运，颈椎用支具固定，移动患者要用滚板或设法使躯干各部位保持在同一平面，避免扭曲和头尾端牵拉，以防骨折处因搬动而产生过大的异常活动，而引起脊髓继发损伤（通过直接脊髓牵拉、挫伤或刺激供应脊髓的血管引起痉挛致伤）。

循 ABC 抢救原则，即维持呼吸道通畅、恢复通气、维持血液循环稳定。要区别神经性休克和失血引起的低血容量休克而出现的低血压。神经源性休克是指颈椎或上胸椎脊髓损伤后交感输出信号阻断（$T_1 \sim L_2$）和迷走神经活动失调，从而导致血管张力过低（低血压）和心动过缓。低血压并发心动过速，多由血容量不足引起。不管原因为何，低血压必须尽快纠正，以免引起脊髓进一步缺血。积极输血和补充血容量，必要时对威胁生命的出血进行急诊手术。当血容量扩充后仍有低血压伴心动过缓症状时，应使用血管升压药物和拟交感神经药物。

四、急诊室初步评估

首先评价呼吸道的通畅性、通气和循环功能状态并进行相应处理。快速确定患者的意识情况，进行 Glasgow 评分，包括瞳孔的大小和反射。硬膜外或硬膜下血肿、凹陷性颅骨骨折或其他颅内病理改变都可以造成神经功能的进行性恶化。

检查脊柱脊髓情况，观察整个脊柱有无畸形、皮下淤血及皮肤擦伤。头颈部损伤常提示颈椎外伤，枕部有皮裂伤提示为屈曲型损伤，而前额或头顶的损伤则分别提示为伸展型或轴向压缩型损伤，胸腹部外伤提示胸腰段的损伤，注意肩部或大腿是否存在安全带勒痕。观察呼吸周期中胸腹部活动情况，吸气时胸廓活动正常提示肋间肌神经支配未受损。触摸棘突有无台阶或分离。四肢的感觉运动及反射功能检查，特别是骶段脊髓的功能检查，包括肛门周围皮肤感觉、肛门括约肌自主收缩功能、肛门反射和球海绵体反射。对脊柱脊髓损伤情况作出初步判断，受伤局部用支具制动保护，下一步行影像学检查。

对于多发伤并发脊柱创伤的患者，脊柱损伤的诊断延误可能是影响创伤患者治疗的一个大问题。主要原因是警惕性不高、醉酒、多发伤、意识差以及跳跃性脊柱骨折。严重头外伤患者，表现为意识下降或并发头皮撕裂伤者，很可能会有颈椎损伤。跳跃性脊柱骨折的发生率在所有脊柱骨折中约占 4% ～ 5%，而在上颈段发生率更高。

相反，存在脊柱骨折时应高度警惕有严重而隐匿性内脏损伤的可能性。胸椎骨折导致截瘫时，很可能并发多发肋骨骨折和肺挫伤，该水平的平移剪力损伤与大动脉损伤密切相关。脊柱损伤患者中内脏损伤的诊断延误率可高达 50%。将近 2/3 的安全带引起的屈曲牵张性骨折患者会并发空腔脏器的损伤。总之，有 50% ～60% 的脊柱损伤患者可并发脊柱以外的损伤，从简单的肢体闭合性骨折，直到危及生命的胸腹部损伤。

强直性脊柱炎的患者由于脊柱周围的软组织不断发生骨化以及进行性僵硬，而椎体骨密度减低，因此容易发生创伤性脊柱骨折。发生长节段融合的椎体失了间盘、韧带对能量的吸收作用，一些低能量损伤甚至生理性负荷都可能引起脊柱骨折。在遭受创伤后一定要高度怀疑其有无隐匿性骨折以及跳跃性脊柱骨折，这类患者遭受创伤后应检查全脊柱 X 线片，因为一旦漏诊就可能会导致进行性脊柱畸形和神经症状。MRI 在评价遭受创伤后的强制性脊柱方面最为敏感，它能够显示出急性骨折后出现的髓内水肿和周围血肿。其损伤形式与长骨的损伤形式相似，颈椎是最容易受累的部位。脊柱的骨折往往穿越椎间盘，伴或不伴椎体受累，并且常伴发后柱骨折。

强直性脊柱炎患者发生脊柱创伤后应保持创伤前脊柱的位置，尽量避免使脊柱受到轴向牵引力和使脊柱处于平直位，若将已发生慢性颈椎后凸的脊柱强行伸直，会造成医源性骨折脱位而导致患者出现截瘫或四肢瘫。强直性脊柱炎患者创伤后硬膜外血肿的发生率较高，有报道称高达20%。若患者出现神经症状加重，尤其是伤后早期并无神经症状，一段时间后出现明显的神经症状时，应高度怀疑硬膜外血肿的发生。强直性脊柱炎可能累及肋骨、胸椎以及胸骨等，导致关节融合、呼吸时胸廓扩张度降低，严重者可引起限制性肺疾病。最大吸气时胸廓扩张受限是强直性脊柱炎的特异性表现。在以手术或非手术的方法治疗这类患者所发生的脊柱骨折之后往往会发生肺部的并发症。

五、影像学检查方法的选择

（一）X线片

脊柱X线片检查的目的是明确可疑部位有无骨折，大体观察脊柱的序列、骨折脱位程度，协助确定损伤类型，确定进一步CT或MRI检查的部位。

颈椎侧位X线片应尽可能包括颈胸交界区，若不能充分显示$C_7 \sim T_1$结构，应进行其他位置的检查或CT检查。侧位片可观察椎体的骨折脱位、关节突的骨折及绞锁、棘突骨折、寰椎后弓骨折、环椎前后脱位、枢椎的椎弓骨折移位和齿突骨折、椎前软组织影像。前后位片可观察椎体的侧方移位、侧块的压缩骨折及椎体侧方的压缩骨折、棘突的旋转、椎体矢状面的骨折。张口前后位片可观察颅底、寰椎及枢椎、齿突两侧间隙、环枢侧块关节对合关系，可发现寰椎暴散骨折、齿突骨折、枢椎的侧屈骨折，环椎侧块外移超过7 mm提示横韧带断裂。斜位片可显示一侧的椎间孔和对侧椎弓根，椎板呈叠瓦状排列，可较侧位片更好地观察颈胸交界部位，也可更好地观察关节突和椎板的脱位。泳姿侧位片为颈胸交界区轻微斜位像，一侧上肢上举过头顶，另一侧上肢后伸可显示颈胸交界部位，可大体显示椎体序列和损伤部位。屈伸应力侧位片适合于清醒且无神经损伤表现的患者，可观察椎体有无滑移成角、棘突间隙有无变化及关节对顶。

胸腰椎平片一般只用正侧位片，正位可观察侧凸、侧方移位、椎弓根的上下排列顺序，侧位可观察椎体压缩、前后移位、棘突间分离；骶尾椎的正侧位片可显示骶尾骨的骨折脱位，但由于肠内容物、盆腔内钙化和周围软组织结构的重叠干扰，前后位像上骶尾骨微小移位的骨折显示不清，CT可用于检查平片上不明显的微小损伤。因为骶尾骨解剖结构的正常变异范围较大、女性骨盆生育后的影响，对这些患者的诊断，相关临床病史特别重要。

（二）CT检查

可进一步评价X线片上不确定的影像，详细显示骨性结构损伤情况，为外科手术提供参考，可显示颈胸交界部位、内固定的位置、骨块和异物对椎管的侵占。在颈部可显示枕骨髁、环椎、齿突及各椎体的关节突、椎板骨折，在胸腰椎及骶尾部损伤的重要用途是显示骨块和异物对椎管的侵占。

（三）MRI检查

在矢状和横断显示脊柱结构，更准确地显示软组织损伤，准确显示硬膜外间隙以便观察血肿、骨块、间盘组织及骨刺，直接显示脊髓本身的损伤，对脊髓损伤的预后提供参考依据。T_1加权成像显示基本解剖结构，T_2加权成像显示病理结构和韧带损伤。急性颈椎损伤MRI可显示脊髓的水肿出血和挫伤，水肿时T_1像正常或略低信号，T_2高信号；急性和亚急性出血（1~7天）T_1像呈高或与脊髓等信号，T_2低信号，7天后T_1和T_2像均为高信号。

六、脊髓损伤的急诊室药物治疗

当脊柱损伤患者复苏满意后，主要的治疗任务是防止已受损的脊髓进一步损伤，并保护正常的脊髓组织。要做到这一点，恢复脊柱序列和稳定脊柱是关键的环节。在治疗方法上，药物治疗恐怕是对降低脊髓损害程度最为快捷的。

（一）皮质类固醇

甲基泼尼松龙（methylprednisolone，MP）是唯一被 FDA 批准的治疗脊髓损伤（spinal cord injury，SCI）药物。1979 年、1985 年美国二次全国急性脊髓损伤研究（national acute spinal cord injury study，NASCIS）表明，在 SCI 早期（伤后 8 小时内）给予大剂量 MP［首次冲击量 30 mg/kg 静脉滴注 30 分钟完毕，30 分钟之后以 5.4 mg/（kg·h）持续静脉滴注 23 小时］能明显改善 SCI 患者的运动、感觉功能。第三次 NASCIS 研究证明对 SCI 后 3 小时内用 MP 者，宜使用 24 小时给药法［首次冲击量 30 mg/kg 静脉滴注 30 分钟完毕，30 分钟之后以 5.4 mg/（kg·h）持续静脉滴注 23 小时］，对伤后 3～8 小时内给 MP 者宜使用 48 小时给药法［首次冲击量 30 mg/kg 静脉滴注 30 分钟完毕，30 分钟之后以 5.4 mg/（kg·h）持续静脉滴注 48 小时］，但超过 8 小时给药甚至会使病情恶化，因此建议 8 小时内给药。但是，这三个随机试验想当然的分析被用来证明类固醇对运动功能的微弱作用，这些分析均存在明显的瑕疵，使有效性的结论令人怀疑。这些研究已经使两个全国性组织发表了指南，推荐甲基泼尼松龙作为治疗的选择，而不是标准性治疗或推荐性治疗方法。另外，也有少数学者的研究结果表明 MP 治疗急性脊髓损伤无效并可造成严重的并发症。

MP 对脊髓断裂者无效，脊髓轻微损伤不需要应用 MP，可自行恢复，完全脊髓损伤与严重不全脊髓损伤是 MP 治疗的对象。但应注意，大剂量 MP 可能产生肺部及胃肠道并发症，高龄者易引起呼吸系统并发症及感染。总之，在进行 MP 治疗的过程中应注意并发症的预防。也可应用地塞米松，20 mg 一天一次，持续应用 5 天停药，以免长期大剂量使用激素出现并发症。

（二）神经节苷脂

神经节苷脂（ganglioside）是广泛存在于哺乳类动物细胞膜上含糖酯的唾液酸，在中枢神经系统外层细胞膜有较高的浓度，尤其在突触区含量特别高。用 GM-1 治疗脊髓损伤患者，每天 100 mg 持续 18～23 天静脉滴注，1 年后随访较对照组有明显疗效。尽管它们的真正功能还不清楚，实验证据表明它们能促进神经外牛和突触传递介导的轴索再生和发芽，减少损伤后神经溃变，促进神经发育和塑形。研究认为，GM-1 一般在损伤后 48 小时给药，平均持续 26 天，而甲基泼尼松龙在损伤后 8 小时以内应用效果最好。也有学者认为 GM-1 无法阻止继发性损伤的进程。目前神经节苷脂治疗脊髓损伤虽已在临床开展，但由于其机制仍不明确，研究仍在继续，因此其临床广泛应用也受到限制。

（三）神经营养药

甲钴胺是一种辅酶型 B_{12}，具有一个活性甲基结合在中心的钴原子上，容易吸收，使血清维生素 B_{12} 浓度升高，并进一步转移进入神经组织的细胞器内，其主要药理作用是：增强神经细胞内核酸和蛋白质的合成，促进髓鞘主要成分卵磷脂的合成，有利于受损神经纤维的修复。

（四）脱水药减轻脊髓水肿

常用药物为甘露醇，应注意每次剂量不超过 50 g，每天不超过 200 g，主张以 0.25 g/kg 每 6 小时 1

次静点，20%甘露醇静脉输注速度以 10 mL/min 为宜，有心功能不全、冠心病、肾功能不全的患者，滴速过快可能会导致致命疾病的发生。对老年人或潜在肾功能不全者应密切观察尿量、尿色及尿常规的变化，如每天尿量少于 1 500 mL 要慎用。恰当补充水分和电解质以防脱水、血容量不足，并应监测水、电解质与肾功能。

（李春辉）

第二节　寰枕关节脱位

寰枕关节脱位多为创伤导致。创伤性寰枕关节脱位是指寰椎和枕骨分离的病理状态，是一种并非罕见的致命性外伤，患者多在事故现场死于脑干横贯性损伤。随着时间的推移，越来越多的病例被报道，车祸伤增加是原因之一，而 CT、MRI 等设备的使用和对寰枕关节脱位认识水平的提高也是重要因素。

一、损伤机制和分型

枕骨、寰椎和枢椎构成一个功能单元，有独特的胚胎学发生和解剖学构成。这个功能单元有最大的轴向活动范围。依枕骨髁的形状仅能对寰枕关节起有限的骨性稳定作用。枕寰之间的稳定性主要由复杂的韧带结构来保障。这些韧带可以分为两组：一组连接枕骨和寰椎，另一组连接枕骨和枢椎。连接枕骨和寰椎的韧带包括寰枕关节囊和前、后、侧寰枕膜。连接枕骨和枢椎的韧带包括覆膜、翼状韧带和齿突尖韧带。这后一组韧带对寰枕关节的稳定起更重要的作用。尸体研究发现，当切断覆膜和翼状韧带后寰枕关节即失去稳定性。寰枕关节脱位通常是由暴力产生的极度过伸动作所致，有时在过屈动作下也可以发生，偶有在侧屈动作下发生的。在暴力作用下，覆膜和翼状韧带断裂，可以发生单纯的韧带损伤，也可以并发枕骨髁骨折。

依据侧位 X 线片提出以下分型：① I 型，前脱位，枕骨髁相对于寰椎侧块向前移位。② II 型，纵向脱位，枕骨髁相对于寰椎侧块垂直向上移位大于 2 mm。③ III 型，后脱位，枕骨髁相对于寰椎侧块向后移位，此型相对少见。

二、临床表现

寰枕关节脱位的临床表现差异很大，可以没有任何神经症状和体征，也可以表现为颈部疼痛、颈椎活动受限、低位颅神经麻痹（特别是展神经、迷走神经和舌下神经）、单肢瘫、半身瘫、四肢瘫和呼吸功能衰竭。据 Przybylski 等学者的文献综述统计，18% 的患者没有神经损伤，10% 存在颅神经损伤，34% 表现为单侧肢体功能障碍，38% 为四肢瘫。有学者认为颅椎区创伤引起的神经损害多是血管源性的，而非直接的机械性损伤，是椎基底动脉或其分支（如脊髓前动脉）供血不全所致。

三、诊断

寰枕关节脱位靠平片诊断比较困难。大多数伴有完全性脊髓损伤的病例都可见到枕骨髁与寰椎侧块的分离。对于尚存在部分脊髓功能的病例，平片上均无明显异常，寰枕关节的对线尚可，也没有纵向分离，这是颈部肌肉痉挛的缘故。大多数寰枕关节脱位的患者都有严重的脑外伤，这使得诊断更加困难。平片诊断寰枕关节脱位的依据包括：严重的椎前软组织肿胀、颅底点与齿突尖的距离（Basion - Dens distance）加大和枕骨髁与寰椎侧块的分离。

有几种用 X 线平片测量的方法可以检测寰枕关节脱位。这些方法都是利用侧位平片测量颅底与颈椎的关系（图 5 - 1）。

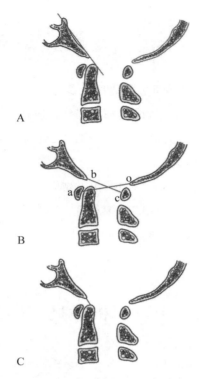

图 5 - 1　寰枕关节脱位的 X 线片测量

A. Wackenheim 线；B. Power's ratio；C. Basion - Dens 距

Wackenheim 线是斜坡后表面的一条由头向尾侧的连线，这条线应与齿突尖的后部相切。如果枕骨向前脱位，这条线将与齿突交叉。如果枕骨向后脱位，这条线将与齿突分离。它可以对寰枕关节脱位有一个大概的评价。

Power's ratio 是两条线的长度比：颅底点与寰椎后弓间的连线为 BC 线，颅后点与寰椎前弓的连线为 OA 线。正常人 BC/OA = 0.77，如果比值大于 1.0 即可诊断前脱位。这种方法不能应用于儿童或颅椎区先天畸形的病例，当存在纵向及后脱位时可以表现为假阴性。另有研究证实，在重建 CT（矢状面）上测量该指标的准确性优于平片。

Basion - Dens 距是测量颅底点与齿突尖中点的间距。正常人平均间距是 9 mm，成人如大于 15 mm或儿童大于 12 mm 应视为异常。

对各种原因造成的寰枕关节脱位，平片上的测量方法都不够敏感和精确。标准位置的侧位片是必需的，但在片子上不易得到可靠的标志点，乳突和乳突气室都会干扰对寰枕关节面的观察。有作者认为平片至多只能检测出 50% ~ 70% 的病例。虽然平片对寰枕关节脱位的直接检出率不高，但颈椎椎前软组织肿胀却很常见，文献报道在 41 个寰枕关节脱位的病例中 37 个有软组织肿胀（90%）。这个异常影像可以作为警示信号，提示有做进一步检查的必要。正常的情况下，颈部椎前软组织的宽度，观察椎前软组织对于诊断颅椎区的损伤相当重要。

对可疑病例行颅椎区行 CT 检查，薄层扫描的 CT 及三维影像重建对于确定诊断很有帮助。文献报道 25 个寰枕关节脱位的病例中 21 个经 CT 检查获得证实（84%）。颅椎区 CT 检查发现椎管内出血灶是诊断寰枕关节脱位的一个间接依据。在 29 个寰枕关节脱位病例中有 24 个 CT 检查发现了出血的影像。在 9 个平片未发现寰枕关节脱位的病例中，8 个 CT 发现有蛛网膜下隙或并发其他部位出血。

MRI 虽然不能清楚显示骨的解剖结构，但它可以确定颅椎区广泛的韧带和软组织损伤，可以估计脊髓和脑干的完整性。

四、治疗

寰枕关节脱位后由于韧带撕裂会出现非常严重的不稳定，有迟发性神经损伤的危险，现场救治时头颈部制动很重要。纠正脱位的尝试可能会造成进一步损伤，应在 X 线摄片或透视监测下小心施行。对于仅有纵向移位的 II 型脱位，轴向的负荷或轻压头可以减轻分离，而颈椎牵引或颈围领都可以产生使寰枕关节分离的损伤应力，使神经症状加重。

对于寰枕关节不稳定的治疗有外固定和内固定植骨融合两种方法可以选择。儿童的组织愈合能力强，在 Halo – vest 的制动下即可以达到坚强的纤维愈合，不必手术治疗；对成年病例保守治疗效果不好，枕颈内固定植骨融合术才是更好的选择。

（李春辉）

第三节　寰椎横韧带损伤

一、寰椎横韧带的结构与功能

寰椎横韧带位于枢椎齿突的后方，它的两端附着于寰椎侧块内结节上。横韧带将齿突束缚于寰椎前弓的后面。横韧带腹侧与齿突后面相接触的部位有纤维软骨，韧带在此处增厚，并与齿突构成寰齿后关节。横韧带的长度约为 20 mm，中间部比较宽阔，宽度大约为 10.7 mm，在接近两侧块的附着部最窄，宽度约为 6.6 mm，横韧带中点部位的厚度约为 2.1 mm。

寰椎横韧带几乎完全由胶原纤维构成，仅有少量的弹性纤维以疏松结缔组织的形式包绕在韧带表面，韧带的中部没有弹性纤维。总体来说，纤维组织的走行与韧带是一致的。横韧带由侧块内结节附着点走向齿突的过程中逐渐变宽，纤维束以约 30°角互相交叉形成网状。这种组织结构使得以胶原纤维为主体的横韧带也具有了一定程度的弹性，在张力作用下横韧带可以拉长 3%。这样，屈颈动作时，由于横韧带被拉长，寰椎前弓与齿突间可以有 3 mm 的分离。

寰椎横韧带是维持寰枢关节稳定的最重要的韧带结构，它的作用是限制寰椎在枢椎上向前滑移。当头颅后部突然遭受暴力寰椎前移，横韧带受齿突切割可能发生断裂。生物力学实验发现，横韧带的载荷为 330N，超过这个量横韧带即可断裂。

二、临床表现和诊断

寰椎横韧带断裂后寰椎前脱位，在枢椎齿突与寰椎后弓的钳夹下可能会出现脊髓损伤。由于呼吸肌麻痹，患者可以当场死亡。由于有脊髓损伤的病例多来不及抢救而死于呼吸衰竭，所以我们在临床上见到的因外伤导致横韧带断裂的病例多没有神经损伤。

普通 X 线片无法显示寰椎横韧带，但可以从寰枢椎之间的位置关系判断横韧带的完整性。最常用的方法是观察颈椎侧位 X 线片上的寰齿间距（atlanto - dental interval，ADI），当屈颈侧位 X 线片上由寰椎前弓后缘至齿突前缘的距离超过 3 mm（儿童超过 5 mm）即表明寰椎横韧带断裂，CT 也不能直接观察到韧带，但可以发现韧带在侧块内结节附着点的撕脱骨折，在这种情况下，虽然韧带是完整的，但已失去了它的功能。MRI 用梯度回波序列成像技术可以直接显示韧带并评价它的解剖完整性，在韧带内有高强度信号、解剖形态中断和韧带附着点的积血都是韧带断裂的表现。

Dickman 把寰椎横韧带损伤分为两种类型：Ⅰ 型是横韧带实质部分的断裂；Ⅱ 型是横韧带由寰椎侧块附着点的撕脱骨折。两种分型有不同的预后，需要不同的处理。

三、治疗

Ⅰ 型损伤在支具的保护下是不能愈合的，因为韧带无修复能力。这种损伤应尽早行寰枢关节融合术。Ⅱ 型损伤应先行保守治疗，在头环背心固定下，Ⅱ 型损伤的愈合率是 74%。如果固定了 3~4 个月韧带附着点仍未愈合，仍存在不稳定状态，则应手术治疗。

（李春辉）

第四节　寰椎骨折

寰椎骨折各种各样，常伴发颈椎其他部位的骨折或韧带损伤。寰椎骨折占脊柱骨折的 1%~2%，占颈椎骨折的 2%~13%。在临床实践中，典型的 Jefferson 骨折是很少见的，3 处以下的寰椎骨折比较多见。如果前后弓均有骨折，导致两侧块分离，我们称其为寰椎爆裂骨折。寰椎骨折后椎管变宽，一般不会出现脊髓损伤。

一、损伤机制及骨折类型

最常见的致伤原因是高速车祸，其他如高处坠落、重物打击及与体育运动相关的损伤都可以造成寰椎骨折。Jefferson 推测，当暴力垂直作用于头顶将头颅压向脊椎时，作用力由枕骨髁传递到寰椎，寰椎在膨胀力的作用下分裂为 4 个部分。实际上，来自头顶的外力在极特殊的方向作用于寰椎才可以造成典型的 Jefferson 骨折。Panjabi 等在生物力学实验中对处于中立位及后伸 30°位的尸体颈椎标本施加以垂直应力，结果在 10 个标本中只出现了 1 个典型 Jefferson 骨折。在 Hays 的实验中用 46 个标本模拟寰椎骨折，出现最多的是 2 处骨折，其次是 3 处骨折，没有出现 4 处骨折。Panjabi 等认为，当头颈侧屈时受到垂直应力容易出现前弓根部的骨折，而颈椎过伸时受力，颅底撞击寰椎后弓或寰枢椎后弓互相撞击容易导致寰椎后弓骨折。事实上，各种损伤机制可以单独或合并发生，形成各种类型的骨折。这取决于诸多因素，如作用于头颅的力的向量、受伤时头颈的位置、寰椎的几何形状以及伤者的体质。

寰椎骨折可以出现在前、后弓，也可以在寰椎侧块（图 5 - 2）。Sherk 等认为后弓骨折占寰椎骨折的 67%，侧块的粉碎骨折占 30%。当前后弓均断裂时，侧块将发生分离，寰椎韧带在过度的张力作用下断裂。韧带可以在其实质部断裂，也可以在其附着处发生撕脱骨折。横韧带撕脱骨折的发生率占寰椎骨折的 35%。不论横韧带断裂或是撕脱骨折都会丧失韧带的功能，使寰椎向前失稳。如果前弓的两端均断裂，将会出现寰椎向后失稳。如果寰椎后弓的两端均断裂，对寰枢关节的稳定影响不大。

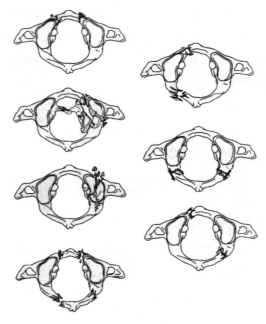

图 5 - 2　寰椎骨折的各种类型

二、影像学诊断

　　寰椎骨折的诊断首先要做 X 线检查，在颈椎侧位片上可以看到寰椎后弓的骨折。但是，如果骨折位于后弓与侧块结合部，可能看不清楚。如果是前弓骨折，可以在侧位片上看到咽后壁肿胀。但要留意，伤后 6 小时咽后壁肿胀才会出现。在开口位 X 线片上观察寰枢椎侧块的对位情况，如果寰椎侧块向外移位，说明有寰椎骨折。Spenre 等发现，当左右两侧寰椎侧块移位总计达到 6.9 mm 时，提示寰椎横韧带已断裂。有时，在开口位片上还可以看到横韧带在侧块附着点的撕脱骨折。CT 扫描可以显示寰椎的全貌，可以看到骨折的位置以及是否有横韧带的撕脱骨折，从而确定寰椎的稳定性。摄屈颈侧位 X 线片观察寰齿前间隙是否增大，进而判断寰椎横韧带完整性的方法是不实际的。因为寰椎骨折后疼痛导致的肌肉痉挛将影响患者做屈颈动作。

三、治疗

　　无论哪种寰椎骨折都应首选保守治疗。对于侧块没有分离的稳定性寰椎骨折，用软围领保护即可。如果寰椎侧块分离小于 6.9 mm，应用涉及枕颈胸的支具（SOMI brace）3 个月。侧块分离超过 6.9 mm 的病例应用头环背心（Halo - vest）固定。头环背心只能制动，而没有复位的作用。颅骨牵引可以使分离的侧块复位，但头环背心难以防止侧块再度分离，因为这套装置没有轴向牵引的作用。要想最终获得良好的对位，只有将牵引的时间延长至 3 周以上，以便侧块周围的软组织达到瘢痕愈合，有了一定的稳定性后再用头环背心固定。文献报道，寰椎骨折保守治疗的效果是很好的，横韧带撕脱骨折的骨性愈合率在 80% 以上。只有极个别的病例因迟发性的寰枢关节不稳定需要手术治疗。寰椎侧块粉碎骨折的病例后期颈椎运动功能的恢复较差。对于寰椎骨折伴有横韧带实质断裂的病例，尽管韧带不可能愈合，也不应急于做寰枢关节融合术，可以先用外固定保守治疗，待寰椎骨折愈合后再观察寰椎关节的稳定性，如果稳定性尚好就可以不做融合术。当轴向负荷作用于寰椎导致横韧带断裂的情况与屈曲暴力造成的情况不同，在前一种情况下，翼状韧带和关节囊韧带都是完好的，它们对寰枢关节的稳定能起一定的作用；在后一种情况下，横韧带断裂的同时翼状韧带和关节囊均已断裂，寰枢关节必然失稳。

如果骨折愈合后确有寰枢关节不稳定，则应做寰枢关节融合术。枕颈融合术只有在寰椎侧块粉碎骨折不良愈合而产生顽固性疼痛时才有必要，对于伴有横韧带断裂或Ⅱ型齿突骨折的后弓骨折没有必要做枕颈融合术。

（常　龙）

第五节　齿状突骨折

一、相关解剖和分型

作为第二颈椎的枢椎，除了有一个向上突起的齿突外，在结构上比寰椎更像下面的脊椎。齿突的前面有关节面，与寰椎前弓的后面形成关节。齿突有一个尖状的突起，是尖韧带的起点。齿突的两侧比较平坦，各有翼状韧带附着。齿突的后面有一个凹槽，寰椎横韧带由此经过。

枢椎的骨折大多涉及齿突。Anderson 根据骨折的部位将齿突骨折分为三型：齿突尖骨折（Ⅰ型）、齿突基底部骨折（Ⅱ型）、涉及枢椎体的齿突骨折（Ⅲ型）。Anderson 的分型方法对治疗方式的选择有指导意义：Ⅰ型骨折是翼状韧带的撕脱骨折，仅需保守治疗；Ⅱ型骨折位于齿突直径最小的部位，愈合比较困难，可以选择保守治疗或手术治疗；Ⅲ型骨折由于骨折的位置很低，骨折面较大，骨松质丰富，易于愈合，所以适合保守治疗。

二、影像学检查

颈椎侧位和开口位 X 线摄片是首先要做的影像检查。如果患者确有齿突骨折，将会表现为头颈部剧痛，此时做颈椎屈、伸侧位摄片会很困难。如果就诊时创伤已经发生几个小时了，在颈椎侧位 X 线片上可以见到咽后壁肿胀。如果 X 线摄片难以确定有否齿突骨折，可以做枢椎 CT，以齿突为中心的冠状和矢状面重建 CT 可以证实平片上的可疑影像。CT 比 X 线影像可以提供更多的信息，但也容易因为成像质量的问题而产生误导，造成误诊。患者如果没有神经损伤就不必做 MRI 检查在中矢面重建 CT 和 MRI 影像上见到的软骨结合（synchondrosis）残迹容易被误认为是齿突的骨折线。

三、治疗原则

齿突骨折的治疗包括使用支具固定的保守治疗和借助于内固定的手术治疗。支具可以选择无创的，如颈围领（Philadelphia collar）、枕颏胸固定装置（SOMI brace）和有创的头环背心（Halo – vest）。手术有前、后两种入路。前入路用中空螺钉经骨折端固定；后入路手术固定并植骨融合寰枢关节，不指望骨折端的愈合。由于齿突中空螺钉固定可以保留寰枢关节的旋转功能，所以应作为首选的手术方式。

Ⅰ型骨折由于位于寰椎横韧带以上，对寰枢关节的稳定性影响不大，所以用最简单的支具保守治疗就可以。

确定Ⅱ型骨折治疗方案，要参考骨折原始移位的程度、齿突与枢椎体成角的度数、患者的年龄、骨折端是否为粉碎性的、骨折面的走向以及患者自身对治疗方式的选择。骨折发生的一瞬间，齿突平移或与枢椎体成角的程度越大，骨折愈合的可能性越小；患者的年龄越高，骨折越不易愈合；粉碎性骨折即使得到很好的固定也很难自然愈合。如果估计骨折愈合的可能性很小，可以选择直接做后路寰枢关节融合术。

对Ⅱ型骨折，如果选择保守治疗则必须用最坚固的外固定方式（Halo – vest，头环背心）。由于头环背心仅有固定而没有牵引复位作用，所以，如果在骨折发生后马上就安装，不一定能将骨折在解剖对位状态下固定。Ⅱ型骨折由于骨折的对合面比较小，而对合程度与骨折的愈合结果又密切相关，所以应努力将其固定在解剖对位状态。如此，可以先使用头环或颅骨牵引弓在病床上做颅骨牵引，待骨折解剖对位后再持续大约 2～3 周，以便寰枢关节的软组织得到修复、骨折端形成初期的纤维连接。此时再安装头环背心，就可以很容易地将骨折端固定在解剖复位了。文献报道Ⅱ型齿突骨折用头环背心固定的愈合率为 70% 左右。

Ⅱ型齿突骨折如果骨折面是横的或是从前上向后下的，就适合做中空螺钉固定。如果骨折面是由后上向前下的，在用螺钉对骨折端加压时会使骨折移位，这样的病例相对来说不适合做中空螺钉固定。

Ⅲ型骨折用一枚中空螺钉内固定是不可靠的。这是因为骨折的位置低，螺钉在骨折近端的长度太短；骨折端的骨髓腔宽大，螺钉相对较细。Ⅲ型骨折比较适合保守治疗，文献报道用 Halo – vest 头环背心固定，Ⅲ型骨折的愈合率可以达到 98.5%。

（常　龙）

第六节　枢椎峡部骨折

枢椎峡部骨折也称 Hangman 骨折、枢椎椎弓骨折，是发生于枢椎椎弓峡部的垂直或斜行的骨折，它可使枢椎椎弓和椎体分离，进而引发枢椎体向前滑移，所以也称为创伤性枢椎滑脱（traumatic spondylolisthesis of the axis）。常由交通事故、跳水伤或坠落伤造成。由于出现骨折移位后，椎管是增宽的，所以很少并发神经损伤。有人顾名思义将 Hangman 骨折说成是绞刑骨折，这样的命名从骨折的发生机制上说是不确切的。实施绞刑时，受刑者的颈椎经受过伸和轴向牵拉力，可以造成枢椎与其下颈椎的分离。而我们见到的 Hangman 骨折，虽然也由颈椎过伸损伤造成，但是往往并发有垂直压缩力。发生 Hangman 骨折时可能并发有前、后纵韧带和颈$_{2,3}$间盘纤维环的撕裂，可继发颈椎失稳。

Effendi 将该骨折分为三型，并结合其损伤机制提出了治疗方式。Levein 和 Edwards 改进了该分型（图 5 – 3）。

绝大多数 Hangman 骨折都可以在支具的固定下得到良好愈合。对于没有移位的骨折（Ⅰ型），推荐用 Philadephia 围领和枕颏胸固定支具治疗。如果颈$_2$相对于颈$_3$前移 4 mm 或有 11° 以上的成角（Ⅱ型），仅靠支具保护是不易自然愈合的，Halo – vest 头环背心效果较好。手术治疗仅仅适于那些用 Halo – vest 不能维持良好复位、骨折陈旧不愈合或并发颈$_{2,3}$关节突关节脱位（Ⅲ型）的病例。

如果只有枢椎椎弓骨折分离而没有颈$_{2,3}$椎间关节的损伤，而患者又无法接受外固定治疗，可以选用后路枢椎椎弓根（即椎弓峡部）螺钉固定。使用拉力螺钉可以将骨折端加压对合。这种固定方法更适合骨折接近枢椎下关节突的病例，这样的病例螺钉在骨折的远端有更长的固定长度，固定效果更好。如果枢椎椎弓骨折分离很严重，伴发枢椎体前滑移或成角移位，就需要对颈$_{2,3}$椎间关节施以固定并植骨融合。前路颈$_{2,3}$椎间关节植骨加椎体间钢板螺钉固定是比较可靠的方法。对于颈$_{2,3}$脱位严重的病例，应在使用颅骨牵引将枢椎尽量复位后再做植骨、固定。也有从后路做颈$_{2,3}$固定、植骨的方法：枢椎做椎弓根螺钉固定，技术难度并不高，利用拉力螺钉还可将枢椎椎弓的骨折分离加以复位。但如果颈$_3$用关节突螺钉固定，则稳定性不可靠；如用椎弓根螺钉固定，在操作上有相当的难度，风险较大。

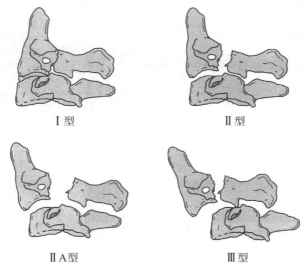

图 5-3 Hangman 骨折分型

（张小会）

第七节 枢椎椎体骨折

枢椎椎体骨折即发生在齿突基底与椎弓峡部之间区域的骨折，这一定义将部分 Anderson 定义的Ⅲ型齿突骨折也收入枢椎椎体骨折的范畴。

枢椎椎体骨折占枢椎损伤的 11%～19.7%，占上颈椎损伤的 10%～12%，临床上并非罕见。枢椎椎体骨折的致伤多见于交通事故伤，占 71%～80%，其他见于坠落伤（13%～14%）、滑雪伤（6%）、跳水伤（4%），男性略多于女性。

Benzel 将该骨折分为三型：Ⅰ型骨折，侧位 X 线片可见类似于 Hangman 骨折的表现，即表面上看为双侧椎弓峡部骨折，同时伴有 C_2 相对 C_3 的前移，轴位 CT 可见冠状面骨折线位于 C_2 椎体后缘。鉴于损伤机制的不同，伸展型骨折可在椎体前下方看到泪滴样撕脱骨折片，这通常是由于 $C_{2\sim3}$ 水平过伸所致。一般 $C_{2\sim3}$ 水平椎间盘也有撕裂，$C_{2\sim3}$ 椎间隙前方增宽；而屈曲型损伤可看到 $C_{2\sim3}$ 背侧间隙增宽，同时可能在 C_2 椎体后下方看到泪滴样撕脱骨折片，轴位 CT 可能见到骨折线累及横突孔。Benzel Ⅱ型骨折，矢状位 CT 重建能更清楚显示骨折位置，冠状位 CT 重建可见到 C_2 椎体呈矢状位的骨折线，寰椎侧块向下压到枢椎椎体，这也印证了Ⅱ型骨折的损伤机制主要是轴向负荷。若轴向负荷的暴力稍偏外侧，可能造成Ⅱ型骨折的变异型，骨折线仍垂直，但可以累及横突孔及椎板。Benzel Ⅲ型即为 Anderson Ⅲ型齿突骨折，开口位 X 线片及 CT 矢状位重建可见骨折线位于齿突基底，呈水平位，而单纯轴位 CT 扫描有可能会漏诊骨折。

绝大多数枢椎椎体骨折均可行非手术治疗获得痊愈。若骨折存在较多的成角或移位，可以先行颅骨牵引复位，1～2 周后进行外固定。根据患者损伤的稳定性可选用颈部围领、枕颈胸支具或 Halo-vest 头环背心，固定时间 8～16 周。保守治疗骨折愈合率 90% 以上。由于该节段椎管储备间隙较大，该病并发神经损伤的概率相对下颈椎椎体骨折少，保守治疗后大多预后较好。

（张小会）

第六章 胸、腰、骶椎损伤

第一节　胸椎骨折

一、概述

脊柱骨折多见于颈段及胸腰段，胸椎活动幅度较小，加之有胸廓的保护，胸椎损伤相对少见，发生率约为2.5%。但由于胸椎椎管狭窄，关节间活动范围小，容易发生脊髓损伤。根据解剖部位分为：①上胸椎损伤，$T_1 \sim T_3$。②中胸椎损伤，$L_4 \sim T_{10}$。③下胸椎损伤，$T_{11} \sim T_{12}$。下胸椎创伤现在多归于胸腰段骨折进行介绍，本节重点介绍上中胸椎创伤骨折的特点及治疗。

二、胸椎解剖特点（图6-1）

胸椎具有独特的解剖及生物力学特点。中上胸椎由整个胸廓参与其稳定作用，前方有胸肋关节，侧方有肋椎关节，后方有呈叠瓦状排列的椎板，以限制胸椎过度屈伸，而$T_1 \sim T_{10}$后方关节突的关节面呈冠状位，允许其有一定的旋转活动，对向前的剪切应力有一定的抵抗作用，加之椎间盘及韧带组织的稳定作用，使其稳定性明显强于脊柱的胸腰段及腰段，骨折发生率也相对较低。然而一旦发生骨折则致伤暴力往往更加强大，骨折也较严重，常累及多个椎体，且常伴有其他部位的损伤和骨折。同时胸椎后凸的负载应力分布易造成小关节骨折或交锁，容易产生脱位，且合并多处附件骨折。在中上胸椎损伤以骨折脱位多见，而在胸腰段以爆裂骨折多见。在上胸椎到中胸椎转折部位，胸椎后凸逐渐加大，呈现后背弓形曲线，应力容易集中在此转折部位，因此损伤部位常见于$T_4 \sim T_7$。

胸椎管狭窄近似圆形，矢径比仅比脊髓略大，仅有不足2 mm，除去硬膜囊的厚度影响，几乎无额外的缓冲间隙，其中以$T_4 \sim T_9$椎管的矢、横径最小，而胸椎后凸使脊髓偏前，脊髓前方的轻度压迫就可致脊髓严重创伤。胸段脊髓有独特的血供支配（图6-2），胸段椎管最狭窄处也正是脊髓血供最差部位，即血供危险区，这部分血供遭到障碍，最易发生截瘫。胸$_4$节段的血供相对较少，是易发生缺血的部位，在下胸椎的根动脉中有一支较大者，称为根大动脉或Adamkiewicz动脉，80%起自左侧胸$_9$至胸$_{11}$水平，供应大半胸髓，亦称大髓动脉（great medullary artery，GMA）。其出肋间动脉后沿椎体上升约1个或2个椎节段进入椎间孔，根动脉又分为上升支下行支，并与脊髓前动脉和后动脉相吻合，当GMA由于脊椎骨折脱位遭受损伤时，如无其他动脉的分支与其吻合，则致下胸段脊髓缺血。

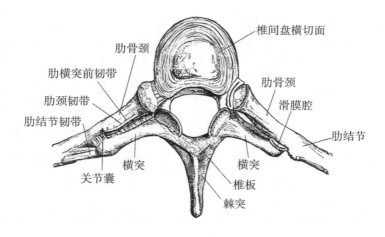

图 6-1 胸椎解剖示意图

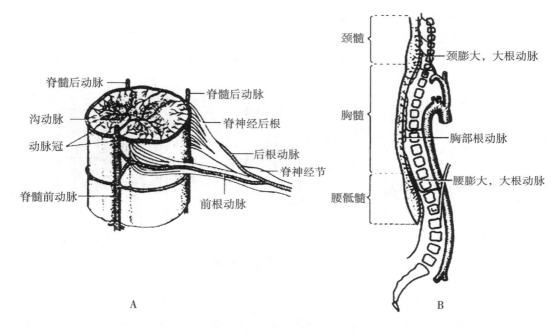

图 6-2 脊髓主要血供示意图

胸椎椎弓根的解剖特点：除 T_1 外，各节段椎弓根矢状径均明显大于横径，呈椭圆形，比腰椎的椎弓根更扁，远比腰椎的椎弓根窄细。椎弓根横径从 $T_1 \sim T_4$ 逐渐减小，$T_5 \sim T_{12}$ 逐渐增大，椎弓根平均横径小于 5 mm，男女组间有显著差异。椎弓根外展角从 $T_1 \sim T_9$ 逐渐减小，T_{10} 以下为负角（从上胸椎的内聚 27°至 T_{11} 的 1°，至 T_{12} 的 -4°，在 L_1 角度再次改为内聚约 11°）。椎弓根到其上下神经根均有一定距离，最小为 1.2 mm，神经根直径从 T_1（2.8 mm）～T_{11}（4.5 mm）逐渐增大。神经根管状面上与中线所呈夹角从 T_1（119.5°）～T_{12}（60.2°）逐渐减少，越是上位胸椎，神经根越呈水平状走行。由于胸椎椎弓根与其周围神经的特殊解剖关系，为胸椎后路固定提供了解剖学依据。

三、胸椎骨折特点

由于以上的解剖学基础，胸椎骨折具有以下特点：①致伤暴力强大，以交通伤、高处坠落伤等高能量损伤为主。②损伤类型以压缩骨折及骨折脱位为主，常累及多个椎体，甚至呈"跳跃"骨折。③损伤部位多位于 $T_4 \sim T_7$ 节段。④合并伤如肋骨骨折、血气胸及胸骨骨折多见。⑤胸脊髓损伤发生率较高，约80%为完全性脊髓损伤，具有脊髓损伤严重、功能恢复预后差的特点。

四、胸椎骨折相关分型

近20年来，诊断技术不断提高，CT、ECT、MRI广泛应用于临床，电子计算机技术渗透到生物力学的研究，建立了更加贴近实际的生物及损伤模型，使脊柱损伤的诊断更加直接、明了，也促使脊柱损伤的分类不断完善。由于脊柱损伤的复杂性（暴力可产生一种以上的损伤）、检查条件的多层次性及研究侧重点的多面性，至今尚无公认的统一分类方法，往往根据治疗与研究需要，选择不同依据分类或多种分类方法并用。下面把常用的胸椎骨折 Denis 分型和 AO 分型以及脊髓损伤的 ASIA 分级介绍如下。

五、Denis 分型

Denis 将脊柱理解成 3 条纵行的柱状结构（图 6-3）：

1. 前柱　包括脊柱前纵韧带、椎体及椎间盘的前 2/3 部分。
2. 中柱　由椎体及椎间盘后 1/3 和后纵韧带组成。
3. 后柱　由椎弓、椎板、附件及黄韧带、棘间韧带、棘上韧带组成。

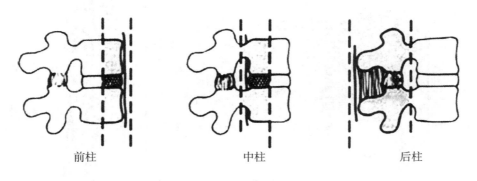

前柱　　　　　　　　　中柱　　　　　　　　　后柱

图 6-3　Denis 三柱理论

凡中柱损伤者属于不稳定性骨折。

Denis 三柱概念的提出，将人们对脊柱的结构及其功能单位的认识进一步深化。其将胸腰椎骨折分为四大类：

1. A 类　压缩性骨折。
2. B 类　爆裂性骨折又分为 5 型。①上下终板型。②上终板型。③下终板型。④爆裂旋转型。⑤爆裂侧屈型。
3. C 类　安全带骨折。C 类骨折分为骨折线单水平型和双水平型，每型又有骨性损伤和软组织性损伤之分，合为 4 型。
4. D 类　骨折脱位。D 类则有 3 型：①屈曲旋转骨折脱位。②剪力性骨折脱位。③屈曲牵张性骨折脱位。

六、AO 分型（图 6-4）

20 世纪 90 年代以来，鉴于已有的胸腰椎骨折分类的缺陷，AO 学派和美国骨科权威性机构相继推出自己的分类法。Magerl 等以双柱概念为基础，承继 AO 学派长骨骨折的 3-3-3 制分类，将胸腰椎骨折分为 3 类 9 组 27 型，多达 55 种。主要包括：

1. A 类　椎体压缩类。A1：挤压性骨折；A2：劈裂骨折；A3：爆裂骨折。

2. B 类　牵张性双柱骨折。B1：韧带为主的后柱损伤；B2：骨性为主的后柱损伤；B3：由前经椎间盘的损伤。

3. C 类　旋转性双柱损伤。C1：A 类骨折伴旋转；C2：B 类骨折伴旋转；C3：旋转 – 剪切损伤。

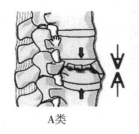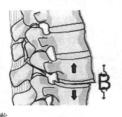

A类　　　　　　　　　　　　　B类　　　　　　　　　　C类

图 6 – 4　脊柱 AO 分型模式图

七、诊断与评估

由于周围有肋骨、肩胛骨遮挡等，传统的 X 线侧位相常常不能清楚显示上胸椎，因此需要该部位的 CT 扫描三维重建，MRI 也被证实对于评估颈胸交界和上胸椎的伤情非常有用。承前所述，胸椎骨折往往合并有严重的多发创伤，因此详细地检查和评估患者非常重要。根据病史和查体经摄片后诊断上中胸椎骨折并不困难，关键是合并伤诊断及脊髓损伤程度，临床上易漏诊。其原因为：对上中胸椎骨折脱位伴有损伤认识不足；未进行全面查体；因早期患者不能站立，卧位 X 线片易漏诊血气胸，因而导致早期诊断困难。Argenson 报道 C 型胸椎骨折合并伤的发生率高达 83%，其中 50% 是胸部创伤，包括 20% 的纵隔血肿和 19% 的血气胸病例。Van Beek 等回顾分析了合并多发创伤的上胸椎骨折病例，发现漏诊率占回顾病例的 22%，主要是由于伴发致命性损伤造成，主要发现是椎体高度的丢失及伴和不伴有序列的异常，脊柱旁线的增宽和纵隔的增宽。Ryan 等报道胸椎损伤合并脊髓损伤漏诊（血气胸、气胸及半侧膈肌麻痹）的主要后果是延长住院时间和增加额外手术。最近的两篇文章报道在椎管内发现空气合并胸部创伤是提示有严重合并损伤的征象。

对没有神经症状的胸椎损伤，要求认真检查，并注意四肢感觉运动反射情况以免漏诊，防止患者搬动过程中导致脊髓损伤。对于有神经症状的患者，在患者全身情况允许的条件下，应立即进行 MRI 和 CT 的检查。

胸椎无骨折脱位脊髓损伤（spinal cord injury without fracture – dislocation，SCIWOFD，或：Spinal cord injury without radiographic abnormality，SCIWORA）主要发生在儿童和青壮年中，儿童组的年龄在 1 ~ 11 岁，青壮年为 18 ~ 38 岁。致伤原因系车祸、轧压伤、碾轧伤等严重砸压伤，成人伤后立即截瘫，儿童则半数有潜伏期，自伤后 2 小时至 4 天才出现截瘫，截瘫平面在上部胸椎者占 1/3，在下部胸椎者占 2/3，绝大多数为完全截瘫，且系迟缓性软瘫，此乃因大段脊髓坏死所致（图 6 – 5）。

胸椎 SCIWORA 还有一个特点即胸部或腹部伴发伤较多，可达半数以上，胸部伤主要为多发肋骨骨折和血胸，腹部伤则主要为肝脾破裂出血。胸椎 SCIWORA 的损伤机制可能由大髓动脉（GMA）损伤，由于胸、腹腔压力剧增致椎管内高压，小动静脉出血而脊髓缺血损伤，部分病例表现为脑脊液（csf）中有出血。例如一位 18 岁的女性，乘电梯发生故障，被挤于电梯与顶壁之间达 4 小时，经救出后发现胸$_{12}$以下不全截瘫，胸锁关节前脱位，右第 6、7、8 肋骨骨折，骨盆骨折，肉眼血尿，胸腰椎无骨折脱位，腰穿 csf 中 RBC150，说明胸、腹腔被挤高压，可致脊髓损伤。

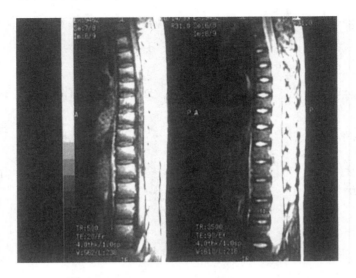

图 6 - 5　胸椎 SCIWORA 伤后半年 MRI 胸$_6$ 至胸$_{11}$ T$_1$ 低信号

八、胸椎骨折治疗

治疗原则：胸椎骨折的治疗目的在于恢复脊柱序列，稳定脊柱，防止和减轻继发性脊髓神经损伤。治疗上需脊柱和脊髓二者兼顾，应综合考虑骨折类型、稳定性、是否合并脊髓损伤及程度，以及是否合并其他损伤及程度等因素，选择合适的治疗方法和手段。

稳定骨折、不伴有神经症状及无影像学潜在的脊髓损伤，不伴有椎弓根和小关节突骨折，椎管前臂骨折无移位病例，可采用后伸复位支具固定、限制活动等非手术治疗。

Hanley 等认为椎体压缩大于 50%，同时伴有后柱损伤为不稳定性骨折，后柱损伤包括多根肋骨骨折，横突骨折或棘突间距增宽。若不积极治疗，可产生进行性后凸畸形和神经损伤。戴力扬等认为椎体压缩大于 50%，成角大于 30°者为不稳定性骨折。对于不稳定的中上胸椎骨折脱位，应积极手术治疗，为脊髓神经功能的恢复创造条件。对合并不完全性脊髓损伤的中上胸椎骨折脱位，早期彻底脊髓减压并重建脊柱稳定性，这一观点已获得共识。

九、治疗中的几个问题

（一）手术时机的选择

单纯肋骨骨折并不影响胸椎骨折脱位的处理，如有手术指征可早期手术治疗。血气胸一旦明确应优先处理，其目的是尽快改善肺部功能，增加肺通气和换气，抢救患者生命，以利于早期脊髓减压及稳定脊柱。在没有生命危险的情况下尽快实施脊柱手术。合并脊髓损伤患者，一般认为 24 小时内，即脊髓损伤后 6 ~ 10 小时为脊髓损伤治疗的黄金时间，但临床上很难做到。有学者认为，手术时间应尽量争取在伤后 7 ~ 10 天内进行。

对于不全瘫的患者，在全身情况允许的条件下，应尽可能早进行手术，一方面恢复脊柱的正常序列，另一方面有利于脊髓功能的恢复。即使伤后失去早期手术的时机，但手术仍需进行，争取神经功能最大程度的恢复。

对完全性脊髓损伤患者，脊髓原发损伤的程度决定了脊髓损伤的预后，已经发生完全损伤的患者即便给予彻底减压固定，对于损伤节段以下功能的恢复意义非常小。即使脊髓功能已无恢复可能，也仍需要对脊柱做固定融合以稳定脊柱。从康复角度出发，重建脊柱稳定性可维持患者正常的解剖和生物力学结构，对于术后护理，减少并发症，尽快进行康复训练并获得更好的康复效果，改善生活自理能力具有积极意义，并为患者保留了可能恢复的希望。术后脊椎生理后凸的恢复还有助于缓解局部疼痛。

（二）手术入路选择

上胸椎损伤常为三柱骨折或伴有小关节交锁，前路手术不能解决后柱压迫及关节交锁问题。前路手术对纵隔的干扰大、创伤大、部位深，仍有不少并发症尚未解决，而且患者常合并肋骨骨折及肺损伤，术后发生肺不张及感染的机会明显增加，手术风险增大。后入路手术简单、创伤性小、可直视脊髓情况、术中出血少，且椎弓根螺钉技术已经成熟，且能提供良好的三维固定，新鲜骨折一般以后方减压复位植骨加椎弓根螺钉固定为主，其缺点是对前方压迫达不到完全减压效果。

前入路减压彻底，前路钢板固定稳固，最大的优点就是可以较为彻底地解除脊髓前方的压迫，保留后柱结构的稳定。但前路手术往往创伤大、出血多、部位深，不易操作，且不能直视脊髓。Gertzbein等观察前路直接减压与后路间接减压椎管狭窄恢复的程度，发现前路减压者，椎管残余狭窄大大小于后路减压者，而神经功能改善率无显著性差异。对于压迫主要来自前方的病例，尤其骨折块突入椎管超50%时，一般后纵韧带已断裂。如行后路固定加后路椎板切除间接减压，由于胸髓较为固定，减压常不彻底，后路复位困难，可考虑行前路手术。对于陈旧性骨折由于复位困难，大多需要行前路减压或前后联合入路手术来达到减压及固定的目的。

（三）椎弓根螺钉置入

与腰椎椎弓根相比，上中胸椎解剖结构变异大，椎弓根结构细小，螺钉置入不准确可能造成严重的并发症，例如脊髓和神经根的损伤、硬脊膜撕裂、脑脊液漏、椎弓根皮质的骨折、硬膜外血肿以及毗邻重要血管、周围脏器的损伤等，所以以胸椎椎弓根置钉的准确性非常重要。有报道称术前未摄平片或CT扫描，凭手感置入胸椎椎弓根螺钉后并发症发生率达41%；应用 Roy – Camille 技术置入胸椎弓根螺钉发现椎弓根穿破率高达54.7%；术后CT检查发现胸椎椎弓根螺钉穿透内侧皮质大于 8 mm。在应用全螺钉或混合方法治疗特发性脊柱侧弯的报道中，有3%的椎弓根钉置入位置不当。因此胸椎置入椎弓根钉的安全性仍是引起争论和关注的问题。随着手术技术和器械的进步，特别是导航技术的应用，在这方面近期已有明显进步。

有学者提出 C 臂 X 线透视分步引导上中胸椎椎弓根螺钉安全置入不仅可行，而且经济、实用，安全性和准确性也较好。也有学者提出将计算机导航三维影像系统与 C 形臂 X 光机连接进行椎弓根螺钉的置入，还有学者提出应用三维CT（3D – CT）导航并成功施行胸椎椎弓根螺钉固定术。国外 Gebhard 等运用 3D C 形臂导航系统使椎弓根螺钉置入的正确率达90%以上；Ebmeier 等运用此技术将365个椎弓根螺钉植入到112例患者的胸椎中，无一例发生神经、心血管及肺部损伤。

（四）椎弓根根外固定

经肋横突椎弓根根外固定术式的出现为胸椎后路内固定开启了椎弓根根外内固定这一全新的模式。最初的椎弓根根外固定于1993年报道，其进钉点位于横突末端头侧 1/3 处，钉道经过肋横突关节和肋椎关节至椎体，内倾角为30°～45°。由于钉道外侧有肋骨保护，未发现有神经血管损伤。后来又有人对进钉技术进行改良，进钉点选在肋横突关节中点，采用矢状位0°进钉，尸体穿钉证明无神经血管损伤，无穿入椎间隙及椎间孔情况发生。通过生物力学实验，表明上胸椎经椎弓根内固定其生物力学与椎弓根外入路相比无统计学意义；同样胸椎旁路置入螺钉的平均拔出强度与椎弓根入路相比，虽然降低了

11.4%，但差异无统计学意义。

（五）固定节段

胸椎骨折脱位往往暴力强大，累及节段较多，内固定范围要求比胸腰段骨折广泛。若选用短节段椎弓根螺钉固定，螺钉分担应力较大，抗旋转能力差，且存在"四边形"效应，发生松动及折断等并发症致手术失败可能性较大。对于一处骨折合并脱位者及多节段脊柱骨折（MSF）中的相邻型骨折，选用后路多节段椎弓根螺钉内固定，并且只要伤椎的椎弓根完好均固定伤椎。MSF 中非相邻型骨折，损伤节段间有 2 个正常椎体的，行多节段固定加选择性固定损伤节段间 1 个或 2 个椎体。

多节段固定的优点是可提高伤椎在前屈－压缩方向的刚度，使之接近正常椎体的机械力学性质；由于单个椎弓根螺钉所承受的载荷减少，减少了术后远期的螺钉松动、脱出、弯曲、折断等并发症。此外，中上胸椎不是脊柱主要的运动节段，内固定主要考虑其稳定性而不是运动节段的丧失。

并发症：胸脊髓损伤并发症最常见的首先是呼吸系统的并发症，与长期卧床、吸烟、合并肋骨骨折、较高水平的胸脊髓损伤可影响膈肌或肋间肌，使呼吸和咳嗽力量减弱有关。其次是泌尿系统并发症，胸脊髓损伤后副交感神经支配减弱，使膀胱过度充盈、膀胱输尿管反流、膀胱内压增高、膀胱内残留尿增多和尿道结石，持续性导尿等都增加了泌尿系感染的风险，留置导尿管、耻骨上膀胱造瘘管和间断导尿管导尿的尿培养阳性率分别为 100%、44% 和 28.6%。深静脉血栓形成是较危险的并发症之一，均发生在完全性脊髓损伤患者，但也有的学者报道与脊髓损伤的严重程度无关，常发生在损伤后的 2 周内。脊髓损伤程度严重和存在多发伤的患者容易发生并发症，并发症的发生与患者的年龄无关。

手术并发症包括伤口感染、术后假关节活动、内固定失效等。

总结：

1. 胸椎具有独特的解剖及生物力学特点，因此胸椎骨折有不同于其他脊柱阶段损伤的特点。

2. 胸椎骨折患者致伤暴力大，常合并血气胸及脊髓损伤，在患者全身情况允许的条件下，应立即进行 IVIRI 和 CT 的检查。

3. 胸椎无骨折脱位脊髓损伤（SCIWORA）主要发生在儿童和青壮年，绝大多数为完全截瘫，且系迟缓性软瘫，损伤机制可能由大髓动脉（GMA）损伤、大段脊髓坏死所致。

4. 胸椎骨折的治疗需脊柱和脊髓二者兼顾，综合考虑骨折类型、稳定性、是否合并脊髓损伤及程度，以及是否合并其他损伤及程度等因素，选择合适的治疗方法和手段。

5. 对合并不完全性脊髓损伤的中上胸椎骨折脱位，早期彻底脊髓减压并重建脊柱稳定性。

6. 对于不稳定的中上胸椎骨折脱位，应积极手术治疗，多选择后路长节段椎弓根螺钉固定。

（魏代好）

第二节　胸腰段损伤的评估与治疗

胸腰段是活动的腰椎和固定的胸椎间的转换区，是胸椎后凸和腰椎前凸转换区，是关节突关节朝向的移行部，也同样是脊髓和马尾神经的移行区，上述解剖的特点决定了胸腰段损伤的高发和临床表现的多样。近年来，随着技术的完善，胸腰段脊柱脊髓损伤的评估和治疗取得了很大的进展。其中，最大的进步在于胸腰段脊柱脊髓损伤的评估体系。以往的关于脊柱脊髓损伤的评估都是将脊柱及脊髓分开评定，如脊柱损伤 AO 分类和脊髓损伤的 ASIA 评分系统，上述的这种情况就造成了评估中脊柱结构和神经结构评估的脱节，从而使得评估与治疗脱节。现在的评估应注重神经功能和脊柱结构评估相结合，骨性结构和软组织结构评估相结合，将科学的评估作为治疗选择的依据，从而进一步规范胸腰段脊柱脊髓损伤的评估和治疗。

一、评估与诊断

对于胸腰段脊柱脊髓损伤该如何评估？评估哪些内容？目前临床最常用的胸腰椎损伤的评估分类方法如 AO 和 Denis 分类系统，重视骨折形态的评估却忽视了神经功能的评估。实际上，神经功能的状态可以间接地反映脊柱损伤的程度。另外，自 1963 年 Holdsworth 提出后方韧带复合体（posterior ligamentous complex，PLC）的概念后，它作为"内源性的韧带稳定系统"已经成为一个独立的参考指标，在胸腰段损伤稳定性评估中的作用已越发受到重视。故应通过病史、查体、影像学检查对患者损伤形态、后方韧带复合体状态、神经功能三方面对胸腰段脊柱脊髓损伤的患者进行综合评估。

（一）病史

应详细采集病史，了解致伤因素、暴力程度、受伤机制，了解神经损伤的演变过程，了解其治疗的内容及效果。

（二）查体

首先应进行胸腰段的局部查体，应观察有无皮下出血和胸腰段后凸畸形，常规触诊各个棘突及棘突间隙，判断有无棘突间隙空虚及棘突间距增大，棘突间有无台阶感等。

重点应进行神经功能检查。应依据 ASIA 标准进行神经功能检查，并使用 ASIA 残损分级（Frankel 方法）对脊髓损伤神经功能障碍进行分级，常规行肛门感觉及肛门括约肌检查。应用 ASIA 标准对患者进行分类时应按照以下顺序：①确定左右两侧的感觉平面。②确定左右两侧的运动平面。③确定神经平面。④确定损伤的程度。⑤确定 ASIA 残损分级。感觉平面是指身体两侧具有正常感觉功能的最低脊髓神经分布节段。运动平面指身体两侧具有正常运动功能的最低脊髓神经分布节段，应根据肌力至少为 3 级的那块关键肌来确定，要求该平面以上节段支配的关键肌肌力必须是 5 级。神经平面是指身体两侧有正常的感觉和运动功能的最低脊髓神经分布节段。

确定损伤的程度对于治疗的选择和预后的判断有着决定性的意义。不完全性损伤是指神经平面以下包括最低位的骶段保留部分感觉或运动功能。骶部感觉包括肛门黏膜皮肤交界处和肛门深部的感觉。骶部运动功能检查是通过肛门指诊检查肛门外括约肌有无自主收缩。完全性损伤指最低骶段的感觉和运动功能完全消失。

在应用 ASIA 标准的同时，对患者应进行全面详细的神经查体。尤其对于肌力检查，不应局限于关键肌；由于 ASIA 标准对于运动的评定局限于 10 对关键肌，有些肌肉虽不是关键肌，但能影响到患者功能的恢复，比如上肢的屈腕肌和下肢的缝匠肌，所以对于肌力的检查应尽可能详细。而且，需行反复多次神经学检查以了解神经功能演变的过程，尤其应在患者转运、搬动、牵引、闭合复位后重复进行神经学检查。神经学检查重复的频率应根据患者的情况个体化，但伤后前 3 天每天至少应进行 1 次。

（三）影像学检查

患者应常规进行 X 线、CT 检查和/或三维重建，判断损伤的形态，间接反映后方韧带复合体的状态。应测量椎体压缩程度、后凸角度、椎管累及程度等，观察骨折在矢状面、水平面的粉碎程度；观察椎间隙、棘突间、椎弓根间、椎体间、关节突间相对关系的变化。对于多发伤及高能量损伤（高于 3 m

的坠落伤或车祸伤等），因容易导致多节段脊柱损伤，故应行全脊柱 X 线片；Ⅱ级证据证明神志不清是脊柱脊髓损伤漏诊的重要原因，对此类患者应常规行全脊柱的 X 线检查；当存在神经功能障碍时应常规行 MRI 检查，观察脊髓、马尾神经、神经根的状态；Ⅰ级证据表明较 X 线和 CT 检查，MRI 能提高椎间盘及脊柱韧带损伤的检出率，当 X 线及 CT 检查怀疑有椎间盘及后方韧带复合体损伤时应行 MRI 检查。

（四）综合评估

1. 损伤形态　根据损伤程度和受伤机制可将损伤形态分为压缩骨折、爆裂骨折、旋转损伤、剪力损伤及牵张损伤。压缩骨折由轴向压缩和屈曲应力引起椎体压缩，但未造成椎体后壁骨折。随着应力增加引起椎体后壁骨折且未造成后方韧带复合体断裂时，称为爆裂骨折。旋转损伤由旋转应力引起，典型表现为损伤头尾侧节段棘突和椎弓根的旋转，矢状位 CT 重建可见关节突关节跳跃或骨折，轴位 CT 可见椎体间的旋转。剪力损伤主要由剪切应力引起，表现为椎体间的侧方和前后的平移，可通过侧位片和矢状位 CT 重建来确定。由牵张应力引起损伤头尾侧脊柱正常结构的分离为牵张损伤，牵张损伤可通过韧带或骨性结构，也可同时通过以上两种结构。其典型表现为后方韧带复合体的断裂、棘突间距增宽、关节突关节分离、椎间隙增宽等。另外，由于 AO 和 Denis 分型非常成熟且沿用时间较长，对于骨性结构损伤的评估有其优越性，也可辅助使用对骨折进行分类。

2. 后方韧带复合体状态　后方韧带复合体（posterior ligamentous complex，PLC）包括棘上韧带、棘间韧带、黄韧带及小关节囊。后方韧带复合体已经作为胸腰段损伤稳定性判断的独立参考指标，并越发受到重视，其状态可分为无损伤、不完全性损伤、完全性损伤。PLC 的状态可根据查体、X 线、CT、MRI 等各项检查综合评定。PLC 完全断裂的典型表现为棘突间距增宽和关节突关节脱位及半脱位。当查体出现棘突间空虚感和台阶感，X 线片或 CT 重建出现棘突间距增大、椎体间前后移位和旋转时，可以诊断 PLC 完全断裂。MRI 尤其是 T_2 - 脂肪抑制像可大大提高其诊断的敏感性。MRI 中若存在 PLC 信号的中断可诊断为 PLC 完全断裂。若没有棘突间距增大、MRI 信号中断等 PLC 完全断裂的征象，但又存在 MRI 信号异常时可定义为不完全性损伤。

3. 神经功能　神经功能的评估应包括神经损伤部位、程度、平面。神经损伤部位分为脊髓损伤、马尾神经损伤、神经根损伤；神经损伤程度分为无损伤、不完全性损伤、完全性损伤；神经损伤的平面包括感觉平面、运动平面、神经平面。

（五）诊断

目前，胸腰段脊柱脊髓损伤的诊断并不十分规范，尤其是对于损伤形态和神经功能状态的诊断较宽泛。为全面地反映胸腰段脊柱脊髓损伤的病情，其诊断应包括脊柱损伤的部位和形态，神经损伤的部位、程度和神经平面。以胸$_{12}$爆裂骨折伴不完全脊髓损伤（AISA D 级）为例，应诊断为：①胸$_{12}$爆裂骨折。②不完全性脊髓损伤（AISA D 级、神经平面 L_1）。

二、治疗

胸腰段脊柱脊髓损伤的治疗应给予尽早制动，进行正确搬运和转送，减少脊髓二次损伤；充分解除神经压迫，合理重建脊柱稳定性，早期康复，为神经修复创造合适的内外环境，促进功能的恢复，减少并发症的发生，使患者尽早地重返社会。

（一）药物治疗

大剂量 MP 冲击治疗是唯一被 FDA 批准的治疗脊髓损伤的药物，NASCIS 三次 RCT 的Ⅰ级研究证实了脊髓损伤后 8 小时内应用大剂量 MP 冲击治疗的效果，其治疗方案为：30 mg/kg 静点 15 分钟，45 分钟后维持 5.4 mg/（kg·h）静点 23 小时。但近些年，对于 NASCIS 研究质疑声不断，从研究设计、数据采集、统计分析等不同方面进行了批驳。另外，大量的Ⅰ级证据证实该治疗方法不良反应较多，效果并不明确，到目前为止，还没有充分的证据支持将其作为一种标准的治疗方案，但由于其对部分病例确实有效，故可以将其作为一种治疗选择。

大剂量 MP 冲击治疗过程中应掌握一些注意事项。比如其绝对禁忌证包括：胸腰段损伤无神经功能障碍；脊髓连续性中断的脊髓损伤；损伤时间超过 8 小时。相对禁忌证包括：存在消化道出血或溃疡病史；已存在感染疾病或严重心脏疾患。大剂量 MP 冲击治疗中，还应严格控制时间窗（＜8 小时），并准确测量体重计算剂量，正确维持静点的速度；同时应注意预防消化道出血、感染，注意监测和控制血糖。在大剂量 MP 治疗过程中，神经症状完全缓解的患者，应尽早停用 MP，以减少不良反应的发生。

另外，对受伤 48 小时后的脊髓损伤患者，可使用神经节苷脂（GM1）、神经生长因子等药物治疗。虽缺少大样本前瞻性临床研究报道，但由于不良反应较小，可作为一种治疗选择。

（二）手术与非手术治疗

1. 手术与非手术治疗的选择　手术与非手术治疗的选择，长久以来主要是根据脊柱稳定性来选择，稳定性脊柱损伤大部分选择保守治疗，不稳定的选择手术治疗，而事实上对脊柱稳定性判断同样存在着很大争议。因此要回答这个问题，首先要有一个全面和科学的评估体系。2005 年，美国脊柱损伤研究小组制定了一套胸腰段脊柱脊髓损伤程度的评分系统（thoracolumbar injury class ification and severity-score，TLICS）。TLICS 系统将脊柱和脊髓评估相结合，包括损伤形态、后方韧带复合体状态、神经功能三个方面，分项目评分后计算总分来决定手术与否。随后，国内外大量的Ⅱ～Ⅳ级证据的研究证实，TLICS 系统较以往的 AO 和 Denis 分类系统有较高的可靠性和可重复性，TLICS 评估后做出的治疗推荐与临床处理有高度的一致性，说明 TLICS 系统可用于手术与非手术治疗的判断，其他评分标准可辅助 TLICS 系统判断手术与非手术治疗。

TLICS 系统根据不同伤情评定不同分值，三部分总分可作为选择治疗的依据。损伤形态：压缩骨折（1 分）、爆裂骨折（2 分）、旋转/剪力损伤（3 分）、牵张损伤（4 分）。后方韧带复合体状态：无损伤（0 分）、不完全损伤（2 分）、完全断裂（3 分）。神经功能，无损伤（0 分），神经根损伤（2 分），不完全性（ASIA B、C、D 级）脊髓损伤（3 分），完全性（ASIA A 级）脊髓损伤（2 分），马尾神经损伤（3 分）。TLICS 评分≤3 分，建议保守治疗；TLICS＝4 分，可选择手术/保守治疗；TLICS≥5 分，建议手术治疗。

2. 非手术治疗　对于单纯压缩骨折，可行闭合复位、卧床休息并做腰背肌功能锻炼 4～6 周后佩戴支具下地活动，支具固定 6～8 周后可去除。而对于爆裂骨折不伴神经损伤，且后凸畸形小于 25°时，可行闭合复位过伸胸腰骶（TLSO）支具固定。Ⅰ～Ⅱ级证据表明对此类患者采取保守治疗，其术后的功能和疼痛与手术治疗无明显的差异。但在复位、支具固定过程中应注意神经功能的变化，并定时拍片观察椎体高度和后凸畸形，若出现神经功能障碍应及时改变治疗方式。

3. 手术治疗　手术治疗的目的在于解除神经压迫、复位骨折脱位、恢复力线、稳定脊柱。手术需待全身情况稳定、排除手术禁忌、具备手术条件后实施。

（1）手术时机：胸腰段脊柱脊髓损伤后是早期手术还是延期手术一直存在争议。但有 I 级证据认为对任何进行性的神经功能损伤均为积极手术治疗的绝对手术指征，对进行性神经损害行减压后可改善神经功能，所以对于不完全性脊髓及马尾神经损伤呈进行性加重时，需行急诊手术治疗。I 级证据表明，有脊髓及马尾神经损伤患者应尽可能在 48 小时内手术治疗；I 级证据表明对无神经损伤的胸腰段骨折患者行早期手术可实现早期翻身，减少并发症，缩短住院时间，减少总体医疗费用。所以对无脊髓及马尾神经损伤，在条件允许的情况下，应尽早手术治疗。

（2）手术入路：胸腰段脊柱脊髓损伤的手术入路的选择争议较大，由于前后路联合手术麻醉时间长、出血多、创伤大，应严格掌握适应证。TLICS 系统指出，指导医生手术入路选择的关键因素是后方韧带复合体的状态及神经损伤的状态。所以，手术入路选择应根据患者损伤形态、后方韧带复合体和神经功能状态、医疗设备及技术条件，从简单到复杂，尽可能在单一入路下达成手术目的。

无神经损伤患者，无论后方韧带复合体断裂与否，选择后路手术；有神经损伤无后方韧带复合体断裂可选择前路或后路手术；有神经损伤伴后方韧带复合体断裂时可行后路或后前路手术，为减少手术创伤，也可经后路手术行前路的减压重建；当存在明确的脱位，应选择后路或后前路手术，以便于脱位的复位。

（3）手术减压固定融合：减压手术可增加手术时间、术中出血及医源性神经损伤的风险。且有研究表明，在后纵韧带完整的情况下，借助撑开等骨折复位手段可使突入椎管的爆裂骨折块复位。另外，在局部稳定的情况下，也会存在骨块吸收和椎管的重塑。故对无神经损伤患者，无须行减压术；有神经损伤患者，应根据压迫方向准确减压；在解除神经压迫的基础上，应注意保留脊柱稳定结构；术中应使用内固定重建胸腰椎的稳定性。II 级证据证明大多数固定技术，尤其是后路短节段固定，存在术后后凸矫正丢失的倾向，但并不影响治疗效果。McCormack 等提出的载荷分享分类法（load sharing classification），是基于椎体粉碎程度和后凸严重程度进行分类并量化，以判断椎体承担前方载荷的能力，判断是否需要行前方重建。椎体爆裂骨折同时累及上下终板，横截面上骨折粉碎程度较重，术中需矫正的后凸畸形大于 10°，应同时行前柱的支撑重建；对骨折脱位，骨折伴有椎间盘损伤，后方韧带复合体断裂及骨折复位不理想者，为防止晚期局部不稳，术中应行植骨融合术。II 级证据证实经椎弓根椎体内植骨不能有效地防止术后后凸畸形矫正的丢失。

总之，对于胸腰段脊柱脊髓损伤的治疗，首先需要对损伤形态、后方韧带复合体状态、神经功能状态进行正确的评估和诊断，根据损伤的状态选择合理的治疗方法，进行复位和有效的减压，促进神经功能的恢复，才能达到治疗目的。在过去几十年里，胸腰段脊柱脊髓损伤的评估和治疗已有明显改进，但无论内固定技术如何改进，所有的治疗均应遵循完善的规范和原则。

（魏代好）

第三节　下腰椎骨折

一、概述

脊柱骨折多发生在胸腰段，发生在下腰椎（$L_3 \sim L_5$）则较少。40 岁以下的年轻人腰椎骨折几乎都为创伤性的。下腰椎的损伤机制相对于胸椎和胸腰段损伤更加复杂。由于解剖的复杂性，以及腰部矢状位生理性前凸和相对于胸段、胸腰段更大的活动度，造成了下腰椎损伤治疗的复杂性。下腰椎损伤也经常会波及骶骨上方从而对脊柱正常生理前凸造成干扰及破坏，治疗的关键在于恢复腰椎的生理曲度及伤椎的生物力学性能。选择性节段融合或骨折后如果没有恢复或维持脊柱正常的矢状位力线，则会造成晚期的相关并发症出现或加速脊柱的退变进程。腰骶关节既要分散来自脊柱的应力又要具备一定的活动度，因此这一位置损伤后治疗也具有一定的难度及争议。

近年来，影像学技术和内固定物的不断发展进步，使得下腰椎损伤治疗也能获得与胸椎和胸腰段骨折相类似的预后。要达到这一目的，骨科医师要熟练掌握该节段的解剖关系以及该节段区别于脊柱其他节段的特殊之处。脊柱创伤后总体治疗目标为：①损伤处解剖学复位。②骨折的坚强固定。③必要时进行神经结构减压。下腰椎骨折在上述基础上还应注意：①维持有效的矢状位力线。②保留有效的运动节段活动度。③防止常见并发症的发生（如后凸畸形、骶骨固定松动或假关节形成）。

二、下腰椎的解剖特点

下腰椎脊柱（$L_3 \sim L_5$）周围有坚强的髂腰韧带和较多的椎旁肌覆盖，且有骨盆环及髂嵴的保护，因此其发生骨折的概率要远小于胸腰段脊柱。其中第 5 腰椎爆裂骨折约占所有脊柱骨折的 1.2%，在胸腰段骨折中的发生率为 2.2%。而对于下腰椎骨折的确切发病率，文献还没有明确的报道。

下腰椎损伤治疗时需要考虑的是腰椎的矢状位力线。胸椎有 15°～49°的正常生理后凸，而在腰椎正常的生理性后凸往往小于 60°，并和骶骨倾斜角（一般多为与水平线夹角 45°）有一定关系，同时这个角度也决定了腰骶关节所承受的剪切力大小。随着腰椎节段向尾端走行，椎管面积逐渐增大，而神经结构在其中所占的面积逐渐缩小。在下腰椎椎管内主要容纳马尾神经，在骶骨，椎管面积逐渐减小并变得扁平。在骶骨中点（约 $S_2 \sim S_3$ 水平）存在轻度的生理后凸。在不同脊柱节段，椎板的形态也有所不同：胸椎和胸腰段椎板多见矩形或者长略大于宽；在中腰段椎板长宽基本接近；在腰$_5$椎板宽度要大于长度。

与椎弓根相关的一些参数（椎弓根横断面、椎弓根长度、椎弓根成角等）从 $L_1 \sim L_5$ 节段逐渐变化。CT 图像上测得 L_1 椎弓根横径约为 9 mm，由上至下逐步增加到 L_5 则为 18 mm。轴向方向椎弓根的角度也在不断变化：L_1 约为 11°，L_3 约为 15°，L_5 过 20°，椎弓根螺钉的进钉角度要根据不同的椎体进行调整。不仅如此，进钉角度也会影响椎体后皮质到前皮质的距离。如按照 Roy‑Camille 的方法垂直于后皮质进钉，则 L_1 深度为 45 mm，而在 L_5 节段仅为 35 mm。如果进钉角度调整为 10°～15°，则 L_1 和 L_5 的皮质间深度均可达到 50 mm。

下腰椎的另外一个不同于其他节段的解剖特点是具有较大的屈伸活动度。胸椎由于关节突关节和肋骨的限制只具有很有限的活动度，甚至旋转活动度都要大于屈伸活动度。在胸腰段，屈伸活动度较胸椎略有增加，但侧弯及旋转的活动度有所减少。随着腰椎关节突关节面变为矢状位，关节突关节增大，因此整个腰椎的屈伸活动度明显增加，从腰$_{1,2}$间隙的 12°至腰$_5$骶$_1$间隙的 20°，其活动度逐渐增加，但侧弯角度基本维持在 6°，变化不大。在腰椎骨折进行治疗时需考虑到腰椎这种较强的屈伸活动能力，尤其是在损伤发生时伤椎邻近椎体的位置也有可能发生较大的改变。这些不同于脊柱其他节段的解剖特点决定了下腰椎损伤的治疗不同于其他节段损伤。

三、下腰椎损伤的不同类型

在胸椎骨折、胸腰段骨折及腰椎骨折中最常需要进行手术治疗的是胸腰段骨折。胸腰段是从相对固定的胸椎到活动度较大的腰椎的过渡区域。腰椎由于仅仅靠来自腹侧和背侧的肌肉群来保护，因此更容易遭受牵张和剪切暴力而发生损伤。除此之外，来自脊柱外的暴力，如各种类型的意外情况（机动车车祸或高处坠落）以及安全带对快速移动躯干部的限制作用等都会造成不同类型的损伤。如发生车祸时车内的乘客由于安全带的限制很容易发生腰椎屈曲－牵张性损伤。由于下腰椎和腰骶接合部在正常情况下存在前凸，因此严重的屈曲性损伤相对于胸椎和胸腰段并不多见，在暴力发生时，良好的腰椎屈伸活动度可以起到抵消部分屈曲暴力的作用。因此，下腰椎损伤更多见的是当脊柱位于直立中立位时遭受来自轴向的负荷暴力而发生骨折。

正确区分腰椎骨折的类型对判断骨折预后和制定治疗方案非常重要。目前腰椎骨折的分型方法较多，但尚没有一种分型为大家所公认。大多数分型都是基于影像学和所遭受暴力的性质进行分型。根据暴力作用的方式可分为：屈曲、伸展、压缩、侧屈、旋转、牵张以及剪切暴力。大多数骨折都是多种暴力综合作用所致而并非单一暴力作用。

早期的损伤分型都是基于 X 线片或 CT 影像，从这些影像上无法获得确切的软组织的损伤程度的证据。磁影像学的发展使得临床医生可以直接辨明软组织的损伤程度。即便如此，影像学上软组织、韧带的异常信号与脊柱稳定性两者的相关性却仍不明了。

当评价损伤机制及程度时，要根据患者的具体表现进行具体分析。如腰$_5$存在明确横突骨折时，往往暴力是来自与骨盆垂直的剪切力，这种情况与多发的腰椎横突骨折受伤机制又有所不同。更加严重的损伤多见于直接暴力损伤，如行人被机动车撞伤，而较轻微的损伤则多见于肌肉的拉伤。损伤发生时肌肉的强力收缩也可在不同节段引起撕脱骨折。在治疗撕脱骨折前，尤其是合并有其他部位的撕脱骨折前，要充分评价横突附近的出口根是否同时受损，在很多情况下出口根都会受到波及。在遭受到较大暴力时，在成人患者中椎间盘突出也比较常见，儿童因终板韧带连接较骨性连接强大，故较为少见。椎间盘突出可以导致神经结构受损。这种类型的损伤可以通过在 CT 或 MRI 上发现，需要通过手术去除终板碎片，大多情况下神经功能可以得到完全的恢复。终板撕脱在成人及青少年患者腰$_{4,5}$节段及腰$_5$骶$_1$节段损伤中多见。儿童中可仅仅表现为软骨环的隆起，成人中可见终板边缘的游离或整块骨性终板的骨折。

后方韧带复合体（棘上韧带、棘间韧带、关节囊、黄韧带及纤维环）撕裂多与其他类型的屈曲性骨折同时发生。当后方韧带复合体损伤单独发生或合并影像学上不易觉察的骨性损伤（如只有不明显的椎体前方压缩）时，初诊时很容易被忽视。CT 上无法看到韧带的损伤，MRI 可以很好地显示韧带有无损伤，但无法根据其表现确定对脊柱稳定性的影响。在患者遭受巨大暴力后，如果存在腰$_{3,4,5}$椎体的前方压缩，要考虑到是否存在后方韧带结构的撕裂可能，因为在这种情况下，要造成椎体前柱的压缩，腰椎要完全克服原有的正常前凸而使后方韧带超过正常的弹性极限而发生损伤。

楔形压缩骨折（前柱压缩小于50%）的主要致伤机制为屈曲性损伤。其表现多种多样，可以是椎体前方不影响稳定性的轻度压缩，也可以伴有后方韧带撕裂而导致脊柱不稳发生。无论中柱有无涉及，爆裂骨折和压缩骨折主要不同在于椎体后壁是否完整。压缩程度不同，骨折类型有所区别。常见的屈曲负荷使得脊柱沿其矢状位旋转轴发生旋转并导致椎体上方软骨下终板骨折，此类骨折可发生在多个节段。合并牵张损伤则不同，患者可因严重的韧带撕裂而导致脊柱后凸畸形或不稳。

在老年人群中因为骨量减少，压缩骨折非常常见。尽管在腰椎处的发生率要低于胸椎，一旦某个椎体发生骨折，则其他椎体也很容易发生压缩骨折。此类骨折往往有轻微外伤史，而有的患者则完全没有任何外伤史。这不同于年轻人外伤后的压缩骨折，此类骨折随着时间延长还会进一步发展。当最初出现疼痛时，前柱压缩不超过10%，而在 2～3 个月之后则可进展为100%的前柱压缩，同时波及椎体后壁，出现椎管面积减少及神经功能受损。对椎体进展性的压缩及持续性疼痛的患者可采用椎体成形术。

爆裂骨折是腰椎骨折中最终需要手术治疗的一类骨折。骨折类型复杂，因致伤暴力不同而表现不一。所有爆裂骨折都是多种暴力综合作用的结果，其中最多见的是屈曲暴力及轴向负荷。在上腰椎（腰₂或腰₃）轴向暴力为主常见 Denis A 型损伤，屈曲暴力为主则引起 Denis B 型损伤。前者后凸畸形并不明显，但多见上下终板同时被压缩，椎体与椎弓根的连接处被破坏，后柱破坏亦多见。后者多见上终板及椎体骨折，并伴有骨折块突入椎管内。典型的 CT 表现为椎弓根下半保持完整并与椎体相连续。突入椎管的骨折碎片来自骨折椎体的后上角。此类损伤常常包含显著的椎体前柱压缩、不同程度的后方韧带撕裂，后方结构多不被波及。腰₄和腰₅骨折后凸畸形罕见，但多波及椎管。一部分腰₄或腰₅骨折表现为典型的爆裂骨折，与常见的上腰椎腰₂或腰₃的骨折相类似，在正位 X 线片上可见椎弓根间距增大、椎弓根断裂及椎体椎弓根连续性消失，往往伴随有大的骨折块后移及椎体前方的严重碎裂。引起此类骨折暴力多为伴有旋转的屈曲暴力，椎体发生爆裂，但后凸少见。如果暴力作用不均匀或损伤后患者肢体发生扭曲，则会由于旋转或侧屈产生脊柱侧凸或椎体外侧楔形骨折。

屈曲牵张型损伤大多发生在上腰椎，只有不到 10% 的腰椎骨折是由屈曲牵张暴力引起的。此类损伤多是由于下腰椎相对固定于不活动的骨盆之上，在遭受暴力（如车祸时安全带伤）时，上腰椎处于加速状态，而下腰椎由于有骨盆结构的限制处于相对静止的位置而发生位移。常见的有 3 种类型：第一种为完全骨性结构损伤（Chance 骨折），第二种为完全性韧带损伤（关节脱位），第三种为部分韧带及骨性结构损伤。根据不同的损伤，其稳定性及治疗方法也有很大的不同。Chance 骨折是以前纵韧带作为沿着棘突、椎弓根、椎体由后向前的骨性骨折类型，多见于安全带损伤，不伴有剪切力的存在及椎体的移位。Chance 骨折多见神经损伤。在脊柱正侧位 X 线片上可明确地看到骨折类型。尽管 Chance 骨折会有后纵韧带及椎体前部的破坏，但仍可认为这是一种稳定的骨折类型。

剪切力为主的损伤可引起脊柱的畸形及不稳，其治疗较为复杂。剪切暴力引起的双侧关节突关节骨折脱位或 Chance 骨折可致前纵韧带完全断裂。对于本来存在脊柱僵直的患者（如弥漫性特发性骨肥厚或强直性脊柱炎）更容易遭受剪切力造成损伤。尽管并非所有的剪切暴力骨折早期都会出现腰椎的严重畸形，但在早期的影像学中看到脊柱双向移位（前方或侧方）则可预测以后会出现脊柱的严重畸形。这种骨折类型也考验着外科医师的技术水平，要想达到解剖复位恢复脊柱的稳定性并非易事。要充分认识到前纵韧带的撕裂及环脊柱损伤的特点，而目前的大多数后路内固定是建立在前纵韧带完整的基础上的。

四、下腰椎骨折合并神经损伤

圆锥及马尾神经的解剖学关系在很大程度上决定了神经损伤的类型。在上腰椎，圆锥膨大并占据 50% 的椎管面积，而在椎管末端，马尾神经占据不足椎管横截面积的 1/3。一般来说，腰₂ 椎体以下的损伤引起马尾神经损伤（根性损伤），其神经功能恢复也与椎管近端损伤不同。神经根在硬膜囊中的分布位置有时候也决定了神经损伤发生的类型。越晚发出的神经根在硬膜囊内越靠近后方，在腰₄ 或腰₅ 椎板骨折时，神经根也会由于硬膜囊的撕裂而受损。这些神经根包括远端的骶神经，因而造成会阴部的麻木及膀胱直肠功能的改变。

腰椎骨折后神经损伤常见为两种类型。第一种是完全性马尾神经损伤综合征，常见于严重的爆裂骨折后椎管面积减小或大的骨折块突入椎管内。第二种是单独或多节段神经根损伤。这些损伤多由于神经根完全撕脱或合并有横突的撕脱伤。神经根损伤常见于合并硬膜囊撕裂的椎板纵行骨折中，神经根漂移到硬膜囊外或被棘突以及椎板挤压后受损。与胸腰段损伤不同，下腰椎双侧关节突关节脱位引起的椎管面积减少很少引起严重的神经功能缺失。50%的爆裂性骨折患者可发生神经功能的损害。

五、下腰椎骨折的治疗

腰椎骨折的治疗方法可分为手术治疗和非手术治疗。非手术治疗可包括各种石膏及支具以及体位复位。手术治疗则包括各种不同的方法，如腰椎后路复位、稳定、融合；后路或后外侧入路直接或间接减压；经前路减压、复位、稳定、融合及固定。

非手术治疗既可用于稳定性骨折也可用于不稳定性骨折。更多的情况是用于轻微的骨折，如棘突骨折、横突骨折、椎体前方压缩小于50%的骨折及Chance骨折。部分爆裂骨折也可以认为是稳定性骨折，因此适用于非手术治疗。近5~10年中，越来越多的医师倾向于通过非手术方式治疗腰椎爆裂骨折，这是基于以下的原因：爆裂骨折手术治疗的高风险、手术矫正后角度丢失、短中期随访功能恢复不理想。但这一方法尚缺乏前瞻性随机对照研究支持。近年来，更多的人认为应该通过椎体后壁及矢状位冠状位脊柱力线的破坏程度来决定治疗方案。标准的腰椎骨折非手术治疗应包括3~6周的卧床时间并使用合适的支具稳定脊柱。目前，没有神经损害或只有轻微的单根损害的患者均可选择进行非手术治疗。单髋支具要可以稳定骨盆或采用胸腰骶支具。对于腰椎骨折，要避免采用Jewett支具，因其无法固定骨盆，而导致腰椎活动度增大。

下腰椎骨折的手术治疗原则为：①骨折部存在不稳定，无法通过非手术方法治疗。②神经功能损害。③腰椎轴向或矢状位力线严重破坏。腰椎骨折中，神经功能的损害往往代表着脊柱严重不稳的存在。对于管椎比小的患者，腰椎发生严重移位或成角则必定伴随着神经功能的损害。横突撕脱骨折也可伴随神经根的撕脱伤。

部分腰椎骨折被定义为不稳定性骨折，无论是否合并神经损伤。屈曲暴力或屈曲－牵张暴力导致的后方韧带复合体严重撕裂均被认为是不稳定性损伤。大多数医生认为非手术治疗无法恢复脊柱的稳定性，应该采取有限的外科手术干预。剪切暴力导致的环脊柱韧带损伤也被认为是严重的脊柱失稳类型，需要进行手术治疗。爆裂骨折因其致伤因素复杂处理起来更加困难。轻微畸形、神经功能完整的患者可能不需要更多的侵入性手术干预，但问题是通过静态的平片无法预判畸形的发展趋势。合并椎管侵及、椎体前后方骨质破坏的爆裂骨折和椎板骨折一般都被认为是不稳定性骨折，均需要进行手术治疗。明显移位的多方向不稳定性骨折和剪切力损伤被认为是极度不稳的骨折类型。

神经功能损害也是外科手术治疗的适应证之一。超过50%椎管面积的压迫可以通过手术减压有效地恢复神经功能。局限性的神经根压迫也可以通过神经根探查及减压获得满意的疗效。对于存在棘突骨折、神经功能受损及硬膜囊撕裂神经组织漂移至硬膜囊外的患者也可以通过手术进行减压并进行硬膜囊修补。

手术治疗的另外一个适应证是矢状位或冠状位脊柱畸形。多数腰椎骨折会发生后凸畸形，同时可能存在移位及旋转畸形。腰椎生理前凸对脊柱负重及为维持椎旁肌正常功能具有重要作用，因此恢复矢状位力线是治疗的重点。同时患者也有可能因重建良好的生理前凸获得长期无痛的疗效。不合并明显的脊柱后凸或侧凸的稳定性骨折可采用支具进行治疗，支具无法维持或矫正的畸形则需要进行手术治疗。手术治疗需要注意恢复腰椎的生理曲度，医源性术后平背畸形则会引发患者新的腰背部症状。外科医师在选择进行手术治疗时，要考虑到是否可以通过手术的方式达到恢复腰椎生理曲度的目的。

手术所要达到的第一个目标是尽可能对骨折进行解剖复位。通过使用内固定物来抵消外力对脊柱造成的畸形，尤其是剪切力造成的畸形。内固定物要根据其矫形能力及所需要的长度进行选择，如果可以选择短节段则尽量选择短节段以保留更多的腰椎活动度。对于屈曲暴力及轴向暴力损伤的患者，因导致的畸形较为复杂，手术方案的选择要更加慎重，因为并非所有的内固定系统均具有良好的复位功能。

除了骨折的解剖复位外，脊柱矫形的维持也是手术需要达到的目标之一。合理地选用内固定物对矫正畸形维持生理曲度非常重要。畸形矫正不理想，则长期结果多不满意。同时对于腰椎而言，选取内固定物的长度也很重要，过短的内固定物会因受力过大而发生内固定失败，在大多数情况下要考虑应用后方内固定结合前方结构性植骨来增强稳定性，单独采用前方结构性植骨长期疗效不满意。当然前后路联合手术虽然增强了脊柱的稳定性，但也随之带来更高的手术风险。

手术要达到的第三个目标是恢复并维持腰椎及腰骶关节的正常前凸。当小腰椎骨折波及腰骶关节时，为了维持良好的力线，则有必要将骨盆一起进行固定。目前大多数内固定系统为跨过腰骶关节的钉棒系统。此类系统可以较好地维持腰骶角、腰椎前凸及整个脊柱的矢状位力线。

（甘吉明）

第四节　骶髂关节损伤

一、骶髂关节应用解剖

骶髂关节（sacroiliac joint）由骶骨与髂骨的耳状面相对而构成，属微动关节。关节面凹凸不平，互相嵌合十分紧密，关节囊坚韧，并有坚强的韧带加固。骶髂韧带、骶结节韧带和骶棘韧带组成骶髂后韧带复合体，承受从脊柱到下肢的负重力传导。骶髂后韧带复合体是人体中最坚固的韧带，维持骶骨在骨盆环中的正常位置。髂腰韧带连接腰$_5$横突到髂棘和骶髂骨间韧带的纤维横行交织在一起，加强悬吊机制。骶棘韧带从骶骨的外缘横行止于坐骨棘，控制骨盆环的外旋。骶结节韧带起于骶髂后部，复合骶棘韧带延伸到坐骨结节，垂直走行，控制骨盆的垂直剪力。骶棘韧带和骶结节韧带相互垂直，控制骨盆的外旋与垂直应力。骶髂前韧带扁平、粗大，控制骨盆环的外旋与垂直剪力。

二、骶髂关节损伤分型

骶髂关节损伤的分型，临床多应用 Tile 分型。其根据骨盆稳定程度分为 3 型：A 型为稳定型，移位轻微，一般不波及骨盆环；B 型为旋转不稳定型；C 型为垂直不稳定型。波及骶髂关节的损伤为 B 型和 C 型。

1. A 型　稳定型，移位轻微。

A1：骨盆环未被累及。

A2：骨盆环有轻度破坏及移位，如一侧耻骨支骨折。

2. B 型　有旋转不稳定，但纵向稳定。

B1：开启书页式。

B2：一侧侧方压迫，如耻骨体骨折。

B3：对侧侧方压迫，呈桶柄式。

3. C 型　旋转及纵向均不稳定。

C1：一侧骶髂关节脱位及耻骨联合分离。

C2：双侧骶髂关节脱位及耻骨联合分离。

C3：伴髋臼骨折。

三、辅助检查

可以根据不同的 X 线征象判断骨折的稳定性，耻骨联合分离大于 2.5 cm，说明骶棘韧带锻炼和骨盆旋转不稳定；骶骨外侧和坐骨棘的撕脱骨折同为旋转不稳定的征象。前骨盆增宽引起前骶髂韧带断裂，在前后位 X 线片可见骶髂关节增宽，CT 可显示骶髂关节后方韧带保留完整，此时骨盆仍保留垂直稳定性。腰$_5$横突的撕脱骨折，为垂直不稳定的影像学标志。垂直不稳定通常指半侧骨盆向头侧移位大于 1 cm，垂直的推拉实验可以用于验证骨盆的垂直不稳定，但对于明显的血流不稳定患者或者骶骨 Ⅱ 区、Ⅲ 区骨折患者不建议使用。

四、复苏与急救

1. 对患者的急诊评估应包括血压、脉搏、呼吸和神志四项。但针对骶髂关节损伤主要的并发症为后腹膜出血和骨盆后出血。伴发休克的患者需要大量的液体输注、骨折的临时固定。

2. 外固定架固定　适用于潜在增加骨盆容积的骨折，即 B1 型骨折和 C 型骨折。对于 B2 型或者 B3 型骨折，很少需要临时固定。越来越多的证据表明简单的前方外固定架即可实现恢复骨盆容积，发挥骨性骨盆的压塞效应，减少出血，同时显著缓解骨折疼痛，改善通气。经皮在两侧髂骨内分别置入 2 根互相呈 45°角的外固定针，一根置入髂前上棘，另一根置入髂结节内，手法复位后，助手维持复位，前方以直角四边形构型连接。外固定架仅用于维持复位，不可以作为复位工具，否则，外固定架可能豁出髂骨内外板的并发症。

3. 骨盆钳　骨盆钳作为简单实用的外固定器械，通过恢复骨盆正常容积从而发挥骨性骨盆的压塞效应，是急诊最有效的稳定装置之一。

适用于 C 型骨盆骨折合并血流动力学不稳定抢救生命时的临时使用和严重开放性骨折、感染不宜内固定患者的最终治疗。对于 B1 型损伤，前环外固定器复位固定前环的同时可复位固定后环，对于 C 型损伤不能对骨盆后环起复位和固定作用，需要结合后环骨盆钳和内固定才能维持生物力学稳定性。骨盆钳是相当有效的外固定装置。由数枚螺杆组成的夹被放置于髂骨翼部，与对侧对称的几枚螺杆相连接，它可产生较牢靠的固定力，对骨盆后部可起到稳定作用，使用方便。

外固定支架治疗骨盆骨折优点在于：①损伤小，操作简单，固定可靠。②有助于缓解疼痛，使患者处于半卧位，稳定骨盆和控制出血，为抢救休克赢得宝贵的时间。③可以早期固定骨盆，防止移位的骨折引起其他损伤，为抢救生命和后续治疗提供安全的机体条件，减少并发症和致残率。

五、手术治疗

骶髂关节可以通过骶髂关节前方或后方的入路得以显露。对于骶髂关节骨折脱位多采用前方入路进行固定，对于髂骨骨折和骶骨骨折可以采用后方入路。

1. 前方固定骶髂关节

（1）骶髂关节前路钢板固定技术：通过骨盆内入路可直视处理骶髂关节和关节复位，采用 2 块 3 孔或 4 孔 3.5 mm 或 4.5 mm 动力加压钢板固定，两钢板之间呈 60°～90°放置，术中注意避免损伤腰骶干（L$_5$神经根），其位置距骶髂关节仅 1.5 cm，主要适于髂骨翼完整的骶髂关节骨折脱位和合并髋臼骨折的病例。

（2）手术注意事项：①腰₅和骶₁神经根会合，走行于骶髂关节上方和前方，前路应用复位钳或者钢板固定时应特别小心。②复位可能十分困难，可在纵轴方向上牵引以及用复位钳夹住髂前上棘将髂骨拉向前方，应在坐骨大切迹处由前方检查复位情况。③应用 2～4 孔 4.5 mm 的钢板及 6.5 mm 松质骨螺钉固定，轻度的钢板过度塑形有助于复位，因为外侧螺钉的紧张有使髂骨向前复位的趋势。

2. 后方固定骶髂关节　适用于未复位的骶骨骨折、骶髂关节脱位和骶髂关节骨折脱位。一般手术时间以伤后 5～7 天为宜，过早者术中出血多，过晚者复位困难。

（1）经皮骶髂拉力螺钉固定技术：这是骶髂螺钉自髂骨侧面置入穿过骶髂关节进入骶骨上部椎体的一种内固定的方式，使用 C 形臂 X 线机在骨盆出口、入口位像上判断螺钉置入方向。该技术具有操作较简单、固定可靠、创伤小等优点，适用于骶髂关节脱位和骶骨骨折患者，但使用前骨盆后环必须良好复位，对于 Denis Ⅱ区、Ⅲ区骶骨骨折合并神经损伤不能过度加压。近年来，随着计算机导航技术的发展，导航下置钉技术得到广泛的应用，可减少医生在放射线下的操作时间。

（2）后路 Gavelston 技术：适用于腰骶关节不稳或合并骶髂复合体损伤。在骶骨和伤侧髂脊置入椎弓根螺钉，通过连接棒连接，可起复位和固定作用，要求髂骨后方完整未损伤。Sar 等通过改变连接装置，将 S₁ 椎弓根螺钉与髂后上棘处的髂骨板间螺钉通过 2 根棒和连接螺母连接，对骶髂关节的垂直、旋转、分离移位进行微调。生物力学研究表明该技术与前路双钢板固定和骶髂螺钉固定比较，骨折移位 10 mm 的垂直疲劳负荷强度比钢板高，比骶髂螺钉固定低；最大失效负荷比前路双钢板固定稍高，比骶髂螺钉固定低。这是骶髂关节脱位和 Denis Ⅰ型骶骨骨折可供选择的技术，但对于髂骨后方损伤不适用。

（3）三角固定技术：对于骨盆合并腰骶接合部损伤，Schilclhauer 等在下腰椎支撑系统（lumbopelvicdistraction system）的基础上进行了改良，在腰椎和髂骨纵向撑开系统的基础上加用横向张力带钢板或骶髂螺钉横向固定装置，大大增强了固定效果，术后 2～3 天可下床活动，主要用于单侧或双侧骶骨纵行骨折合并腰骶接合部不稳定损伤，手术创伤大，现被腰椎骨盆固定技术所取代。

（4）腰椎－骨盆固定技术：国内吴乃庆设计 π 棒属于技术，π 棒由两根 CD 棒、一根骶骨棒及两个接头装置组成。生物力学实验表明垂直不稳定骨盆骨折只用 π 棒固定后骨盆，不固定前骨盆，其压缩刚度、弯曲刚度、极限载荷及极限位移均接近正常骨盆，因而术后可早期下地。π 棒具有复位和固定作用，用于双侧经骶孔纵行骶骨骨折。此后椎弓根内固定系统的发展，多采用椎弓根系统行腰₄、₅椎弓根螺钉固定和髂骨螺钉固定术，横连杆横向加压。主要适用于 C3 型损伤或骶骨 U 形、H 形骨折骨盆严重不稳和腰骶不稳的损伤。

六、手术并发症的防治

骶髂关节周围解剖结构复杂，有较多神经、血管经过，手术存在较多风险，损伤骶管内神经可引起大小便功能障碍，而髂血管的损伤可引起大出血甚至危及生命。因此熟悉解剖结构、术中精细操作是避免手术并发症的关键。经皮骶髂关节螺钉固定中，导针定位时如果进针点、进针方向选择不当可误入骶管或损伤髂血管，因此对术者的操作技术要求较高；同时要有较好的术中透视条件；前入路手术中操作不当可损伤输尿管、腰骶神经和髂血管；后路经皮微创双侧髂骨 U 形钢板固定要求钢板预弯符合解剖要求、术中对骨折脱位牵引复位固定有较高的操作技巧，操作不当会导致骨折复位固定不良，达不到稳定后骨盆环的效果，且皮下软组织损伤严重致伤口感染等。

（甘吉明）

第七章　上肢损伤

第一节　锁骨骨折

锁骨骨折很常见，很久以来人们都认为，锁骨自身的强大的修复能力可使骨折很快地愈合，对于锁骨骨折不愈合的关注是近期出现的。成人锁骨外侧端移位骨折愈合是很困难的，首先应考虑手术治疗。对于成人锁骨中段移位骨折治疗的一项近期研究表明：这种骨折也可能会发生骨折不愈合和延迟愈合。

一、解剖

胚胎期锁骨是第一块骨化的骨头，大约在孕 5 周骨化，也是唯一一块从间充质原基（膜内化骨）骨化的长骨。也有一部分关于锁骨组织胚胎学的研究报道说骨化是由两个独立分开的骨化中心进行的。

锁骨全长大约 80％ 是由内侧（胸骨）端骨骺生长形成的。锁骨胸骨端干骺部的骨化出现在青春期中期，在常规摄片中很难被发现。锁骨肩峰端干骺部通常不骨化。胸骨端骨骺和肩峰端骨骺可能一直保持到 30 岁也不封闭，特别是胸骨端干骺部，女性要到大约 25 岁时才封闭，男性要到大约 26 岁时才封闭。所以，青少年患者和年轻患者的肩锁关节脱位或胸锁关节脱位很可能是骨骺分离损伤。锁骨内侧弧度与外侧弧度的交界点位于锁骨距胸骨端大约 2/3 的地方，这一点位于喙锁韧带锁骨止点的内侧缘，也是锁骨主要营养血管的入口处。

锁骨是由非常致密的骨小梁构成的。在横断面上，锁骨外侧处的截面是扁平的，中部的截面是管状的，内侧截面是呈扩张的棱柱状的。

锁骨与躯干间的连接是由坚强的肋锁韧带和胸锁韧带来稳定的。锁骨下肌也可对锁骨提供部分的稳定。肩胛骨附近的锁骨外侧端的稳定性由喙锁韧带和肩锁韧带承担。斜方肌止点的上部和三角肌起点的前部分别通过与锁骨后方和前方的连接进一步稳定锁骨外侧端。只要在创伤性损伤中上述的韧带和肌肉关系不被破坏，在这些部位的锁骨骨折还是倾向于相对稳定的。

在骨折移位和骨折不愈合的患者中，最常见的畸形包括肩胛带短缩、肩下垂、肩内收和肩内旋。造成畸形的作用力包括通过喙锁韧带作用于锁骨远端骨折块的肩关节自身的重力和附着在锁骨上的肌肉和韧带的作用力。胸锁乳突肌锁骨头止于锁骨内侧部的后方，内侧骨折块由于胸锁乳突肌锁骨头的作用下被抬高，胸大肌可产生肩关节的内收活动和内旋活动（图 7 – 1）。

锁骨畸形的弧度是向上的。置于锁骨上方的钢板可以作为张力带，因此，它既可使结构稳定，又可抵抗作用于锁骨的力，有利于锁骨骨折的愈合。

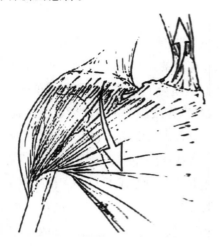

图 7-1　锁骨骨折移位机制

二、功能

锁骨有助于增强上肢过头顶的活动，尤其是需要力量和稳定性的动作。锁骨同时是许多肌肉附着的骨架，保护其下走行的神经血管结构，并传导辅助呼吸肌的作用力（如胸锁乳突肌）到胸廓上部。锁骨还使颈部基底部显得美观漂亮。

先天性锁骨缺如的儿童患者有显著的功能缺陷，有些研究已经提示：单独的畸形愈合（特别是短缩）能导致疼痛和功能受限。

三、发病机制

在青春期和成人患者中，锁骨骨折几乎都是中能量损伤或高能量损伤造成的，例如高处重物坠落、机动车事故、运动损伤、对肩关节重击损伤。在儿童和老年患者中，锁骨骨折常常是由低能量创伤造成的。

四、流行病学

1987 年，Malmo 报道在所有骨折中锁骨骨折占 4%，而在所有肩部骨折中它占 35%。发生在锁骨中 1/3 部位的骨折占 76%，这个数字与以前的研究报道相似。锁骨内侧端骨折只占锁骨骨折的 3%。虽然许多已发表的研究报道说发生率在 1%～6%，这些骨折的大部分发生在青春期和年轻成年男性患者和老年患者中。在 75 岁后，锁骨外侧端骨折和锁骨内侧端骨折的发生率陡然增加，这些数据提示当出现骨质疏松时，这些部位更易发生骨折。

五、治疗

1. 锁骨中段骨折

（1）非手术治疗：为了达到闭合复位，在大多数病例中，当锁骨内侧骨折块向下压时，锁骨远端骨折块必须向上、向外和向后复位。血肿内阻滞（往骨折断端注射 10 mL 1% 的利多卡因）就能提供足够的麻醉，但在一些患者中，需进行清醒时镇静或全身麻醉。Edwin Smith Papyrus 所描述的复位技术，一直沿用到现在，并指出当双肩向外和向上伸展时，在仰卧位患者的肩胛骨之间放置一只枕头。另一种骨折复位的方法是在患者取坐位时，医师在患者肩胛骨之间用膝盖或用握紧的拳头压住躯干并控制方向，将双肩向后和向上牵引。

为了维持锁骨骨折的复位和对患者进行制动，通常采用横"8"字绷带固定，伴或不伴有患肢悬吊；一些同意 Dupuytren 和 Malgaigne 观点的人，同 Mullick 一样认为使锁骨骨折达到准确复位和制动是"既不必须也不可能的"，所以，他们提倡为了舒适，可使用简单的上臂悬吊，并放弃复位的任何尝试。

横"8"字绷带的优点在于上臂可以在限制的范围内做自由活动。缺点包括增加了不舒适感，需要经常不断地调节绷带位置和反复地对患者进行随访，它也有潜在的并发症，包括腋窝处的压疮和其他一些皮肤问题、上肢水肿和静脉充血、臂丛神经瘫痪、畸形加重和可能增加骨折不愈合的风险。

（2）手术治疗：锁骨骨折传统上是不鼓励手术治疗的。根据 Neer 的报道，2 235 例锁骨中段骨折并采用保守方法治疗的患者中只有 3 例（0.1%）出现骨折不愈合；然而，45 例锁骨骨折并立即采用切开复位内固定治疗的患者有 2 例（4.6%）发生骨折不愈合。Rowe 发现在闭合保守治疗中有 0.8% 的患者出现骨折不愈合，相比之下，手术治疗有 3.7% 的患者出现骨折不愈合。建议只有当锁骨骨折发生明显移位时切开复位内固定术才是必要的，这种情况在高能量损伤中较为典型。对较严重的锁骨骨折治疗的选择足以能解释手术和非手术治疗骨折愈合率是不同的。

随着内固定的发展，人们开始有兴趣在初次治疗时就采用手术治疗的方法。近期有报道称锁骨骨折不愈合采用切开复位内固定和骨移植治疗可取得良好效果，并指出如果操作得当，内固定治疗锁骨骨折应该不会妨碍骨折愈合。

许多学者报道了下列患者在采用钢板固定后已取得良好的治疗效果：开放性锁骨骨折；锁骨骨折严重成角畸形妨碍闭合复位；锁骨骨折患者合并多发性损伤，尤其是同侧上肢创伤或双侧锁骨骨折的患者。特别是肩胛胸廓分离和所谓的"浮肩损伤"，表现为合并有移位的锁骨骨折和肩胛颈骨折，它们被公认为是锁骨骨折切开复位和钢板螺钉内固定的重要指征。

在出现神经血管问题时，行切开复位内固定术的优点尚不清楚。当然，如果血管修补需行切开暴露时，应进行锁骨的内固定治疗，但急性的神经血管损伤合并锁骨骨折是非常罕见的。最常见到的血管问题是上臂的静脉淤血，它并不伴有深静脉血栓形成、动脉瘤或假性动脉瘤。

在锁骨骨折后产生的臂丛神经急性损伤也是极其罕见的。臂丛瘫痪则是手术干预的适应证，它的产生和骨折后一段时间内由于骨折对线不良而产生的过多骨痂有关。在这些情况下，应考虑行切开复位再对线，切除突出的骨痂并使用骨折内固定治疗。

在行锁骨切开复位内固定治疗时，建议使用钢板和螺钉固定。虽然锁骨的髓内固定技术取得了良好的效果，但由于锁骨自身存在的弧度、骨质密度大和髓腔不明显这些特点，这种技术变得比较困难。为了防止固定针移位引起的并发症，髓内固定装置已进行了改良；然而即使这样，尤其是当固定针发生断裂的时候，固定针还是会移位。

在锁骨的上表面，我们运用 3.5 mm 的有限接触动力加压钢板。在两侧主要骨折块上至少要分别固定 3 枚螺钉。如果骨折类型允许，骨折块间的加压螺钉能大大地增强结构的稳定性。

如果对固定的安全性有信心的话，在术后的 7~10 天，用吊带固定患肩，这样可使患者感到比较舒服。允许短时间的被动肩关节钟摆样操练，可去除吊带进行操练。过头顶无阻力的肘关节屈曲度的操练常在术后 6~8 周时进行，这种运动可一直持续到骨折愈合。因此，可以允许患者进行渐进性的力量训练，也可逐步地进行过顶的全范围活动。在手术治疗 3 个月后患者可恢复正常工作和生活。

大多数患者不需要取出钢板；然而，突出的内固定可导致皮肤问题。对于那些患者，最好还是取出钢板，但至少要在损伤后 12~18 个月，并且在腋顶后突位摄片上要看到钢板下骨皮质已获得重塑。

2. 锁骨远端骨折　轻度移位或无移位的锁骨远端骨折在对症治疗的同时，用吊带悬吊固定治疗。虽然有报道说一些锁骨远端骨折的患者发生骨折不愈合，但是不愈合发生的机会是极其低的。

Neer、Ldwards 等报道了移位锁骨远端骨折的患者采用手术治疗，在术后 6~10 周所有患者骨折都愈合了，相关的并发症也不多。这些患者中功能障碍的时间也缩短了，在相对较短的时间内恢复到了全范围的肩关节活动度和功能。

手术内固定治疗锁骨远端骨折的其他技术还包括喙突锁骨螺钉固定和将喙突移位固定到锁骨上。AO/ASIF 协会推荐使用张力带钢丝固定，即两根克氏针钻入锁骨上表面，避免干扰肩锁关节。

使用张力带钢丝技术来治疗锁骨骨折，沿 Langer's 皮纹切开皮肤后即形成一较厚皮瓣，这样可暴露锁骨远端和肩峰。经肩峰的克氏针可临时固定复位后的骨折。两根坚强、光滑的克氏针通过肩峰的外缘倾斜后穿过肩锁关节和骨折处到达锁骨中部坚实的锁骨背侧骨皮质。用 18 号钢丝穿过骨折内侧锁骨上的钻孔，环形绕过克氏针的针尾后打结，针尾需弯曲 180° 并转向下方后埋入肩峰。如果发现斜方韧带和锥形韧带都破裂了，那么就要努力缝合修补断裂的韧带。放置引流后缝合伤口。术后处理和锁骨中段骨折的处理不同，术后患者需吊带持续悬吊固定至少 4~6 周。

3. 锁骨近端骨折　关于锁骨内侧段骨折非常少见，大多数医生对此经验有限。大多数学者提倡开始时用非手术保守治疗，如果症状持续存在，可考虑行锁骨内侧切除术。考虑到在这区域内植物打入和移位所带来的风险，基本上很少考虑手术治疗。

六、并发症

1. 骨折不愈合及畸形愈合　保守治疗锁骨骨折在损伤后 6 个月内的不愈合率是不同的，大多数是高能量损伤的结果。基于这些患者所表现出的骨折不愈合现象，人们提出的风险因素包括初始创伤的严重程度，骨折的粉碎程度和发生再次骨折。骨折块的移位程度是骨折不愈合最重要的风险因素。锁骨中段骨折不愈合比锁骨远端骨折不愈合要常见得多，这一事实可能归因于锁骨中段骨折总体上来说更常见。

锁骨骨折的一期手术治疗会伴有骨折不愈合的风险。虽然当代的一系列报道说新鲜锁骨骨折在内固定治疗后有很高的愈合率，但他们认为手术失败的原因是不正确的技术操作，包括所使用的钢板太小或太短和过多的软组织剥离。

锁骨骨折不愈合可能伴有神经血管问题，包括胸廓出口综合征、锁骨下动静脉受压、锁骨下动静脉血栓形成和臂丛神经瘫痪。锁骨骨折不愈合的患者神经血管功能不良的发生率在不同的报道中差别比较大，从较少的 6% 到较多的 52% 不等。

在锁骨骨折不愈合的治疗中，我们要区别重建手术和补救手术。前者手术是通过对锁骨对线和完整性的恢复来达到以下目的，即缓解疼痛解除神经血管受压和增强功能。后者手术的目的是通过锁骨切除、成形或避免和其他结构相撞（例如，第 1 肋骨切除），来达到缓解症状。虽然，已尝试用电刺激治疗锁骨骨折不愈合，但这种技术应用的适应证还是很少。锁骨骨折不愈合的典型症状是伴有肩关节畸形的功能受限和神经血管并发症，这一点并没有被电刺激治疗所提及。

随着内固定技术的不断发展和改进，重建手术的效果也得到了改善，以至于补救手术现在很大程度上已成为历史。只有在以下情况下我们才考虑做锁骨部分切除，即患者有锁骨的慢性感染，或非常远端的锁骨骨折不愈合。小的锁骨远端骨折块可以被切除，并且喙锁韧带必须附着于近侧骨折块的外侧端且保持完好。

锁骨骨折不愈合的治疗包括用螺钉固定胫骨或髂嵴的植骨块，和用髓内固定法，这种方法仍有一些提倡者，目前所用的方法是采用坚强钢板和螺钉固定。有作者建议使用钢板固定，手术技术和康复方案也已在前文描述过。关于锁骨中段骨折不愈合治疗的几点意见值得大家进一步探讨。

在增生肥大型骨折不愈合中，丰富的骨痂可以在切除后留作植骨之用，在一些病例中，如果量够的话，就不需要髂骨移植。骨折不愈合的部位并不需要清创，因为在稳定的内固定后纤维软骨会进行愈合。如果骨折线是斜形的话，有时在上部放置钢板外还可以在骨折块间用拉力螺钉固定骨折。

萎缩型骨折不愈合表现为硬化的骨折断端，之间嵌有纤维组织，而假关节形成假的滑膜关节。在这时需要切除骨折块的两个断端和嵌入的组织。在这种情况下，小的分离常常不能帮助控制骨折块和维持所需的长度的对线。一块雕塑成形的三面皮质髂骨块需被植入分离处，以确保长度和对线的恢复并促进骨折愈合。

在传统上讲愈合不良主要被认为是影响到局部的美观。一些报道认为伴有锁骨骨折块骑跨的患者在肩关节功能方面存在着不小的困难。此外，对压迫臂丛神经或锁骨下动、静脉也有报道，原因是锁骨骨折对线不良造成肋锁间隙狭窄。在受伤后数周或数月内因为增生的骨痂使得愈合不良的骨折造成神经肌肉的受压症状。

2. 血管神经损伤　急性血管神经并发症是罕见的；它们通常发生在典型的肩胛胸廓分离损伤或发生在与锁骨骨折无关的损伤（如臂丛神经牵拉损伤）。神经血管功能失常是由胸廓出口处狭窄造成的，骨折对线不良时它发生在受伤后最初的 2 个月内，或由于骨折不愈合产生增生肥厚的骨痂而发生在几个月后甚至数年后。

当肋骨锁骨间隙狭窄时，真性锁骨下动脉瘤可作为狭窄后动脉瘤而发生。移位的锁骨骨折块导致的锁骨下动脉小的刺破损伤是十分罕见的。偶尔，在数月至数年后由于假性动脉瘤的压迫，它可产生臂丛神经功能失常。

在以前，由肥大型骨折不愈合造成的压迫而产生的神经血管症状被错误地认为是交感神经引起的持续疼痛（肩 - 手综合征）。锁骨上神经的损害会导致前胸壁疼痛。

3. 手术治疗的并发症　尽管在锁骨近端下方有重要的解剖结构，手术中的并发症还是罕见的。Eskola 和同事报道了 1 例锁骨骨折不愈合的患者在接受手术治疗时发生的并发症，包括锁骨下静脉撕裂、气胸、空气栓塞和臂丛神经瘫痪。另一方面，钢丝和固定针一旦插入移位行走，它可最终在腹主动脉、主动脉升部，主动脉和心包中导致致命的心脏压塞，肺动脉，纵隔，心脏，肺内被发现，甚至在椎管内被发现。

（谭　昊）

第二节　肱骨近端骨折

肱骨近端骨折是较常见的骨折之一，占全身骨折的 4% ~5%。AO 组织根据骨折线的部位用 A、B、C 来表示骨折的分类（关节外或关节内），使用 1、2、3 来表示骨折的严重程度（图 7 - 2）。Codman 提出了肱骨近端 4 个部分骨折的概念。Neer 在其基础上，提出了肱骨骨折的四部分分型，是目前使用最广泛的临床分型系统。它是以骨折块的移位来进行划分的，而不是骨折线的数量。如图 7 - 2 中所示，

Neer 把肱骨近端分为 4 个部分：肱骨头、大结节、小结节和肱骨干。采用超过 1 cm 或成角 >45°的标准，诊断几部分骨折。但要注意移位可能是一个持续的过程，临床上需要定期的复查。Neer 分型（图 7－3）对肱骨近端骨折的类型有相对严格的标准：如果骨折骨块或骨块所涉及的区域移位 <1 cm 或成角 <45°，就定义为 1 部分骨折；2 部分骨折的命名是根据移位骨块来认定的；在 3 部分的骨折和骨折脱位中，由于力学平衡的打破，外科颈骨折块会产生旋转移位，骨折类型的命名仍旧是依照移位结节的名称来确定的；4 部分骨折分为外展嵌插型，典型的 4 部分骨折以及 4 部分骨折脱位。关节面的骨折分为头劈裂型和压缩型。

一、1 部分骨折

80% 的肱骨近端骨折属于 1 部分骨折，骨折块有较好的软组织的包裹，可以允许早期的锻炼。1 部分骨折中，肱骨头缺血坏死的发生率非常少见。有学者认为的缺血坏死就是由于结节间沟处的骨折造成了旋肱前动脉分支的损伤。

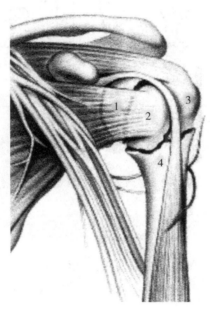

图 7－2　肱骨近端骨折的 4 部分

1 部分骨折（移位较小）没有骨块移位超过 1 cm 或成角大于 45°，而非骨折线的数量决定。2 部分骨折是根据移位骨块来命名的，包括两部分解剖颈骨折、2 部分外科颈骨折（A 压缩，B 无压缩，C 粉碎）、2 部分大结节骨折、2 部分小结节骨折和 2 部分骨折脱位。3 部分骨折中有一个结节是产生移位的，头部的骨折块则会产生不同方向的旋转。分为 3 部分大结节骨折、3 部分小结节骨折和 3 部分骨折脱位。4 部分骨折包括外展嵌插型四部分骨折、典型的 4 部分骨折和 4 部分骨折脱位。还有 2 种特殊类型的涉及关节面的骨折，关节面压缩和关节面劈裂

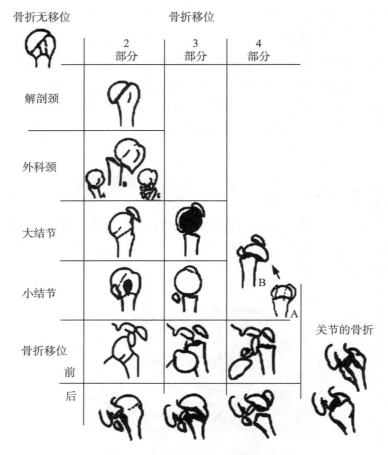

图 7 – 3　肱骨近端骨折 4 部分分型

二、2 部分的肱骨近端骨折

1. 肱骨外科颈骨折　2 部分外科颈骨折可以发生在任何的年龄段。胸大肌是引起畸形的主要肌肉组织，由于肩袖组织的作用，关节面的骨块处于中立位。对于外科颈骨折，还有 3 种临床亚型。压缩、无压缩以及粉碎。有压缩类型的骨折：其成角的尖端往往朝前方，而对侧的骨膜常常是完整的。对这种类型的治疗可以视患者的需要进行复位。无压缩类型的骨折：胸大肌牵拉肱骨干向前内侧移位，而肱骨头还是处于中立位的。这种类型常常会引起腋动脉和臂丛神经的损伤。因此，闭合复位后还需要进行评判。①骨折复位而且稳定。②骨折复位，但是不稳定。③骨折复位不成功。对于粉碎的类型，骨干部的碎片部分可能会被胸大肌牵向内侧，肱骨头和结节部分的骨块处于中立位。一般这种类型的骨折对线尚可，但由于外科颈处粉碎，稳定性较差，多需要手术治疗。有些作者认为，移位不超过肱骨干直径的50%，成角小于 45°，都可以采取非手术治疗。保守治疗是采用复位后颈腕悬吊的方法，固定肩关节 7～10 天。在固定期内，要求其恢复手、腕、肘的功能。在 10 天后的随访中，重点是判断骨折端是否有连接的迹象。若疼痛缓解让患者在悬吊保护下进行钟摆样运动。在 3 周或 4 周后，复查 X 线如果没有进一步移位迹象，可以开始进行辅助的练习，6 周后开始主动的锻炼。

若骨折成角 >45°、移位 >1 cm 或超过肱骨干直径的 50% 的患者；或有神经血管损伤的患者；复位后不稳定或复位失败的患者；开放性的骨折的患者；多发性创伤的患者都需要采用手术治疗。

手术的方法大体包括闭合复位经皮固定和切开复位内固定两种。对于骨折可以通过手法复位，但是不稳定的患者，可以考虑复位后，在 C 臂机的监视下，用克氏针进行固定。它的适应证是：可以进行闭合复位的不稳定的两部分骨折，而且患者的骨质要良好。克氏针固定的优点是：创伤小，减少由于组织剥离而带来的坏死。缺点：会增加周围血管神经结构的潜在威胁，和后期克氏针的游走。在技术上，要求外侧克氏针的进针点要远离腋神经的前支，且要在三角肌的止点之上，避免损伤桡神经。前方的克氏针要避免损伤肌皮神经、头静脉和二头肌长头腱。而且要求患者的依从性非常好，以便于手术之后的随访。如果在术中，复位不理想，可以用 2.5 mm 或 2.0 mm 的克氏针，从大结节处钻入至肱骨头，把它作为把持物来帮助复位。然后，从肱骨干向肱骨头方向置入克氏针进行固定。

文献的研究表明，上下方向各 2 枚克氏针的固定，可以达到稳定的效果。手术后，患者要制动 3 周，直到克氏针移除。在这段时间，要注意观察患者克氏针的情况，同时要注意有无局部皮肤受压和坏死出现。克氏针取出前，只可以进行手、肘的锻炼。一旦克氏针取出后，就可以进行吊带保护下的肩部钟摆样活动。以后的功能操练可以按照康复计划来进行。

存在骨质疏松的患者、外科颈骨折处粉碎的患者、依从性差的患者、有特殊运动要求的患者，可以直接切开复位。采用的手段可以有许多种，如髓内钉、钢板、螺钉、钢丝、钢缆、非吸收的缝线等。从固定的强度来说，钢板的固定较为牢靠。在手术时要尽可能少地切除周围的软组织以保护血供，这也是治疗的原则之一。

手术时通过三角肌、胸大肌间隙进入，在浅层的暴露中要首先确定喙突和联合肌腱的位置，因为在其内侧是重要的神经血管。其次，要确定肱二头肌长头的位置，把它作为手术中定位的标志。对于一些骨质疏松的患者，可以采用非吸收的缝线，把缝线穿过肌腱的止点和远端骨干上预先钻的孔进行固定。钢丝和钢缆虽然也能同样达到这样的固定目的，但是术后往往会产生肩峰下的撞击症。手术后，无不稳定的情况下，可以早期被动操练，主动活动开始于术后 6 周。

2. 肱骨大结节骨折　大结节的骨片可以因为冈上肌的牵引而向上移位，也可以因为冈下肌和小圆肌的牵引向后内侧移位。向上的移位，在正位片上很容易发现。向后、向内的移位则在腋路位上容易发现，有必要的时候，还可以做 CT 进一步检查。

大结节骨折移位超过 1 cm 的患者，都留下了永久性的残疾，而移位在 0.5 cm 或更少的患者，预后则较好。但现在观念认为对于年轻患者若移位 >0.5 cm，需行手术复位。目前认为大结节复位位置的好坏会直接影响后期的外展肌力和肩峰下撞击症的发生概率。早期积极修复远比不愈合后再进行手术治疗的效果要来得好。

对于大结节骨折伴随有脱位的患者，我们常常把着重点放在盂肱关节的脱位上，有时会忽略大结节的骨折。有作者进行过统计，在盂肱关节脱位的患者中，有 7%～15% 伴有大结节骨折。

大结节手术的方法有多种多样，可以使用克氏针、螺钉、钢丝、钢缆等。目前，有报道采用关节镜引导的经皮复位技术取得了早期良好的随访结果。也有作者报道采用关节镜技术治疗急性创伤性盂肱关节脱位合并大结节骨折的病例。虽然关节镜技术已经今非昔比了，然而，许多作者认为对于骨折块比较小，有明显的移位，以及骨块有回缩的病例，还是需要进行切开复位手术的。当结节较粉碎或存在较小的撕脱骨折，螺钉固定相当困难时，可以使用 8 字缝合技术。Levy 的报道认为，大结节的骨块越小，所取得的治疗结果就越差。大结节骨折可以被看作是骨性肩袖的撕脱，采用一般的肩袖修补入口就可以。当带有骨干部分的骨折，就需要采用三角肌、胸大肌间隙的入口。

康复：大结节骨折术后，如果稳定性良好，则可以立即进行被动的前屈、钟摆样运动以及外旋训练。但是，主动的运动需要等到 6 周后或影像学上出现早期愈合的表现。

3. 小结节骨折 2 部分的小结节骨折较少见，它通常伴有 2 或 3 部分的肱骨近端骨折或作为骨折脱位后的一部分。

X 线和 CT 扫描可以帮助诊断小结节骨折的大小及移位方式。在分析 X 线结果时要和钙化性肌腱炎、骨性的 Bankart 进行鉴别。

小结节骨折的治疗包括手术和非手术治疗。Ogawa K 等报道了 35 例通过切开复位内固定方法治疗的急性小结节骨折，均取得良好的长期结果。对于影响结节间沟以及有二头肌脱位趋势的小结节骨折都可以进行切开复位的手术治疗。有些作者把 5～10 mm 的移位作为标准，认为对 >1 cm 的移位均应该进行手术固定。采用的切口为三角肌胸大肌切口，在处理肩胛下肌和小结节时要防止内侧的腋神经损伤或因手术引起的粘连。把骨块复位后，可以采用张力带、螺钉等的固定方法。如果小结节骨片过小，导致无法确切固定的，则可以将之切除。但是，肩胛下肌需要与肱骨近端进行修复，保持肩袖组织的功能完整。

一般来说术后被动外旋最多至中立位为止。术后 6 周，如果 X 线显示骨折有愈合迹象，则可以进行外旋 45°完全上举的动作。3 个月后，通过康复训练，力量可以完全恢复。

4. 解剖颈骨折 不伴有结节移位的孤立的解剖颈移位骨折非常罕见，但是这种骨折类型所引起的不连接和缺血性坏死的风险又非常高。临床上如果发现此类骨折，就需要进行手术。对于年轻患者，在术中能够达到解剖复位的，可以采用钉板系统进行固定，螺钉固定在中央部及软骨下骨是最牢固的；对于年龄较大的患者或术中不能达到解剖复位的年轻患者，则需要进行半肩关节置换术。

三、3 部分的肱骨近端骨折

3 部分的骨折在肱骨近端骨折中占 10%，老年人、骨质疏松患者的发病率较高。男性：女性 =1：2。3 部分骨折的缺血坏死率为 12%～25%。在 3 部分大结节骨折中，肩胛下肌使肱骨头出现内旋；在 3 部分小结节骨折中，冈下肌使肱骨头外旋，胸大肌会使肱骨干内旋内收。有时，二头肌长头腱会嵌顿在骨折碎片间。对于 3 部分骨折无软组织嵌顿的可以进行闭合复位，采取保守治疗。特别在老年患者中，不主张进行反复的闭合复位，因为其骨量较差容易造成骨片更加粉碎。而且，反复的手法复位会增加神经损伤和骨化性肌炎的发病率。如果患者无法耐受麻醉或者对肩关节功能预期值要求不高的高龄患者，则可以进行保守治疗。Zyto 等对 9 例 3 部分骨折的患者进行 10 年的随访，平均年龄 66 岁，平均的 constant 评分为 59 分，其中，4 例没有遗留残疾，3 例留有轻度残疾，2 例留有中度残疾。所有的患者都能接受最终的结果。

3 部分不稳定的肱骨近端骨折，可选择手术治疗。切开复位内固定的优点在于相对保存了原有关节的结构。其与半肩置换相比，不存在后者的一些缺点，如：大结节分离、假体松动、神经损伤、肩胛盂的磨损、异位骨化以及深部感染等。而其缺点在于软组织的剥离增加了缺血坏死和骨不连的概率及内固定术后的并发症。对于老年粉碎性的或骨质严重疏松的 3 部分骨折患者，可应用半肩关节置换术。

早期，Neer 所进行的半肩关节置换术取得了较好的疗效，然而，其后再也没有作者得出像他一样好的结果。有报道提出，随着患者年龄的增加，关节置换的效果就越差。由于钢板系统的不断改良，微创技术的提出，采用内固定技术治疗此类骨折也取得了令人满意的结局。

但是，在选择切开复位内固定治疗之前，需要注意两方面的问题：骨的质量；肱骨头的状态。骨的质量包括骨质疏松及骨折粉碎的程度。

四、4 部分的肱骨近端骨折

老年人和骨质疏松患者的发病率相当高。Court – Brown 等对肱骨近端骨折的流行病学统计显示，70% 以上的 3、4 部分骨折患者年龄 >60 岁，50% 的 >70 岁。

在 Neer 的 4 部分骨折分型中，分为外展嵌插型、真正的 4 部分骨折和 4 部分骨折脱位。外展嵌插型骨折的特点是，骨折断端由于压缩，肱骨头嵌在大小结节骨折块内，由于胸大肌的牵引，骨干向内侧移位，使得肱骨头与骨干形成外展的状态。对于这种嵌插骨折特别要引起注意，因为，它常常会演变成真正的 4 部分骨折。所以，在对移位较小的外展嵌插型 4 部分骨折的保守治疗期间，早期的随访相当重要。

对外展嵌插型骨折的治疗，如果关节的骨折块没有向外侧移位，说明内侧的骨膜组织仍然是完整的，内侧的血供没有受到太大的破坏。对这种移位较小的骨折，可以采用保守治疗或切开复位内固定。

对肱骨近端真正 4 部分骨折的治疗则首选假体置换手术。而希望采用闭合复位的保守治疗是不明智的，除非患者不能耐受手术或不同意手术。

外展嵌插型的骨折缺血坏死率低于真正的 4 部分骨折，也未必要采用假体置换的治疗方式；即使发生了缺血坏死，只要达到解剖复位坚强固定后期的功能还是可以接受的。

五、骨折－脱位

骨折脱位可以是 2 部分、3 部分以及 4 部分的。在临床处理上，一般先处理脱位，再进行骨折的固定。对于 2 部分的骨折脱位，可以采用闭合或切开复位的方法。3 部分的骨折脱位大多数情况下采用切开复位内固定，除非肱骨头周围没有或很少有软组织附着或老年骨质疏松患者，可以采用关节置换手术。4 部分的骨折脱位首选关节置换手术。

六、特殊类型的关节面骨折

这种类型的骨折包括关节面压缩和劈裂骨折。关节面压缩的骨折常常伴随有肩关节的后脱位，治疗主要依据肱骨头缺损的范围。对于年轻人，缺损范围 <40% 的尽量采用内固定的方法。关节面劈裂或压缩超过 40% 的骨折通常要采用关节置换手术来治疗。

（谭 昊）

第三节 肱骨干骨折

肱骨干骨折是一种常见的损伤，约占全身骨折的 1%，常由典型的直接暴力所致，也可见于旋转暴力较大的体育运动，如投掷、摔跤等。尽管大多数肱骨干骨折可以采用非手术治疗，但仍然有很多关于手术治疗适应证的报道。最终患者能否获得满意的疗效，取决于是否能在骨折类型和患者的要求之间选择一个合适的治疗方案。

一、解剖

肱骨干近端呈圆柱形，起于胸大肌止点的上缘，远端至肱骨髁上，近似于三棱柱形。3 条边缘将肱骨干分成三个面：前缘，从肱骨大结节嵴到冠突窝；内侧缘，从小结节嵴到内上髁嵴；外侧缘，从大结节后部到外上髁嵴。前外侧面有三角肌粗隆和桡神经沟，桡神经和肱深动脉从此沟经过。前内侧面形成平坦的结节间沟。前外侧面和前内侧面远端相邻的部位为肱肌的附着点，后面形成一个螺旋形桡神经沟，其上方和下方分别为肱三头肌的外侧头和内侧头。

肱骨干的血液供应来自肱动脉的分支。从肱动脉发出的一支或多支营养血管、肱深动脉或旋肱后动脉提供肱骨干远端和髓内的血液供应。鼓膜周围的血液循环也是由这些血管和许多小的肌支以及肘部动脉吻合支构成的。在手术治疗骨折的时候必须小心避免同时破坏髓内和骨膜周围的血液供应。

二、诊断

1. 病史及体格检查　首先要明确受伤机制，以便对患者病情的判断提供重要线索。对于多发伤患者，应该依据进展性创伤生命维持（ATLS）原则进行体格检查，观察患者的呼吸道是否通畅，评估呼吸、循环的复苏，控制出血，评估肢体的活动能力，在进行完这些基本的步骤之后，才可以将注意力集中于损伤的肢体上。仔细检查上臂肿胀、淤血及畸形情况。应该在不同的水平对整个肢体的神经血管功能分别进行评估。必须仔细检查桡神经、尺神经和正中神经的运动、感觉功能。

2. 影像学检查　肱骨的标准影像学检查应该包括正位像、侧位像，同时将肩、肘关节包括在内，必要时加拍斜位片。在病理性骨折中，还需要进行骨扫描、CT 和 MRI 等检查。

三、治疗

在制定治疗方案时，应当综合考虑患者的骨折类型、软组织损伤程度、相应的神经损伤、年龄和并发症等，以期取得良好的疗效，并降低并发症的风险。

1. 非手术治疗　绝大多数肱骨干骨折能采用非手术治疗。肱骨 20° 的向前成角和 30° 的向内成角畸形可由正常的肩、肘关节活动度代偿，肱骨也可以接受 15° 的旋转对位不良和 3 cm 以内的短缩畸形而几乎不影响功能。

非手术治疗措施主要包括：悬垂石膏、接骨夹板、Velpeau 吊带、外展架、U 形石膏骨牵引以及功能性支具。表 7 - 1 列出了各种治疗措施的优缺点。目前，功能性支具已经基本上取代了其他的治疗措施，最常见的治疗是在骨折后的 3 ~ 7 天应用悬垂石膏或夹板，至疼痛减轻后换成功能性支具。

（1）悬垂石膏：应用悬垂石膏的指征包括短缩移位，特别是斜形或者螺旋形的肱骨中段骨折，目前多用于早期治疗以获得复位。横形骨折由于存在骨折端分离和不愈合的风险，因此不宜使用悬垂石膏。

应用悬垂石膏应当遵循以下几个原则：应使用轻质的石膏；石膏的近端应该超过骨折断端 2 cm，远端必须跨越肘关节和腕关节，屈肘 90°，前臂旋转中立位；尽量保持手臂处于下垂状态。

（2）功能性支具：功能性支具是一种通过软组织的挤压达到骨折复位的矫形器具，通过前后两个夹板，分别和肱二头肌、肱三头肌相贴附，对骨折产生足够的压力和支撑，然后用有弹性的绷带将支具固定在合适的位置，支具套袖的远端应该露出肱骨内外髁。

应用悬垂石膏固定骨折的患者应该在 3 ~ 7 天，也就是急性疼痛和肿胀消失后换用功能性支具，在患者能够耐受的前提下，鼓励活动和使用伤肢。支具通常要使用 8 周以上，在骨折初步愈合之前，外展活动不应超过 60° ~ 70°。

功能性支具的缺点在于仍有可能发生成角畸形，特别是乳房下垂、肥胖的女性，容易出现内翻成角。其禁忌证包括：软组织损伤严重或有骨缺损；无法获得或维持良好对线的骨折以及遵从性较差的患者。

表7-1 肱骨干骨折的非手术治疗

治疗方法	优点	缺点	适应证
悬垂石膏	可以复位	不适用于横形骨折	多用于短缩骨折早期治疗
接骨夹板	操作简便、允许腕手活动	无法限制骨折短缩	无移位或轻微移位骨折的早期治疗
Velpeau 吊带	在无法合作的儿童和老年患者中非常有用	限制了所有关节的活动	用于无法耐受其他治疗方式的儿童和老年人
外展架	无明显优点	很难耐受	极少应用
骨牵引	可以用于卧床患者；可以用于大面积软组织缺损	感染风险；需要严密观察；有尺神经操作可能	很少应用
功能性支具	允许各个关节活动；轻便，耐受性好；降低骨不连发生率	不适用于骨折早期复位或恢复长度	在早期使用悬垂石膏或接骨夹板后，功能性支具是大多数肱骨干骨折治疗的金标准

2. 手术治疗 尽管非手术治疗在大多数肱骨干骨折的患者中可以取得很好的效果，但在某些情况下，仍然需要手术治疗。手术固定有绝对和相对的手术指征（表7-2）。必须充分考虑患者的年龄、骨折类型、伴随损伤和疾病以及患者对手术的耐受程度。对于活动较多的患者，如果发生横形或短斜形骨折，非手术治疗又具有相对愈合延迟的倾向，也可以考虑手术治疗。

表7-2 肱骨干骨折的手术指征

相对指征	绝对指征
多发创伤	长螺旋骨折
开放性骨折	横形骨折
双侧肱骨干骨折、多段端骨折	臂丛神经损伤
病理性骨折	主要神经麻痹
漂浮肘	闭合复位不满意
合并血管损伤	神经缺损
闭合复位后桡神经麻痹	合并帕金森病
骨不连、畸形愈合	患者无法耐受非手术治疗或依从性不好
合并关节内骨折	肥胖、巨乳症

手术治疗的方式包括接骨钢板、髓内钉以及外固定支架。其中，钢板几乎可以应用于所有的肱骨骨折，特别是骨干的近、远端骨折以及累及关节的粉碎性骨折，通常可以取得良好的疗效，而且术后很少残留肩肘关节的僵硬症状，对于肱骨干畸形愈合或不愈合，钢板固定也是一个标准的治疗方法。

（1）接骨钢板

A. 手术入路：肱骨干骨折钢板内固定有几个手术入路可以使用，包括前外侧入路、外侧入路、后侧入路和前内侧入路。

前外侧入路通常用于肱骨干近、中1/3的骨折。切口从喙突远端5 cm开始，沿胸肌三角肌间沟走行，沿肱二头肌外侧向远端延伸至肘关节上方7.5 cm，将肱二头肌向内侧牵开，于中轴线偏外侧将肱肌纵行劈开显露肱骨干。由于肱肌的外侧部分受桡神经支配，内侧由肌皮神经支配，因此应用此入路时要保护好支配肱肌的神经。如果将该入路用于远端1/3的骨折，必须小心避免在远端将桡神经压在钢板下。

后侧入路通过劈开肱三头肌显露从鹰嘴窝到中上 1/3 的肱骨。该入路特别适用于肱骨干远端 1/3 骨折，同时也适用于需要对桡神经进行探查和修复的患者。该入路缺点在于桡神经和肱深动脉跨越切口和钢板，因此存在损伤的风险。

可延伸的外侧入路于肱三头肌和上臂屈肌群之间的肌肉平面显露远端 2/3 的肱骨。该入路的优点在于不仅可以显露肘关节，还可以根据手术需要进一步向近端或前外侧延长。

前内侧入路通过内侧肌间隔暴露肱骨干的前内侧面，术中需从三头肌内游离尺神经并牵向内侧。该入路有损伤正中神经和肱动脉的风险，在骨折的内固定中很少使用这种切口，但在治疗伴有神经血管损伤的骨折时非常有用。

B. 手术方法：术前应仔细分析骨折的特点及手术部位的软组织条件，并根据骨折部位采用相应的手术入路。通常肱骨干近端 2/3 的骨折采用前外侧入路。远端 1/3 的骨折建议采用后侧入路，并将钢板放在肱骨的后侧，因为肱骨后面比较平坦，而且钢板可以向远端放置而不影响肘关节功能。

通常选用宽 4.5 mm 系列 DCP，对于肱骨比较狭窄的患者也可用窄 4.5 mm 系列 DCP。肱骨干远端移行部位的骨折固定比较困难，可以通过使用两块 3.5 mm 动力加压钢板获得有效的固定，其中，采用 LC - DCP 对骨皮质血液循环破坏小，更有利于新生骨的形成。对横形骨折，断端之间的加压主要依靠动力加压钢板，如果是斜形或螺旋形骨折，应尽可能在骨折端使用拉力螺钉，并用钢板加以保护。对于粉碎严重的骨折，应采用间接复位技术和桥接接骨板技术，并使用锁定钢板。在所有肱骨干骨折的内固定手术中，骨折远、近两端都必须至少要有 6 层皮质，最好是 8 层皮质被穿透固定，以获得足够的稳定性。需要特别注意的是，在放置钢板之前应确认没有将桡神经压在钢板远端下。

术后第 1 周，如果内固定可靠稳定，患者就可以开始肩关节和肘关节的功能锻炼，在患者能够耐受的前提下，逐渐增加活动量。4~6 周通常禁止负重锻炼。

（2）髓内钉：在肱骨干多段骨折、骨质疏松性骨折以及病理性骨折的治疗中，髓内钉更为合适。与钢板相比，髓内钉由于更接近肱骨干的中轴，因此比钢板承受更小的折弯应力，也大大减小了在钢板和螺钉上常见的应力遮挡。肱骨髓内钉可以分为膨胀钉（内稳定方式，例如 Seidel 钉和 Truflex 钉）和交锁钉（如 Russell - Taylor 钉）。当合并神经损伤、开放性骨折、伴有骨缺损或萎缩性骨不连时，如果选择该技术，应该进行切开复位置入髓内钉。

髓内钉可采用顺行入路或逆行入路。在肱骨干远端骨折中，和顺行髓内钉相比，逆行髓内钉可以显著增加早期的稳定性，提供更好的抗折弯性能和抗旋转强度。肱骨干近端骨折恰好相反，顺行髓内钉有更好的生物力学特性。

顺行入路用于治疗肱骨干中段和近端 1/3 骨折。近端呈弧形的髓内钉从大结节插入，要求骨折线距大结节至少 5~6 cm。直的髓内钉顺着髓腔插入，可用于治疗更偏近端的骨折，但这种髓内钉会影响到肩袖和肩关节外侧关节软骨。入钉点在肩关节伸 30°时于肩峰前方平行于肱骨干做纵形切口，切开喙肩韧带即可达肱骨髓腔，选取该入钉点可以避免损伤肩袖。远端锁钉可以从后向前（对与周围神经来说是最安全）、从前向后或者从外向内置入，但对于多发伤患者，从后向前置入锁钉会有一定困难。当使用外侧入路置入锁钉时，必须小心使用钝性分离到达骨面，确保桡神经不会受到损伤。

肱骨逆行髓内钉适用于累及中段和远端 1/3 的肱骨干骨折。进钉点位于距鹰嘴窝上方 1.5~2 cm 的后侧皮质，并将髓内钉顺肱骨干插到距离肱骨头 1~1.5 cm 的地方。

使用肱骨髓内钉有损伤神经血管的可能，主要包括三部分：在开髓和插入髓内钉时可能损伤桡神经；近端锁定时损伤腋神经；远端锁定时损伤桡神经、肌皮神经、正中神经和肱动脉。此外，使用顺行髓内钉常会在进钉点引起一些症状，如肩关节疼痛和僵硬，而逆行髓内钉则有发生肘关节功能受限以及肱骨远端部位医源性骨折的风险。

（3）外固定架：外固定架很少使用，通常应用在其他现有治疗方法禁忌使用的时候，主要为严重的开放性骨折伴有大面积软组织和损伤骨缺损。外固定架采用单侧、半钉结构即可稳定骨折端，在骨折上下方各置入 2 枚螺钉，螺钉应该穿透两层皮质并在同一平面，并在直视下置入以防止神经血管损伤。其常见的并发症为钉道感染，部分患者会出现骨不连症状。

（谭　昊）

第四节　肱骨远端骨折

肱骨远端骨折发生率相对较低，约占所有骨折的 2% 以及肱骨骨折的 1/3，最多见于 12～19 岁的男性以及 80 岁以上的老年女性。低能量损伤多由摔倒时肘部受到直接撞击或伸直位受到轴向的间接暴力所致，高能量损伤多见于遭受车祸或高空坠落伤的年轻患者，常为开放性骨折，且伴有合并损伤。

肱骨远端骨折的治疗常较为困难，特别是那些粉碎严重的关节内骨折，而在伴有明显骨质疏松的老年人群中，这一类型骨折的发生率呈上升趋势，因此对其治疗方式的选择提出了新的挑战。无论成人或儿童患者，对骨折不正确的治疗皆可导致显著的疼痛、畸形以及关节僵硬。为避免这一问题就需要对骨折进行切开复位以重建正常的肘关节，并进行牢固的内固定，以利关节早期的主动活动，从而达到良好的功能恢复。

一、解剖

肱骨远端呈 Y 形分开，形成两个支撑滑车的圆柱，可依此划分为内外侧柱，这些柱终止在与滑车相连的点上，其中内侧柱的终止点较滑车远端约近 1 cm，而外侧柱延伸到滑车的远侧面。滑车的功能就像肱骨远端的关节轴，位于两个骨柱之间，形成一个三角形。破坏这个三角形的任意一边，其整体结构的稳固性就明显减弱。

肱骨远端的三角形结构在后方形成一近似于三角形的凹陷，即鹰嘴窝，在肘关节完全伸直时容纳鹰嘴尖的近端。肱骨的髓腔在鹰嘴窝近侧 2～3 cm 处逐渐变细，同时肱骨在内外侧柱间开始变得很薄。桡骨远端前方凹陷被一纵向骨嵴分开，分别为尺侧的冠状窝和桡侧的桡窝。这一纵嵴和滑车外侧唇缘构成内外侧柱的解剖分界线，冠状窝和滑车位于两柱之间，构成一对称的柱间弓。鹰嘴窝和冠状窝与柱间的滑车相联系，而桡窝及肱骨小头是外侧柱的一部分。

内侧柱始于此弓的内侧界，在肱骨远端以 45° 角从肱骨干上分出。此柱的近侧 2/3 为骨皮质，远侧 1/3 为骨松质构成的内上髁，截面为椭圆形，内上髁的内侧面和上方是前臂屈肌群的起点，因此内上髁骨块的准确复位和固定有助于重建肘关节的稳定。尺神经从内上髁下方的尺神经沟通过，将尺神经前置后，可以将内固定物放于后内侧柱，而且内侧柱的前侧面没有关节面，螺钉不会影响关节功能。

外侧柱在肱骨干上和内侧柱同一水平的远端分出，但方向相反，与肱骨干长轴成 20° 角。此柱近侧半为骨皮质，后侧面宽阔平坦，是放置钢板的理想位置。外侧柱的远侧半为骨松质，起始于鹰嘴窝的中央，在向远侧延伸的过程中开始逐渐向前弯曲，在此弯曲的最远点出现肱骨小头软骨。肱骨小头向前突出，在矢状面呈 180° 弓形，其旋转中心在肱骨干轴心线前方 12～15 mm，但在滑车轴心的延长线上，此为尺桡骨同轴屈伸的解剖基础。肱骨远端的柱状概念在决定何处放置内固定物时很重要，因为术中不能从后面直接看到外侧柱的前面。

滑车是肱骨两柱间的"连接杆"，由内外侧唇缘和其间的沟组成。此沟与尺骨近端的半尺切迹相关节，两唇缘给肱尺关节提供内外侧稳定。

二、诊断

1. **病史及体格检查** 仔细询问病史有助于分析损伤时组织受到外力的能量大小。患者骨质强度是关键因素，老年患者一次简单的摔倒即可造成粉碎性骨折。患者的总体病史同样十分重要，内固定手术要达到良好的效果需要患者对术后主动功能锻炼具有良好的合作性。

通常肘关节会出现肿胀，并可能有短缩畸形。查体时必须仔细检查肢体末端的血管神经状况。此外，还应注意有无开放性伤口，有 1/3 以上的病例会出现这种情况，一般在肘关节后侧或后外侧，是由髁劈开后尖锐的肱骨干断端横行刺穿伸肌结构和皮肤造成的。

2. **影像学检查** 应拍摄骨折部位的正侧位 X 线片，必要时加拍斜位片。在麻醉状态下拍片或透视时对患肢施加轻柔的牵引，有助于辨别骨折的形态以制订术前计划，投照健侧作为对比也有助于手术设计。隐蔽的骨折块可导致术前计划不足，对其正确的诊断依赖于丰富的临床经验。目前 CT 和 MRI 的应用价值不大，但三维重建有助于精确诊断。内固定的方式和手术入路因不同的骨折类型而异，因此对骨折进行精确分型十分关键。应力位摄片有助于骨折分型与术前计划的确定。

三、治疗

20 世纪 70 年代以前，针对这种骨折绝大多数作者倾向于采用保守治疗，包括牵引及石膏外固定。手术也是建立在有限内固定的基础上，由于切开复位和充分的内固定不容易做到，因此手术效果通常不佳。然而随着对肱骨远端双柱状结构的认识，通过钢板和螺钉内固定能够获得足够的稳定性，从而可以在早期进行功能锻炼，因此手术治疗已成为肱骨远端骨折的常规治疗方法。

1. **手术入路** 手术入路的选择取决于骨折类型。

（1）后侧入路：对于双柱骨折，最常采用鹰嘴旁肘后正中切口。患者取侧卧位或仰卧位，从鹰嘴尖近侧 15～20 cm 向远端做纵行切口，在肘部向内侧弯曲以绕过鹰嘴，然后返回中线并延伸到鹰嘴尖远侧 5 cm，尺神经需游离。要充分显露肱骨远端，通常需要尖端向下的 V 形尺骨鹰嘴截骨，手术结束时截骨处可用克氏针加张力带或 2 枚 6.5 mm 的骨松质螺钉固定。该入路的优点在于关节面显露充分，缺点在于有一定的尺骨鹰嘴延迟愈合、不愈合的发生率，肱骨头显露欠佳，且不能用于需要实行全肘关节置换的患者。为克服这些缺点，可采用肱三头肌劈开入路，其操作相对简单，复位时可参照尺骨近端完整的滑车切迹，但肘关节面显露相对受限。也可采用三头肌翻转入路，将其在尺骨鹰嘴上的止点剥下并自内向外侧翻转，术毕于鹰嘴钻孔将三头肌止点缝回原处。该入路对外侧柱显露欠佳，一般不用于切开复位内固定术，主要用于肘关节置换。

（2）外侧入路：向近端延伸的 Kocher 入路沿肱三头肌和肱桡肌分离，并将前者自外侧肌间隔剥离，即可显露肱骨远端外侧柱。该入路可用于治疗部分外侧柱骨折、简单的高位贯穿骨折以及肱骨小头骨折。

（3）内侧入路：内侧入路可完全显露肱骨远端的内侧柱，可用于治疗单纯内侧柱、内上髁或肱骨滑车的骨折，也可与外侧入路联合治疗复杂的以及合并肱骨小头的滑车骨折。

（4）前侧入路：肘关节前侧入路在肱骨远端骨折的治疗中应用较少，因其对内外侧柱显露均有限，仅偶尔应用于伴有肱动脉损伤的患者。

2. 手术方法 应根据骨折类型仔细地进行术前计划，包括整个手术操作（抗生素应用、手术入路、植骨等）。如不能精确计划内固定方式，应对所有可能采用的方法做充分准备。

（1）复位：复位是手术过程中最困难的部分，必要时可采用牵开器，临时的克氏针固定可在复位过程中提供帮助，但一般不作为最终的固定。手术过程中应做出充分的计划，以保证临时内固定物不会妨碍最终内固定物的安放。标准的方法是复位和固定髁间骨块，但如果存在大骨折块与肱骨干对合关系明显，则无论涉及关节面的大小，均应先将其与肱骨干复位和固定。

（2）固定：这些骨折的固定原则是重建正常的解剖关系以及肱骨远端三角每个边的稳定性。但必须记住，出于解剖方面的原因，某些骨折很难牢固固定，包括以下几个方面：远侧骨折块太小，限制了应用螺钉的数目；远侧骨块是骨松质，使得螺钉难以牢固固定；为保持最大的功能，内固定放置需避开关节面和三个窝（鹰嘴窝、冠状窝、桡窝）；该区域骨骼和关节面的复杂性导致钢板预弯困难。

对于累及双柱的骨折，一般采用两块接骨板才可达到牢固的固定，最常选用 3.5 mm 重建接骨板或 DCP，两块接骨板垂直放置可增加固定强度。如果两块钢板位置均靠后，那么钢板较弱的一侧便处于肘关节运动平面上，容易造成骨折延迟愈合及钢板疲劳断裂。固定的顺序可有多种变化，并且必须与各骨折类型相适应。通常先固定较长的骨折平面，这个骨折通常累及集中的一个柱。此外，钢板塑形及螺钉固定应当从远到近，因为远侧钢板的放置位置对最大限度发挥远侧螺钉的作用极为重要。后外侧接骨板在屈肘时起到张力带的作用，远端要达到关节间隙水平，对于肱骨小头骨折，可通过外侧接骨板应用全螺纹骨松质螺钉进行固定，需根据骨骼外形进行预弯以重建肱骨小头的前倾，最远端的螺钉指向近端以避开肱骨小头并可提供机械的交锁结构。内侧接骨板要置于较窄的肱骨髁上嵴部位，内上髁可以作为"支点"把钢板远端弯曲 90°，这样远侧的两个螺钉相互垂直，形成机械交锁结构，其力量大于两个螺钉螺纹的组合拔出力量。滑车骨折可以用加压螺钉进行牢固固定，但如果为粉碎骨折，必须小心，以防在滑车切迹上用力过度造成关节面不平整，这种情况下螺钉要在没有压力的模式下拧入。术中应尽可能保护骨块的软组织附丽。

固定完成后对肘关节进行全范围的关节活动，包括前臂的旋转。仔细检查是否存在螺钉或钢针穿出关节面而发生撞击的情况，并检查骨折块间是否存在活动。

对于骨质疏松明显、骨折严重粉碎以及骨折线非常靠近远端的老年患者，全肘关节置换也是一种选择。

（3）特殊类型骨折的固定

1）高位 T 形骨折：高位 T 形骨折是最简单的可以牢固固定的类型，因其远侧骨块相对较大。其垂直骨折线最长，因而通常先用贯穿拉力螺钉固定。

2）低位 T 形骨折：该型最为常见，一个特殊的难题是外侧骨块常难以固定。因此通常先固定内侧柱，用长的髁螺钉通过钢板远侧孔把内侧柱牢固固定于外侧柱，这样外侧柱上可以获得一个更近的支点。

3）Y 形骨折：斜行骨折平面可使用加压螺钉固定骨块。对 Y 形骨折，钢板只能起到中和钢板的功能。

4）H 形骨折：原则上讲，滑车碎块必须在远侧柱上重新对位。远侧骨块用点状复位钳复位到两个柱上。在用 4.0 mm 或 6.5 mm 螺钉固定骨块时，先用克氏针临时固定，以协助稳定滑车和防止碎块移位。

5）内侧 λ 形骨折：该型骨折的困难之处在于外侧骨块上可利用的区域很小，内侧滑车碎块即使用螺钉固定也太小。外侧柱用 2 根 4.0 mm 螺钉把肱骨小头固定到内侧柱，完成远端贯穿固定。然后用 2 根外侧 4.0 mm 螺钉把同一碎骨块固定到外侧钢板，这样便可固定整个外侧柱。内侧柱用标准 3.5 mm 重建钢板牢固固定。

6）外侧 λ 形骨折：在该型骨折中，滑车是一个游离碎块，但其内侧柱完整。因此，应先把滑车骨块固定于内侧柱上，用 2 枚 4.0 mm 螺钉通过钢板钉孔直接拧入滑车和小头，可以确保钢板稳定并把远侧骨块拉到一起。

7）开放性骨折：常见于高能量创伤，如果伤口在前侧，肱动脉和正中神经有损伤的风险，应仔细检查神经血管。如果伤口在后侧，在设计手术入路时可利用肱三头肌的伤口，在这种情况下肱骨末端可能有大量的污物和碎片存在，因此需要仔细清创。

（4）术后处理：对骨折进行有效的固定后不需要石膏的辅助外固定。术后肿胀十分常见，绷带或石膏过紧可增加发生骨筋膜室综合征的风险。术后 24 小时拔出引流管后开始肘关节主动活动，但禁止对肘关节进行间断性的被动牵拉。抗阻锻炼需延迟至术后 4 周开始。

四、并发症

肱骨远端骨折常见并发症包括关节僵硬、骨不连和畸形愈合、感染以及尺神经麻痹。鹰嘴截骨的患者还有可能出现截骨部位的骨不连，应用尖端指向远侧的"V"形截骨可增加截骨面的接触面积以降低该并发症的发生率。骨质疏松严重的老年患者还容易出现内固定失败。

（张 玲）

第五节 尺骨鹰嘴骨折

尺骨鹰嘴位于皮下，很容易在受到直接暴力而骨折。单独的尺骨鹰嘴骨折约占肘关节骨折的 10%。肱三头肌止于尺骨鹰嘴，其筋膜由内外侧向尺骨远端延伸止于尺骨近段骨膜。因此，在没有移位的尺骨鹰嘴骨折时，完整的肱三头肌筋膜能维持骨折不进一步移位。

一、发病机制

直接暴力是尺骨鹰嘴骨折最常见的原因。肘关节屈曲、前臂伸展位撑地以及高能量损伤都可以造成鹰嘴骨折，有时可合并桡骨头骨折以及肘关节脱位。

二、临床表现和诊断

鹰嘴全长均位于皮下，骨折后往往疼痛、肿胀、畸形明显，可以扪及骨折线。正、侧位 X 线多可以清楚显示骨折的类型和关节面的情况，标准的侧位片非常重要，有助于判断有无肘关节脱位的存在。

三、治疗

尺骨鹰嘴骨折的治疗目标：①重建关节的完整性。②保护伸肘动力。③重建肘关节稳定性。④恢复肘关节的活动范围。⑤避免和减少并发症。⑥快速康复。基于以上这几个目标，原则上所有的尺骨鹰嘴骨折都应进行内固定治疗，尤其是有移位的骨折。下面主要依据 Mayo 分型介绍一下治疗方案。

Type I 为无移位骨折。

严格来讲，为达到早期活动的目的，尺骨鹰嘴骨折都宜进行手术治疗。对于老年人的无移位骨折，也可以行肘关节半屈中立位长臂石膏后托固定。通常固定1～2周即可开始肘关节屈伸锻炼，治疗时应严密跟踪X线表现，一旦发现骨折移位应及时调整治疗方案。6周内避免90°以上的屈肘活动。

Type II 为移位骨折，肘关节稳定。

1. 切开复位内固定　大部分横形骨折，无论是简单的还是伴有关节面轻度粉碎或压缩的，都可采用张力带钢丝技术固定。张力带技术通过屈肘活动将骨折间分离的力量转化为压缩力，从而使骨折块间得到加压。AO张力带技术采用2枚克氏针和8字钢丝固定，其技术要点为：2枚克氏针平行由近端背侧向远端前方置入，克氏针如果贯入髓腔并不明显降低张力带的加压效率，但克氏针穿过前方皮质可以防止针尾向近端滑出的风险。钢丝放置的部位对复位以及加压的影响十分关键：钻孔部位应位于距尺骨中轴偏背侧的部位，距离骨折线的位置应至少等于骨折线到鹰嘴尖的距离，不应<2.5～3 cm。钢丝在肘关节伸直位抽紧，才可以使屈肘时肱三头肌的牵拉力转化为骨折间的加压力。当有较大的碎骨块时，可以加用螺钉单独固定骨块。还有一种张力带技术，就是根据髓腔大小的情况采用6.5 mm或7.3 mm直径的AO骨松质螺钉髓内固定结合张力带钢丝的方法，虽然有生物力学实验的支持，但临床结果报道较少。

II B型骨折，如果骨折粉碎程度较严重，患者年龄<60岁，或者骨折线位于冠状突以远的，宜用塑形钢板固定。复位时应注意在粉碎骨折时，过分加压可能造成关节面短缩。这时可以参考尺骨背侧皮质的对位情况，而不应该盲目相信关节面的对合，必要时应进行植骨。

2. 切除骨折块，重建肱三头肌止点　切除鹰嘴重建止点，在撕脱骨折或严重粉碎骨折无法复位内固定的情况下仍然是一种选择。需要注意的是，重建肱三头肌止点可以造成伸肘无力、关节不稳、僵硬，可能出现骨关节炎等并发症。因此，这种治疗方案多限于对伸肘力量要求不高的老年患者。如果骨折不超过半月切迹近端50%的范围，尺骨近端附着的韧带没有断裂，切除骨块不会造成明显的关节不稳。另外，大部分作者都建议将肱三头肌止点前移至靠近鹰嘴关节面的部位，认为可以减少骨关节炎的发生，但最近的生物力学实验证明，止于前方大大地减弱肱三头肌的肌力，相反，止于后侧可以获得接近正常的伸肘力量，只在屈肘90°位时伸肘力量才有明显减弱。

Type III 为移位骨折，肘关节不稳。

因为同时存在侧副韧带断裂，所以肘关节不稳甚至脱位。尤其是III B型骨折，往往同时合并冠状突或桡骨头骨折或桡骨头脱位，这是一种极为复杂和不稳定的骨折类型，治疗结果也最难预料。手术的目的仍然是关节面解剖复位，坚强内固定，早期功能锻炼。在固定鹰嘴的同时，还需要处理相应的桡骨头或冠状突骨折等。对III A型和III B型骨折，因其固有的不稳定的特性，均宜采用钢板固定。O'Driscoll等提出采用后正中入路，将钢板塑形后放置在背侧固定。生物力学实验表明，单块后置钢板的抗弯强度比在内外侧同时放置两块钢板的强度更大。1/3管型钢板不能提供早期操练所需的固定强度，且有早期松动或疲劳折断的风险，因此应选用LC-DCP或重建钢板。如果在后侧钢板的近端螺孔加一枚长螺钉行髓内固定，可以有效增强抗弯强度。在合并大的尺骨冠突骨块的情况下，可先通过鹰嘴部的骨折线暴露和固定冠突，然后再完成尺骨鹰嘴的固定。这样可以防止因尺骨冠突骨折而肘关节后方不稳的情况发生。另外，如果骨折太碎，钢板和螺钉仍不足以牢固固定骨折，可以在近端加用张力带钢丝。对于部分III B型骨折也可以切除骨折块，这包括老年病例、皮肤软组织活力较差，以及近端骨块严重粉碎等情况。

行后侧钢板及张力带钢丝加强固定，桡骨头假体置换后肘关节稳定。

内固定选择：张力带钢丝 vs 钢板螺钉系统张力带钢丝技术被广泛应用于尺骨鹰嘴骨折的治疗。张力带钢丝将牵张力转化为骨折端的压应力，起到复位和促进骨折愈合的作用。但由于尺骨鹰嘴位于皮下部分，内固定物对软组织和皮肤的刺激较大。一项调查表明约24%的患者主诉与内置物有关的疼痛，32%的人因为内置物的刺激而影响关节功能恢复。当然，其中约有一半的患者在去除内置物后症状得到改善。

钢板固定同时兼有张力带和支撑的作用，材料的发展使钢板比以前更薄但强度并不减弱，所以内置物的刺激相对张力带钢丝系统为小。Bailey 等随访 25 例用钢板固定的 Mayo Ⅱ 型和 Ⅲ 型的患者，结果除了旋后活动与健肢相比有统计学差异，其他方向的活动及肘关节力量都没有统计学差异。

Hume 等做过一个前瞻性研究，他们分别采用钢板和张力带钢丝固定移位的尺骨鹰嘴骨折，结果发现钢板与张力带相比，在维持骨折复位（没有台阶或分离）（95% vs 47%）、影像学结果（优 86% vs 47%）、临床结果（优 63% vs 37%）方面均优于后者。6 个月后两者的活动度相等，张力带固定组有42%的患者存在内置物刺激症状。在一项比较各种固定方法力学强度的实验中，人们发现双侧打结的张力带钢丝对横形骨折最为稳定，钢板和张力带对斜形骨折的固定同样有效，而对粉碎骨折宜采用钢板固定，因为其固定稳定性最好。

四、并发症

鹰嘴骨折的并发症包括肘关节屈伸活动受限，畸形愈合、骨不连、尺神经症状以及创伤性关节炎等。前臂伸直受限 10°~15° 十分常见，这常常与关节制动和内置物刺激疼痛影响操练有关。克氏针置入对侧皮质可以有效地防止克氏针尾部退出对三头肌及皮肤软组织的刺激，有利减少内置物刺激引发的并发症。另外，15~25 年后肱尺关节骨关节炎的发生率高达 20%~50%。

（张　玲）

第六节　桡骨头骨折

桡骨头骨折占全身骨折的 1.7%~5.4%，占肘部骨折的约 33%，其中 1/3 合并其他损伤。

一、发病机制

常见于手掌向下，前臂伸展、旋前撑地，力量由掌心传递至肱桡关节，多引起桡骨头前外侧部分骨折。骨折的严重程度取决于肱桡关节承受的应力，最大可达身体重量的 90%。内侧副韧带可因受到强大的外翻应力而撕裂，造成更严重的外翻不稳；或因上臂的内旋，外侧副韧带、关节囊相继撕裂，肱骨滑车撞击尺骨冠状突造成尺骨冠状突骨折，造成肘关节骨折脱位，即所谓"恐怖三联症"；当受到以纵向应力为主的外力时，下尺桡关节的韧带、骨间韧带相继断裂，形成典型的桡骨轴向不稳定（Essex - Lopresti 损伤）。

二、临床表现和诊断

患者往往有明确的撑地外伤史，肘关节外侧肿胀、压痛明显。前臂旋转和屈伸受限，如果合并肘关节脱位或侧副韧带损伤，肘关节可明显畸形。对桡骨头骨折的患者还要重点检查前臂和腕关节，在 Essex - Lopresti 损伤的病例中，患者的远端尺桡关节有压痛，旋转时疼痛加重，前臂有胀痛感，此时需对比拍摄双侧的腕关节中立位正位片，以判断有无桡骨的上移。MRI 可有助于判断骨间膜的撕裂。X 线片包括常规的肘关节前后位和侧位片，如果患者桡骨头处压痛明显而 X 线平片无法看到明确的骨折线，可以加拍肘关节的外斜 45°位片。另外，拍摄前后位时球管投照方向略向近端倾斜，投射中心仍位于肘关节处（肘关节斜正位片），可以清楚地看到桡骨头的关节面以及在关节面上的骨折线情况。标准侧位片上的脂肪垫阴影，特别是在桡骨头前方和肱骨髁后方的阴影表明有关节腔内血肿存在，是桡骨头隐匿性骨折的一个线索，是加拍桡骨头特殊位 X 线片的指征，必要时也可以拍摄 CT 以明确诊断。

三、治疗

1. 功能治疗　对 I 型骨折采用短暂固定后早期进行屈伸和旋转功能操练（功能治疗）可以获得更好的肘关节功能，操练以主动活动为主，辅以适当的被动活动。操练方法：以屈肘为例，患肘达到屈曲极限时在健肢或理疗师帮助下维持 5 秒左右为一组，重复 5 组，每天 3 次。如患肢出现明显肿胀、发热等现象，则需减少运动量并适当辅以局部冷敷。治疗过程中可每周随访 X 线表现，防止操练中出现骨折移位。

2. 内固定治疗

（1）内固定治疗的指征：关节面塌陷或分离超过 2 mm、骨折类型不太复杂的 Mason II 型骨折是切开复位内固定的最佳适应证。对于大部分 Mason IV 型骨折，固定桡骨头更可以改善肘关节的稳定性并允许肘关节早期操练。但是采取内固定治疗方法的前提是手术能够提供足够强度的固定，允许早期活动而不用担心骨折移位或坏死。这取决于骨折粉碎的情况以及手术医生的手术能力，也取决于采用的内固定方式。

（2）手术入路：最常用的是 Kocher 入路，由肘肌和尺侧腕伸肌之间进入，在关节囊的浅面锐性分离尺侧腕伸肌和指总伸肌、桡侧腕伸肌。由于神经界面位于肘肌（桡神经）与尺侧腕伸肌（骨间后神经）之间，不会干扰相关肌肉的神经支配，分离软组织时注意保持前臂旋前以使骨间背侧神经向前方移位，防止神经损伤。关节囊切口应位于外侧副韧带尺骨束（LUCL）的前方，这样可以防止切断 LUCL 造成肘关节不稳，并能在术后缝合环状韧带后保证外侧副韧带复合体的完整性。骨折通常位于桡骨头的前外侧，这通常就是所谓的桡骨头固定的安全区（非关节面区），手术中一个简易的判断方法是找到桡骨茎突和 Lister 结节组成的 90°区域，在桡骨头平面与之相对应的 90°范围即是桡骨头骨折内固定的安全区。在安全区内放置钢板不会引起术后撞击和前臂旋转受限。螺钉即使在安全区内置入时也应做埋头处理，以防前臂旋转时刺激环状韧带。

（3）内固定选择：克氏针没有螺纹，固定不牢且有滑出的风险，如果尾部留得过长会因刺激软组织而难以保证术后早期活动。因此，如果有条件，应尽可能选择有螺纹的内固定材料。空心螺钉、Herbert钉、骨片钉、微型钢板等都是不错的选择。现在已经有专为桡骨头骨折设计的钢板，这是一种 2.0 mm 的 π 型锁定钢板，其生物力学强度要大于普通的 2.4 mm 系统的 T 型钢板和 2.0 mm 的 T 型 LCP 钢板，能对完全移位的桡骨颈骨折提供较高强度的固定，相信随着这种钢板的普及，更多的桡骨头骨折可以通过内固定治疗而非切除或假体置换。

3. 桡骨头切除和桡骨头假体置换　对于无法进行内固定重建的桡骨头骨折，或者无法可靠固定的骨折，切除桡骨头是明智的决定。对单纯的桡骨头骨折进行桡骨头切除，远期效果的优良率为 78％～95％。不过，Mason II 型和 III 型骨折合并内侧副韧带损伤的比例可能高达 50％，如果在内侧副韧带断裂的情况下切除桡骨头会造成肘关节的严重外翻，继而带来肘关节的无力和疼痛。Essex－Lopresti 损伤对整个前臂稳定性的危害极大，尤其是腕关节的活动和力量都会受到严重影响。桡骨头切除后桡骨向近端移位的发生率高达 20%～90%，说明这种损伤的漏诊率极高，假体置换可以防止这些并发症的发生。不过，是否假体置换还取决于患者的年龄、经济条件、对肘部及腕关节力量的要求等因素，对于 Mason Ⅲ 型骨折，如果并存有内侧副韧带损伤或骨间膜损伤，且患者年龄较轻，患肢是优势肘，应该考虑假体置换。

Mason Ⅳ 型骨折的治疗原则是尽可能地复位固定桡骨头以恢复肘关节的稳定。因为即使是现有的金属假体，仍不能完全模拟自然桡骨头的形态，生物力学实验证实自体桡骨头能够提供更有效的稳定作用。桡骨头假体安放不当会造成肱骨小头前方关节面磨损并限制屈曲活动。当然，如果内固定不足以允许肘关节早期活动，肘关节的功能不佳，此时应切除桡骨头，并可通过以下两种选择获得肘关节的即刻稳定性。

1. 使用带轴的外固定支架　使内、外侧副韧带在支架的保护下获得愈合，但这种方法不能确保不出现晚期的肘关节的外翻、不稳定以及桡骨上移、腕部尺侧嵌入综合征等的发生。外固定支架的螺钉有损伤桡神经的风险，另外，如果支架的旋转中心不能正确地对准肘关节的旋转中心，肘关节的活动会受到影响。

2. 桡骨头假体置换　置入金属假体可以提供肘关节较好的外侧柱稳定性，目前为止，采用金属假体置换治疗复杂桡骨头骨折已经在临床上取得了较好的中短期疗效。

（张　玲）

第七节　孟氏骨折

又称为 Monteggia 骨折脱位，为尺骨近端 1/3 骨折合并桡骨头脱位。

Monteggia 于 1814 年首先对此种骨折脱位进行了描述，此后即以其名字称呼此种骨折脱位。这种骨折脱位的复合性损伤在治疗上常常貌似简单，实则争议尚多。尺骨骨折合并桡骨近端脱位，伴或不伴有桡骨骨折。目前认为儿童的这种复合损伤一般可保守治疗，但成人常规需要切开复位内固定。

一、发病机制

在所有类型中 Ⅰ 型居绝对多数。目前大多数学者认为 Ⅰ 型骨折主要有两种损伤机制。

1. 极度旋前位或过伸时跌倒，由跌倒产生的压力造成尺骨骨折，同时肱二头肌的强大旋后力向前牵拉桡骨头。Evan 进行尸体生物力学研究，将肱骨固定后强力使前臂旋前，结果造成了桡骨头前脱位和尺骨骨折。同时指出，跌倒时手和前臂通常是完全旋前的，当手固定于地面时，体重迫使上肢外旋，即造成了前臂的极度旋前而发生 Monteggia 骨折。Bado 同意 Evans 的观点，指出 Ⅰ 型骨折的肘关节侧位 X 线片上，桡骨结节处于后侧，表明桡骨处于完全旋前位。

2. Monteggia 骨折脱位的另一损伤机制就是前臂遭受尺骨背侧的直接打击。因为在该类型损伤中并无跌伤史。

Peurose 描述了 Monteggia Ⅱ 型骨折脱位的损伤机制，他认为此种类型类似于肘关节后脱位，只是由于尺骨近端附着的韧带结构较尺骨骨质更为坚固。由此，当前臂遭受向后传到的暴力时造成了桡骨头后脱位，肱尺关节保持完整，而尺骨近端发生了骨折。

Bado 指出 Monteggia Ⅲ 型骨折脱位都是由肘内侧面的直接打击暴力所造成的。此类损伤多见于儿童而成人少见。

多数学者认为Ⅳ型骨折的损伤机制与Ⅰ型相同，只是可能在桡骨头脱位后，桡骨又遭受了第二次创伤所致，故合并了桡骨骨折。

二、诊断

除依据症状和体征外，对此型骨折脱位损伤的确诊更多依赖于X线检查。虽然尺骨骨折和桡骨头脱位在X线片上极易判断，但Monteggia骨折的漏诊率却还是很高。有20%～50%的病例在初次就诊时出现漏诊。主要原因如下：第一是X线片未包括肘关节；第二是摄片过程中X线球管未以肘关节为中心，以致桡骨头脱位变得很不明显；第三是体检不认真忽略了桡骨头脱位的存在，以致阅片漏诊；第四是患者在伤后就诊前自行牵拉或制动，使脱位的桡骨头自动复位，以致就诊时忽略了脱位的可能，但在固定中可复发脱位。

此外，Monteggia骨折脱位变异类型的漏诊率更高。由于此种类型多见于儿童前臂损伤，所以有学者提醒临床医师需要注意：①当前臂仅有单一尺骨或桡骨成角或重叠短缩骨折时，一定有尺桡近端或远端关节的脱位或半脱位（Monteggia或Galeazzi骨折脱位）。②当儿童前臂损伤有尺骨头或桡骨头脱位时，必须仔细观察是否有尺桡骨骨折，即使仅有轻微青枝骨折或弯曲畸形。③在进行前臂X线摄片时必须包括尺桡近、远端关节。④必要时需要加拍对侧即正常侧前臂X线影像以便进行对照。

在肘关节前后位和侧位X线片中，确定桡骨头是否脱位的方法是，描画通过桡骨头的桡骨轴线——肱桡线，该轴线应该指向肱骨小头；如果桡骨轴线没有通过肱骨小头则表明存在桡骨头半脱位或脱位。

三、治疗

儿童Monteggia骨折脱位，闭合复位治疗均可获得满意效果。但对成人Monteggia骨折脱位的治疗，尤其是桡骨头脱位的治疗一直存在争议。

Speed发现切开复位桡骨头并修复或重建环状韧带，同时做尺骨内固定是效果最好的方法。Boyd和Boals建议对尺骨骨折用加压钢板或髓内钉做坚强内固定，但桡骨头应闭合复位，除非闭合复位失败，否则并无切开复位的指征。前一组中多数桡骨头脱位可采用手法复位，急性损伤采用此法治疗，约80%效果优良。伴有桡骨头骨折的Monteggia骨折脱位可能难以处理。因此当桡骨头有明显骨折时Boyd和Boals建议切除桡骨头，他们治疗的病例优良率达77%。

Reynders等认为桡骨头早期切除与尺骨骨折延迟愈合或不愈合有关，可增加尺骨骨折固定所承载的成角应力。他们建议对桡骨头骨折进行修复、假体置换或原样保留直至尺骨骨折愈合。

对多数Ⅰ型损伤可以采取如下方法处理：对尺骨骨折进行坚强的内固定、闭合复位桡骨头、前臂旋后位肘关节屈曲90°以上制动6周。

尺骨不愈合、骨性连接、肘关节活动受限是效果差的主要原因。建议对这种复杂的复合性损伤要仔细诊断，并迅速给予恰当的治疗。

长骨骨折的X线必须包括远端和近端关节。无论肢体处于什么姿势，在所有X线片上桡骨头与肱骨小头总是在一条线上。对于看似没有危险的尺骨近端1/3轻度移位骨折患者，必须密切观察有无尺骨成角增加和继发桡骨头脱位或半脱位。

目前常用的治疗方案如下：

1. 急性损伤　桡骨头脱位可用闭合方法复位者，就不应切开复位，但尺骨骨折需要坚强内固定。

由于尺骨近端1/3的髓腔较大，使用加压钢板；尺骨中1/3处髓腔较小，可用加压钢板或髓内钉。术中固定尺骨骨干骨折后，应仔细分析肱桡关节X线片。桡骨头半脱位需要切开复位。

（1）手术方法：首先牵引前臂，在上臂做对抗牵引，将肘关节屈曲120°，整复桡骨头脱位。通过X线片检查复位情况，如复位满意，可如前述进行下一步处理；若复位不满意，则进行切开复位。沿尺骨皮下缘做一切口，显露尺骨骨折。然后用加压钢板和螺钉或髓内钉固定骨折。创口缝合后，然后前臂旋后，肘关节屈曲120°，防止桡骨头再脱位，用塑形的上臂后侧石膏托固定。复查X线片，确认桡骨头仍保持复位。

（2）术后处理：术后2周，将后侧石膏托开窗或拆除，然后拆线。术后4~6周，必须保持肘关节屈曲110°~120°。通常术后2周换用长臂管型石膏，术后4周去除管型石膏，改用颈腕带保护上肢，仍保持肘关节屈曲110°~120°。允许轻柔地旋前和旋后活动，但在伤后6周前不能做90°以下的伸肘活动。

2. 急性损伤　环状韧带或关节囊嵌入阻碍了桡骨头复位者，需要切开复位桡骨头脱位，修复或重建环状韧带，坚强固定尺骨骨折，手术采用Boyd入路。

（1）手术方法：通过Boyd入路显露尺骨骨折和桡骨头脱位。确认环状韧带的情况，如韧带完整，可切开并牵开韧带，协助桡骨头复位。较常见的是环状撕裂或撕脱，并移位进入尺骨的桡骨切迹。如果为协助桡骨头复位已将环状韧带切开，且环状韧带破损不太严重，可用适当的不可吸收缝线予以缝合。若环状韧带已经不能修复，可予以韧带重建。具体方法：于前臂肌肉上切取一条筋膜，长约11.4 cm，宽1.3 cm。筋膜带的近端仍连接于尺骨近端，在鹰嘴三角形背侧面的远端深筋膜与骨膜混合在一起。在尺骨的桡骨切迹远侧于桡骨结节的近侧之间，将筋膜带绕过桡骨颈后面，继之环绕桡骨颈。在固定尺骨骨折之前进行这步操作较为容易。再整复尺骨骨折的骨块，按成人尺桡骨骨干骨折部分介绍的方法做牢固固定。如骨折粉碎严重，要用自体髂骨移植辅助内固定，注意不可在尺桡骨之间放置任何骨块。最后在桡骨颈处缝合新的环状韧带。韧带应收紧，但不要太紧以免磨损骨质和妨碍旋转。

（2）术后处理与桡骨头闭合复位相同。

3. 成人陈旧性Monteggia骨折脱位损伤（6周或更长时间）　从未复位的桡骨头脱位，或尺骨骨折固定不牢导致骨折成角和桡骨头再脱位者，应切除桡骨头。若尺骨成角明显或不愈合，则进行坚强固定（通常加压钢板），并附加骨松质移植。

用上肢后侧石膏托固定前臂于中立位，肘关节屈曲90°。只要固定牢固及创口愈合满意，通常可于术后4~5天除去石膏托，然后用吊带保护上肢。可进行轻柔的肘关节主动活动练习以及旋转活动。骨折通常在8~10周牢固愈合。

儿童陈旧性损伤（6周或更长时间）并发症较多，常见有桡骨头再脱位、尺骨骨折畸形愈合以及前臂骨筋膜室综合征出现尺神经或桡神经麻痹等，而且手术失败率较高，所以需要更多关注。儿童陈旧性损伤一般等待成年后再进行处理。手术方法较多，主要有两种：尺骨截骨桡骨头切开复位和尺骨外固定支架延长闭合复位桡骨头。

对儿童是否需要重建环状韧带仍存争议。Devani报道对脱位桡骨头予克氏针贯穿复位固定肱桡关节而未进行环状韧带重建，取得了较好的临床效果。但有学者建议在修复环状韧带后需要应用克氏针对肱桡关节进行临时固定以保护韧带的有效愈合。

一般儿童禁止切除桡骨头。有学者建议对儿童陈旧性Monteggia损伤中有症状的脱位桡骨头可以在成年后进行切除。Freedman等建议对有症状的脱位桡骨头可以进行切开复位。但由于脱位桡骨头过度生长或畸形生长导致切开复位非常困难，可以采用桡骨短缩截骨达到复位的目的。

四、预后

目前关于 Monteggia 骨折脱位手术治疗的长期预后尚无定论，Bado 分型与预后的关系也不明确。Givon 等认为 Bado Ⅰ 型预后要较其他类型差。另一项多中心研究认为 Bado Ⅰ 型和 Ⅲ 型预后优良，Ⅱ 型和 Ⅳ 型预后一般中或差。Ring 等报道的 48 例成人 Monteggia 骨折脱位手术治疗后平均随访 6.5 年中有 6 例预后差，都为 Bado Ⅱ 型。此外有许多学者认为 Monteggia 骨折脱位预后与 Bado 分型之间没有明确的对应关系。

Konrad 等对 63 例成人 Monteggia 骨折脱位病例进行了平均 8.4 年的随访。Bado Ⅱ 型以及 Jupiter Ⅱ a 型骨折脱位常常伴有桡骨头或冠状突的骨折，因此他们认为在所有成人 Monteggia 骨折脱位类型中 Bado Ⅱ 型特别是 Jupiter Ⅱ a 型长期预后最差。需要对此类型损伤的病例进行充分的解释，说明预后情况及患肢功能丧失情况，必要时需要进一步手术治疗。

（陈锦标）

第八节　盖氏骨折

盖氏骨折又称为 Galeazzi 骨折脱位，为桡骨远端 1/3 骨折合并远端尺桡关节（DRUJ）脱位。

Galeazzi 详细描述了此种损伤，并建议强力牵引拇指整复之。此后即称此种损伤为盖氏骨折。Compbell 称之为"无法避免的骨折"，因其确信此种损伤必须手术治疗。此种损伤较 Monteggia 骨折脱位更为多见，其发生率约高于后者 6 倍。

一、发病机制

Galeazzi 骨折可因直接打击桡骨远端 1/3 段的桡背侧而造成；亦可因跌倒，手掌撑地的应力传导而造成；还可因机器绞轧而造成。损伤机制不同，其骨折也有不同特点。

二、诊断

桡骨骨折通常在桡骨中下 1/3 处，可为横形或短斜形，很少严重粉碎。如桡骨骨折移位明显，则下尺桡关节将完全脱位。尺桡骨前后位 X 线片上，桡骨表现为短缩，桡骨向尺骨靠拢，尺桡骨远端骨间距离增宽。正常情况下，尺桡远端关节之间的宽度不大于 1～2 mm，如果超过此宽度表明尺桡远侧关节间韧带结构损伤。正常情况下前臂侧位 X 线片上，尺骨影被桡骨影遮盖，或尺骨影应不超过桡骨影背侧 3 mm。Galeazzi 骨折脱位中桡骨通常向掌侧成角，尺骨头向背侧突出。

儿童患者极少数情况下会出现尺骨远端干骺端分离而非尺桡远侧关节脱位或两者同时并存，所以要对 X 线影像精确分析，排除可能存在的干骺端分离。

三、治疗

Galeazzi 骨折脱位牵引下手法复位并不困难，但维持闭合复位比较困难。由于尺桡骨远端几种肌肉牵拉的力量造成了复位难以维持。

1. 旋前方肌收缩使桡骨远折段向尺骨靠拢，并牵拉其向近侧及掌侧移位。

2. 肱桡肌牵拉桡骨远折段向近侧短缩移位。

3. 拇外展肌及拇伸肌使桡骨远折段向尺骨靠拢，向近侧移位短缩。

由于有上述几种移位力量的存在，因此闭合复位的成功率不高。此外，在极少数情况下由于尺骨远端关节内骨折可以妨碍尺桡远侧关节复位，故为了获得良好的前臂旋转功能，避免尺桡远侧关节紊乱，桡骨骨折必须解剖复位。因此此种类型骨折必须予切开复位内固定。

由于 Galeazzi 骨折脱位中桡骨远端骨折处髓腔较宽大，髓内钉很难提供坚固的固定，对放置骨折端间的旋转作用微弱。因此该类型损伤中桡骨远端骨折不允许髓内钉固定。

目前成人首选的方法是通过前侧 Henry 手术入路对桡骨干骨折做切开复位和加压锁定钢板内固定。钢板置于桡骨掌面。由于小的钢板难于对抗桡骨远端骨折端肌肉牵拉产生的移位力量。此外，短小钢板在移位力量的作用下可能弯曲，螺钉可能松动造成骨折畸形愈合和不愈合，所以钢板必须有足够的长度和强度，目前多建议使用加压钢板。术后短臂石膏前后托，前臂旋转中立位制动 4~6 周，以使下尺桡关节周围被损的组织获得愈合。对桡骨干骨折做坚强的解剖固定，一般可是远侧尺桡关节脱位复位。若该关节仍不稳定，应在前臂旋后位时使用 1 枚克氏针做临时横穿固定。6 周后去除克氏针，开始前臂主动旋转活动。

近期有学者通过回顾性研究认为对儿童和未成年人 Galeazzi 骨折脱位予以有效的手法复位并辅以石膏可以获得优良的临床结果，并认为即使在该类损伤初期对 Galeazzi 骨折脱位未及时诊断，闭合复位石膏固定仍可以作为有效的治疗方法。

（陈锦标）

第八章　下肢损伤

第一节　股骨颈骨折

股骨颈骨折占全部骨折总数的 3.58%，它常发生于老年人中，随着人的寿命延长，其发病率日渐增高。其临床治疗中存在骨折不愈合（15% 左右）和股骨头缺血坏死（20% ~ 30%）两个主要问题。至今，股骨颈骨折的治疗及结果等多方面仍遗留许多未解决的问题。

一、致伤原因、分型与诊断

（一）致伤原因

造成老年人发生骨折有两个基本因素，内因骨强度下降，多由于骨质疏松；双光子密度仪证实股骨颈部张力骨小梁变细，数量减少甚至消失，最后压力骨小梁数目也减少，加之股骨颈上区滋养血管孔密布［据 200 根成人股骨颈上区观察测量平均（14.6 ± 0.22）个标准差为 3.1］，均可使股骨颈生物力学结构削弱，使股骨颈脆弱。另外，因老年人髋周肌群退变，反应迟钝，不能有效地抵消髋部有害应力，加之髋部受到应力较大（体重 2 ~ 6 倍），局部应力复杂多变，因此不需要多大的暴力，如平地滑倒，由床上跌下，或下肢突然扭转，甚至在无明显外伤的情况下都可以发生骨折。而青壮年股骨颈骨折，往往由于严重损伤如车祸或高处跌落致伤，偶有因过度过久负重劳动或行走，逐渐发生骨折者，称之为疲劳骨折。

（二）分型

骨折进行分类可以反映骨折移位程度，稳定性，推测暴力大小，也可估计预后，并指导正确选择治疗方法。

1. 按骨折部位分类　见图 8 - 1。

（1）股骨头下骨折：骨折线位于股骨头与股骨颈的交界处。骨折后由于股骨头完全游离，可以在髋臼和关节囊中自由旋转移动，同时股骨头的血液循环大部中断，即使圆韧带内的小凹动脉存在，也只能供应圆韧带凹周围股骨头的血供；如果小凹动脉闭塞，则股骨头完全失去血供，因此此类骨折愈合困难，股骨头易发生缺血坏死。

（2）股骨颈头颈部骨折：骨折线由股骨颈上缘股骨头下开始，向下至股骨颈中部，骨折线与股骨纵轴线的交角很小，甚至消失，这类骨折由于剪力大，骨折不稳，远折端往往向上移位，骨折移位和它所造成的关节囊，滑膜被牵拉、扭曲等改变，常导致供给股骨头的血管损伤，使骨折不易愈合和易造成股骨头坏死。

（3）股骨颈中部骨折：骨折线通过股骨颈中段，由于保存了旋股内侧动脉分支、髋外侧动脉、干骺端上及下侧动脉，经关节囊的滑膜下进入股骨头，供应股骨头的血液循环，因此骨折尚能愈合。

（4）股骨颈基底部骨折：骨折线位于股骨颈与大转子之间，由于骨折两端的血液循环良好，骨折容易愈合。

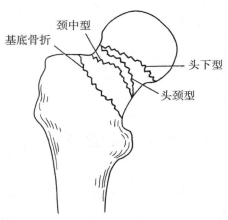

图 8-1　股骨颈骨折按部位分类

2. 按骨折线的方向分类　见图 8-2。

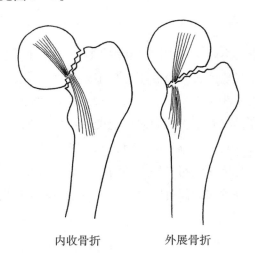

图 8-2　股骨颈骨折按骨折线的方向分类

（1）股骨颈外展骨折：在跌倒时下肢常处于外展位。两折端之间呈外展关系，压力骨小梁折断向内成角，颈干角加大，骨端嵌插，位置稳定，骨折线的 Pauwell 角 < 30°或者 Linton 角 < 30°。这种骨折端的剪力小，骨折比较稳定，同时由于髋周围肌肉张力和收缩力，促使骨折端靠拢并施以一定压力，有利骨折愈合。

（2）股骨颈内收骨折：在跌倒时下肢常处在内收位。股骨头呈内收，骨折远端向上错位，骨折线的 Pauwell 角 > 50°，或骨折线的 Linton 角 > 50°，此种骨折端极少嵌插，骨折线之间剪力大，骨折不稳定，多有移位，远端因肌肉牵拉而上升，又因下肢重量而外旋，关节囊血供破坏较大，因而愈合率比前者低，股骨头坏死率高。

这种分类由于股骨头的移位和旋转，往往使骨折线走行难以判断。

3. 按骨折移位程度分类 Garden 等根据完全骨折与否和移位情况分为四型，见图 8 - 3。

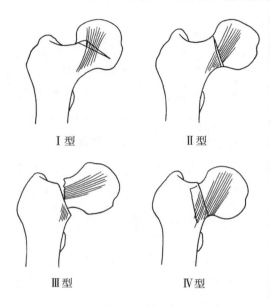

Ⅰ型　　　　　Ⅱ型

Ⅲ型　　　　　Ⅳ型

图 8 - 3　股骨颈骨折 Garden 分型

（1）Ⅰ型：骨折没有通过整个股骨颈，股骨颈有部分骨质连接，骨折无移位，近折端保持一定血供，这种骨折容易愈合。

（2）Ⅱ型：完全骨折无移位，股骨颈虽然完全断裂，但对位良好，如系股骨头下骨折。仍有可能愈合，但股骨头坏死变形常有发生。如为股骨颈中部或基底骨折，骨折容易愈合，股骨头血供良好。

（3）Ⅲ型：为部分移位骨折，股骨颈完全骨折，并有部分移位，多为远折端向上移位或远折端的下角嵌插在近折端的断面内，形成股骨头向内旋转移位，颈干角变小。

（4）Ⅳ型：股骨颈骨折完全移位，两侧的骨折端完全分离，近折端可以产生旋转，远折端多向后上移位，关节囊及滑膜有严重损伤，因此经关节囊和滑膜供给股骨头的血管也容易损伤，造成股骨头缺血坏死。

Garden 的分类型是目前应用比较广泛的一种，但在 Frandsen 等研究中，多个观察者能对股骨颈骨折的 Garden 分型达成完全一致意见的仅占病例的22%，有移位的和无移位的骨折之间的区别非常一致。Nieminen 比较诸多分类法，认为 Garden 分类法对估计预后较为合理。

（三）临床表现

1. **症状** 老年人跌倒后诉髋部疼痛，不敢站立和走路，应想到股骨颈骨折的可能。

2. **体征**

（1）畸形：患肢多有轻度屈髋屈膝及外旋畸形。

（2）疼痛：髋部除有自发疼痛外，移动患肢时疼痛更为明显。在患肢足跟部或大粗隆部叩打时，髋部也感疼痛，在腹股沟韧带中点下方常有压痛。

（3）肿胀：股骨颈骨折多系囊内骨折，骨折后出血不多，又有关节外丰厚肌群的包围，因此，外观上局部不易看到肿胀。

（4）功能障碍：移位骨折患者在伤后就不能坐起或站立，但也有一些无移位的线状骨折或嵌插骨折病例，在伤后仍能走路或骑自行车。对这些患者要特别注意，不要因遗漏诊断使无移位稳定骨折变成移位的不稳定骨折。患肢短缩，在移位骨折，远端受肌群牵引而向上移位，因而患肢变短。

（5）患侧大粗隆升高，表现在：①大粗隆在髂－坐骨结节联线（Nelaton 线）之上。②大粗隆与髂前上棘间的水平距离缩短，短于健侧。

（四）辅助检查

最后确诊需要髋正侧位 X 线检查，尤其对线状骨折或嵌插骨折更为重要。X 线检查作为骨折的分类和治疗上的参考也不可缺少。应提起注意的是有些无移位的骨折在伤后立即拍摄的 X 线片上可能看不见骨折线，当时可行 CT、MRI 检查，或者等 2 ~ 3 周后，因骨折处部分骨质发生吸收现象，骨折线才清楚地显示出来。因此，凡在临床上怀疑股骨颈骨折的，虽 X 线片上暂时未见骨折线，仍应按嵌插骨折处理，3 周后再拍片复查。另一种易漏诊的情况是多发损伤，此时常发生于青年人中，由于股骨干骨折等一些明显损伤掩盖了股骨颈骨折，因此对于这种患者一定要注意髋部检查。

二、治疗

股骨颈骨折的最佳治疗方法是手法复位内固定，只要有满意复位，大多数内固定方法均可获得 80% ~ 90% 的愈合率，不愈合病例日后需手术处理亦仅有 5% ~ 10%，即使发生股骨头坏死，亦仅有 1/3 病例需手术治疗。因此股骨颈骨折的治疗原则应是：早期无创伤复位，合理多钉固定，早期康复。人工关节置换术只适应于 65 岁以上，Garden Ⅲ、Ⅳ型骨折且能耐受手术麻醉及创伤的干扰者。

（一）复位内固定

复位内固定方法的结果，除与骨折损伤程度，如移位程度、粉碎程度和血供破坏与否有关外，主要与复位正确与否、固定正确与否、术后康复情况有关。

1. 闭合复位内固定

（1）适应证：适于所有各种类型骨折，包括无移位或者有移位。

（2）治疗时机：早期治疗，有利于尽快恢复骨折后血管扭曲、受压或痉挛。在移位骨折中，外骺动脉（股骨头主要血供来源）受损，股骨头的血供主要由残留圆韧带动脉、下干骺动脉及周围相连软组织和骨折断端的再生血管供养。据动物实验，兔的股骨头完全缺血 6 小时，就已造成成骨细胞不可逆的损伤。缺血股骨头成骨细胞坏死，组织学上一般需 10 天左右才能观察到，所以有人提出，股骨颈骨折应属急症手术（24 ~ 36 小时以内），不超过 2 周仍可为新鲜骨折。

（3）麻醉：以局麻为主，个别采用硬膜外麻醉。用 0.5% 普鲁卡因 50 ~ 100 mL，做粗隆外侧浸润麻醉直达骨膜下，再向股骨颈骨折间隙和关节内注射。

（4）骨折复位：准确良好的复位是内固定成功的重要条件。骨折内固定后，应力的 75% 由骨本身承受，内固定只承受应力的 25%。

1）复位方法：Whitman 法，牵引患肢，同时在大腿根部加反牵引，待肢体原长度恢复后，行内旋外展复位。Leadbetter 改良了 Whitman 法，主要是屈髋屈膝 90° 位牵引；Flymn 则在屈髋屈膝超过 90° 位牵引。有人比较以上三种复位手法后认为，三种手法的疗效并无差别，目前许多学者主张先用缓慢的皮牵引或骨牵引数日，待骨折复位后再手术，因为这样创伤可小些。我们多采用患者仰卧于骨科牵引床上，健肢固定于足板上。患肢固定于另一足板上，在外旋位，外展患肢 20°，给予足够牵引，使之达到稍超过正常长度，然后内旋患肢，直至股骨内旋 20° ~ 30°。复位操作在 C 形臂 X 线机监视下进行。各种手法只要操作得当，即足够牵引及内旋，绝大部分骨折可达良好复位，复位好坏与预后密切相关。如果手法仍不能复位时，应考虑近侧骨折端可能插入关节囊，或有撕裂的关节囊碎片嵌插在骨折线之间，此种情况见于青壮年患者中，应考虑切开复位。

2）复位判断标准：多用 Garden 对线指数判断复位，即根据正侧位 X 线片，将复位结果分为四级。正常正位片上股骨干内缘与股骨头内侧压力骨小梁呈 160°交角，侧位片上股骨头轴线与股骨颈轴线呈一直线（180°）（图 8－4）。

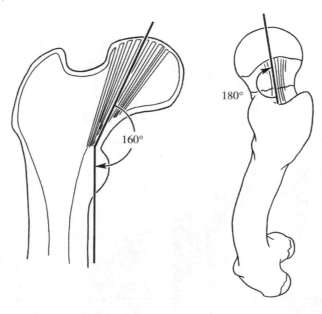

图 8－4　Garden 对线指数

Ⅰ级复位，正位呈 160°，侧位呈 180°；Ⅱ级复位，正位 155°，侧位 180°；Ⅲ级复位，正位＜150°，或侧位＞180°；Ⅳ级复位，正位 150°，侧位＞180°。如果髋正位像上，角度＜160°表明不可接受髋内翻，而＞180°表明存在严重髋外翻，由于髋关节匹配不良，将导致头缺血坏死率及骨关节炎发生率增高。侧位像上，仅允许 20°变化范围，如果股骨头前倾或后倾，＞20°范围，说明存在着不稳定或非解剖复位，而需要行再次手法复位。Garden 等报道的 50°例中，复位Ⅰ～Ⅱ级者，仅 26%发生头塌陷，而Ⅲ级者则有 65.4%发生股骨头塌陷，Ⅳ级者有 100%发生股骨头塌陷。

（5）手术方式：股骨颈骨折治疗方法选择，取决于患者年龄、创伤前患者的身体情况、骨折移位程度、骨折线的水平及角度、骨密度及股骨颈后方的粉碎程度。由于特殊解剖部位，股骨颈骨折闭合复位内固定要求固定坚强，方法简单，对血供破坏少，符合局部力学特征。骨折固定失效，增加骨不连、股骨头坏死的发生率。内固定的选择需要能够抗剪切力、抗剪曲力，同时负重时能够承受一定的张力和抗压缩力。临床常用的固定材料为 6.5～7.3 mm 空心钉，其固定理念基于多枚斯氏针固定治疗股骨颈骨折。

1）4 枚斯氏针闭合复位内固定治疗股骨颈骨折：局麻后，患者置于骨科牵引床上，健肢外展牵引，患肢内收内旋位牵引，C 臂透视复位后，按第一枚斯氏针的要求位置，正位透视下沿股骨距进入压力骨小梁，注意根据患肢内旋角度调整前倾角，直到股骨头软骨面下 5 mm，侧位透视如斯氏针位于股骨颈和股骨头内即可，如不满意，注意调整前倾角，同样的方法钻入第 2、3、4 枚斯氏针，其进针点、进针方向见图 8－5。注意调整不同的前倾角，使斯氏针在股骨颈和股骨头的分布均匀。针尾埋于阔筋膜内，术后穿防旋鞋，2 周后扶双拐足内侧缘部分负重（图 8－6）。

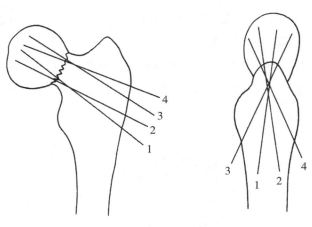

图 8 - 5　4 枚斯氏针内固定股骨颈骨折的针位设计

图中序号为进针顺序

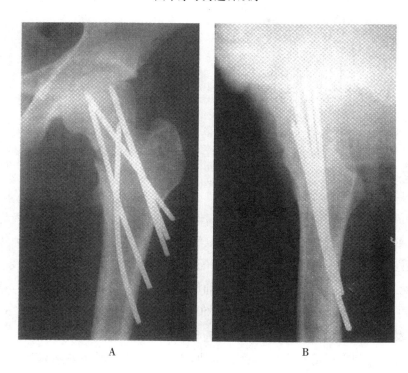

A　　　　　　　　　　　B

图 8 - 6　骨圆针固定股骨颈骨折

A. 正位；B. 侧位

2）空心加压螺丝钉固定方法：沿股骨颈前面放一根 3.2 mm 导针，在 X 线电视机辅助下，使此导针接近股骨颈内侧皮质，在股骨外侧皮质骨中点，并与前面导针平行，钻入 1 枚导针经股内侧皮质，股骨颈入头，至股骨头软骨下 5 mm，导针前倾角控制在 10°以内，使导针位于股骨头后方，在稍上方再穿入第 2 枚导针，第 3 枚导针经大粗隆基底处，沿张力骨小梁，经颈入头，前倾角控制在 5°以内，使导针侧位像显示偏股骨头前方。从穿入导针，测量每个空心钉所需长度，沿导针先下，后上旋入相应长度空心钉，拔除导针 X 线机 C 形臂电视下，核实螺钉位置（图 8 - 7）。

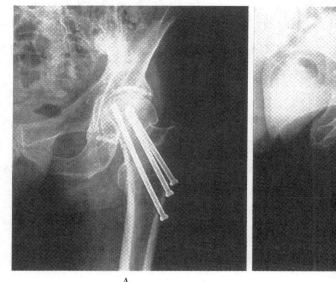
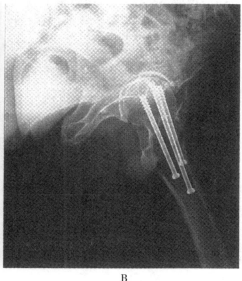

图 8 - 7　空心钉固定股骨颈骨折

A. 正位；B. 侧位

2. 空心钉固定失败原因

（1）进针方向错误：没有掌握骨小梁系统特点，空心钉与股骨夹角太大或太小，夹角太大容易穿过股骨颈内侧骨皮质；夹角太小容易穿过股骨颈外侧骨皮质。正常股骨颈前倾角 15°左右，没有将肢体固定在内旋位，使股骨颈变成水平位，穿针时容易穿过股骨颈后侧。空心钉方向过于朝前，针容易穿过股骨颈前侧骨皮质。处理方法：空心钉旋入前，应将骨折复位，然后固定在内旋位，消除股骨颈前倾角，打钉时注意在水平位，朝腹股沟韧带中点。空心钉固定位置不好，应将其拔出，重新固定。

（2）空心钉穿过关节面：术前没有根据 X 线片，选择长短合适空心钉，使用钉过长；术中没有反复比较股骨头颈长度，使用空心钉长短不合适；没有使用 X 线机透视监视。处理方法：术前根据 X 线片，术中根据头颈长度选择空心钉，一般是可以避免的。如有条件，最好术中使用 X 线机，边旋入空心钉边透视。术后拍片，如空心钉已穿过关节面，可在局麻下切开，将空心钉拔出少许，其拔出长度根据 X 线片而定（表 8 - 1）。

表 8 - 1　空心钉的进针分布

针序	进针点 大粗隆尖下（cm）	进针方向	股骨头分布		进针深度 cm
			正位	侧位	
1	10	经股骨距及压力骨小梁	中内 1/3	偏后	0.5 ~ 1.0
2	8	骨小梁交叉处	中 1/3	居中	0.5 ~ 1.0
3	6	经张力骨小梁	中外 1/3	偏前	0.5 ~ 1.0

3. 切开复位内固定

（1）内固定方法

1）单纯切开复位，空心钉固定

A. 适应证：经过 1 ~ 2 次轻柔的闭合手法复位未获得成功或复位后不能接受者，应考虑切开复位内固定。

B. 方法：一般选择 Watson - Jones 入路外侧切口，向近端和前侧稍延伸，切开皮肤、皮下阔筋膜，剥离并向前牵开部分股外侧肌，向后牵开臀中小肌，显露关节囊，切开关节囊及清理血肿，直视下解除关节囊嵌入或者股骨颈前、后缘骨折尖端插入关节囊等影响复位因素，用骨刀插入前面的骨折间隙撬拨复位。当复位满意后，插入导针，行空心螺钉固定。

2）切开复位，空心钉固定及股骨颈植骨术

A. 适应证：50 岁以下尤其青壮年的股骨颈头下型或头颈型骨折，骨折不易愈合并有股骨头坏死的可能者，或陈旧性股骨颈骨折不愈合者，可以采用开放性多根针或空心钉固定加股骨颈植骨手术。

B. 方法：植骨方法多采用带肌蒂骨瓣或带血管蒂骨瓣，如股方肌骨瓣移植或带旋髂深血管的髂骨瓣移植较为常用。

（2）内固定术式

1）股方肌蒂骨瓣移植术：手术在硬膜外麻醉下进行。患者取健侧卧位，按髋后侧切口由髂后上棘与股骨大粗隆顶点联线中点开始，经大转子顶点再转向股骨外侧下，长 15 cm 左右，逐层分开。暴露出诸外旋肌和坐骨神经。股方肌位于闭孔外肌与最小的上、下肌之间，游离股方肌至股骨粗隆后侧的止点，在肌止点四周用电刀切开骨膜约 1.5 cm×6 cm 范围，再用骨刀在切开骨膜处凿取约厚 1.5 cm 的长方形骨块，并与股方肌保持连接，切断闭孔内外肌与下肌止点，向内侧翻开，暴露关节囊后壁，沿股骨颈方向切开关节囊，暴露股骨颈和股骨头，将骨折复位，沿股骨颈长轴凿一骨槽约 1.5 cm×5 cm，深 1.5 cm，在骨槽的近端向股骨头内用骨刀挖一骨穴约深 1 cm 多，将带股方肌蒂的骨瓣嵌插在股骨颈的骨槽内，其骨瓣的粗隆端插入股骨头的骨穴内，稍加锤击后即可嵌紧（图 8 - 8）。

在股骨大粗隆以下的股骨外侧，在直视下插入空心钉或多枚针固定。行多枚针固定时，亦可在嵌入植骨前，将计划经植骨槽外的 3 枚针插入，3 枚针的位置是骨槽前、上、下各 1 枚。应行 X 线片或电视核查内固定的位置。

2）带旋髂深血管蒂的髂骨瓣转位移植术：手术在硬膜外麻醉下进行，患者取平卧位，臀部垫高，取髋前外侧切口（S - P 切口）。

A. 游离旋髂深血管及髂骨瓣：在切口中部向内侧游离皮瓣，暴露腹股沟韧带，在股动脉或髂外动脉上寻找向外上方走行的旋髂深动脉及伴行静脉，亦可不显露股动脉，直接在腹股沟韧带下找寻旋髂深血管。向外分离时，切断腹内斜肌和部分腹横肌，最后可见血管进入髂肌，在向髂骨分离时尽量保留髂肌。在接近髂前上棘时，有股外皮神经由动静脉之前穿过，注意勿损伤。旋髂深动脉在距髂前上棘上方内侧 6 cm 处，分出数支穿支进入髂骨。以此血管束为中心，设计取骨范围，骨膜下显露外板，一般取 6.0 cm×1.5 cm×1.5 cm 全层骨块，保留血管束周围的髂肌和骨膜，防止损伤进入髂骨的血管支。切取的带血管蒂骨块应有鲜血溢出。用盐水纱布包绕骨块待用。

B. 暴露股骨颈：分开缝匠肌与阔筋膜张肌间隙，切断股直肌的止点下翻暴露髋关节囊，沿股骨颈的方向切开关节囊暴露股骨颈，切除股骨颈骨折间隙内的纤维瘢痕组织，并进行骨折复位。

C. 股骨颈骨折固定：在 X 线电视指导下或直视下多针或 2 或 3 枚空心钉由股骨大粗隆外侧切口进行插针固定。3 枚针的位置是股骨颈后面，上下各 1 根；在股骨颈的前侧，沿其长轴凿一骨槽，宽深各 1.5 cm，长 6 cm，并在骨槽上端向股骨头挖一骨穴，约深 1 cm，将带血管蒂髂骨瓣移植股骨颈骨槽内。注意血管蒂不能扭转，骨块外层皮质向上，将骨块一端插入股骨头的骨穴内，再将其余部分嵌插在骨槽内，轻轻捶击使骨块固定牢固。为防止骨块滑脱，可用螺丝钉固定或用粗丝线缝合股骨颈骨膜固定（图 8 - 9）。

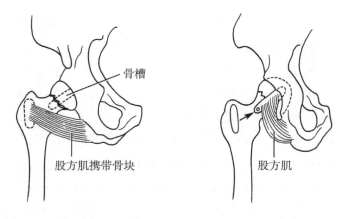

图 8 - 8　股方肌骨瓣移植治疗股骨颈骨折

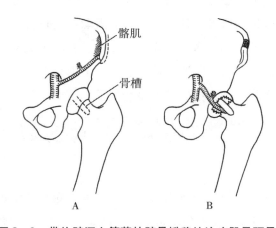

图 8 - 9　带旋髂深血管蒂的髂骨瓣移植治疗股骨颈骨折

（二）人工假体置换术

1. 适应证　自从 Moore 和 Thompson 报道人工股骨头置换术治疗股骨颈骨折以来，人工假体置换术治疗股骨颈骨折已成为一种重要方法。其原因：假体置换后，可允许老年患者立刻负重并恢复活动能力，有利于预防卧床和不活动引起并发症；假体置换消除了股骨颈骨折的骨不连接和缺血坏死，对于有移位股骨颈骨折的患者而言，假体置换与内固定相比，可减低再手术概率。但假体置换也有其不足：假体置换手术比一般的复位内固定术显露大、出血多；假体置换术后，当出现机械失败及感染时，处理方法比较复杂。基于上述的优缺点，对于移位股骨颈骨折行人工假体置换有以下适应证。

（1）55 ~ 65 岁间骨质疏松明显，骨折不能得到满意复位及内固定者。

（2）65 岁以上的股骨颈头下骨折，Garden Ⅲ、Ⅳ型骨折。

（3）年龄 > 60 岁以上陈旧股骨颈骨折未愈合者，或者患者因并存症多，一般情况差，不能耐受第 2 次手术。

2. 手术入路　由于后入路并发症发生率高，尤其是脱位及感染，笔者大多选择改良的外侧入路，并发症发生率低。具体手术方法见关节置换章。

3. 假体选择　对于仅可在室内活动且预计寿命在 2 年以内患者，笔者主要采用单极半髋个体置换，对于活动范围较大且又有假体置换适应证的患者采用全髋关节置换。

股骨颈骨折的重要并发症为股骨头缺血性坏死和骨折骨不连，其发生率和患者年龄、损伤的能量、骨折的部位、移位程度、复位程度、固定程度等相关。早期的解剖复位，骨折的加压固定可促进骨折愈合，减少股骨头的血供破坏。因此，早期的闭合牵引复位空心钉内固定是目前常用的方法，但对于外展型股骨颈骨折不强求牵开短缩的骨折端，防止进一步损伤股骨头血供。复位的标准为 Garden 指数，可接受的复位为：正位股骨头内侧骨小梁和股骨干内侧皮质夹角介于 160°~180°，侧位股骨头前倾、后倾小于 20°。准确复位和可靠固定是良好预后的重要因素。对年轻患者更是如此，如复位不能接受，可考虑切开复位空心钉内固定、股方肌蒂骨瓣移植术。

原北京军区总医院骨科近 5 年来共治疗股骨颈骨折 245 例，其中 55 岁以上者 221 例，平均年龄 67 岁，189 例采用空心钉固定治疗，即使 GardenⅢ、Ⅳ型的骨折大多数也可顺利愈合，而头坏死的概率并不高，且多数对功能影响不大。在这组病例中，因为固定失败或骨不愈合行二次手术人工关节置换者 3 例，因头坏死影响功能而行人工关节置换者 5 例。我们认为，一般来说对于老年股骨颈骨折应首先考虑选择空心钉固定的方法，该方式为微创方式、安全性高，疗效较满意；对人工关节置换的选择不能仅以年龄、骨折类型作为依据，还应根据患者预计寿命、功能活动状况和要求、全身状况等综合考虑，慎重选择。尽管假体的使用避免了骨不连和缺血性坏死等并发症，且早期效果较好，但存在手术创伤较大、晚期假体松动或感染等风险。虽然人工关节置换技术已经有了很大提高，但是近年来我们仍然看到了越来越多的假体晚期松动失效的病例，补救措施较为复杂棘手。

三、并发症

（一）股骨颈骨折不愈合

股骨颈骨折由于解剖、生物力学及局部血供的特点，发生不愈合是比较常见的并发症，一般文献报道股骨颈骨折不愈合率为 7%~15%。股骨颈骨折不愈合率是四肢骨折中发生率最高的，尤其随着人口老龄化，已成为严重的社会问题。

1. 影响因素

（1）年龄：大多数学者认为年龄过高是影响骨折愈合的一个因素，在国外以 75 岁为界，不愈合率为 32%~41%；75 岁以下为 18%。因此 75 岁以上高龄患者其不愈合率显著上升。原因可能与骨质疏松及并存症多有关。

（2）骨折移位程度：骨折移位越严重，其愈合越困难，这已是公认的规律，而且是影响骨折愈合的最重要因素。外展型及内收型轻度移位者，愈合率 96.6%，中度移位者为 85.7%，严重移位者为 59.2%。

（3）骨折部位：目前多数人认为除股骨颈基底骨折以外，单以囊内骨折而论，高位头下骨折发生不愈合率高。

（4）骨折部位粉碎：粉碎性骨折多发生于股骨颈后侧，且在复位前 X 线上难以发现，多于复位后，侧位像上呈现一典型的蝶形骨片。近年来，不少报道对颈后折片的发生机制及临床意义进行探讨，大多数的学者认为是一个影响骨折愈合的因素。在 GardenⅢ、Ⅳ型的骨折中，轻度粉碎者的不愈合率为 5%，中度粉碎者为 21.3%，严重粉碎者为 75%。后缘粉碎影响内固定的坚固性也是一个因素。

（5）骨折线的倾斜度：关于 Pauwell 和 Linton 角测量的临床意义，目前把骨折线倾斜度作为单独因素来判定骨折愈合，根据是不足的。骨折线倾斜度对骨折愈合并无明显影响。

（6）骨折复位不良：股骨颈骨折复位不良会阻碍头血供重建，减少骨折远、近端的接触及固定后造成力学不稳定。复位质量通常以 Garden 复位指数表示，即以股骨头颈中的压力骨小梁，在正位片呈

160°，在侧位片呈 180°，以 160/180 表示，说明复位良好。Garden 和其他学者都认为超过 20°的外翻复位会使头坏死率增加，复位后存在任何程度的内翻畸形将增加不愈合率。Lowell 指出髋内翻增加 20°，则 52% 不愈合，向前向后成角超过 10°是不能接受的，特别是骨质疏松患者，因为骨骼强度弱，存在成角增加骨折再移位和不愈合危险。

（7）过早不合理负重：虽然空心钉等固定方法提供了较满意的生物力学方面的强度，但当早期负重时骨折局部仍会承受较大的剪切力，尤其在骨折类型为头下型或骨折严重疏松时，过早不合理地负重可能会导致内固定的失败。一般应于术后 2 周内卧床活动，2 周后离床双拐部分负重，然后依据骨折复位、固定及愈合情况，再完全负重。

2. 临床表现　患髋疼痛多不严重，患肢无力和不敢负重，患肢短缩，下肢旋转受限等。

3. X 线表现　①骨折线清晰可见。②骨折线两侧骨质内有囊性改变。③有部分患者骨折线虽说看不见，但连续拍片过程中，可见股骨颈渐被吸收变短，以致内固定钉突入臼内或钉尾向外退出。④股骨头逐渐变位，股骨颈内倾角逐渐增加，颈干角变小。

4. 治疗　手术是目前主要治疗方法，手术治疗的目的可概括为矫正负重力线，消除或减少骨折端剪应力；骨折复位内固定与植骨，以增强骨的再生修复能力；采用人工关节置换术或种种髋关节重建术，以恢复患髋负重行走的功能。患者的年龄与全身情况、股骨头形态与股骨颈被吸收的程度，是决定手术方法选择的主要依据。不愈合可同时并发股骨头坏死，也可不伴坏死，若发生不愈合，再次手术之前应行 MRI 检查，以了解股骨头血供状况，具体手术选择如下：①对于年龄超过 65 岁，能以在住家附近步行活动者，可行全髋关节置换术。②对年轻患者，可行粗隆间外翻截骨或粗隆间截骨并再次行内固定。③对年轻患者合并股骨头坏死，且股骨头塌陷不愈合者，应行全髋关节置换术。

多数不愈合都有某种程度的内翻成角，行粗隆间外翻截骨可使骨折端产生压力负荷，促进骨折愈合，麦氏截骨术 – 股骨粗隆间内移截骨术，适用于股骨颈骨折未愈合的患者，股骨头未坏死，股骨远端上移不多，小粗隆尚在股骨头下方，全身情况尚可中老年患者。孟氏截骨术，适用于股骨颈骨折颈未吸收的不愈合，无硬化及头坏死，有髋内翻畸形或颈后骨粉碎者。亦可采用各种植骨术，常用方法有带股方肌蒂骨块移植，带旋髂深血管髂骨移植，带臀上血管髂骨移植及带缝匠肌蒂骨块移植，辅以内固定。此方法由于需要切开复位，手术创伤比单纯内固定大，适用身体健康，无严重内脏疾病患者。尚永安等报道，用不同植骨方法治疗 3 周以上的陈旧性股骨颈骨折 168 例，其中缝匠肌骨块植骨三翼钉固定 48 例，愈合 39 例，不愈合 9 例；股方肌骨块植骨加三翼钉 35 例，34 例骨折愈合，1 例不愈合。单纯三翼钉固定 31 例，骨折愈合 18 例，不愈合 13 例。Langer 等用高选 DSA 证明带蒂髂骨块植入股骨颈有 82% 存在供血。

（1）股骨粗隆间内移截骨术

1）适应证：本手术适用于股骨颈陈旧骨折未愈合的患者，股骨头未坏死，骨折远端上移不多，小粗隆尚在股骨头下方，全身情况尚可的中老年患者。

2）原理

A. 截骨远端内移顶住股骨头，可减少股骨颈骨折所受的剪力作用，有利于骨折愈合并且改变髋负重力线使之内移。

B. 截骨处可吸收一部分下肢剪力，从而减少下肢活动时对骨折愈合的不利影响。

C. 截骨术后使股骨干增加 20°～30°外展，当骨折愈合后，患肢中立到内收时，拉大粗隆下移，可使因骨折远端向上移位而变松弛的臀中肌重新被拉紧，不仅可恢复臀中肌的张力，也可增加髋的稳定性，并可减少跛行。

3）手术方法：仰卧位，臀稍垫高，髋关节外侧切口，显露股骨上段大粗隆基底和小粗隆上缘，以大粗隆基底下方约 2 cm 处为标志向小粗隆上缘引一斜线，即为截骨线，选用薄而锐利的窄骨刀凿开小粗隆上缘的骨皮质，或于此处先行钻孔钻透骨皮质，再行截断，以防骨皮质劈裂而妨碍内推。再从股骨大粗隆下的标志斜行凿至股骨内侧，如有气锯或电锯则直接截骨。完全截断后可保留截骨刀于原位。助手将小腿向下牵引，使截骨面稍微离开，并使该肢外展，手术者自股骨外侧捶击股骨干上端，截骨后的远折端即向内移和托住近断端截骨面的内 2/3，并位于股骨头颈下方（图 8 - 10），如有条件，则可用 L 形钢板固定，缝合伤口。无内固定者用髋人字形石膏固定在轻微外展位；有内固定者，行骨牵引 8 周，截骨愈合后，可用拐负重走步。

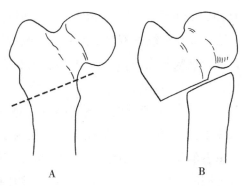

图 8 - 10 McMurray 截骨

A. 截骨线；B. 截骨后

（2）孟氏截骨术

1）适应证：崔甲荣（1981）报道用孟继懋截骨术治疗股骨颈骨折 28 例，适用于股骨颈骨折颈未吸收的不愈合，无硬化及头坏死，有髋内翻畸形或颈后骨粉碎。

2）手术方法：患者平卧于骨折台上，髋外侧切口，直接显露股骨粗隆部，截骨自大粗隆股外侧肌嵴以下开始，斜向下内至小粗隆下方，截骨时将内侧皮质保留一薄层，先内收使皮质折断保留骨膜，再外展以使断端的尖端能插入近断端髓腔之中，插入方法是助手将患肢向远侧牵拉，使远断端的尖端拉至近断端的截骨斜向中下部，术者用一骨钩子钩住大粗隆尖处，向下牵拉使髋关节内旋，则将远断端之尖端插大粗隆骨松质中，此时助手在牵引下将患肢缓缓外展，以使其尖端插入股骨颈方向。在术者向下拉大粗隆情况下，助手放松牵引并改向近端嵌插，至远断端深深插入近断端中（图 8 - 11），缝合切口，单侧髋人字石膏固定 8 周，然后去石膏练习活动。或行内固定，骨牵引 6 ~ 8 周，平均随诊 7.1 年，82% 获优良结果。

（3）股骨粗隆下外展截骨术

1）适应证：本手术适应于各种年龄的股骨颈陈旧性骨折，骨折移位较小，已纤维愈合或部分骨性愈合，颈干角减少（髋内翻），全身健康状况尚好的患者，其机制为：①纠正髋内翻，而且可以轻度外翻，恢复臀中肌的张力。②使骨折面倾斜角减少，因而使骨折所承受的剪力减少，有利于骨折的愈合。

2）手术方法：患者体位，以及切口暴露同粗隆间截骨术，露出大粗隆及股骨干上部外侧骨皮质，参考 X 线片选定截骨部位，在小粗隆下方约 1 cm 处进行截骨。为了使截骨后的两断端密切接触，可截除一基底在外的楔形骨块，尖端的角度是 30°。截骨后使患肢外展 30°。用预先弯好的六孔钢板固定或重建钉，截骨处可放些碎骨片，以促进截骨处愈合。植骨可取自同侧髂骨翼，或利用切除的楔形骨块，缝合伤口，术后用皮牵引 6 ~ 8 周（图 8 - 12）。

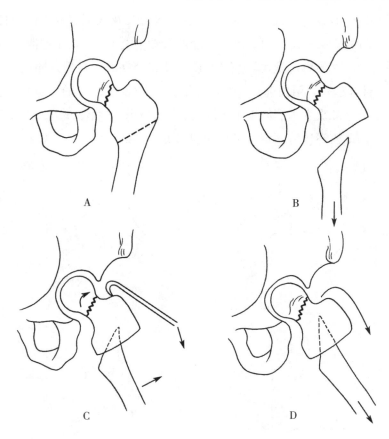

图 8 - 11 孟氏截骨术

A. 截骨线；B. 截骨后；C. 截骨远端插入粗隆间；D. 向下牵拉大粗隆

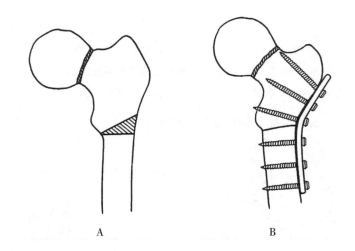

图 8 - 12 股骨粗隆下外展截骨术

A. 截骨线；B. 截骨后钢板固定

（4）股骨头切除及粗隆下外展截骨术即贝氏手术。

1）适应证：本手术适用于一般健康情况较好，股骨颈骨折未愈合，股骨头已坏死变形，远断端上移位较多而要求髋关节活动者，在职业上不需要长久站立，或不太肥胖的患者。本手术优点是关节活动功能较好，缺点是患肢短缩较多，跛行比较明显。

2）手术方法：髋外侧切口或前外侧切口，先显露出股骨头及骨折部分，由股骨头和髋臼之间深入弯剪刀，剪断圆韧带，将股骨头取出，再显露股粗隆部及骨干上 1/3。在小粗隆下方预定的截骨线上进行截骨，并截除一块尖端向内的楔形骨块。截骨后使下肢充分外展，截骨处向内成角在 45°以上，并内旋 15°，然后将截骨面对合起来，用预选弯好的六孔钢板固定（图 8-13），逐层缝合，术后牵引 8 周，然后用拐下地活动。为免除二次手术摘取钢板内固定，陈景云改进截骨方法，从大粗隆至小粗隆下斜行截骨，然后进行嵌插，以 2 枚螺丝钉固定，术后处理同上。

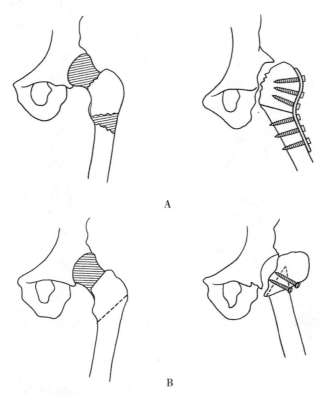

图 8-13　头切除，股骨粗隆下外展截骨术

A. 截骨及钢板固定；B. 截骨及螺丝钉固定

（5）股骨颈 U 形截骨、头颈嵌插加钢针固定（图 8-14）

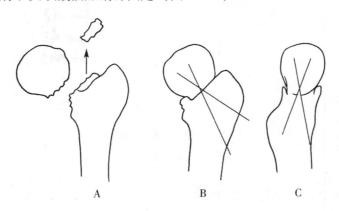

图 8-14　股骨颈 U 形截骨，头颈嵌插骨圆针固定术

A. 去除股骨颈骨块；B. 固定后正位像；C. 固定后侧位像

1）适应证：本手术适用 Garden Ⅲ、Ⅳ型骨折，其机制是将骨折端剪切应力转变为压缩应力的折端嵌插复位，保证骨折愈合。

2）手术方法：采用 Smith – Peterson 切口，显露骨折端，在股骨颈远侧断端的上方截除股骨颈断面上 1/2，截除长度为 1～2 cm，截除骨的水平线与股骨颈的轴线一致，截除骨的上、下面与骨折线平行，股骨颈面下 1/2 修成 U 形，以能和股骨下端紧密接触为标准，股骨头端的断面与股骨颈上部截骨面嵌插，股骨头与大转子间用 2 枚骨圆针固定。术后穿防外旋鞋，外展 30°固定。经 65 例临床观察 2 年，骨折全部愈合，功能恢复满意。

（二）股骨头缺血坏死

股骨头缺血坏死是股骨颈骨折常见的并发症，近年来随着治疗的进展，骨折愈合率可达 90% 以上。但股骨头缺血坏死率迄今仍无明显下降，成为决定预后的主要问题。

1. 发生率　关于股骨颈骨折后股骨头缺血坏死的发生率，各家报道相差悬殊。究其原因是多方面的，诸如年龄、骨折类型、治疗方法、诊断标准、随诊例数和年限均不相同，一般文献报道股骨颈骨折股骨头缺血坏死为 10%～20%，今收集文献报道中有随诊结果达百例以上者共 3 043 例，其中股骨头缺血坏死 710 例，发生率为 23.3%；另随诊结果 50 例以上者，共 557 例，其中头坏死 120 例，发生率为 21.5%。全部病例共 3 600 例，其中头坏死 830 例，总发生率为 23%，股骨头缺血坏死的发生率，在未移位骨折为 10%～20%，移位骨折 15%～35%，Barnes 统计，在 Garden Ⅰ型骨折为 16%，Ⅲ、Ⅳ型骨折为 27.6%。

2. 发生时间　股骨颈骨折后何时发生股骨头缺血坏死，目前临床诊断主要依据 X 线片表现，发生时间最早者为伤后 1.5 个月，最晚者伤后 17 年，其中 80%～90%，发生于伤后 3 年以内。蔡汝宾等报道，发生于 1 年以内占 19.6%，2 年者 39.2%，3 年者占 23.5%，4 年者占 8%，即 98% 发生在 5 年以内。因此，股骨头缺血坏死的随诊时间，应在伤后 2～3 年内严密观察，随诊至伤后 5 年较为合适。

3. 坏死原因　通常认为是股骨头血液供应受到损害，如股骨颈支持带下血管断裂，股骨颈支持带血管因关节囊内血肿压迫阻断血供，股骨头髓内血管损伤，再加上骨折复位不良和固定的稳定性不佳，至骨折再移位和假关节形成，进一步影响血供。血管的伤害发生于骨折之时，因此，股骨头的命运在此时业已注定。但这种理论却难以解释为什么在骨折愈合数年后会发生坏死，必定还有其他因素。

4. 影响因素

（1）年龄：儿童和青壮年人股骨颈骨折后，股骨颈缺血坏死率较老年人高，约为 40%。

1）儿童和青壮年骨质坚韧，需较大暴力才能发生骨折，因而往往骨折错位及血管损伤均较严重，是造成股骨头缺血坏死的主要原因。

2）复位及内固定均较老年人为困难，不但不易造成嵌插，且在固定手术中甚易发生骨端分离，从而进一步损伤股骨头血供。

3）儿童期圆韧带动脉常供血不足，且与股骨头内动脉之间很少有吻合支。

4）另一方面骺软骨板形成血供的屏障，从而降低了损伤后血供的代偿能力，使骨折近侧股骨颈缺血。

（2）骨折局部的状况：骨折部位越高，错位越严重，股骨头缺血坏死的发生率越高，理由已于前述。

（3）复位质量：复位质量不但直接影响骨折愈合，而且与股骨头是否发生缺血坏死亦有密切关系。

影响最明显的为股骨头的旋转，判定方法系以 Garden 的"对线指数"为标准。据该作者报道，对线指数正常者共 57 例，均无股骨头坏死。正侧位 X 线片角度均在 155°~180°之间者共 242 例，股骨头坏死率为 6.6%；正侧位片两者之一角度 <155°~180°者共 81 例，股骨头坏死率为 65.4%；正位片角度 <155°及侧位角度 >185°者共 26 例，股骨头坏死率为 100%。

（4）内固定方法：内固定方法对股骨头缺血坏死的影响，尚无统一的结论。但由治疗结果看，多针内固定大多较三刃钉内固定者股骨头缺血坏死率为低。可能由三刃钉体积较大，进一步损伤股骨头内的血供所致。通过动物实验和临床测定，发现关节囊内压力如超过局部血管内的压力，亦可造成股骨头内血供障碍。

（5）早期负重：早期适度负重可刺激骨折愈合，修复期负重将导致塌陷。

5. 病理改变 当股骨头缺血后，依照胥少汀的实验研究及临床观察，其演变过程大致可分为三个阶段，即坏死期、修复期和股骨头塌陷期。

（1）坏死期：缺血 12~24 天除软骨外，坏死区内所有骨细胞均死亡，于缺血后 1~2 天发现骨髓细胞、毛细血管内皮细胞及骨细胞相继发生固缩、变形或溶解，陷窝内空虚，4 天后约 60% 骨细胞陷窝空虚。

（2）修复期：于 2 周左右开始，与坏死过程交错进行。最早出现的修复反应是在骨小梁之间的原始间叶细胞和毛细血管的增生，伤后数日即可开始，并逐渐扩展，8~12 周可遍及坏死区的大部分。在坏死骨小梁表面的间叶细胞逐渐分化为成骨细胞，并合成新骨，这种分化主要在坏死骨小梁的表面进行，远离坏死骨小梁处则很少分化，这种现象称为极向分化。新生骨最初以编织骨的形态覆盖整个坏死骨小梁，逐渐增厚，继而表面变为板样骨，使单位体积内的骨密度增加。未分化的间叶细胞和破骨细胞穿入死骨区进行吸收清除，并由新生骨代替后完全变为活骨，称为"爬行替代"过程，再经过漫长的晚期塑造，变为成熟的骨小梁。

关节软骨只是在修复晚期才开始出现变化，一方面致密骨中的修复组织直接侵犯软骨；另一方面滑膜反应所产生的血管翳样的结构由周缘向中心侵犯，逐渐破坏关节软骨。

髋臼软骨的变化不是由于血管的侵入，而是一种继发改变，主要是由股骨头机械性能和形态改变所引起的力学和应力改变所致。

（3）股骨头塌陷期：在整个修复过程中均有可能发生塌陷，在"爬行替代"过程中新生血管已长入，但尚未骨化之际，形成一个软化带，在遭受髋臼压力时即可能塌陷。临床上亦发现坏死塌陷均在坏死骨与正常骨交界处，因此塌陷是以修复为前提的，修复能力越强，可能塌陷率越高。事实上青年人的股骨头坏死塌陷率比老年人高，而一个完全坏死的股骨头，如果没有任何修复活动，则不发生塌陷。

6. 临床表现

（1）症状：股骨头缺血坏死早期往往缺乏临床症状。

1）疼痛：骨折愈合后又逐渐或突然出现髋痛，疼痛为间歇性或持续性，行走活动后加重；有时为休息疼痛，呈针刺样，钝痛或酸痛不适，常向腹股沟、臀后侧或外侧甚至膝内侧放射。

2）关节僵硬与活动受限：患髋关节屈伸活动不灵活，早期出现的症状为外展、内外旋受限明显，例如骑自行车时不能上车；坐位时，患髋不能盘腿。

3）跛行：为进行性短缩性跛行。早期往往出现间歇性跛行。儿童患者则更为明显，由髋痛及股骨头塌陷或晚期出现髋关节半脱位所致。

（2）体征：早期为髋内旋受限，在髋伸直位及屈曲 90°位均障碍。局部深压痛，内收肌起点压痛，

4字试验（＋），托马斯征（＋），艾利斯征（＋），托仑德兰堡试验（＋）。外展、外旋或内旋活动受限，患肢可缩短，肌肉萎缩，甚至有半脱位体征，纵向叩击试验有时（＋）。

7. 检查　X线检查。

（1）早期：股骨头密度相对增高，呈斑点状或一致性增高，但整个股骨头的骨纹理结构正常。此期股骨头处于完全缺血，无血供重建，尚无肉芽组织伸入死骨区，无成骨活动，骨小梁仍保持原有骨架。

（2）中期：早期在股骨头内出现软骨下囊性变或新月征，然后在负重区出现阶梯状塌陷。此期病理特点是，在坏死的区域，由于修复过程开始，新生肉芽组织伸入死骨区，死骨被破骨细胞清除，肉芽组织被纤维组织所替代，但尚未形成新骨而呈囊变区，或由于软骨下骨小梁纤细骨折，与软骨下板分离，出现新月征裂隙，负重使不成熟的骨组织受压，发生X线上的阶梯状塌陷。

（3）晚期：全头或部分区域出现不均匀的硬化、死骨破碎，头呈肥大蘑菇状或蕈状变形，以至继发骨关节炎表现。

8. 分期　结合临床与X线表现，Marous将本病分为六期（图8－15）。

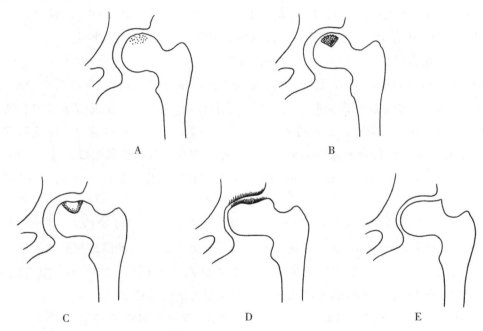

图8－15　股骨头坏死的临床及X线分期

A. Ⅰ期及Ⅱ期；B. Ⅲ期；C. Ⅳ期；D. Ⅴ期；E. Ⅵ期

Ⅰ期：髋无症状，X线片上无表现或有轻微密度增高（点状密度增高）。

Ⅱ期：仍无症状或轻痛，X线密度增高，头无塌陷。

Ⅲ期：症状轻微，有软骨下"骨折"或新月征一般多见"扇形骨折"，而新月征较少见到。

Ⅳ期：髋痛，呈阵发性或持续性跛行及功能受限，股骨头扁平或死骨区塌陷。

Ⅴ期：疼痛明显，死骨破裂，关节间隙狭窄，骨质密度更加硬化。

Ⅵ期：疼痛严重，有的疼痛较Ⅴ期减轻，但股骨头肥大变形，半脱位，髋臼不光滑，甚或硬化增生。

需要指出的是，临床症状与X线并非完全一致，X线的表现常比实际临床严重得多，因此放射线上的判断必须与临床征象相结合。X 线片上密度增高有两种情况：当股骨头缺血时，骨量不减少，而其周围骨组织有血供，因骨折而失用性稀疏。相比之下缺血区的密度有增高，为相对密度增高。当死骨区有血管再生时，骨小梁加粗加厚，显示密度绝对增高。

9. 诊断

（1）股骨头塌陷：已经缺血坏死的股骨头存在着塌陷的可能性，X 线检查仍是主要依据，问题在于如何能更早地发现塌陷的征象，以便早期处理，改善疗效。蔡汝宾等通过 103 例的随访观察，提出早期预测股骨头塌陷的方法：取正位髋关节 X 线片，由小粗隆上缘（O）至大粗隆连一线成 OB 线，再由 O 向上与 OB 线垂直相交于股骨头表面（A），按 X 线片日期顺序，分别测量 AO 和 OB 比值，如比值下降，说明股骨头高度有变低现象；如果股骨头高度动态递减就能更早地显示塌陷。在符合测量要求的 48 例，有 33 例由此法得到提前诊断，平均提前 12.8 个月。此外，笔者还提出骨折愈合后，出现"钉痕"，钉移动及断裂，以及出现硬化透明带，即可认为有股骨头早期塌陷开始，应及时采取预防措施。

（2）股骨头缺血坏死早期：预测股骨头有活力的方法较多，常见的几种简述如下。

1）髓内压（IMP）测定：Arnoldi 和 Linderhdm 对 92 例新鲜股骨颈骨折复位后，做了股骨头和颈部的 IMP 测定，16 例外展型骨折中 4 例，股骨头内压力高于颈内压力 >20 mmHg，表明头内有静脉回流不良。61 例内收型骨折中有 15 例动脉波形消失，8 例动脉波形减弱且静脉梗阻，结果 29.8% 股骨头有循环紊乱。此测定只作为对股骨头缺血坏死诊断的参考。

2）骨内静脉造影：用 60%～76% 泛影葡胺，泛影酸钠注射液 3 mL，注入股骨头中心后立即摄片，以显示骨静脉引流情况。如通畅时即为阳性（＋），表明有两种情况，一是通过圆韧带和闭孔静脉；二是通过股静脉和旋股静脉引流通畅；如不通畅即为阴性（－），表明骨外静脉没有形成新的血管，无侧支循环形成。Herog 报道诊断符合率为 86.7%，Eberle 报道 280 例骨内静脉造影，发现 90% 骨外静脉没有血管形成者，以后均发生骨坏死。有一组 43 例的造影，其中 12 例为阳性（＋），结果它们均发展成股骨头坏死。

3）选择性动脉造影：Mussbichler（1970）对 21 例股骨头坏死做过动脉造影，其中 13 例显示上干骺动脉充盈迟延，1 例旋后动脉影消失。Hipp 也曾用此法显示过旋股后动脉破裂致头坏死的病例，但目前临床由于逆行插管操作复杂，易致并发症；又由于局部血管变异大，临床还不能普遍采用。Hulth（1970）发现 1/3 的动脉造影片不能做出圆满解释，其真正的价值尚无定论。

4）闪烁摄影：有学者对 130 例缺血性股骨头坏死进行核素显像观察，用 ^{99m}Tc 370～550 MBq（10～150 mCi）做静脉注射，于 1～4 天内进行闪烁摄影。^{99m}Tc 进入血流后皆聚集在矿物质化的骨组织内，表现为闪烁点。闪烁点的浓度与活骨组织的量成正比。完全无血供死骨区，闪烁点消失，称为冷区；而死骨在修复过程中由于大量新生骨的堆积，活骨组织量超过正常而表现为闪烁点浓集，称为热区。在闪烁摄影正位图像上，对比双侧股骨头闪烁点的稀疏与浓集清晰可辨。用这种方法早期诊断股骨头缺血坏死，准确率可达 95%，且比 X 线诊断能更早发现病变。

5）图像处理技术：将普通髋正位 X 线照片输入多光谱彩色数据系统经"图像归一化""标准色阶板""集体目视判定"三校正步骤，将反差不同 X 线照片，变成可供比较的标准彩色 X 线片，因股骨颈骨折后股骨头的血循环障碍所致的股骨头缺血局部密度增高，可被高分辨率多光谱彩色处理系统分辨，并根据密度不同，示以不同颜色。股骨头缺血坏死区呈现不规则形状的浅蓝色至深蓝色，以其范围及颜色浓度表示诊断股骨头缺血坏死程度及范围。笔者用此法对 54 例股骨颈骨折后头坏死进行检测，在早期坏死的 4 例比 X 线平片提前 9～18 个月明确诊断。对骨折愈合后的 6 例晚期坏死可提早 1 年做出诊断。并对股骨头坏死显示各种图像，经 1 ~ 5 年随诊，发现无坏死，点片状、新月形坏死面积较小，无发展成临床股骨头坏死可能；橄榄形、扇形坏死面积较大，有 24% ~ 25% 演变为全头坏死，并出现临床股骨头坏死。全头坏死则有 80% 成为临床股骨头坏死。

6）CT 及磁共振（MRI）：对常规 X 线检查不能显示出来的细微的股骨头表面塌陷或早期坏死征象，能较早发现，并且可靠，是当前较先进的手段。

10. 治疗　股骨颈骨折后发生股骨头坏死的患者中，不一定都有严重症状，一般而言，患者的功能要求愈高，对症状的耐受越差。临床症状与 X 线片表现不一定完全符合，Calandracclo 发现约 50% 的股骨头坏死患者没有严重的疼痛和功能丧失，而不需第 2 次手术。Bames 报道了 181 例股骨头坏死患者中，无症状者占 24.3%，功能可接受者占 46.4%，功能完全丧失者占 29.2%。

治疗方法的选择取决于患者症状、年龄、职业及 X 线片上头坏死程度和范围，也取决于股骨头坏死的期别及类型，其治疗原则与方法亦异。

（1）塌陷前期：X 线片上出现塌陷前，实际上一些坏死骨小梁已折断，治疗之目的是预防塌陷与促进坏死区恢复，可选择以下方法。

1）非手术治疗：这种治疗方法是希望缺血坏死的股骨头能够自行修复，让患者用双拐，长期不负重，以防止股骨头塌陷。但缺血坏死的股骨头即使不负重，仍遭受相当大的肌肉压力，而致股骨头塌陷，失去良好的治疗时机。因此，这种方法应仅限于高龄患者且没有条件进行手术治疗者，对中青年患者应考虑手术治疗。

2）手术治疗：在股骨头塌陷以前，采用果断的手术治疗，可促进股骨头坏死的修复，有可能获得满意的结果。

A. 钻孔术：用 4 mm 直径空心环锯，钻入股骨头坏死区，即可取得"骨岩心"做病理检查，又可对坏死区减压使血供进入。如无环锯可用长钻头由粗隆部向股骨头内钻多个孔道，最好在 X 线电视监视下进行，以保证孔道进入坏死区，达到与活骨区沟通，以利于血管长入和修复的目的。

B. 血管束植入术：早在 20 世纪 60 年代前有人研究用血管移植促进骨生长和修复，当时用狗的股动脉或股深动脉移植于股骨头内，发现因无静脉回流，效果不佳。近年来用末梢小血管束（包括动、静脉及少量疏松结缔组织）移植，由于末梢小动脉、静脉之间有许多微细交通支，可以回流，移植后很快有新生毛细血管长入坏死区，因而获得较好疗效。

取髋前内或外侧切口，找出旋股外动脉、静脉，并小心游离其分支，旋股外动脉有三个分支，上行为升支，常越过髋关节前方向上进入髂骨嵴；向侧方为横支，进入阔筋膜张肌；下行为降支，与膝部血管吻合。一般用升支，剥离时不分离动静脉，并附带薄层结缔组织，向上游离直达进入髂嵴处，在游离末端时尽量附带小片骨质，以便于送入股骨头内。切开关节囊，由股骨头下向前上方坏死区钻一隧道，隧道直径应能允许血管束自由通过，并深达坏死区，然后将血管束送入隧道内，直达坏死区，于入口处用细丝线缝合于附近软组织上固定。

C. 游离植骨术：由大粗隆下向股骨头内坏死区打通隧道，由胫骨取长条骨两条植入。Bonfiglio 曾报道用此法治疗的成功率达 80.2%，但其中大多为骨折不愈合及股骨头缺血坏死。胫骨条有一定支撑作用，有利于骨折愈合，对骨折愈合后的头坏死，用髂骨条状骨或带血管蒂髂骨条更为合适。

D. 带股方肌肌蒂骨瓣植骨，Meyers 自 1967 年开始用于治疗股骨颈骨折，可使愈合率提高至 90% 以上，后发现股骨头缺血坏死率亦随之降低，因而用以治疗早期股骨头缺血坏死，取得满意的疗效，亦可用缝匠肌髂骨瓣移植。姚树源 1994 年报道带旋髂深血管蒂髂骨植骨治疗股骨头缺血坏死 51 个髋中，

26 个髋随访 3 年以上，临床优良率为 88.5%，X 线修复率为 92%。

（2）坏死股骨头塌陷：坏死的股骨头一旦塌陷，无论采用何种方法治疗，均难以恢复髋关节原有功能，可根据塌陷的严重程度分别采取以下某种措施。

1）截骨术：用截骨术将股骨头内收或外展或旋转，以使股骨头已塌陷的部分离开髋负重区，正常关节面达到负重区，改变与增大负重面积，从而改进髋功能，减轻症状。为此，术前应照髋关节内收、外展及侧位 X 线片，显出较正常的股骨头部分，作为选择内收、外展、外旋转截骨的依据。

2）Pauwell 改向截骨法：取患髋中立位正位及侧位 X 线片。可见股骨头塌陷区与髋臼不对称，用透明纸描其轮廓，将纸上的股骨头根据内收或外展 X 线片，股骨头的位置于髋臼内对关节面获得最大的对称面积。即头的正常部分在臼顶负重区之下，而又是展、收所能达到的位置。两影的股骨干轴线所成的角度即为截骨角度，截骨始于大粗隆下，根据截骨角度，行楔形截除，上截骨面与股骨干轴线垂直。截骨后用钢板内固定及外固定至骨愈合。笔者设计斜行截骨术可满足内收外展或屈曲、后伸截骨术的要求。

3）Sagioka 前旋截骨术：适用于塌陷局限在股骨头前上方者，手术设计的主要原理是经粗隆截骨术，将股骨头围绕股骨颈纵轴向前旋转，使塌陷区由负重部移至前下方，而股骨头后方的正常关节面移至负重区。

手术自侧方入路，将大粗隆连同臀中、小肌附着点截骨，向近侧翻开显露关节囊，由粗隆间嵴外约 1 cm 处与股骨颈纵轴垂直方向截断，沿关节盂唇环形切开关节囊，在截骨面两侧各插一斯氏针，使之均在股骨颈纵轴线上且平行于截骨面。然后持斯氏针将股骨头向前旋转至塌陷部分离开负重区，一般旋转角度（即两针夹角）不超过 55°，则无损于血供，可视为安全界限。最后，至少用两枚长螺丝钉行内固定，笔者开始用于治疗原发性股骨头缺血坏死塌陷，获得较好疗效，以后又应用于创伤性股骨头缺血坏死，并认为比原发者更为合适。因为创伤者前旋后的新负重区再塌陷的机会较少。

这种方法对中年以下的患者较为适用，如获成功将比人工关节置换更为优越；但此手术损伤大，操作较困难，技术要求较高，故应持慎重态度。

4）软骨下修复或软骨移植术：对于塌陷区以外股骨头软骨面较平滑完整者，手术使股骨头脱位，将塌陷软骨掀起，刮除坏死区肉芽至骨面出血，植入适当大小骨块，关节软骨复回原位使关节面平滑。如塌陷区靠近软骨边缘，亦可自头的软骨边缘掀起软骨面至坏死区，刮除肉芽死骨，植骨充填，将关节软骨面复平。术后关节可活动，但不能负重，直至愈合。如果塌陷软骨已破坏，色泽变黄坏死，则需要连同坏死区刮除，植入带血供骨块。对塌陷区较大，软骨磨损者，可切除软骨面，刮除坏死区，在顶区植入软骨或带血管蒂大转子骨块。术后牵引 3 周，3~4 个月后经骨扫描或 X 线片观察植骨成活者，可下地活动。沈志鹏报道用新鲜胎儿软骨移植治疗外伤性股骨头坏死，优良率为 91%。

5）自体软骨膜或骨膜移植：国内外均进行了实验研究及临床观察，适用于股骨头塌陷变形，不适于做前述局部修复者。将股骨头脱位，软骨与坏死骨切除，修整成圆形，取自体肋软骨膜或胫骨骨膜，贴骨面向外，环绕股骨头粘着固定，复位。术后用活动架活动关节。半年后才可行走。实验观察移植骨膜或软骨膜，可转变为近似透明软骨。

6）异体骨软骨移植：异体骨软骨移植见于 Meyers 的报道，适应证较为广泛，如髋臼基本完好，即使对晚期病变亦可施行。沈志鹏则用新鲜胎儿软骨移植，不经保存立即植入。

异体骨和软骨取自死亡 6 天内的供体股骨头，按无菌手术操作，去除软组织，勿损伤软骨面，放入双层消毒瓶中，内含林格液每升有庆大霉素 10 mg 和头孢菌素 Ⅱ 100 mg，在 4 ℃下贮存，72 天以内使用，不需要免疫处理。

手术用髋前外切口，将股骨头脱位，直视下切除坏死塌陷部分直至骨床有活跃渗血为止。按缺损范围和形状由供体股骨头截取骨软骨块，修整使软骨下仅带有 5 mm 厚度的骨松质。由髂骨取小骨松质片植入缺损底部，嵌压紧，将备妥的骨软骨块嵌入缺损处，使稍高于受体股骨头的软骨面，术后由于髋臼的继续嵌压使关节面完全变平，将股骨头复位后甚为稳定，无须内固定，术后亦不用外固定。沈志鹏报道的病例，术后 80% 以上效果优良。

7）关节融合术：对于青壮年患者，如股骨头及髋臼皆已明显破坏，已失去截骨术和骨软骨移植条件者，可行髋关节融合术，应注意融合位置。骨性融合后，由于骨盆代偿作用，步态好，不痛，可获得长期稳定的较好的结果。如对侧髋关节正常，仍可从事体力劳动，缺点是失去正常的蹲、坐能力，在日常活动中带来不便。

8）人工关节置换术：股骨头缺血坏死塌陷以及继发骨关节炎的患者如已超过 60 岁，则适于行人工关节置换术。以满足老年患者的活动及生活需要。如髋臼基本完好，可选用人工股骨头置换；如髋臼亦破坏，则宜于行全髋关节置换。

9）其他髋关节成形术：如股骨头颈切除和贝氏截骨术等已很少应用，仅限于个别无条件施行其他手术者。

（曾锁林）

第二节　股骨粗隆间骨折

一、概述

股骨粗隆间骨折，又名股骨转子间骨折，是老年人常见的低能量损伤。随着社会的老龄化，人均寿命的延长，股骨粗隆间骨折的概率呈上升趋势。髋部是老年骨质疏松性骨折的好发部位，粗隆间骨折患者平均年龄比股骨颈骨折患者高 5 ~ 6 岁，90% 发生于 65 岁以上老人，70 岁以上发病率急剧增加。老年人由于视觉、听觉以及运动功能的下降，全身各个系统的综合反应能力降低，发生外伤的概率也明显增高，同时粗隆间以骨松质为主，骨质疏松使骨小梁微结构破坏，轻微暴力即可造成骨折，高龄患者长期卧床引起并发症较多，病死率为 15% ~ 20%。

（一）致伤机制

粗隆间骨折常由间接暴力引起，多数发生于患侧的滑倒摔伤。姿势和步态的紊乱、视力和听力的下降、使用强效镇静药物等使老年人摔倒更为频繁。在患者跌倒过程中，转子间区承受了较大的扭转暴力，同时由于软组织不能恰当吸收或传递能量以及骨结构强度的不足，剩余的能力在粗隆间区的释放，造成应力集中区的骨折。由于髂腰肌和臀中小肌的反射性收缩导致大小粗隆的骨折。

（二）分型

根据骨折部位、骨折线的形状及方向、骨折块的数目等情况，转子间骨折的分类方法很多，目前临床广泛应用的分型为 Evans 分型和 AO 分型，其简单实用，可指导治疗并提示预后。

1. Evans 根据骨折线方向分型　分为两种主要类型。Ⅰ 型，即顺粗隆间骨折，骨折线从小粗隆向上外延伸；Ⅱ 型为逆粗隆间骨折，骨折线反斜行，从小粗隆向外下延伸，由于内收肌的牵拉，股骨干有向内侧移位的趋势。其中 Ⅰ 型 1 度和 Ⅰ 型 2 度属于稳定型，占 72%，Ⅰ 型 3 度 Ⅰ 型 4 度和 Ⅱ 型属于不稳定

现代骨外科诊治精要

型，占28%。Evans观察到稳定复位的关键是修复股骨转子区后内侧皮质的连续性，简单而实用，并有助于我们理解稳定性复位的特点，准确地预见股骨转子间骨折解剖复位和穿钉后继发骨折移位的可能性。1975年，Jensen认为，Evans没有考虑到大小粗隆，随着大小粗隆受累，骨折数的增加，骨折的稳定程度也随之降低。他提出改良Evans分型。Ⅰ型：顺粗隆间的两部分骨折，ⅠA为骨折无移位；ⅠB为骨折移位。Ⅱ型：顺粗隆间三部分骨折，ⅡA，三部分骨折包括一个游离的大粗隆；ⅡB，三部分骨折包括一个游离的小粗隆。Ⅲ型：包括大小粗隆游离的四部分骨折（图8-16，图8-17）。

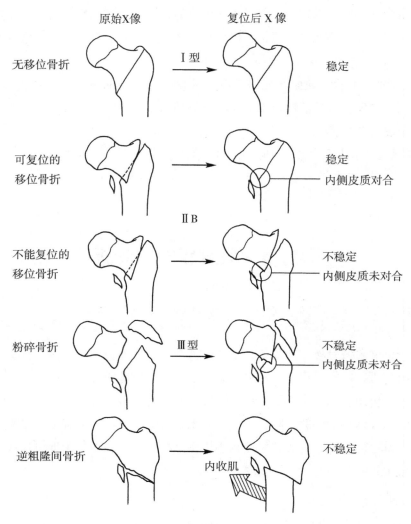

图8-16　粗隆间骨折Evans分型

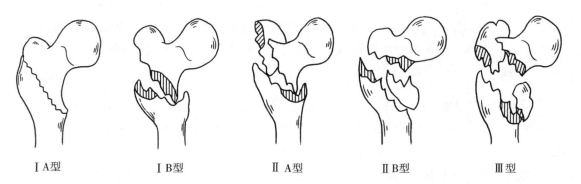

图8-17　粗隆间骨折Evans-Jensen分型

以上各类型骨折中，一类中Ⅰ型与ⅡA型骨折小粗隆上缘骨皮质无压陷者，骨折移位和髋内翻畸形不显著，为稳定骨折，髋内翻的发生率很低。ⅡB和Ⅲ型小粗隆上缘骨皮质压陷者，多发生移位及髋内翻畸形，为不稳定性骨折。

2. AIO 分型　AO 将股骨粗隆间骨折纳入其整体骨折分型系统中，全部为 A 类骨折（图 8-18）。

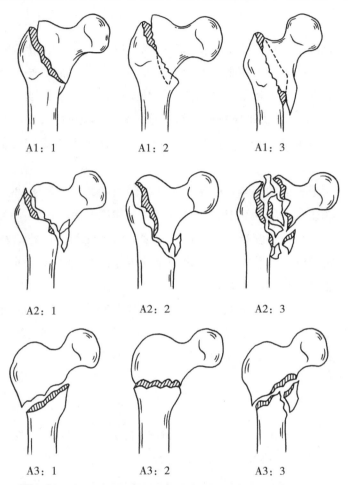

A1：1　　　A1：2　　　A1：3

A2：1　　　A2：2　　　A2：3

A3：1　　　A3：2　　　A3：3

图 8-18　粗隆间骨折 AO 分型

（1）A1 型：经转子的简单骨折（两部分），内侧骨皮质仍有良好的支撑，外侧骨皮质保持完好。①沿转子间线。②通过大转子。③通过小转子。

（2）A2 型：经转子的粉碎骨折，内侧和后方骨皮质在数个平面上破裂，但外侧骨皮质保持完好。①有一内侧骨折块。②有数块内侧骨折块。③在小转子下延伸超过 1 cm。

（3）A3 型：反转子间骨折，外侧骨皮质也有破裂。①斜型。②横型。③粉碎型。

（三）临床表现与诊断

多为老年人，伤后髋部疼痛，不能站立或行走。下肢短缩及外旋畸形明显，无移位的嵌插骨折或移位较少的稳定骨折，上述症状比较轻微。检查时可见患侧大粗隆升高，局部可见肿胀及瘀斑，局部压痛明显。叩击足跟部常引起患处剧烈疼痛。一般在粗隆间骨折局部疼痛和肿胀的程度比股骨颈骨折明显，而前者压痛点多在大粗隆部，后者的压痛点多在腹股沟韧带中点外下方。摄标准的双髋正位和患髋侧位，正位时应将患肢牵引内旋，消除外旋所造成的骨折间隙重叠，从而对于骨折线、小粗隆、大粗隆粉碎、移位程度作出正确的判断。同时健侧正位有助于了解正常股骨颈干角、髓腔宽度及骨质疏松情况，为正确选择治疗方法和内固定材料提供依据。侧位有助于了解骨折块的移位程度，后侧壁的粉碎程度。一般而言，普通 X 线片即可明确诊断，对于无移位或嵌插骨折，临床高度怀疑，可行 CT 或 MRI 或制动后 2 周复查 X 片，但一定需要制动，防止骨折的再移位。

（四）治疗原则

随着现代医学的发展，内固定材料及手术方法的改进，以及围术期诊治水平的提高，内固定手术不仅能降低病死率、减少髋内翻的发生，使手术安全性显著提高，手术治疗适应证相对扩大，早期康复水平、生存质量明显提高；而且可使患者早期下床活动，减少因长期卧床引起的并发症。现在已逐渐趋向内固定治疗。因此，近 20 年来，主张积极早期手术，缩短骨折愈合时间，减少并发症，提高患者生活质量已被人们广泛接受。如无明确手术禁忌证，国内外骨科界多主张对转子间骨折行复位与内固定治疗。

在外科治疗方面存在两个方面的困难：一是老年或高龄患者，全身健康状况差，往往伴有心及脑血管疾病、糖尿病、呼吸功能或肾功能的衰退，以及认知功能障碍等多种或多系统的内科并存症，增加了外科治疗的困难与风险，使治疗过程复杂化，往往需要多科协同处理；二是骨骼组织的退化，骨量减少和骨微结构破坏，使骨的物理强度显著降低，骨折固定的可靠性明显降低，而且假体植入的松动率也增高，骨质疏松性骨折的骨愈合过程相应迟缓。

对老年人转子间骨折的手术治疗应采取既慎重又积极的态度，制订综合的治疗计划和措施，早期康复训练等能使治疗取得理想的效果。手术治疗的目的是准确复位骨折，坚强固定，使患者早期离床活动，防止长期卧床引起的致命性并发症。对健康状况允许，能耐受麻醉和手术治疗的各种类型的转子间骨折均可考虑采用手术治疗。

（五）非手术治疗

转子间区局部的肌肉丰富、血供充足，非手术治疗也能使骨折愈合。传统的治疗方法是卧床牵引，可于胫骨结节或股骨髁上骨牵引，维持患肢外展中立位和肢体长度。对于无法耐受牵引的患者可穿"丁"字鞋使患肢维持于外展中立位。治疗期间应注意加强观察护理，按摩和主、被动活动肢体，预防下肢深静脉血栓形成。应定期测量肢体长度，避免过度牵引及发生短缩、内翻及旋转畸形。牵引期间摄床边 X 线片，8 ~ 10 周后应经临床检查与 X 线摄片确定骨折已骨性愈合，可下床负重行走。

尽管随着内固定器械的不断革新及手术技术的提高，越来越趋向于手术治疗，但对于有多种并发症，伴有重要脏器功能不全或衰竭，短期内难以纠正者；或是伤前活动能力很差或长期卧床，已失去了负重和行走功能，或存在严重意识障碍者；以及预期生存期不超过 9 个月者，仍不失为一种可以选择的治疗方法。但长期卧床牵引有可能引发各种全身性并发症。Davirson 报道一组老年患者髋部骨折经非手术治疗后 1 年病死率为 26%，对存活者随访 1 ~ 2 年后发现有疼痛者为 27%，而功能受限者达 60%。在创伤后的 2 周之内，因免疫功能下降，肺炎及感染性疾病的发生率较高；在长期牵引过程中患肢制动，较易发生压疮、泌尿系统疾病及下肢深静脉血栓，使护理工作量加大。骨折愈合后，全身功能也会明显下降，出现肢体肌肉萎缩、关节僵硬或认知障碍等，康复水平和生活质量大幅度降低；此外，也易发生髋内翻畸形及肢体短缩、外旋畸形。1966 年 Horowitz 报道骨牵引的病死率为 34.7%，而手术治疗为 17.5%。Hornby 等对 60 岁以上转子间骨折随机进行加压螺钉固定和骨牵引两种方法的对照治疗研究，结果显示牵引者多有膝关节功能受损，更多丧失了独立生活能力。

（六）手术治疗

随着人口呈现老龄化趋势，股骨粗隆间骨折的发生率也逐年增高。早期手术固定、早期恢复伤前活动已成为多数医师的共识，但围术期安危、术前评估、手术时机、手术方法的选择以及内固定效果等尚有不同意见。

股骨粗隆间骨折多为高龄、高危患者，常合并多种或多系统的内科并存症，最常见为心及脑血管疾病、糖尿病、肺及肾功能不全以及认知功能障碍等，同时由于骨质疏松，增加了内固定选择、手术抉择的矛盾与危险。手术时机、方式的选择需要考虑如下三个因素：伤害控制学（DCO）理念、美国麻醉医师学会（ASA）评估系统以及 Evans 分型。

DCO 的理念基于最大限度地减少手术过程对全身生理状况的影响，减少并发症，提高生存率和治疗效果。外伤骨折"第一次打击"使退化的内脏器官、生理功能储备能力毗邻失代偿的边缘。不恰当的手术时机、方法的"二次打击"对患者将带来灾难性的后果。老年粗隆间骨折多为低能量损伤，但文献报道致残、致死率很高。因此利用 DCO 理念，可以帮助我们在理论的高度抉择合理的手术时机、恰当的治疗流程。

1. 手术时机　研究显示即使是因为程度不重的创伤而接受外科手术治疗的老年人，其术后病死率和并发症的发生率均显著高于中青年患者，其原因在于各系统器官功能趋于减退，创伤对机体生理状况的影响和发生多器官功能障碍的可能性更大。因此，以伤害控制原则指导老年创伤患者的救治，即在一定的时限内对老年患者进行充分的复苏以恢复创伤应激储备，提高手术耐受力，对于减少因手术引发的高并发症率、高病死率有着非常重要的意义。通常认为伤后 24 小时内手术病死率明显增加，卧床大于 1 周全身并发症发生率大大增加，因此多数作者认为 72 小时到 1 周内手术更符合 DCO 理念。

2. 术前评估　是选择手术方式的关键。高龄高危患者评估分级很多，如 Goldman 心脏指数、Child 肝功能分级、肾功能分级、肺功能分级等，都针对患者某一重要脏器进行评价，美国麻醉医师协会评估系统能够比较全面、准确地评估患者的全身情况。本组应用 ASA 术前综合系统评估高龄、高危粗隆间骨折患者，考虑到了患者重要脏器状态及手术类型、时间等因素，能相对反映手术风险程度。ASA 属于半定量术前综合评估系统，受临床工作者或患者主观意识支配，带有一定的主观性。精确地预测老年粗隆间骨折患者手术风险性，还需要继续探索。

无论采取何种内固定方法，绝大多数患者需要闭合复位或半闭合复位。麻醉后，将患者放置专门骨折的牵引床上，双下肢通过足部支架牢固固定。健侧肢体外展牵引，患肢内旋内收牵引，透视复位。如果内侧或后侧有裂纹或重叠，可进一步调整牵引或内外旋患肢位置达到标准复位。对于粉碎骨折，远折端后倾，有时复位较困难，可以采用克氏针撬拨复位，必要时行切开复位，使用持骨器，上提骨折远端纠正。复位良好标准：前后位像可见到内侧皮质骨接触良好，且侧位 X 线片显示后侧皮质接触良好。

二、外固定支架固定

外固定支架操作简便迅速，可局麻下进行闭合复位骨折固定，固定后患者可进行早期功能锻炼。艾纯华等使用多功能单臂外固定架治疗股骨粗隆间骨折，认为其有手术切口小，操作简单，手术时间短，并发症少等优点，该方法适用于 Evans Ⅰ、Ⅱ、ⅢA 型较稳定的股骨粗隆间骨折，对 Evans Ⅳ型及逆粗隆间骨折应慎用。刘瑞波等采用的力臂式外固定架，针对顺粗隆间稳定型骨折、顺粗隆间不稳定型骨折、反粗隆间骨折，分别设计有交叉穿针等不同的穿针法。尤其是反粗隆间骨折，因此型骨折穿针困难及不稳定，曾经是外固定器治疗的禁忌证，其设计的绞手架式穿针法组成了一个牢固的几何不变体系，能较稳定地维持骨折于良好对位，扩大了外固定架的治疗范围。但外固定架因力学稳定性不如髓外钉板和髓内钉内固定系统，螺钉经过阔筋膜和股外侧肌而阻碍了髋、膝关节的伸屈活动，活动时的牵涉痛和外固定架本身对患者产生的生理压力而妨碍了康复锻炼，患肢膝关节都存在不同程度的永久性伸屈受限，且钢钉外露也易合并钉道感染，故多限于在多发伤或全身情况差不能承受其他较大手术的患者中应用。

三、闭合复位空心加压螺丝钉固定

（一）适应证

Evans Ⅰ 、Ⅱ 型稳定骨折以及高龄高危难以耐受常规手术的 ASA Ⅲ 、Ⅳ 型患者。但对 Evansm 型大粗隆冠状位骨折、Evans Ⅳ 型粉碎严重的骨折及逆粗隆间骨折慎用。该方法为微创手术，闭合复位，经皮进钉固定，出血少，对髓腔干扰少，手术安全性高，但对骨折的固定强度不及其他手术方法，可早期床上活动，负重活动应推迟，一般在 3 周后酌情开始负重活动。

（二）手术方法

可以选择局麻、硬膜外阻滞或口咽通气道麻醉。在骨科床上牵引复位及 C 形臂 X 线机监视下手术，具体方法同空心钉固定股骨颈骨折，其不同点是第 1、2 针的进针点较股骨颈骨折者低，分别在粗隆顶点下 10 ~ 12 cm 处，此乃因粗隆间骨折较股骨颈骨折的部位低。为加强对远骨折端的固定，需使下位 2 针经过小粗隆内侧骨皮质旁股骨距，至股骨头压力骨小梁中，故进针点较股骨颈骨折者低，另 1 针在大粗隆下经张力骨小梁中入股骨头。3 枚针在头中则前后交叉分布。

四、滑动加压螺钉固定

加压滑动鹅头钉（DHS），又称 Richard 钉，具有加压和滑动双重功能，允许近端粉碎骨折块压缩，使骨折端自动靠拢并获得稳定，对稳定性粗隆间骨折具有早期活动和负重的优点，虽成为股骨粗隆间骨折的常用标准固定方法，但随着髓内固定的不断涌现，DHS 仅限于稳定粗隆间骨折的固定。加压髋螺钉由套筒式钢板，近端拉力螺钉及远端多枚螺钉组成，近端套筒与钢板呈 130° 或 135°，套筒长度为25 ~ 38 mm，当中可通过拉力螺钉插入股骨头中，通过滑动将折线加压，钢板有 2 ~ 14 孔（60 ~ 300 mm长），拧入螺钉后可自动加压。

（一）麻醉

全麻，心肺功能不全可考虑硬膜外麻醉。

（二）体位

平卧位，手术牵引台复位，由 C 形臂 X 线机增强透视机监视手术，复位 + 牵引 + 手法，维持长度及力线即可。

（三）切口

大粗隆下外侧切口 6 ~ 15 cm，沿股外侧肌间隔进入。

（四）手术方法

1. 手术要点　以 150° 钉板为例，大粗隆基底下 3 cm 安放导针，导针位置在正位股骨头中央或偏头内下，侧位略偏头的后部或中部，依据导针钻孔扩髓 4.6 mm，至导针深度及攻丝，为防止钻孔及攻丝中骨折旋转，可在导针上方 1.5 cm 处插入 1 枚 3.2 mm 导针临时固定，选择合适拉力螺钉及钢板，沿导针拧入拉力螺钉，贴附钢板，持骨器固定，调整骨折位置，钢板钻孔依次拧入自攻骨皮质螺丝钉。冲洗，留置负压引流管，分层缝合，腹带加压包扎。术后 2 周扶拐部分负重。

2. 手术技巧

（1）滑动加压螺丝钉的位置，应尽量在置于压力骨小梁和张力骨小梁的交界处形成股骨头中心骨松质致密区；螺丝钉尖最好位于软骨下 5 mm。

（2）结构上无有效的抗旋转作用，必要时，在加压滑移螺丝钉的上方拧一枚空心螺丝钉。

虽然 DHS 临床疗效肯定，但由于钢板位于负重线外侧，使固定螺钉承受的剪切应力较大，当应用于粉碎性不稳定粗隆间骨折时，由于内侧皮质缺损，压应力难以通过股骨距传导，内翻应力加于内固定器上，加之骨质疏松因素，使螺钉切割股骨头的风险增加，同时易导致钢板疲劳断裂或钢板处螺钉滑出。对于逆粗隆间骨折，由于逆粗隆骨折本身有向外移位的倾向，而 DHS 系统又是通过近端骨块向外下移动加压获得稳定的，因此极易导致固定的失败。故在逆形粗隆间骨折或合并粗隆下骨折时，不适宜应用 DHS。

五、髓内固定

髓内固定是目前最为广泛应用的固定方法。由于在临床实践中的不断改进，形成了不同名称的固定系统。最早应用的为 Gamma 带锁髓内钉。Gamma 形钉由三部分组成，近端头颈加压螺丝钉，弯形短髓内针及远端两枚锁钉。头颈加压螺钉尾部呈套筒状，可与髓内针呈 130° 交角锁死在髓内针近端孔内，并可随意回缩加压。髓内针长 180 mm，直径 11 mm、12 mm 及 13 mm，髓针近端有接口与近端加压螺钉及远端锁钉的瞄准器相连。

患者仰卧牵引台上，C 形臂 X 线机监视下手术，臀部垫高约 20°，躯干向健侧倾斜 30° 牵引，手法复位达对线可接受即可，不必顾及骨折块移位。大粗隆上纵向切开 6 cm，分离浅筋膜及肌肉，暴露大粗隆，在股骨大粗隆顶端稍内侧用骨锥钻孔，放导针进股骨近端髓腔，股骨扩髓远端比使用髓钉远端大 1 mm，近端髓腔扩大 15～16 mm，γ 钉插入，用手旋转力插进，不能用锤子，插入拉力螺钉，依靠瞄准器，打入导针，要求位置前后位必须在头内下方，以 130° 为宜，侧位在股骨头中央，选择合适长度加压螺钉拧入，长度应突出外侧皮质 5 mm，防止拉力螺钉旋转及套叠。依靠瞄准器打入二枚远端锁钉，最后在 γ 钉上方拧入紧固螺钉，使其位于拉力螺钉 4 个槽中的一个，防止旋转，允许拉力螺钉在一个方向活动，使骨折块加压，最后封闭近端钉帽。

Gamma 钉自 1980 年在北美问世以来曾得到广泛应用。其主钉经髓内插入，近端固定交锁螺钉与主钉间的力臂较 DHS 短，从而使其承受的剪切应力减少，同时髓内固定也使骨折远端的固定效果增加，生物力学上的优势使其可以应用于各种类型的粗隆间骨折。后来许多医师通过长期随访观察发现，Gamma 钉在治疗中也存在一些问题。比如，生物力学研究发现其近端直径较大，虽然加强了固定，但固定后股骨近端所受应力明显减少，而股骨远端所受应力则增加，因此，靠近钉尾部的股骨远端常发生继发骨折。此外，其头钉较为粗大，又只是单枚螺钉，所以抗旋转能力较差，螺钉在股骨头中的切割仍时有发生。为克服这些不足，经改进又出现了 PFN（股骨近端髓针）。

PFN 系统在设计上增加了一枚近端的防旋螺钉，使近端固定的稳定性增加，同时远端锁定螺栓距钉尾较远，从而减少了因股骨远端应力集中造成继发骨折的风险，取得了较好的治疗效果。但由于粗隆间骨折多为伴有严重骨质疏松的老年人，即便如此仍时有螺钉切割、近端螺钉松动后退等问题发生，为此，近年来又出现了 PFNA（股骨近端防旋髓针）系统。

PFNA 是 AO 在 PFN 的基础上主要针对老年骨质疏松患者研制而成的股骨粗隆间骨折的新型髓内固定系统，在生物力学方面显示了令人满意的效果。与传统固定方法比较，主要有以下优点：①由于 PFNA 固定时只需在打入主钉后在股骨颈打入一枚螺旋刀片，并在远端再打入 1 枚锁钉即可完成操作，大大减少了手术时间。比较 Gamma 钉和 PFN，PFNA 操作简便，创伤小，出血少，缩短了手术时间，减少了手术并发症。②打入螺旋刀片的骨质横切片显示的是四边形的骨质隧道，而不是螺钉旋入时的圆形骨髓道，因此有较好的抗旋转作用。另外，由于螺旋刀片可以自动锁定，一旦打入并锁定后，自身不会再旋转，也不会退钉，也防止了股骨头的旋转。1 枚螺旋刀片起到了 PFN 中打入股骨颈的 2 枚螺钉所起的作用，这对于股骨颈细小的女性患者避免了两枚螺钉难以打入的顾虑。③螺旋刀片以压紧骨松质形成钉道，骨量丢失少，明显提高了刀片周围骨质的密度和把持力，生物力学实验已经证实，被压紧的骨松质能更好地为螺旋刀片提供锚合力，提高其稳定性，很好地防止旋转和塌陷，与螺钉固定系统相比，抗拔除力明显提高。④由于采用了尽可能长的尖端及凹槽设计，PFNA 插入更方便，并避免了局部应力集中，有效地降低了迟发性股骨干骨折的发病率。缺点主要为费用比较昂贵，难以为所有患者接受。

六、人工假体置换术

高龄股骨粗隆间骨折患者普遍存在着骨质疏松，为避免内固定困难，减少畸形愈合，有学者认为，即使行髋部骨质重建，其骨内也不同程度地存在容积性骨质缺损，这就为骨水泥型假体的应用提供了适宜的条件，人工髋关节置换术是较好的选择。Haent Jens 等认为，本法术后可早期活动，较早恢复伤前功能，压疮、肺部感染、肺不张较内固定组显著减少，可用于高龄严重骨质疏松的不稳定骨折，也可用于骨不连及内固定失效患者。手术多选用骨水泥型假体，骨质缺损严重的要选用肿瘤性股骨假体，待手术创伤反应后，患者即可负重，并发症的发生率及病死率会大大降低。但此观点立即遭到其他学者的反对，他们认为股骨粗隆间骨折，即便是不稳定型和高龄患者，也不是人工关节置换的适应证，因为粗隆间骨折很少发生不愈合和股骨头坏死，经其他恰当治疗很易愈合，很少引起髋关节功能障碍，他们提出：能用自己的关节尽量不用人工关节，因为人工关节置换有许多并发症，这些并发症甚至是灾难性的。适应证的选择应慎重，原则上不宜作为转子间骨折治疗的基本方法。

对转移瘤引起的转子间病理性骨折，为改善患者生存期生活质量，也可以对骨折部位行内固定治疗或人工股骨头置换术。至于是选择人工股骨头置换还是全髋人工关节置换，主要根据髋臼有无变形破坏决定，若髋臼基本完整，多主张人工股骨头置换，因单头置换可节约手术时间、减少出血。且高龄患者术后活动较少，应能满足其日常生活的要求。

七、术后康复与骨质疏松的治疗

（一）术后康复

术后康复对于治疗结果有重要影响，一套完善的康复治疗计划不仅能使伤肢功能得到早期恢复，而且对患者体能与各脏器功能的恢复至关重要。对于老年患者也应同样重视肢体的功能康复与体能康复。有些老年患者骨折已基本愈合，但仍不能负重和行走，原因是身体健康状况不佳，体力尚未恢复以致影响康复进程及最终治疗结果。术后应及时发现并纠正重要脏器的功能障碍，使之尽快恢复到正常生理功能水平。补充必要的营养素与能量，全身性支持疗法对老年体弱患者尤为重要。此外，还要进行必要的心理治疗与心理护理。体能的恢复是全身健康水平改善及心理康复的综合性标志。术后应尽早开始肢体的康复训练，早期行肌肉 CPM 锻炼，不仅能使关节、肌肉在活动中恢复功能，还能预防下肢深静脉血栓形成。肌肉的等长收缩与等张收缩、关节的被动与主动运动不仅对肢体运动功能的恢复有利，而且对骨折的愈合也有益。转子间骨折患者术后负重时间应依据骨折类型、移位程度、骨的质量及内固定质量来决定。有严重骨质疏松的Ⅲ、Ⅳ型不稳定型骨折不宜早期负重，否则无论内固定多么坚强，都不可避免地导致内固定物松脱或股骨头被切割、穿透等并发症。

（二）骨质疏松的治疗

老年转子间骨折患者一般都伴有骨质疏松症，此种骨折是老年退化性骨质疏松症（Ⅱ型骨质疏松症）的主要并发症之一，老年人伤后摄食减少，吸收功能低下，加之长期卧床，骨折后势必加重全身骨质疏松，延缓骨折愈合过程。故除对骨折部位进行必要的内固定外，继续给予全身抗骨质疏松等综合治疗也是十分必要的。否则随着增龄，骨质量进一步退化，将导致其他部位的骨折发生及已愈合部位的再骨折。包括：①补充足够的钙和维生素 D，应常规给予维生素 D400～800 U/d，钙 1 500 mg/d。②降钙素的应用，可以抑制骨吸收，减轻疼痛。降钙素 100 U/次，皮下或肌内注射 1～2 天 1 次，至少用药 3 个月后，改维持量 100 U/次，每周 2～3 次。③雌激素替代治疗，适用于绝经后妇女，可选用天然雌激素（倍美力、倍美安、倍美盈等）或半合成、合成雌激素（尼尔雌醇、炔雌醇、已烯雌酚等）。④适当运动和锻炼，手术后患者应早期下床，患肢不负重锻炼，或借助于拐杖活动和功能锻炼以帮助康复。

八、并发症防治

股骨粗隆间骨折发病年龄较股骨颈骨折大 7～8 岁，并发症多且重，术后病死率在 5%～30%。其原因主要为股骨粗隆间骨折患者平均年龄在 76 岁左右，体质差，并发症多。因此，必须严格掌握手术适应证，应该按以下标准选择手术对象：①心肌梗死病情稳定至少 3 个月，心功能衰竭病情稳定至少超过 6 个月，无严重的心律失常，心律失常 <6 次/分钟；伤前可步行上楼。②屏气时间 >30 秒，吹蜡烛距离 >50 cm，无咳痰、哮喘、气促，且动脉血气 PO_2 >60 mmHg，PCO_2 >45 mmHg，FVT_1 <70%。③血压 <160/90 mmHg，有脑缺血，脑栓塞时，病情稳定至少超过 6 个月。④尿蛋白 <（＋＋），尿量 >1 mL/（kg·h），BUN <80 mmol/L。⑤肝功能转氨酶不超过正常值的 1 倍。⑥空腹血糖 <8.0 mmol/L。此标准一般病例能顺利度过手术关。⑦选择创伤小的手术和经皮穿针内固定。

内固定物失效，招致股骨粗隆间骨折发生髋内翻畸形愈合或不愈合，内固定成功取决于稳定的骨连接，牢固把持骨折远近端固定能力，又取决于骨折类型、固定器械设计，固定器械正确使用、骨质疏松的程度及术后合理功能锻炼。

1. 原因

（1）与骨折类型有关：在稳定骨折中，后内侧支撑完好或轻度粉碎，骨折块塌陷极小，变位或重建内侧皮质的接触良好，骨折可获稳定，则发生内固定失败少，髋内翻发生率低。相反在不稳定骨折中，后内侧有大块游离骨块，后方粉碎，骨折复位后，仍极不稳定，要依靠内固定支撑维持，易造成内固定失效及髋内翻发生，约占粗隆间骨折 80%。

（2）与内固定设计及操作不正确有关

1）髓内式固定系统：髓内钉出现术中及术后并发症原因，术中及术后继发股骨骨折是髓内钉手术主要的并发症，此骨折以发生在钉尖部位的股骨骨折为特征。原因主要是钉体和骨质弹性模量不一，固定后如果髓内钉的位置不在正中，很容易在钉尖部位形成应力集中，再加上老年人骨质疏松和一定暴力即可造成此部位骨折；造成近端锁钉固定后位置不在正中有两个原因：一是主钉入口位置选择不当；另外就是骨折复位不良。

2）加压螺钉穿出股骨头或加压螺钉位置不佳造成髋内翻畸形，多由技术及经验不足所造成。

3）空心钉固定：空心钉固定发生并发症原因，主要为术中钉位不佳、适应证选择不当及术后早期负重。

2. 治疗　老年患者的髋内翻畸形，一般无须治疗。对青壮年，髋内翻畸形严重者，可行粗隆楔形外展截骨术，术后选择滑动加压螺钉或髓内钉系统内固定，对极少见股骨粗隆间骨折不愈合者，可采用内移、外翻截骨治疗—粗隆间截骨，使股骨干内移，近端骨块外翻位固定，骨折线周围植骨。

3. 预防

（1）选择正确的治疗方法：治疗者应了解当前各种内固定系统的适应证，应当根据患者年龄，骨折类型，骨质疏松情况及全身情况合理选择，如滑动加压螺纹钉更适合于年轻，髓腔狭窄患者；髓内固定系统适于髓腔粗大的骨质疏松患者；空心钉内固定更适于高龄，全身情况差，不宜大手术者。

（2）掌握各种内固定物正确的置入技术：各种内固定发生并发症原因，除自身设计结构不合理外，多由操作技术及经验不足引起，为避免并发症的出现，应当注意各自内固定置入特点及方法。

1）滑动加压螺钉置入。应注意：①螺钉位置，应尽量置于压力和张力骨小梁的交汇处形成股骨头中心骨松质致密区。②螺钉尖最好位软骨下 5 mm。③对于骨质疏松者，只能允许部分负重。

2）Gamma 钉置入。应注意：①正确选择 Gamma 钉入口，以梨状窝稍低为宜。②安放髓内针时用手逐渐转动推入，切忌锤击。③加压螺钉位置正确，防止钉从股骨头穿出或靠近股骨头上部钻入，如果位置不佳，患者下地要晚。④骨折愈合后尽早拔钉。⑤远端只锁 1 枚锁钉。

3）多枚钉置入。应注意：①下位针或空心钉的进针点，应在大粗隆下 11 ~ 13 cm 经股骨矩，人头内压力骨小梁，与股骨成角约160°。②针或钉在头内分布合理，正位 X 线片上显示内、中、外，侧位片显示为前、中、后的分布。③针在头内双双交叉，即 1、2 针交叉（上位针），3、4 针（下位针）交叉。空心钉，即上位空心钉入张力带骨小梁，下位钉交叉进入压力骨小梁系统。④合理负重，骨质疏松者，3 ~ 4 周床上活动，4 周后部分负重。

（曾锁林）

第三节　股骨粗隆下骨折

一、概述

股骨粗隆下骨折定义不统一，大多数作者将这一骨折定义为发生在小粗隆上缘至股骨狭窄部之间骨折。骨折线有时近端延续至大粗隆，远端延伸至股骨上1/3 的狭窄部以下。股骨粗隆下是一个高机械应力集中的区域，此区域由骨皮质组成，加以骨折时大多属于粉碎骨折，所以骨折愈合慢，易造成骨折不愈合。非手术治疗的并发症较高，多推荐手术治疗。随着对骨折生物力学认识的加深及内固定材料的改进，骨折的治疗已经有了明显提高。股骨粗隆下骨折占所有髋部骨折的 10% ~ 34%。Boyd 和 Griffin 复习了 300 例髋部骨折，发现粗隆下骨折占 27.6%。回顾性研究粗隆下骨折，表明其年龄有两种分布：

Velasco 和 Comfort 发现 63% 的粗隆下骨折发生在 51～70 岁，24% 发生在 17～50 岁；Waddell 发现 33% 的粗隆下骨折发生在 20～49 岁，7% 发生在 50～100 岁；Michelson 则报道 50 岁以上的髋部骨折 14% 属粗隆下骨折。

（一）致伤机制

低能量引起的骨折通常是螺旋骨折，骨折端粉碎少见。这些骨折通常发生在髓腔宽、皮质薄的骨质疏松部位。高能量损伤可导致粗隆下骨折股骨近端粉碎，即使是闭合损伤也可能有潜在软组织严重损伤和骨折块血供破坏。另外枪伤也可引起股骨粗隆下骨折。除外贯穿伤，多数粗隆下骨折是直接外力作用于大腿近端（比如在交通事故高处坠落造成的侧方的压力）或粗隆下区域超负荷轴向应力引起。低能量创伤常导致横断、短斜或螺旋骨折。与股骨干骨折一样，组织内出血会比较严重，应当对出血性或筋膜间室综合征等并发症引起足够的警惕。

粗隆下骨折造成了肢体的短缩及股骨头和颈的内翻移位，造成功能性的髋关节外展肌群力量减弱。如果不进行矫正，由于外展肌收缩长度变短会造成严重的跛行。

在低能量损伤中挫伤和擦伤最常见，严重的合并损伤并不多见。头颅和脊椎损伤必须考虑到。经常服用精神类药物的老年患者可能会损害他们意识到头颅及脊椎损伤的能力。如果粗隆下骨折是由高能量损伤引起的，必须像所有多发损伤的患者一样进行全面系统的检查。Bergman 等报道 31 个患者中有 16 个合并有长骨、骨盆、脊柱或内脏的损伤。粗隆下骨折还常常合并同侧的胫骨或髌骨的骨折，它们引起的膝踝关节功能的障碍同时合并髋关节功能的损失，会严重影响患者的活动能力。

（二）分型

1. Boyd 和 Griffin 分型　最初把股骨粗隆下骨折包含在股骨粗隆周围骨折中（Ⅲ、Ⅳ型），指出术后不满意率较高（图 8-19）。他们建议对复杂的粗隆下骨折进行两平面固定。

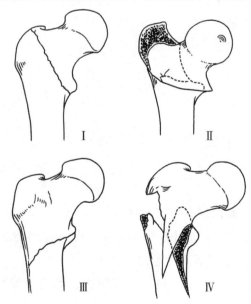

图 8-19　Boyd 和 Griffin 在股骨粗隆周围骨折分类

2. Fielding 分型　将股骨粗隆下骨折分为 3 型，Fielding 分类适合于横断骨折、粉碎和斜行骨折及多个节段，根据骨折的主要部分进行分类，高位粗隆下骨折比低位粗隆下骨折愈合好。

Ⅰ型：小粗隆水平骨折。

Ⅱ型：在小粗隆下2.5~5 cm。

Ⅲ型：在小粗隆下5~7. cm。

3. AO组织分型　建议分为3型（图8－20）：简单横断和斜行；骨折主要包括内侧或外侧、蝶形块，骨折明显粉碎3部分。但这种分类未包括波及股骨粗隆部的骨折线。

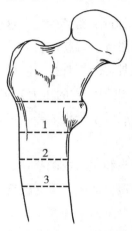

图8－20　Fielding 股骨粗隆下骨折分型

4. Scinsheimer 分型　1978年，Scinsheimer 提出了相对更为复杂的分型，Scinsheimer 分型的特点明确了内侧缺损后则稳定性差，这些骨折的内固定失败率更高。

Ⅰ型：无移位骨折或小于2 mm的移位。

Ⅱ型：两部分骨折，分为三个亚型。

ⅡA：横断骨折。

ⅡB：螺旋骨折小粗隆在骨折近端。

ⅡC：螺旋骨折小粗隆在骨折远端。

Ⅲ型：三部分骨折，分为2亚型。

ⅢA：内侧蝶形块为第三部分。

ⅢB：外侧蝶形块为第三部分。

Ⅳ型：双侧皮质粉碎。

Ⅴ型：粗隆下一粗隆间骨折，双侧皮质粉碎涉及粗隆部位。

5. Russell 和 Taylor 分型　则将股骨粗隆下骨折分成两大类，每一类又分成两个亚型。

Ⅰ型：不涉及梨状窝。

ⅠA：骨折自粗隆下至峡部，此区域有可能属骨折粉碎，包括双侧粉碎。

ⅠB：骨折线涉及小粗隆至峡部。因为小粗隆不完整，骨折近端缺乏稳定性，普通带锁髓内针不能提供有效的皮质固定，需要进行固定股骨头的髓内针技术。

Ⅱ型：骨折涉及大粗隆和梨状窝，在髋侧位可以明确，涉及大粗隆使闭合带锁髓内针技术变得复杂。

ⅡA：自小粗隆至峡部和梨状窝，但小粗隆没有粉碎和主要的骨折块。

ⅡB：骨折延伸至大粗隆，有明显的股骨内侧皮质粉碎和小粗隆失去连续性。

1988年，Johnson 指出了骨折部位的重要性，特别是股骨大粗隆区域、小粗隆区域和小粗隆以下。他建议对涉及小粗隆和小粗隆以下的骨折采用髓内针固定，如果近端骨折线延伸至大粗隆则用 DHS 进行固定。

（三）临床表现与诊断

1. **病史** 根据病史可以判断骨折是低能量损伤还是高能量损伤所致。患者叙述轻微创伤和无外伤史，应高度怀疑病理性骨折的可能。多数患者主诉患肢不能负重，伤后疼痛明显。

2. **体格检查** 可发现肢体短缩和肿胀，骨折后足部呈内旋或外旋畸形。患者不能主动屈髋或活动髋关节，有时可以触摸到骨折近端。除穿通伤外，合并的神经血管损伤并不常见，但应常规检查神经、血管状况。股骨粗隆下骨折与股骨干骨折一样软组织出血明显，应注意发现低血容量性休克和骨筋膜室综合征。

3. **影像学** X线诊断应包括膝关节和髋关节的股骨全长正侧位和骨盆正位，骨盆和膝关节 X 线片可除外合并损伤。侧位 X 线片可以诊断骨折线延伸至大粗隆和梨状窝。由于治疗方法的选择不同，应注意髓腔的内外直径，注意患肢伤前是否存在畸形和内固定物、健侧股骨干的弧度和颈干角。股骨粗隆下骨折很少合并坐骨神经损伤，如果患者存在神经损伤，应进行进一步检查以明确是否合并腰椎和腰骶丛的损伤。如果是穿通伤，Doppler 测量足背动脉压力小于腕的 90%，则建议进行血管造影检查。如果骨折严重粉碎，应在术中透视测量正常股骨的长度，并用牵引和牵开器恢复患肢长度。

（四）鉴别诊断

股骨粗隆下骨折的鉴别诊断主要是区分创伤和病理性骨折，如果患者伤前有疼痛、跛行或转移性疾病病史，医师应该考虑在手术中行股骨近端活检。

（五）治疗

股骨粗隆下骨折治疗的目的是恢复股骨长度及旋转对线，矫正向外成角，恢复外展肌的张力。一般说牵引的非手术治疗必须严格掌握适应证，仅限于患者的全身状况不允许手术或患者的骨质疏松，不能进行安全的固定的患者。现在治疗粗隆下骨折的内固定物有 DHS、DCS、普通带锁髓内针和重建髓内针。粗隆下骨折内固定选择：依据骨折部位，内侧结构粉碎程度，各种内固定材料生物力学特点及手术损伤、出血情况决定。以髓内固定优先使用，慎重使用钉–板系统。Ⅰ A 型骨折，粗隆完整，通常用闭合带锁髓内针治疗最有效；Ⅰ B 型骨折，小粗隆有骨折，可用重建髓内针固定。在对于长的斜行或螺旋形骨折，在闭合复位骨折的过程中，往往复位不满意，影响内固定的稳定或导致畸形，建议进行有限切开复位，然后再用带锁髓内针固定，不需要常规进行植骨。对于Ⅱ A 型和Ⅱ B 型骨折，大粗隆包括梨状窝粉碎，动力髋部螺丝钉（DHS）的固定作用是可靠的。对于髓内针技术熟练的医师也可用重建髓内针进行固定，仍然可以达到满意的复位和稳定的固定。

二、非手术骨牵引方法

必须用牵引治疗的粗隆下骨折推荐采用 Delee 的方法。尽可能采取股骨髁上骨牵引，防止牵拉膝关节，但胫骨结节牵引也可以应用。肢体悬浮，双侧膝和髋屈曲 90°，小腿和足部用短腿石膏固定，踝处于中立位。对成年患者，开始牵引重量为 13～18 kg，牵引后拍 X 线片并适当调整牵引重量，直到正侧位复位满意为止可以接受的畸形是内翻或外翻成角小于 5°，正侧位骨折对位不小于 25%，短缩小于 1 cm，3～4 周后，当患者症状减轻，膝关节逐渐放低到轻度屈曲的位置，必要时患肢外展防止内翻，当达到临床塑形时，并恢复了某种程度的力学连续性（旋转大腿远端时股骨大粗隆也发生旋转）和 X 线表现为有骨痂形成时，可用骨盆带和近端四边模型石膏支具保护，患者下床不负重行走，每周复查 X

线片，如果复位丢失，需要重新进行牵引或石膏固定。

三、手术治疗

（一）滑动性髋螺钉（DHS）

1. 术前准备　因为髋部螺丝钉手术时间延长导致出血增加。必须进行详细的术前计划，包括测量头和股骨颈的角度及选择髋部螺丝钉和侧板的长度。固定主要骨折块的拉力螺丝钉的安放位置要事先设计好，防止螺丝钉影响侧板的安放。

2. 手术方法　手术在全麻或硬膜外麻醉下进行，患者仰卧位，放置在骨科牵引手术床，预备髂骨必要时进行取骨植骨。将足部固定在牵引床上时防止内旋十分重要。可以用 C 形臂 X 线机判断股骨头的位置并比较下肢的旋转。在完成固定前通常需要调整牵引床来复位股骨近端。应用髋外侧直切口，切开外阔肌筋膜从肌间隔分离向前拉而不用劈开股外侧肌，分离结扎穿动脉的分支。这些血管通常不能电凝止血，因为它们容易回缩到肌肉发生再出血，并且出血很难控制。检查股骨粗线的对位以判断骨折的旋转。在股骨粗隆下骨折手术中推荐使用 AO 牵开器进行间接复位，这样可以避免进行内侧剥离以利于保护骨折块的血供。股骨牵开器通常安装在切口的前方，近端 Schanz 钉打入大粗隆，远端打入股骨干，骨折可以通过牵开器一步步地逐渐牵开。

复位后用克氏针临时固定，按照标准方法插入髋部加压螺钉。选择的钢板长度要保证远骨折远端至少有 4 枚螺丝钉透过两层皮质。拉力螺钉可以通过钢板固定，但是避免近端骨折块与钢板固定更可取，因为这样可以避免影响加压螺钉抽搐样活动与骨折块间的加压。我们认为使用髋部加压螺钉装置是必需的，这样就可以防止拉力螺钉在轴向上的旋转。如果需要切开分离内侧，就应该进行自体髂骨移植。内固定的大多数问题可以通过术中良好的影像学监护来解决。

3. 术后处理和康复　手术后当天患者就可以坐在椅子上，在股四头肌肌力恢复后可以开始使用助行器或拐杖点地接触样部分负重行走。在老年患者，一般不需要常规取出内固定。在年轻患者，包括参加竞技体育活动或重体力劳动者，通常在手术 2 年后取出内固定。并提醒患者内固定取出 6 周内使用拐杖并在可忍受的程度负重行走，3 个月内避免接触性体育运动。

（二）重建髓内针技术

1. 术前准备　术前拍摄未受伤侧的股骨 X 片，用来估计髓针的直径，扩髓的程度及最终髓内针的长度。除了急诊手术患者，在打入髓针前需要通过牵引恢复肢体长度。如果一般情况允许，股骨粗隆下骨折需要立即固定。

第 2 代髓内针即重建髓内针主要是为复杂股骨骨折的解剖和生物力学的需要而设计的，包括粗隆下骨折、可能发生病理性骨折之股骨近端骨折和股骨干骨折合并股骨颈骨折，髓内针设计有 1 枚或多枚螺丝钉安置在股骨颈中。RussellTalor 重建髓内针是第 2 代髓内针的代表。近端滑动螺丝钉消除了旋转和剪切力量，提供对股骨颈和股骨头进行把持。在插入髓内针时其闭合切面的设计减少了骨折端的扭转剪切和旋转。小直径的重建髓内针增加壁厚以相应增加了它的折弯强度。所有重建髓内针近端 8 cm 的范围直径增粗，从而增加了近端拉力钉的固定强度，2 个部分螺纹的自攻螺丝钉的直径则分别是 8 mm 和 6.4 mm。螺丝钉可在髓内针内滑动以适应粗隆周围或股骨颈骨折手术后的稳定。

2. 手术方法

（1）体位：为成功插入重建髓内针，在标准髓内针手术技术上有多个重要方面改进。患者的体位必须仰卧位以允许对股骨颈和股骨头进行正、侧位透视。患侧腿在牵引床上内收并轻度屈曲，而对侧腿外展和伸直或屈曲和外旋以便不阻挡 C 形臂 X 线机的移动。

（2）固定方法

1）使用弯开孔器或空心扩髓钻并放置在大粗隆窝进行开孔。高位粗隆下骨折受到肌肉的牵拉可使骨折近端外展，用骨钩或空心的对位器放置在大粗隆尖部用于内收骨折近端，避免髓内针内翻位进入骨折端。如果重建髓内针用于治疗股骨干骨折合并同侧股骨颈骨折，在进行扩髓和髓内针操作前应复位并临时固定股骨颈骨折。

2）插入带头的导针后，应精确测量和计算所用髓内针的长度。可以调整所选髓内针的深度以保证近端精确安放 2 枚锁钉，所以仔细选择合适的髓内针是非常重要的。应将髓腔扩髓至比所选髓内针直径大于 1 mm，股骨近端 8 cm 的范围应扩髓至 15 mm 以便顺利插入重建髓内针增大的部分。

3）调整髓内针插入适当的深度以允许近端 2 枚螺丝钉安放在股骨头颈中。决定深度的方法是把套筒插入近端钻导向器中，通过透视套筒的位置以确定螺丝钉最后位置的方向。髓内针插入到最下方，螺丝钉位置处于股骨颈内侧皮质上方的水平。近端锁钉孔有 8 度的前倾以匹配正常股骨颈的前倾角，但股骨近端经常向后沉，须外旋导向器低于水平面放置并安放在股骨颈的后侧，进行 C 形臂 X 线机斜位透视可以帮助判断导钻的精确旋转。

4）使用多个套筒并用 3.2 mm 的螺纹导针在最远端孔钻入股骨头软骨下 5 mm，如果正位和斜位显示导针的位置有问题，应拔出导针并适当调整髓内针在股骨的位置，侧位应当在股骨头的中央安置螺丝钉。沿着导针进行钻孔攻丝后再拧入螺丝钉，在年轻患者特别强调攻丝的重要性。然后再进行常规远端锁钉。

5）根据骨折类型、骨的质量以及近端螺丝钉的把持力决定手术后负重的时间和程度，通常没必要进行重建髓内针的静力锁定动力化。

3. 术后处理与康复　术后康复计划取决于手术所达到的骨折稳定性，一是内固定的强度，二是骨骼的质量，特别是股骨内侧骨皮质的质量。由于肌肉收缩的力量同触地负重力量一样，笔者建议患者术后扶拐触地负重行走，一般在手术后不进行制动。若无合并其他损伤，用重建髓内针固定的患者术后第 1 天即可扶拐行走，如骨折端粉碎则负重 10 ~ 15 kg，如骨与骨接触好、骨骼质量好。则患者可在能够忍受的重量下扶拐负重。在术后前几天进行关节活动和直腿抬高。患者无发热和伤口渗出以及能在病房扶拐行走则可以出院，4 周复查 X 线片，4 ~ 8 周有骨痂形成时可以逐渐增加负重，在患者患肢能够完全负重 60 秒后再弃拐行走，建议进行对抗性训练，如游泳和骑静止自行车活动。在 X 线片上发现骨痂成熟后可以考虑取出内固定物，取出内固定物术后也应扶拐。恢复至术前步态时弃拐、取出内固定 3 个月后才能参加体育活动。

多数患者 6 ~ 8 周能扶拐行走参加社会活动，8 ~ 16 周骑摩托，伤后 3 ~ 5 个月完全负重。患者功能恢复达到以前状态。单纯新鲜股骨粗隆下骨折用重建髓内针治疗其愈合率可达 95% ~ 100%。如果患者伤后 6 个月不能完全负重，应考虑发生骨折不愈合的可能性，可在 9 ~ 12 个月进行扩髓并更换髓内针和进行髂骨植骨。

四、特殊情况处理

（一）开放性粗隆下骨折

1. 一般治疗原则　开放粗隆下骨折少见，几乎都是穿通伤和高能量损伤如车祸或坠落伤所致。开放性骨折的一般治疗原则也适用于粗隆下骨折：急诊清创、稳定骨折和预防感染，用适当的固定达到骨折适当的稳定。过去存在问题是多数内固定需要剥离软组织和污染组织，所以建议用 Delee 推荐的 90°~90°牵引加石膏支具治疗开放性骨折。Johnson 推荐清创后急诊或术后 10~21 天伤口闭合后再用髓内针进行固定。现在对开放粗隆下骨折（Ⅰ~Ⅲ型）可在清创后急诊行内固定，然后应用抗生素。

2. ⅢB、ⅢC 型骨折　当近端骨折块是够能进行插针、合并血管损伤需修复、在清创不能变成清洁伤口时可用外固定架固定，术后 7~14 天伤口稳定后再更换为髓内针固定。随着小直径重建髓内针的出现，不扩髓髓内针可用于治疗开放性粗隆下骨折。不扩髓带锁髓内针治疗粗隆下骨折是否有益尚无定论。

（二）多发性损伤

现在已经有大量的文献证明对于多发损伤患者长骨损伤需要尽快（在 24 天内）固定。多发损伤患者的粗隆下骨折当然也是需要尽快固定以便能够早期活动避免牵引综合征发生。因为这些患者容易发生肺功能衰竭及败血症，所以不管是用内固定还是外固定的方法尽最大努力获得骨折的稳定。如果在同侧肢体有其他损伤，我们应该首先稳定能限制患者活动的骨折。如果术中患者状况恶化，手术不能继续进行，就只能选择闭合的方法直到病情稳定能进行手术时再进行固定。

（三）植骨指征

从 20 世纪 60 年代开始，许多作者建议对股骨粗隆下骨折采取自体骨植骨，特别是对内固定失效的治疗。1964 年 Stewart 对股骨粗隆下骨折的年轻患者一期进行髂骨植骨。现在自体植骨的指征是进行切开复位并合并明显的内侧粉碎，采取闭合复位则由于没破坏内侧骨折块的血供，不需要常规进行植骨。

五、并发症

股骨粗隆下骨折的全身并发症包括肺炎、泌尿系感染、压疮和心血管并发症；局部并发症包括内固定物失效、不愈合、畸形愈合和感染。

（一）内固定失效

内固定失效常表现为患肢逐渐出现畸形和短缩，患肢无力不能负重，如增加负重力量患者感觉骨折部位疼痛。DHS 侧板断裂常见于骨折内侧缺损的患者。内固定失效是骨折不愈合的一个表现，要想保证不愈合骨折端的力学稳定性，早期复查（术后 3 个月）如发现内侧结构有缺损和骨吸收，应当采取积极的措施。可进行切开并在内侧进行自体髂骨植骨，以促进骨折愈合，是预防钢板失效的有效的方法。DHS 螺丝钉切割股骨头的失效常见于骨质疏松的患者。DHS 内固定失效后的治疗通常是采用切开复位，再用带锁髓内针固定并另加自体髂骨植骨。

钢板内固定失效的常见原因与选择内固定不合适有关，所用内固定缺乏足够的强度以抵抗骨折端所受到的应力。治疗则采用更换合适的内固定加自体髂骨植骨。闭合复位带锁髓内针固定，髓内针断裂少见，断裂部位通常发生在近端锁钉孔，失效与骨折复位不满意、患者早期负重和患者体重较大有密切的关系。髓内针失效也可由于没有静力锁定或未评估梨状窝入点粉碎所引起。髓内针失效的治疗则采用切开并更换合适的髓内针加自体髂骨植骨。

（二）骨折端不愈合

粗隆下骨折预计在 3~6 个月愈合，如患者术后 6 个月后不能完全负重，股骨近端疼痛、发热或患肢负重疼痛，临床应怀疑骨折不愈合，进行 X 线检查可以证实。同时应检查血沉、白细胞计数和分类以及 C 反应蛋白，以除外骨折不愈合合并感染。骨折不愈合的原因是内固定失效及断裂，发生内固定断裂及失效有以下 3 种情况。

1. 近端锁钉误锁　特别在股骨后外侧骨折，骨折近端向前移位，近端锁钉就会从股骨颈后侧折线间进入股骨头内，应当避免这种锁定。近端锁钉的正确安置需要在透视观察下锁钉在股骨头的位置，正位近端锁钉应位于股骨头中下 1/3，侧位位于中心，我们的经验是当股骨头锁定时，如果在正侧位 2 枚螺丝钉不平行，必定有一枚锁钉误锁，应仔细检查，进行纠正。

2. 髓针动力化不适时　静止锁定，可以防止肢体旋转和短缩，骨折未愈合去除远端锁钉，尤其在骨质疏松者，必然增加近端锁钉应力，结果致近端锁钉断裂，招致骨折不愈合。所以在骨折未愈合前不主张动力化，可以在骨折愈合后取髓内针前，取出远端锁钉，以达到改善骨痂质量。

3. 髓内针断裂　髓内针断裂多发生近端锁孔处和骨折线处，原因是骨折未愈合前，没有定期复查，患者早期完全负重引起，骨折不愈合治疗应该重新内固定及植骨术。骨折不愈合常存在于骨干部位。对骨折不愈合或迟延愈合应积极治疗，进行牢固内固定，并在骨折端进行自体髂骨植骨。如髓内针失效，可在取出髓内针进行扩髓并更换大直径的髓内针可得到较高的成功率。最好采用静力带锁髓内针治疗，对粗隆下骨折不愈合的患者不建议选择动力锁定，更不提倡在静力锁定后动力化以治疗骨折不愈合或延迟愈合。

（三）畸形愈合

畸形愈合的患者主诉跛行、肢体短缩和旋转畸形。将患肢同对侧肢体进行比较，则容易诊断畸形愈合。畸形愈合与骨折复位 3 方面相关：①必须恢复颈干角，否则患者由于外展肌力弱有臀中肌步态，如属钢板固定的骨折，可进行外翻截骨和植骨治疗。如所用髓内针入点在大粗隆外侧可引起内翻畸形，但这种畸形一般小于 10°，患者可接受，不需要再手术。②肢体短缩是一复杂问题，可能由于骨折严重粉碎用动力髓内针而不是用静力带锁髓内针的结果。由于肢体延长存在许多并发症，以预防为主。术中和术前应密切注意肢体的长度。偶尔骨折牵引过度可导致肢体长。③旋转畸形可以发生于钢板和髓内针固定，X 线检查和股骨粗线对位可帮助避免发生这种并发症，在髓内针固定后有必要比较两侧肢体的长度和内外旋范围，这样可以早期矫正畸形。晚期旋转畸形明显者，应根据患者的主诉以决定是否采取手术治疗，手术治疗可进行截骨并采用静力髓内针固定。

（四）伤口感染

感染可表现为在术后 4 ~ 10 天患者持续疼痛，临床检查有炎症的表现，进行手术部位穿刺可以证实感染。骨扫描对急性感染无帮助。晚期感染常发生在骨折不愈合的患者。诊断为骨折不愈合的患者进行再次手术前，我们推荐进行活检和厌氧和有氧培养。骨扫描对感染性不愈合有一定帮助。闭合髓内针之感染率明显降低，抗生素的应用能够降低手术后的感染。

术后发生急性感染应立即进行手术扩创引流，关闭伤口进行灌洗，闭合伤口时放置抗生素链。如果内固定稳定，内固定应保留至骨折愈合；如内固定不稳定，在治疗感染的过程中应取出内固定并进行牵引或使用外固定架固定，延期进行植骨以获得骨折愈合。在感染难以治疗的情况下，有必要应用 6 周的抗生素治疗。

（五）功能丧失

功能的丧失总是继发于膝或髋关节的并发症，异位骨化是最常见的影像学表现，但是很少会引起症状。髌骨的合并损伤，膝关节周围的骨折，以及软组织损伤可以导致粗隆下骨折早期功能的丧失。粗隆下骨折合并神经损伤很少见，但是在进行髓内针治疗前应该仔细检查。术后观察到的坐骨及闭孔神经损伤通常是由于复位时的过度牵引或筋膜室综合征引起的；这些损伤通常不能随着时间恢复，会导致严重的残疾。

（曾锁林）

第四节　股骨干骨折

股骨干骨折是临床上最常见骨折之一，约占全身骨折6%，股骨是体内最长、最大的骨骼，且是下肢主要负重骨之一，如果治疗不当，将引起下肢畸形及功能障碍。目前股骨骨折治疗方法较多，必须依骨折部位、类型及患者年龄等选择比较合理的方法治疗。不管选用何种方法治疗，且必须遵循恢复肢体的力线及长度，无旋转，尽量行以微创保护骨折局部血供，促进愈合；采用生物学固定方法及早期进行康复的原则。

一、致伤原因、分型与诊断

（一）致伤原因与病理

多数骨折由强大的直接暴力所致，如撞击、挤压等；一部分骨折由间接暴力所致，如杠杆作用、扭转作用、由高处跌落等。前者多引起横断或粉碎性骨折，而后者多引起斜面或螺旋形骨折。儿童的股骨干骨折可能为不全或青枝骨折；成人股骨干骨折后，内出血可达 500～1 000 mL，出血多者，在骨折数小时后可能出现休克现象。由挤压伤所致股骨干骨折，有引起挤压综合征的可能性。

股骨干上 1/3 骨折时，骨折近段因受髂腰肌，臀中、小肌及外旋肌的作用，而产生屈曲、外展及外旋移位；远骨折段则向后上、内移位。

股骨干中 1/3 骨折时，骨折端移位，无一定规律性，视暴力方向而异，若骨折端尚有接触而无重叠时，由于内收肌的作用，骨折向外成角。

股骨干下 1/3 骨折时，由于膝后方关节囊及腓肠肌的牵拉，骨折远端多向后倾斜，有压迫或损伤动、静脉和胫、腓总神经的危险，而骨折近端内收向前移位。

（二）分型

根据骨折的形状可分为：

1. 横行骨折　大多数由直接暴力引起，骨折线为横行。

2. 斜行骨折　多由间接暴力所引起，骨折线呈斜行。

3. 螺旋形骨折　多由强大的旋转暴力所致，骨折线呈螺旋状。

4. 粉碎性骨折　骨折片在 3 块以上者（包括蝶形的），如砸、压伤等。

5. 青枝骨折　断端没有完全断离，多见于儿童。因骨膜厚，骨质韧性较大。伤时未全断。

Winquist 将粉碎性骨折按骨折粉碎的程度分为四型：

1. Ⅰ型　小蝶形骨片，对骨折稳定性无影响。

2. Ⅱ型　较大碎骨片，但骨折的近、远端仍保持50%以上皮质接触。

3. Ⅲ型　较大碎骨片，骨折的近、远端少于50%接触。

4. Ⅳ型　节段性粉碎骨折，骨折的近、远端无接触。

（三）诊断

一般有受伤史，伤后肢体剧痛，活动障碍，局部肿胀压痛，有异常活动，患肢短缩，远端肢体常外旋。X 线片检查可以做出诊断。特别重要的是检查股骨粗隆及膝部体征，以免遗漏同时存在的其他损伤，如髋关节脱位，膝关节骨折和血管、神经损伤。

二、儿童股骨干骨折的治疗

儿童股骨干骨折，在成长期间，能自行矫正 15°成角，重叠约 2 cm，再加上骨折愈合快的特点，所以儿童股骨干骨折多采用非手术治疗。

（一）小夹板固定法

对无移位或移位较少的新生儿产伤骨折，将患肢用小夹板或圆形纸板固定 2~3 周。对移位较多或成角较大的骨折，可稍行牵引，再行固定。因新生儿骨折愈合快，自行矫正能力强，有些移位、成角均可自行矫正。

（二）悬吊皮牵引法

适用于 3~4 岁以下患儿，将患儿的两下肢用皮肤牵引，两腿同时垂直向上悬吊，其重量以患儿臀部稍稍离床为度。患肢大腿绑夹板固定。为防止骨折向外成角，可使患儿面向健侧躺卧。牵引 3~4 周后，根据 X 线片显示骨愈合情况，去掉牵引。儿童股骨横行骨折，常不能完全牵开而呈重叠愈合。开始虽然患肢短缩，但因骨折愈合期，血供活跃患骨生长加快，约年余二下肢可等长。

（三）水平皮牵引法

适用于 5~8 岁的患儿，用胶布贴于患肢内、外两侧，再用螺旋绷带包住。患肢放于枕上或小型托马夹板上，牵引重量为 2~3 kg。如骨折重叠未能牵开，可行两层螺旋绷带中间夹一层胶布的缠包方法，再加大牵引重量。对股骨上 1/3 骨折，应屈髋、外展、外旋位，使骨折远端对近端。对下 1/3 骨折，需尽量屈膝，以使膝后关节囊、腓肠肌松弛，减少骨折远端向后移位的倾向。注意调整牵引针方向、重量及肢体位置，以防成角畸形。4~6 周可去牵引，X 线片复查骨愈合情况。

（四）骨牵引法

适用于 8~12 岁的患者。因胫骨结节骨骺未闭，为避免损伤，可在胫骨结节下 2~3 横指处的骨皮质上，穿牵引针。牵引重量为 3~4 kg，同时用小夹板固定，注意保持双下肢股骨等长，外观无成角畸形即可，患肢位置与皮肤牵引时相同。

三、成人股骨干骨折的治疗

（一）非手术治疗

股骨干骨折的非手术治疗—骨牵引疗法，由于需长期卧床，住院时间长，并发症多，目前已逐渐少用，骨牵引现在更多的是作为常规的术前准备或其他治疗前使用。但骨科医生同样应熟悉、掌握骨牵引治疗股骨干骨折。

适用于各类型骨折治疗，对股骨上及中1/3骨折，可选用胫骨结节牵引，下1/3骨折，可选胫骨结节或股骨髁上牵引。

对于斜行、螺旋、粉碎、蝶形骨折，于牵引中自行复位，横行骨折的复位需待骨折重叠完全被牵开后才能复位，尤需注意发生"背对背"错位者，最后行手法复位。

牵引的要求与注意事项：①将患肢放置于带副架的托马架上或波朗架上，以利膝关节活动及控制远端旋转。②经常测量下肢长度及骨折的轴线。③复位要求，无重叠，无成角，横行移位≤1/2 直径，无旋转移位。

治疗期间功能锻炼：从第 2 天开始练习股四头肌收缩及踝关节背伸活动，第 2 周开始练习抬臀，第 3 周两手吊杆，健足踩在床上，收腹，抬臀，使身体大、小腿成一直线，加大髋膝活动范围。从第 4 周开始可扶床架练习站立。待骨折临床愈合，去牵引后逐渐扶拐行走直至 X 线片检查骨折愈合为止。

（二）手术治疗

近年来，由于内固定器械的改进，手术技术的提高以及人们对骨折治疗观念的改变，股骨干骨折现多趋于手术治疗。骨折手术治疗，除了必须从骨折的部位、类型、软组织损伤的程度，有无合并伤及患者的全身情况等因素考虑外，还需根据两个原则来选择，一是要有足够强度的内固定材料，使固定后能早期功能锻炼而不至于骨折愈合前发生内固定器材断裂及失效；二是骨折固定方法上要提倡微创，尽量减小骨折局部血供的破坏及内固定器材不应有应力集中及符合生物固定原则，以促进骨折愈合。

成人长骨干骨折的治疗，包括股骨的治疗，在 20 世纪 90 年代，治疗理论从 AO 坚强内固定，向 BO 生物学接骨术转变，虽然对生物学接骨术的内容还无统一认识，但原则是尽量使骨折愈合按照骨折后生物自然愈合过程来进行，骨外膜和软组织在骨折愈合过程中起主要作用，骨髓内血供也是重要因素。髓内针固定为轴心固定，其生物力学较骨外钢板偏心固定为优越。因此生物学接骨术的含义应当包括不剥离或尽少剥离骨外膜，不扩髓，尽量采用髓内固定，以容许骨折上下关节早日活动，提高骨折愈合率，髓内钉的发展从梅花髓内钉，扩髓髓内锁钉，到不扩髓髓内锁钉，现在的髓内扩张自锁钉，更符合生物学接骨术的原则。

1. 钢板螺丝钉固定　对股骨干骨折采用解剖复位，骨折块间加压及钢板螺丝钉固定治疗方法，因其手术不需要骨科手术床及 X 线影像增强器，仍有应用。目前由于适应证选择不当，应用方法上错误，过早完全负重，使内固定失效及松动率较高，招致骨折延迟愈合或不愈合。应严重掌握适应证。儿童骨折，因为钢板固定不需通过骨骺线，不会影响生长发育；无髓内针固定装置及不适宜髓内固定患者均可使用钢板螺丝钉固定。手术方法：平或侧卧股骨外侧切口，将股外侧肌向前掀起，结扎血管穿支，持骨器钳夹住骨折端，依靠向外加大成角及骨膜起子撬拨复位，钢板放置于股骨后外侧，首先在邻近骨折部位拧入 2 枚动力加压螺丝钉，然后拧入钢板两端螺丝钉，其余螺丝钉依次拧入。有骨缺者应行植骨。不必修复股外侧肌放回原位，放负压引流，依次缝合切口。术后外固定保护直到骨折愈合。

由于接骨板固定股骨干骨折，抗肌肉牵拉力不足，术后需外固定保护。术中骨膜破坏较多，骨折愈合慢，现较少使用。

2. 髓内钉　梅花针为第一代髓内针，固定作用机制为梅花针与髓内腔壁相互嵌压所产生的摩擦力，从而控制骨折端的旋转与剪切力。因此其绝对适应证为股骨干峡部横行骨折、短斜行或短螺旋形骨折，而峡部粉碎、长斜行及长螺旋形骨折以及股骨干远近端骨折，梅花针的抗旋转、抗短缩能力有限。梅花针的进针点为梨状窝，可以通过顺行或逆行穿针固定。由于防旋能力有限，逐渐被带锁髓内针所替代。1972 年 Klemm 和 Schellman 报道锁式髓内钉固定股骨干骨折，相继出现 Gross、Kempf 钉和 Morris 钉等，治疗股骨干骨折取得满意疗效，锁式髓内钉结构特点，髓内钉具有一定弧度，以适应股骨干前弓结构，另外，其髓内钉近端有一斜向带螺纹孔，螺钉穿过孔固定于粗隆部，螺钉与髓内钉成150°，在距髓内钉远端4~8 cm处，有2个无螺纹的水平孔，以行远端交锁，配套器械为打入器及锁钉导向器，后者用于髓内钉打入后，使斜向螺钉准确穿过螺孔到达小粗隆，另有一套锁钉导向器在影像增强透视下，引导远端锁钉横向交锁。

（1）锁式髓内钉的设计及原理：保持普通髓内钉的优点，克服普通髓内钉缺点，内锁髓内钉仍保留普通髓内钉的优点，作为骨折的内夹板固定在髓腔内与髓腔内壁相嵌，髓内钉固定骨折处于骨干的中轴线上；力臂从骨折延伸到骨干两端，较钢板大得多，可闭合穿针对骨折部位干扰小，髓内钉取出手术也较钢板的损伤小，同时锁式髓内钉亦克服普通髓内钉手术适应证窄，只适应股骨中1/3的横行、短行、短螺形型骨折的缺点，将髓内钉适应证扩大到粉碎性、长螺旋形、长斜行骨折及股骨两端骨折，多段骨折，骨缺损等。

通过横穿的锁钉获得骨折的最大稳定性：对于峡部以外的髓腔宽大部分，锁式髓内钉可通过横穿的锁钉使之与长骨形成一个整体，因此具有最大稳定性。锁式髓内钉远、近端的锁钉尚具有防止短缩和旋转移位，起到坚强固定作用，这种固定方式亦称之为静力固定，对于横行及短斜行股骨骨折只固定远端或近端，另一端不固定，骨折端可以沿髓内钉产生微动及纵向压力，形成嵌插和利于骨折愈合，从而形成动力固定。有些骨折的早期需静力固定，但骨折愈合到一定程度后，可先拔出一端锁钉，改为动力固定。

（2）手术操作：仰卧位有利于骨折远端横向螺钉打入和对远端旋转的控制，患肢水平位并内收，健侧肢体屈曲或伸展以利于放置影像增强器。锁钉的打入方式与传统方式相似，扩髓直径要超过髓内钉直径1 mm，使骨折对位、对线，并置入导针，然后打入适当长度、粗细髓内钉。根据骨折的类型选择静力或动力固定模式，将导向器连于打入器上，可以容易使螺丝钉斜向穿过螺孔到达小粗隆部，一般的远端横向螺钉锁定方法为在影像增强器显示下进行，亦可在瞄准器完成。

（3）锁式髓内钉应用中应注意的问题

1）术前X线检查：应摄取股骨全长的正侧位X线片，以判定骨折类型，测量骨的长度及髓腔宽度，作为选择内锁髓钉的长短及粗细的依据。较严重的粉碎骨折将长度测量发生困难，可摄取健侧X线片进行测量。

2）选用髓内钉类型：骨干骨折除非有很好稳定性，一般均以使用内锁髓内钉为好。稳定骨折：如横行或短斜行股骨上中段骨折，可用动力性锁钉治疗，但对任何程度粉碎骨折或股骨远、近端骨折，均应选择静力交锁髓内钉。

3）手术体位：仰卧位有利于术中观察、骨折整复及控制旋转，但仰卧位对显露大粗隆顶点及正确的定进针点常困难，应将患肢内收及躯干向健侧倾斜。

4）插入髓钉方法：闭合穿钉有利于减少感染和提高愈合率，但要求技术较高，手术者接触X线量较大，当闭合穿钉有困难时，可做小切口，尽量少剥离软组织，用骨膜起子撬拨复位，顺入导针，不少报道认为，这种小切口复位方法，结果与闭合髓内钉效果相仿。

5）髓腔扩大：在插钉前应用髓腔挫扩大髓腔，有利于使用较粗的髓内钉，可增加钉与髓腔壁的接触面，从而加强骨折稳定性，避免髓内钉疲劳断裂，有利于早期锻炼负重，不少学者认为用锉扩髓腔破坏血供影响愈合，但同样也有不少学者发现血供较快恢复，失活组织可再血管化，甚至骨折周围骨痂反而更加丰富，总的来说，适当用锉扩髓腔，利大于弊，认为扩大髓腔可导致脂肪栓塞的说法，也未得到更多支持。

原北京军区总医院 1995 年开始使内锁髓内钉治疗股骨骨折已 300 例，仅 5 例延迟愈合，功能恢复优良率 90%。治疗体会成功关键如下：a. 选择合适髓钉长度及直径。股骨骨折使用直径 10～11 mm 以上，钉长一大粗隆至关节面上 2 cm。b. 远端必须交锁 2 枚螺钉，对于二次手术陈旧骨折尤其要静态交锁，并在手术中需要充分扩髓。髓内钉远端交锁孔距骨折线要达 5 cm 以上，同时对螺旋骨折线超越远端交锁孔者，必要时术后应加用短期外固定，以加强稳定。c. 髓内钉进钉点，关于髓内钉进钉点，大多数文献介绍从梨状窝进入，但术中很难确定梨状窝定位，建议以粗隆间窝、大粗隆内侧壁为标志，在大粗隆前后缘中点进即可，过分偏内易造成股骨颈骨折，偏外引起股骨干成角。d. 闭合穿钉有时费时、费力，接触 X 线量大，建议骨折在手术床牵引复位对位对线不理想情况下，即时在大腿外侧，骨折部位做 3 cm 左右小切口，切开皮肤、皮下、阔筋膜，分离股外侧肌、远折端，不剥离骨膜，用骨膜撬拨及调整下肢牵引，将骨折复位导针顺入骨折远端。e. 合理使用远端瞄准器及徒手影像增强器引导下插钉。髓内钉的远端交锁是髓内钉治疗瓶颈，远端瞄准器由髓内钉、转变器、定位钩，远端交锁器构成平行四边形。实际是个三维瞄准过程，任何一轴有偏移不准，改变平行四边形，造成远端交锁不准，所以在操作中，要求髓内钉无阻力插入，以免使髓内钉的形变位移；定位钩插入时，应垂直，不能倾斜改变方向；术前对远端瞄准器进行微调，纠正反复使用造成其轻微形变；术中要求尽量持续稳定。即使使用，瞄准器的成功率仅为 70%，如遇困难，即时在远端锁孔间切开 2 cm，影像增强器行股骨侧位，当髓内钉锁孔为圆形时，从圆形中心投射点钻入股骨下端外侧，锁孔出对侧皮质，确定已穿过锁孔，再拧入螺丝钉。

6）术后观察：术后第 1 天即应行股四头肌锻炼，尽早开始连续被动活动器做被动活动，拆线后可扶双拐部分负重行走站立。术后 6～8 周根据骨痂情况再完全负重，稳定骨折做动力髓内钉固定者，可早期完全负重，如果新鲜骨折患者 3 个月仅有少量骨痂，陈旧骨折 6 个月仅有少量骨痂，建议将静态固定改为动力固定。

Christie 等应用扩髓式髓内钉治疗股骨干骨折 120 例，其中开放性骨折 24 例，平均年龄 33 岁，平均骨折愈合时间 17 周，畸形愈合 3 例，骨不连再次手术 2 例。Alho 等报道扩髓式髓内钉治疗股骨干骨折 123 例，其中开放性骨折占 12.2%，平均年龄 27 岁，平均骨折愈合时间 13 周，畸形愈合为 8.1%，感染率为 0.8%。国内李光辉报道采用带锁髓内钉治疗股骨干骨折患者 213 例，其中失败 18 例，断钉 3 例，其中主钉断裂 2 例，主钉合并远端锁钉断裂 1 例；远端锁钉退出 7 例；近端锁钉退出 3 例；膝关节纤维性强直 3 例；迟发感染 2 例。手术技术、手术适应证选择、康复锻炼的规范性、髓内钉的强度及合适与否是是否导致失败的相关原因。认为应用带锁髓内钉治疗股骨干骨折应掌握好适应证，强调术前准备充分，术中操作规范，术后锻炼应循序渐进，避免过早负重，是减少或防止内固定失效的重要措施。

3. 股骨髓内扩张自锁钉

内锁髓内钉治疗股骨骨折，已广泛用于临床及取得效果也比较满意，由于其结构决定，仍存在应力集中，近 4% 患者发生锁钉或髓钉断裂，另外术中需要 X 线透视机等必要设备，为克服以上不足，李健民设计髓内扩张自锁钉，使股骨骨折治疗变坚强内固定为生物学固定，简化治疗。

（1）髓内扩张自锁钉结构特点：由外钉及内钉两部分组成，外钉为一直径 9 mm 不锈钢钉，钉的两侧为"燕尾"形"轨道"，下端两侧为 15°～20° 坡形滑道，以便内针插入后，其下端两翼向两侧张开。钉体前后有浅槽，具有股骨平均解剖弯曲的弧度，其横截面为卷翼"工"字梁形。内针截面为等腰三角形，其上端沿三角形高的方向增宽成宽刃状，其下端制扁平 1.6 mm 之矩形截面，形成向两侧扩张之两翼，该结构构成两对称，其上端连接有供打入、拔出螺纹。内钉插入外钉后，其上端为嵌于股骨上端骨松质之宽刃（约 3 mm），中部内钉侧刃凸出外钉约 1 mm、1.5 mm、2 mm 不等，以适应不同的髓腔宽度，并嵌于髓腔狭窄部及股骨上下端的骨松质内，其下端扁平两翼沿外钉坡道伸出，插入股骨髁中，主用于控制骨折部位的旋转移位，并将扭矩分散，避免应用集中。

（2）髓内扩张自锁钉固定机制及生物力测试结果：髓内扩张自锁钉是一个多钉固定系统，其中外钉有较强的刚度，内钉韧性好，含有侧刃，外钉直径较小，各靠与侧刃宽度不等的内钉组合来适应不同髓腔宽度，并与髓腔内壁相嵌，并切入管状骨端骨松质中，与内钉下部分开的双翼共同抵抗扭转，与带锁钉的横钉相比，扭矩分散，无应用集中现象。内外钉体组合一起，其抗弯强度与较粗内锁钉相当，靠主钉顶部防短缩螺帽与内钉下部分开的交叉翼结合，有良好的防短缩功能。

生物力学实验表明，其抗扭转刚度与 GK 钉相近，有良好的抗弯能力，轴向加压抗短缩能力相当于 2 倍体重，可引起骨松质破坏的最低载荷 1 158 N。在 1 200 N 轴向压力下，短缩变形小且应力分散，避免应力集中，较符合生物学固定。

（3）髓内扩张自锁钉操作方法

1）术前准备：髓钉的长度及宽度选择，依据骨折 X 线片及测量健肢该骨长度而定，长度要求外钉的钉尾部外露大粗隆间窝上 2 cm，远端达髌骨上缘。髓腔峡部的宽度以外钉的宽度加 2 mm 为内钉侧刃宽度。如果峡部宽度 <9 mm，则按 9 mm 计算，术中扩髓到 9 mm。

2）患者取侧卧位，患肢在上，股外侧切口，自外侧肌间隔向前牵开股外侧肌显露股骨，如有骨折牵引复位床和 C 臂 X 线机，最好闭合穿针，否则切开穿钉。顺行者，先在臀部显露大粗隆间窝，逆行者骨折处少剥离骨外膜以能置入髓钉为限，先置入 9 mm 扩髓器，使其通过峡部，然后以扩髓导针逆行穿入至大粗隆间窝穿出，接髓钉开槽器打入，然后置入外钉达骨折部，复位骨折，将外钉置入至髌骨上缘，再打入内钉，至远端分叉后，于外钉尾端拧防旋螺帽。

3）术后不需外固定，第 2 天可行患肢功能锻炼，2 周后扶拐部分负重。

（4）髓内扩张自锁钉临床应用：目前已用髓内扩张自锁钉治疗各种类型股骨干骨折 530 例，骨折愈合率为 90.9%，内固定失败率为 2.1%，肢体功能恢复优良率为 97.7%。林允雄等用髓内扩张自锁钉治疗股骨干骨折 43 例，包括股骨上、中、下 1/3 骨折，横型、短斜型、粉碎、多段骨折。随诊 13.4 个月，骨折均愈合，平均 3.2 个月，功能恢复优良率为 97.7%，无固定失败。此方法优点：骨外膜损伤小，闭合穿钉则不切骨外膜或开放复位少破坏骨外膜；不扩髓；骨髓腔有较长范围的接触固定；无骨端锁钉，应力不集中；内外钉之间有一定弹性，抗折弯，抗扭转应力大；有中等抗短缩能力，还符合骨折端的生理压力，比较符合生物学固定。

四、内固定方式选择

股骨骨折内固定选择，取决于骨折部位及类型，一般说，如为狭窄部，横行或短斜面稳定性骨折，可使用梅花髓内针内固定；狭窄粉碎，多段骨折，或股骨上 1/3 及中下 1/3 的不稳定骨折，应首选交锁钉及髓内扩张自锁钉固定；对于大面积污染的骨折，亦可首选外固定器固定，待伤口覆盖后（2 周），将外固定变成髓内钉固定。

五、并发症

（一）内固定失效与松动

1. 钢板内固定失效及松动　Rozbruch 1998 年报道钢板治疗股骨干骨折，内固定物失败率（钢板或螺丝钉断裂、弯曲）为11%，内固定物松动（螺钉失去术后原位置及发生松动）约为5%。失效原因及预防措施如下。

（1）适应证选择不当：首先是患者本身情况，在骨折部骨质疏松情况下，不应选用钢板内固定。其次考虑到目前常用AO技术的局限性，在高能量损伤导致骨折，AO的核心技术——折块间加压固定却难以达到预期作用。应从既往较单一生物力学着眼，转变为生物学为主，更加强调保护局部血供。但在临床应用中，一定程度上仍存在过多地依赖加压固定。对具体骨折缺乏分析，不考虑条件，例如对蝶形骨折，仍以加压钢板固定。其实此类骨折应按支撑固定原则，选用中和（平衡）钢板进行非加压固定。另外严重粉碎骨折，严重开放骨折也往往没有条件或不宜采用加压钢板固定。

（2）方法错误：违反钢板技术的应用原则。

1）钢板张力侧固定原则：从生物力学角度分析，肢体于负重时或承受载荷时，骨干某一侧承受的应力为张应力，是张力侧。如承重肢的股骨干，在单肢负重时，身体重力必将落于该肢的内侧，因此股骨干的外侧（严格地说，因股骨颈有前倾角，应为后外侧），股骨干骨折用钢板固定时应置于外侧，错置于前侧者钢板极易失败。

2）钢板对侧骨结构的解剖学稳定原则，钢板固定既来自钢板本身性能和固定技术，同时也必须恢复骨折部骨骼稳定性，即"骨骼连续性和力学的完整性"，因此每当钢板固定之对侧存在缺损时，如粉碎骨折片，或因固定而出现的过大间隙，都需要给予消除，植骨是其重要手段。否则，即会因不断重复的弯曲应力，致使钢板产生疲劳断裂，这是钢板固定失败的常见原因。如蒋协远报道102例钢板治疗股骨干骨折失败原因中，有84例原手术复位固定后骨折端有超过2 mm间隙或骨折部位内侧有骨缺损，且未植骨，结果招致内固定失效，另外，植骨后，于6周左右能形成连接两骨折端骨桥，产生一个生物接骨板效应，于6~10周即可发挥作用，从而减少钢板所承受的应用，减少钢板失效。

3）钢板固定原则：各种内固定物应用均有其固定方法与步骤。如果对方法不熟悉，图省事无故简化，或设备不全勉强使用，都可以使固定物的固定作用失效。例如，AO螺钉固定时，与普通钢板根本不同是具有充足的把持力。AO骨松质螺钉之所以能使骨折块之间形成加压，是依靠宽螺纹对远侧折块的把持力，和借助螺芯滑杆在近侧折块钻孔内的滑移作用获得。骨皮质螺钉为非自攻式螺钉，其螺钉与螺纹径的差距较大（常用的皮质骨螺钉4.5 mm，螺芯仅为3 mm），必须在钻孔（钻头3.2 mm）后，选用丝锥攻丝，再顺势徐徐旋入螺钉。否则势必将钻孔壁挤压形成无数微骨折，从而使螺钉之把持力大大削弱，实践中，此类错误仍不少见。动力性（DCP - Plate）固定是依靠球形螺帽沿钢板钉孔之固定轨道旋转滚动下移，带动加压侧之骨块向骨折部移动，以产生折块间加压。加压侧之加压螺钉入骨的位置必须准确，因此，在钻孔时需用专门的偏心导钻。如果凭肉眼瞄准，很难不差分毫，如此则易造成螺钉无法滚动下滑直达底部，螺帽卡在钉孔边缘，不能完成加压。

（3）术后未能正确功能锻炼和过早完全负重：蒋协远等报道102例钢板固定失效者，其中56例（54.9%）施行钢板固定后不稳定，术后加用外固定或骨牵引，导致膝关节屈伸活动受限，在功能锻炼时增加了骨折端应力，造成钢板固定失效。开始功能锻炼的时间以及锻炼的方法决定于患者体重，术前膝关节活动情况和术中内固定稳定程度等因素。绝不能因钢板本身材料强度高，而骨折端未获加压就过早过多地活动。反之，邻近关节处于正常活动范围，可以减少骨折端应力，起到间接保护钢板的作用。另外患者在术后3个月内完全负重，也是导致钢板失效的原因。文献报道，股骨新鲜骨折的平均愈合时间为14~15周，近4个月，所以3个月内避免负重。另外，指导患者部分负重逐步过渡到完全负重，主要依据骨折愈合进展情况，只有在临床和X线都证实骨折已愈合时，才能完全负重。

2. 髓内钉固定失效　髓内针固定术是 20 世纪治疗骨折取得的最大进展之一，而带锁内针是近 30 年来，由于生物力学发展，X 线影像增强设备的改进及推广，手术器械更新及骨科手术台的完善，给这个古老方法注入活力，成为目前治疗股骨骨折主要方法，但内固定松动或失效率为 8% ~ 10%。

（1）梅花针固定股骨干骨折失效原因及预防：梅花髓针固定股骨干骨折，方法简单及固定可靠，已经广泛应用于临床，在早期无适当扩髓器械时，还有术中卡住髓针发生，有扩髓器械后，选与扩髓器等粗的髓内针，可以避免。但由于病例选择不当或方法不合理，术后易发生弯针及断针、退针并发症，其原因：

1）适应证选择不当：梅花针的固定作用来自髓内针与髓腔内壁紧密相嵌所产生的摩擦力，从而控制骨折端的旋转及剪力，因此对髓腔狭窄部的横断，短斜或短螺旋骨折能防止短缩、成角、旋转，但对狭窄部已破坏，＞直径 50% 长斜及螺旋骨折中下 1/3 骨折髓腔扩大，多段骨折等，梅花针固定基础已破坏，难以较好固定，折端不稳，如果术中、术后不加强防范措施，在折端处应力集中，此处髓针易发生弯针、断针。

2）内固定置入不合理：a. 选针过细，此种情况多发生在术者初做骨折内固定时，尤以无扩髓器械，过分担心粗针插入髓腔发生滞针或强力打入将骨干胀裂，未行扩髓而盲目操作引起。b. 髓针插入远折段的长度不足，一方面选针过短，另一方面骨折部位偏下，由于远端力臂缩短，梅花针受到应力集中，造成弯针、退针，所以当远折端不足 10 cm 时应慎用梅花针。c. 梅花针开口的朝向错误；股骨干骨折因内收肌群作用插针时开口应指向大腿外侧，如果开口相反方向易发生弯针。

3）过早负重：由于梅花针抗弯、防旋转、短缩能力差，尤其应用 9 mm 以下的细针术后应制动或维持牵引，如果未及时有限固定，相反早期负重，折端不稳定，必然使髓针应力增加，易发生髓针弯曲及断裂。

原北京军区总医院 1994—1997 年间使用梅花针治疗新鲜股骨骨折——中 1/3 峡部粉碎、长斜、长螺旋，中下 1/2 骨折及多段骨折 42 例，未发生内固定失效，主要采取以下措施：a. 正确选择髓针的长度及直径，一般经扩髓后置针直径 11 mm，个别 10 mm，长度从大粗隆顶点到膝关节面上 3 cm，至少在折线下 15 cm，髓腔粗者可采用双梅花针固定；b. 在狭窄部注意骨连续性恢复及稳定性，对长螺旋，长斜骨折，对骨折局部充分扩髓，使之复位后，折端相嵌，必要时加固 2 ~ 3 道钢丝；对严重粉碎骨折，取髂骨植骨，恢复折端连续性及稳定性；c. 大量充分骨折周围及髓内充分植骨；d. 对股骨髓腔狭窄部以远骨折，因远端骨髓腔粗，髓针固定后，易发生侧移位，摆动，可于髁上横穿 3 mm 骨圆针，然后内、外侧用石膏或夹板，与骨圆针一起固定；e. 髓针固定术后，制动 4 周，6 周后部分负重。

（2）带锁髓内针固定股骨干骨折内固定失效原因及预防方法：带锁髓内针不仅保留梅花髓内针在髓腔内与髓腔壁相嵌的特点，而且有自身特征，即通过骨折远近端横穿锁钉，使骨折与髓针整个长度成为一个整体，因此具有较大稳定性，可以防止短缩及旋转移位。扩大了梅花髓内针的使用范围，具有手术创伤小，感染率低，骨折愈合率高，功能恢复快等优点，但它的手术操作比较复杂，临床上也经常出现内固定失效或松动并发症，一般发生率为 7% ~ 8%。

1）适应证选择不当：带锁髓针治疗股骨干骨折较普通髓内针使用范围明显扩大，适用于小转子以下，距膝关节间隙 9 cm 以上各种类型的股骨干骨折。但在适应证选择上，必须考虑锁钉的位置，由于近端锁钉通过大小转子，因此大小转子必须完整，否则近端锁钉起不到固定作用。同时，骨折线不能太靠近股骨远端，否则远端锁钉控制旋转及短缩能力减弱。尤其靠近骨折远近端的裂纹骨折，普通 X 线片显示不清，有可能造成内固定失效。因此，对此类患者，术前可做 CT 检查，确定骨折范围，以免适应证选择不当，造成手术失败。

2）术中内固定置入错误

A. 近端锁钉放置失败：近端锁钉的植入因有定位器及其相适应的器械，一般无困难，但当瞄准器松动或反复应用瞄准器变形，锁钉也有可能从主钉锁孔的前方或后方穿过，不能起到固定作用。Shifflett 等报道，84 例股骨干骨折中有 2 例近端锁钉未穿过锁钉孔。预防方法：放置近端锁钉前一定要拧紧固定主钉与定位器的连接杆，以免松动造成定位器不准；在放置锁钉前，正位透视下主钉近端的锁孔内、外缘应各有一半月形切迹。若锁钉穿过主针的锁孔，半月切迹消失。侧位透视，锁钉与主钉应完整重叠，见不到锁孔。

B. 远端锁钉放置失败：因目前尚无理想的远端锁钉的定位器，故远端锁钉的放置是手术中较困难的一步。初学者一定要有耐心，否则容易失败。Wiss 等报道了 112 例粉碎性股骨干骨折中有 1 例远端锁钉未通过锁钉孔，同一作者报道 95 例股骨转子下骨折，用 G - K 钉固定亦有 1 例远端锁钉未通过锁钉孔。预防方法：主钉在打入髓腔过程中，钉体可能会发生轻微的扭曲、变形，造成锁钉孔相应发生改变。在正常情况下，用 C 形臂、X 线机侧位观察远端锁钉孔，钉孔呈正圆时，锁钉放置比较容易，否则应适当调整 C 形臂、X 线机与股骨远端的角度，或改变肢体的位置，以使钉孔在荧光屏上呈现正圆时为止，经验少的医生应特别要注意；目前文献报道放置远端锁钉方法比较多，均可参考使用，我们认为应以徒手尖锥法较实用，即在 C 形臂 X 线机监视下，当锥尖放到圆的中心时，垂直敲。这时助手固定患肢，以免因肢体晃动造成锥尖移位。

3）术后主针的断裂及锁钉的退出或断裂

A. 主钉断裂：髓内针是通过股骨中轴线固定，应力分布比较均匀，应力遮挡作用小，主钉断裂的机会相对比较少，股骨发生骨折后，其外侧为张应力，内侧为压应力，带锁髓针虽然通过股骨中轴线固定，但在骨折端，钉受到向内弯曲应力的影响，尤其粉碎骨折者，针体受到应力较大，另外受针的质量影响及术后过早负重均易造成主钉断裂。预防方法：手术时尽量减少对骨折端血循环的破坏；若为萎缩性骨折不愈合应植骨；用普通髓针固定失败后改用带锁髓针内固定时应选较前者粗 1 mm 髓针；对于粉碎骨折或第二次手术的骨折应适当延长不负重时间，应在骨折端出现桥形骨痂后逐渐增加负重；选择动力型或静力型固定一定要适当。

B. 锁钉的退出及断裂：近端锁钉是通过大、小转子固定的，和肢体承重方向有一定夹角，锁钉为全螺纹，虽退出可能性不大，但有可能发生断裂。发生螺钉断裂和退出原因：过早负重，锁钉的螺纹部分是承重薄弱点，螺纹和主针锁孔缘卡住，负重时锁钉易发生断裂，锁钉退出均发生在远端锁钉，其原因是安放远端锁钉时遇到困难，反复钻孔，造成骨孔过大，锁钉松动。预防方法：无论动力型或静力型固定，没有达到骨性愈合前，患肢不能完全负重，以防锁钉断裂；主钉要有足够长度，应在股骨远端骨松质部分安放锁钉，而在股骨干部分安置远端锁钉，操作困难，远端锁钉安置时争取一次成功，避免反复穿钉。

（二）感染

1. 原因　较复杂。在开放损伤时，由于治疗时间过晚，或清创不彻底往往发生局部感染，闭合骨折感染的原因虽多为医源性的，如手术过程中及使用器械或敷料消毒不严密，手术时间长及创伤重，都可成为感染因素，但确定比较困难。

2. 临床表现

（1）急性期：是指内固定术后 2 周内出现感染。疼痛和发热是常见症状。血沉和 C 反应蛋白升高，

X 线片没有明显变化。

（2）亚急性期：2 周后临床症状消失，患者诉含糊的深部搏动疼痛，可局限在骨折部位。可存在两种形式：手术切口处发热和剧痛，炎症的症状很少仅有轻度疼痛。实验室检查存在急性炎症。X 片在内固定的螺钉周围有明显透亮区，在存在骨膜反应的骨折端经常可看到骨质吸收，骨皮质溶解。实际上这是骨髓炎的早期征象。

（3）慢性期骨不连：感染性不愈合可持续数月甚至数年，伤口慢性流脓、骨折端疼痛、内固定物失效。X 线片示典型的不愈合征象，骨折端分离和存在包壳，髓内固定物明显松动。

（4）慢性期骨愈合：骨折已愈合但感染仍存在。

3. 诊断

（1）病史：最主要的症状是出现疼痛或疼痛逐渐加重，局限于骨折或不愈合部位，还可以在髓针插入骨点或锁定螺钉处。疼痛性质通常为钝痛，拒绝负重。次要症状包括发热、盗汗、心悸或贫血等。感染的高危因素包括吸烟、酗酒、开放骨折和曾行外固定架固定等。

（2）体检：初期感染体征很少，但随着炎症发展，表现日渐明显。首先在常见感染部位——骨折或不愈合处，髓针或螺钉的入点，出现局部红肿、张力增高、引流物为血性或脓性则提示深部感染。

4. 辅助检查

（1）实验室检查：急性反应期如血沉及 C 反应蛋白升高，若感染长期存在则可出现白细胞计数升高并出现贫血。在张力最大或炎症部位穿刺做革兰染色或培养可明确诊断。

（2）放射学检查：在 X 片上看到髓腔的变化最早也需要几周时间。开始是在骨折部位皮质密度轻微减低，随着感染的发展在内固定物和锁定螺丝周围可看到透亮区，以后在骨折部位可出现骨皮质内膜呈扇形溶解，骨膜反应可延伸到骨折端的一定距离，常与骨痂或骨膜新生骨相混淆，更严重的骨吸收提示深部感染。

5. 治疗 股骨干骨折术后感染的外科治疗原则如下：①所有骨和软组织炎性组织必须清创。②稳定的固定是控制感染和骨愈合关键。③髓内针容易被多糖蛋白复合物所覆盖，这种复合物中可隐藏细菌并促进生长，因此更换髓针可看成是去除感染源。④整个髓腔的感染是髓内针在髓腔的长度和锁定螺钉，因此取针后用小的髓腔锉行髓腔清创是有效的。⑤使用足量的细菌培养敏感的抗生素。

（1）急性期：积极的治疗可保证骨的存在和固定物的稳定。手术切口或炎症最重的部位的引流是第一步，同时静脉使用抗生素。但大部分病例使用髓腔减压更有效，在骨折端或其他部位切开清创，如果脓性分泌物多可打开入针处进行灌洗，取出远端的一枚锁定螺钉，使液体从骨折端和钉孔流出来，之后螺丝钉重新置入。实心髓内针应在针周围冲洗。所有伤口均应敞开行二期愈合。松动的髓针及螺钉必须更换以提供足够的稳定性，因为骨折部位稳定性对愈合和控制感染是重要的。

静脉给予敏感的抗生素，直到感染得到控制，通常需 2~4 周，之后再口服抗生素 1 个月。

（2）亚急性期：在亚急性期主要问题是早期骨髓炎及骨愈合不完全。一些患者临床和放射学征象少，单独应用静脉抗生素就有效，但大部分患者需要进一步治疗。

固定牢固的骨折应清创，静脉应用抗生素 2~4 周或直到临床症状消失，继续口服抗生素一段时间。固定不牢固有明显放射学变化的骨折通常有明确感染，应行清创，取出固定物，顺向冲洗髓腔直到流出水清亮，要全长扩髓，通常扩大直径 1~2 mm 或在髓腔锉的沟槽中可看到正常的骨屑，然后重新置入髓内针和锁定螺钉，骨折端的切口应开放延迟闭合。也可以在扩髓后用外固定架，对于严重扩散的髓腔感染和需对骨广泛清创的骨折来说，外固定架比髓内钉更佳，并同时局部应用抗生素珠链。静脉抗生素持续 6 周后改口服。

（3）慢性期骨不连：治疗的基本原则是，骨与软组织彻底清创，固定骨折，促进愈合，根治感染。

（4）慢性期骨愈合：小块骨感染仅需取内固定物、简单的髓腔冲洗，不必长期应用静脉抗生素；广泛的髓腔感染则应取出内固定物，冲洗和静脉用抗生素。

（三）延迟愈合与不愈合

延迟愈合和不愈合是高能量的骨干骨折后常见的并发症。近来越来越多的报道以不扩髓髓内针来治疗高能量的骨干骨折，它可提供足够的机械稳定性，对软组织和骨内血供损伤最小。但一部分文献指出常需再次手术植骨促进愈合。

1. 原因　延迟愈合和不愈合是骨折治疗中常见并发症，其原因可分两方面。

（1）局部创伤因素：软组织损伤严重，骨血供受损，如三段或粉碎骨折等。

（2）医疗因素：主要的为内固定物的松动、弯曲和断裂，原因有内固定物选择不当、手术技术不合要求、内固定物质量差、强度不够、缺乏合理功能锻炼。

2. 临床表现　延迟愈合与不愈合的临床表现，肢体局部水肿持久存在，压痛长期不消失，甚至在一个时期反而突然加重。X 线片上可显示软骨成骨的骨痂出现晚而且少，并长期不能连续，骨折端的吸收更为明显，间隙增宽，边缘因吸收而模糊。在骨膜断裂的一侧，骨端变圆。至于不愈合，除临床上有骨折端之间的异常活动，X 线片上显示骨端硬化，髓腔封闭；骨端萎缩疏松，中间存在较大间隙；骨端硬化，相互成杵臼状假关节。

3. 治疗

（1）延迟愈合：对于内固定术后的延迟愈合，原来系钢板固定者，可行骨折周围植骨，或更换为髓针固定并植骨；髓针固定者采用动力化及植骨或更换扩髓髓内针并植骨。

髓针固定后延迟愈合最常用的治疗方法是动力化，即取出一侧的锁定螺钉后部分负重，使骨折端获得动力加压促进愈合。Whittle 报道有 50% 的延迟愈合在动力化后获得愈合。然而粉碎骨折和远近两端的骨折在动力化后常出现成角或短缩，这是由于小直径的针与皮质内膜的接触有限。因此 Templeman 建议：对于轴向稳定的骨干骨折在 12～16 周时采用动力化；干骺端骨折由于产生成角和缩短的风险大，不应动力化。

严重的股骨开放骨折治疗后，尽快植骨是被广泛采用促进愈合的方法。对于轴向不稳定的或粉碎的或骨缺损超过横截面 30% 的长骨骨折应行植骨，单纯采用更换内固定物效果不佳。Singer 指出合并有骨缺损的那些临床上可预测到延迟愈合的骨折，应在 4～6 周时早期植骨以促进愈合。

（2）不愈合：更换内固定，是不愈合主要的治疗方法，钢板固定失败者，可更换为髓针，尤其带锁针，髓针固定者，可以由梅花针改为带锁髓针，带锁髓针亦可更换直径大一号，更换髓内针可能有三个因素刺激了骨愈合。

1）Muller 和 Thomas 证实增加骨折端的稳定性对于肥大型骨不愈合有明确的效果。

2）扩髓产物有诱导成骨作用。

3）Danckwarat – Lilliestrom 提出对完整骨髓腔的扩髓可以引起骨内膜新生骨形成。

Court – Brown 报道对于扩髓髓内针治疗后不愈合，采用更换髓针方法获得成功。认为此种方法成功之处在于避免对所有的闭合骨折和 Gustilo Ⅰ、Ⅱ、ⅢA 型开放骨折进行植骨，同时对ⅢB 型骨折对植骨要求减少，但如果此型骨折有明显骨缺损则效果不佳，应早期植骨。同时还发现更换髓针术后感染率猛然升高，应当注意。对合并有肢体短缩及膝关节功能障碍者，应同时行骨延长及膝关节内粘连松解，术后早期应用 CPM 练习争取治疗不愈合同时，矫正肢体短缩及膝关节活动障碍。

（四）畸形愈合

1. 原因　髓内针及钢板治疗股骨干骨折发生畸形愈合系由于对线不佳导致成角或旋转畸形，以致骨折在非解剖位置愈合，Johner 和 Wrub 评价股骨骨折术后对线不佳的标准是：内、外翻 > 5°，内外旋 > 15°，前或后屈 > 10°，短缩 > 20 mm。文献报道髓内针治疗术后 X 线片畸形愈合率 0 ~ 10%。尤其骨干下 1/3 骨折在治疗后对线不佳的问题尤为突出。

2. 临床表现　畸形愈合的临床表现，如关节活动受限——邻近关节的骨折畸形愈合后，失去了其骨端正常的角度，限制邻近关节活动；平衡失调与步态失常——由于下肢长骨的短缩、成角畸形、膝内翻等都可能导致下肢的平衡失调，影响正常步态，如骨盆倾斜，侧方摇摆步态；肢体各个关节之间运动不协调，如不能"盘坐"，"下蹲"受限；肌肉作用削弱等。最可靠的依据是 X 线片上，有短缩、侧移位、旋转、成角等骨折在非解剖位置愈合。

3. 治疗　严重的畸形影响功能及外观时需行手术，把畸形愈合处的骨骼打断，早期仅需切除骨痂就能使骨端分离，打通髓腔，骨端准确复位，然后用其他合适、可靠的方法内固定，为促进愈合可附加植骨，必要时加短时间外固定。如骨折在关节附近畸形愈合，可行截骨术 – 楔形 V 形截骨术，矫正畸形。患肢短缩引起下肢不等长，可酌情行缩短健肢、延长患肢手术。

4. 预防　由于股骨前、外、后区域的肌肉牵拉作用，近 1/3 骨折有内翻和前屈畸形的趋势，这就导致近 1/3 骨折较中段和远 1/3 骨折更不稳定，同时由于两端髓腔宽大，当用髓内针固定时近端正确地入针就显得特别重要。如果入针时与髓腔中央有内、外侧成角度时，那么当针进入到远折端后即会出现外翻畸形；反之则出现内翻畸形。同样入针有从前上到后下倾向。如果近折端后侧皮质骨折或短缩，那么进针时就会产生这样一个角度，当针沿着后侧皮质进入髓腔时方向改变，随着髓内针到远折端，前屈畸形就表现出来。

（五）膝伸直位僵直

股骨干骨折后关节功能障碍是常见的并发症。Mira 报道一组股骨干骨折后具有正常的股四头肌功能者仅占 17%，但经积极功能锻炼、理疗等大部分伤者的膝关节功能逐渐改善，但仍有 10% 病例屈伸活动范围仅 10° ~ 20°，成为膝关节伸直位僵直。

1. 原因

（1）股四头肌损伤：在手术时，采用前外侧或外侧切口，虽然能通过股外侧肌与股直肌肌间隙进入，但必须切断股中间肌，术后未能早期进行四头肌及膝关节功能锻炼，膝关节长期处于伸直位，以致股中间肌与股骨骨折折端形成牢固纤维性粘连及股内侧肌挛缩，影响膝屈曲活动。我们选用股外侧切口，自股外侧外缘，股外侧肌间隔前进入，向前牵拉股外侧肌显露股骨。

（2）长期伸直位固定：由于术后长时期处于伸直位固定，而造成股四头肌扩张部的挛缩及粘连，束缚髌骨活动。另外，同样由于长期制动，膝关节内浆液纤维束性渗出，使髁间及髌上囊部位发生粘连，造成屈膝活动困难。

2. 临床表现　在股骨干骨折部位肌肉变硬，与基底固着，活动度变小，被动屈曲时显示紧张，髌骨活动度明显变小，两侧扩张部触之较硬。

3. 治疗　主要通过伸膝装置粘连松解。适应证：股骨干骨折后膝关节僵直 1 年，非手术无效者，如超过 2 年以上者效果较差，注意患者对膝关节屈曲功能要求，一般患者膝关节有 70° 以上的屈曲活动能满足维持正常步态，但从坐位至直立位双膝必须有 110° 屈曲功能。伸膝装置松解术，主要是解除关节内、外粘连及解决股四头肌特别是股中间肌的挛缩，达到功能恢复的目的。手术中应注意以下几点。

（1）切口选择：目前有的采用髌前直切口，易发生术后切口裂开，皮缘坏死。原因：当膝关节伸直位僵直后，皮肤弹性及伸展性均较差，在术后功能锻炼时，皮肤被牵拉，张力增大，使切口部血液循环受到影响，而导致缝合口裂开并发症。可以改用髌前 S 形延长切口，或髌骨内外侧切口，减少张力，同时间断采用粗丝线缝合。

（2）彻底松解粘连：对关节外粘连，除非股直肌确实短缩和严重影响屈膝，不要轻易延长，但对挛缩的股中间肌可以采用髌骨止点切断或多段切开，挛缩严重可切除；对股内、外侧肌挛缩，可以从髌骨止点切断，后移缝在股直肌上；不切断股内外侧肌止点，术后伸膝力恢复较好，可保持屈膝 90°，扩张部呈横行切开至胫腓侧副韧带为止，术后翻转部分肥厚扩张部，封闭关节腔。对关节内粘连主要采用手法松解，徐徐屈膝至最大限度，最好达到 140°，最低达到 90°~100°，这样术后一般能保留 85° 左右。

（3）止血、防止再粘连：有的作者主张尽可能不用止血带，避免术中遗留小出血点，引起术后血肿。我们采用气囊止血带控制下，无血操作，锐性解剖，移除止血带后，彻底电凝止血，术后加压包扎，负压引流 48 天。

（4）改善关节功能：术中股骨前部注意保留一层纤维或骨膜，必要时可置入生物膜衬垫，将创面组织隔开，避免粘连，以改善术后关节功能，医用生物膜是一种稳定无生物活力的高分子聚合物，组织材料，其光滑面与组织不粘连，粗糙面与组织愈合良好，防止粘连已取得满意结果，另外注意扩张部应尽可能在屈曲位缝合。

（5）功能锻炼：过去术后常将肢体放在 Thomes－Pearson 架上，通过绳索牵拉附件来伸屈膝关节，这样反复一伸一屈，对新生组织增加创伤反应，可导致矫正的屈膝幅度回缩倾向。因此采用术后持续被动活动（CPM），强调缓慢持续而逐渐增大膝关节的屈曲度，使膝关节修复后的新生组织逐渐松弛，符合弹性延伸的生物力学原则，也可以使纤维化的组织在持续的张应力下逐渐松弛，从而防止手术创面形成新粘连和再挛缩，克服术后膝关节回缩现象。CPM 使用每日至少 4~8 天，可分 2 或 3 次进行，一般前 3 天控制在 40°~70°，第 4 天后逐渐增加至最大范围，持续 1 周左右。1 周后应该开始主动运动锻炼，进行主动肌肉收缩及膝屈伸活动锻炼，以防肌肉萎缩及最大限度恢复关节屈伸活动。

（6）其他

1）术后功能恢复差者，术后 2 周左右可在麻醉下行手法治疗，此时创伤反应已基本消除，伤口愈合，新的粘连刚形成，推拿力量不宜过大，进一步改善膝屈伸功能。

2）对陈旧股骨干骨折不愈合，畸形愈合或手术内固定后再骨折并发膝关节僵直者，可采用带锁髓内针内固定，同时行小切口伸膝粘连松解术，不仅免遭再次手术痛苦和大大缩短疗程，更重要的是解决了膝关节僵直问题，减少骨折端剪力，有利于骨折愈合。

（冯万文）

第五节　股骨远端及髁部骨折

一、概述

股骨远端骨折是指股骨远端 15 cm 以内的骨折，包括股骨髁上、股骨髁及股骨髁间骨折。股骨远端骨折占整个股骨骨折的 4%~6%，或约为全身骨折的 0.4%。此种骨折有两个年龄特征：年轻人群组，特别是参与高动能活动的人群，这些骨折通常是开放、粉碎性骨折，其受伤机制是外力直接作用处于屈曲状态的膝关节，损伤原因多数是车祸和工伤，大多数患者年龄低于 35 岁而且主要是男性；老年患者组，特别是老年妇女，其受伤特点是低动能损伤且多患骨质疏松，多发生在 50~64 岁以上的老年妇女中。有 1/3 年轻患者可为多发性创伤，且近一半关节内严重骨折者为开放性损伤。由于股骨远端的解剖特点（股骨髁后方腓肠肌起点，交叉韧带位于髁间窝，血管、神经靠近股骨远端后内侧等），股骨远端骨折伴血管损伤者约为 3%，神经损伤约为 1%，伴半月板损伤、骨软骨骨折者为 8%~12%。

股骨髁解剖上的薄弱点在髁间窝，髌骨如同楔子嵌于该处，暴力自前方通过髌骨传导至髁间窝，容易造成股骨髁劈裂。股骨髁上部骨质为骨皮质移行为蜂窝状骨松质处，是骨折的好发部位。

二、损伤机制

1. 直接暴力　作用于股骨远端的暴力，经髌骨传导并转变为楔形力，造成股骨单髁或双髁骨折。水平方向的暴力作用于股骨髁上时，常造成股骨髁上骨折。直接内外翻暴力造成股骨髁骨折较少见。在 MRI 检查中可见有髁软骨及骨挫伤的影像改变。

2. 间接暴力　多为坠落致伤。伸膝位时暴力自胫骨与股骨之间传达，可产生股骨或胫骨单髁或双髁骨折，同时伴有足踝部及胫腓干骨折。屈膝时膝关节前方受到冲击暴力，向上传导，于髁上部位骨皮质与骨松质交界处发生骨折。外翻应力可产生股骨外髁的斜形骨折，有时产生股骨内上髁撕脱骨折、内侧副韧带撕裂或胫骨外侧平台骨折。内翻应力可造成股骨内髁斜形骨折，如果发生胫骨平台骨折，则由于胫骨平台内髁的抵抗力较强，骨折线先出现在胫骨棘外侧，经过骨干与干骺端的薄弱区再转至内侧。

三、临床表现

有明确的外伤史，伤后膝部肿胀、畸形及疼痛，关节活动受限，可触及反常活动。X 线片可明确骨折类型。查体时应注意肢体血供，是否存在血管神经损伤。CT 对于累及股骨髁部关节面的骨折显得非常重要，CT 扫描能进一步明确损伤程度，便于医生术前制定手术方案，选择更适宜的内固定方式。MRI 可协助诊断关节韧带及半月板损伤、关节软骨骨折、挫伤，便于术前明确诊断。

四、骨折分类（图 8-21）

A 型：关节外骨折。

A1：简单骨折。

A2：干骺端楔形骨折。

A3：干骺端复杂骨折。

B 型：单髁骨折，部分累及关节。

B1：外髁矢状面骨折。

B2：内髁矢状面骨折。

B3：冠状面骨折（Hoffa 骨折）。

C 型：髁间或双髁骨折，累及全关节。

C1：简单关节内骨折，干骺部骨折简单。

C2：简单关节内骨折，干骺部骨折复杂。

C3：关节面粉碎骨折。

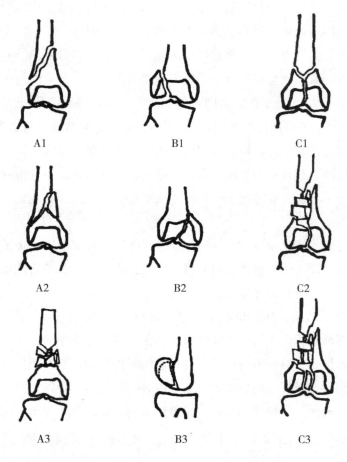

图 8-21　股骨远端骨折的 AO 分类

五、治疗

　　由于股骨远端解剖的特殊性和人们对膝关节关节功能的关注，使股骨远端髁上和髁间骨折的治疗历来即为较难处理的骨折之一。这些骨折多表现为不稳定性、粉碎性，常为高能性损伤、多发伤或为伴有骨质疏松的老年人；骨折为膝关节内或接近关节，完全恢复膝关节活动度及其功能很难，早期治疗过程中的常可见较多骨折畸形愈合、不愈合或感染的报道，在 20 世纪 60—70 年代，多数学者仍主张保守治疗，有不少报道称保守治疗的满意率高于手术治疗。随着对骨折认识程度的提高以及内固定材料和固定技术的发展和进步，股骨远端骨折的手术治疗得以长足发展。从钉板系统的改进和发展，到更符合生物力学要求的髓内固定系统，从大创伤、大切口追求解剖复位到小创伤、功能复位的微创概念的引入，股骨远端骨折的治疗方式有了广泛的选择余地。

1. 非手术治疗 单纯非手术治疗主要有牵引、手法复位后石膏或夹板固定、功能支具及中西结合治疗等，但是股骨远端骨折的复位、稳妥固定及尽早关节功能锻炼是其获得骨折愈合和良好功能的基础，然而这些传统方法大都存在复位难，维持复位更难；固定不确实，超关节固定时间长；长期卧床，并发症发生率高等问题。所以，非手术治疗主要考虑用于嵌插型，无移位或无明显移位的稳定型股骨远端骨折；存在明显手术禁忌的老年股骨远端骨折等，而对于儿童股骨远端骨折的治疗价值则明显优于成人。此外，可利用电刺激、电磁效应、超声波、体外冲击波功能支具部分负重等手段刺激骨折处来促进骨折愈合。

2. 手术治疗 手术指征包括开放性骨折、伴有血管神经损伤的骨折、不稳定型骨折、关节内骨折移位 >2 mm。随着内固定材料的不断改进和发展以及内固定技术普及，目前股骨远端及涉及关节面骨折的内固定术已被广泛应用。虽然内固定物品种繁多，固定方式各异，但总体可分为偏心负荷型的钢（钛）板系统和均分负荷型的髓内钉系统。

(1) 钢板系统：早期主要采用的有普通钢板、"T" 形钢板等，固定强度差，并发症高。95°角钢板虽然安放时定位较困难，定位不良易造成膝关节内翻畸形，对 C 型骨折及老年骨质疏松骨折的固定强度也不够理想。但 95°角板宽大的刃表面为骨折提供了很好的固定，并具有较好抗弯和抗扭转能力，是股骨髁上、髁间骨折的良好适应证。股骨外侧髁支撑钢板则为股骨远端广泛粉碎骨折及严重粉碎的股骨 C3 型骨折提供了良好的治疗手段。这种钢板硬度较低，可塑形，能与骨面贴附较好。对于内侧不稳者可加用螺丝钉固定，内侧皮质缺损才可同时植骨，以减少内翻及骨不连的发生。动力髁螺钉（DCS）由于钢板和螺丝钉是非一体的各自独立部件，安装时可在矢状面（屈－伸）平面上调整，操作技术较角板容易，也是被广泛应用于治疗股骨远端骨折的有效内固定材料之一。DCS 适用于股骨内侧髁至少有 4 cm 完整内侧皮质的股骨髁上和髁间骨折，如果粉碎严重者还是选用髁支撑板为好。应用 95°角钢板，DCS 和髁支撑板等治疗股骨远端骨折，虽然增加了固定稳定性，减少了并发症，提高了治疗效果。但对于广泛粉碎性骨折及关节内严重骨折者的固定仍存在各自的缺陷，而且手术创伤大，不能很好地解决良好复位固定与减少创伤、尽量保留局部血供之间的矛盾。为了保护好骨端血供，一些学者从力学角度对钢板进行了改良，如限制接触加压钢板、桥式钢板等。同时亦有学者着重关注生物学固定的要求，主张应用间接复位的微创技术。目前临床常用于解决此类问题的锁定钢板能将螺丝钉锁定于钢板上，从而解决了钢板与螺丝钉界面运动的缺点，加强了内固定结构的稳定性。这种技术的关键不要求解剖复位，而是恢复肢体长度，纠正成角及旋转畸形。钢板与骨面不需直接接触，能最大限度地保护好血供，其骨膜外的插入也有利于减少周围软组织损伤，同时，钢板与螺钉之间的自锁结构亦为骨折提供了良好的稳定。

(2) 髓内系统：传统的 V 形针或梅花针因固定的稳定性差，并发症多，现基本不使用。可屈性 Ender 钉和半屈曲性 Zickel 钉，不能有效地控制股骨远端骨折段的旋转、分离或重叠移位，治疗效果不理想，但对于股骨髁上稳定型骨折或不能耐受切开复位的老年患者仍有一定的应用价值。

带锁髓内钉有扩髓和不扩髓两种置钉方式，在骨折远、近端加用锁钉，使骨组织与髓内钉有效地连为一体，能有效地预防骨折端的旋转，手术创伤小，不破坏骨折端血供，且属均分负荷型固定，目前已广泛用于临床。单纯股骨髁上骨折可行顺行髓内钉固定，但由于股骨远端髓腔增大，顺行钉工作力臂长，固定的牢固性差，不建议使用。逆行交锁钉有效工作力臂短，明显提高固定力学的稳定性，对于股骨髁上骨折，髁间的 C1、C2 型骨折有较好的稳定作用。如果采用闭合复位，小切口置钉的微创操作技术，能更好地发挥逆行髓内钉的治疗优势。此外，逆行还能用于带开放切迹的全膝假体上方骨折的治疗。如果将胫骨钉用于倒打，可提高股骨髁上粉碎骨折的稳定性，髁部的交叉锁定则增强了髁部骨折固定的可靠性。但对于股骨远端冠状面骨折，股骨髁间粉碎性骨折（C3 型），倒打钉固定往往很难奏效。对于是否扩髓仍存在一定争议，虽然扩髓有扩髓的优点，但扩髓所造成的血供破坏甚至扩髓后的碎屑可能滞留于关节内亦不能不考虑，所以，建议能不扩髓时尽量减少手术操作。

（3）外固定架系统：外固定架固定术骨外固定技术是介于手术和非手术之间的一种固定方式，目前市场上外固定产品繁多，其中以单侧单平面及半环式或环式外固定器更适合于股骨远端骨折的使用。其主要适用于因各种原因而不宜行内固定的患者提供有效固定。主要优点是：操作简单，创伤小；钢针分布合理者，能提供骨折端的加压、牵伸和中和力固定；病情不稳定或不能耐受手术者可于局部麻醉下穿针；通过对严重开放性骨折、感染性骨折损伤或感染部位的旷置，有利于伤口愈合和感染的控制；允许患者进行适当关节功能练习等。但是，由于外固定术后的针道感染，术后护理不便，外固定器本身笨重等而使外固定器并非广泛应用于临床。外固定架固定术的主要适应证：严重的Ⅱ、Ⅲ型开放性骨折，合并其他部分损伤无法进行其他固定的骨折，无法耐受手术甚至于麻醉的老年股骨远端骨折，严重粉碎性骨折或骨缺损需要维持肢体长度者，需要延长肢体长度者。

六、特殊的股骨远端骨折

1. 股骨冠状位单髁骨折 又称 Hoffa 骨折。此骨折在股骨外髁的发生率较内髁多 2～3 倍。在膝关节部分屈曲时，股骨后侧突起部受到胫骨平台撞击所造成，骨折线在冠状位呈垂直。骨折块含有股骨内髁或外髁后部突起的关节面。外髁骨折块可呈向后外旋转移位，仍可有膝前交叉韧带和腘肌腱附着。内髁骨折块可能无膝后交叉韧带附着。术前 CT 扫描很有价值，应切记，两个髁部都有累及的可能。由于骨折块累及全关节面因此无法用钢板固定，只能通过螺钉固定。

2. 全膝关节置换术后假体周围骨折 全膝置换术后的髁上骨折较为复杂，存在许多潜在的并发症。这类骨折可能完全改变全膝假体的完整性。将此类骨折定义为全膝置换术后膝关节髁上区域 15 cm 以内的骨折，其易患因素包括：手术侵及股骨远端的前侧骨皮质（即切迹），既往有神经疾患，骨量减少，导致骨量减少的疾病（如类风湿、使用激素等），有股骨远端缺损的全膝关节翻修等。

当遇到全膝置换术后股骨髁上骨折的患者时，医生首要的任务是评估骨－假体界面完整性，但只有在术中才能获得完全正确的评估。因此，医生必须寻找限制性更强的膝关节假体来准备翻修。对于伴有假体不稳定、关节僵硬、松动或假体损坏的患者，或严重的远端或粉碎骨折合并股骨干骺端骨质疏松的患者，推荐使用髓内稳定假体进行翻修。若假体和髁部稳定，远端又有充足的骨量固定，可使用内固定物。

七、并发症

1. 血管神经损伤 股骨远端骨折的致伤暴力常较大，多为高处坠落伤或车祸等高动能损伤，骨折常为粉碎性，股动静脉穿出收肌管后紧贴股骨干后侧向下方入腘窝移行为腘动静脉，骨折后易被骨折端压迫或被骨折碎块刺破血管壁。对于股骨远端骨折患者应常规检查患肢足背动脉及胫后动脉、足趾感觉运动情况。

2. 膝关节韧带、半月板损伤 股骨远端骨折后疼痛干扰，临床查体很困难，容易漏诊韧带损伤，对于此种骨折，应常规行膝关节 MRI 检查以明确韧带损伤情况。

3. 延迟愈合及假关节形成 原因为内固定方法不得当或错误导致骨折端出现间隙、松动乃至内固定物折断。

4. 畸形愈合 包括内外翻及前后成角。

5. 膝关节功能障碍 系感染或长期制动造成髌股间、股骨髁与胫骨平台间及股四头肌粘连，肌纤维变性；关节囊周围粘连所致；然而在一般情况下，有效的手术治疗，允许患肢早期活动，可以防止膝关节功能障碍的发生，或将膝关节功能障碍减少到最小程度。

6. 创伤性关节炎 来自骨折复位不良或骨折端轴线上偏差造成。

7. 内固定物折断 骨折愈合不良，内固定物承受不了负重时产生的应力时发生折断。因此，应注意选择符合生物学固定方式，如髓内钉或外固定支架，并注意植骨促进骨折愈合。

8. 膝关节不稳定 由残留的韧带松弛造成，在初次手术时，损伤的韧带未予修复加上术后出现内、外翻畸形可加重韧带的松弛，导致膝关节不稳定。

（冯万文）

第六节 胫骨干骨折

对胫骨干骨折不能遵循一套简单的原则治疗。由于胫骨部位特殊，容易受到损伤，从而成为最常遭受骨折的长骨。因为差不多胫骨全长的1/3表面位于皮下，故胫骨开放性骨折比其他的主要长骨更为常见。此外，胫骨的血供较其他有肌肉包绕的骨骼差得多。高能量胫骨骨折可能并发骨筋膜间室综合征或神经、血管损伤。踝关节和膝关节均为铰链关节，不能调整骨折后的旋转畸形，因此，在复位时要特别注意矫正旋转畸形。延迟愈合、不愈合和感染是胫骨干骨折相对常见的并发症。

胫骨骨折的评估应包括详细的病史和物理检查。观察肢体有无开放性伤口和软组织硬痂或挫伤，并进行全面的血管和神经检查。脉搏消失或神经功能缺失可能是间室综合征或血管损伤的征兆，必须迅速做出判断和处理。也要检查同侧的股骨、膝踝关节和足。一旦检查结束，应轻柔地复位肢体，用夹板固定。开放性伤口在无菌条件下小心冲洗和包扎，给予合适的抗破伤风和预防性抗菌药物。拍摄普通的正、侧位X线片，要包括膝关节和踝关节，有时需拍摄45°斜位片以检查有无移位的螺旋形骨折。对于严重的粉碎性或有缺损的骨折，有时也需拍摄对侧胫骨的X线片以判断骨折的长度。

关于胫骨干骨折采用手术和非手术治疗的指征日益明确。虽然非手术治疗在过去经常受到推崇，但现在仅用于治疗由低能量外伤引起的闭合、稳定、单纯、微小移位的骨折和一些稳定的低速的枪伤骨折。而手术治疗则适于高能量外伤引起的大多数胫骨骨折。此类骨折大多是不稳定和粉碎的，并伴有不同程度的软组织外伤。手术治疗允许早期活动、可以处理软组织和避免制动引起的并发症。治疗的目的是获得骨折的愈合和良好的对线、消除负重疼痛和获得膝、踝关节有用的活动范围。最佳的治疗方法应达到这些目的，同时减少并发症，尤其是感染。而对于严重损伤的肢体则可能难以达到这些目的。

Sarmiento、Nicoll 和其他学者发现：对于许多胫骨干骨折来说，应用管型石膏或功能支具闭合治疗是一种有效的方法，可避免手术切开所导致的潜在并发症。为使闭合治疗获得成功，石膏或支具必须能够维持可以接受的骨折对线，骨折类型必须允许早期负重以预防骨折延迟愈合或不愈合。应避免重复的手法复位。如果骨折对线不良，应选择其他的处理方法。轴向或旋转对线不良及短缩可引起外观畸形，改变相邻关节的载荷特点，可加速创伤后关节炎的发生。

关于对线不良和短缩可以被接受的程度也有争议。Tarr等和Puno等证明胫骨远端较近端更不能耐受对线不良。文献中推荐的数据差异较大：4°～10°的内－外翻对线不良，5°～20°的前后位对线不良，

5°~20°的旋转对线不良，10~20 mm 的短缩。总的来说，我们同意 Trafton 推荐的数据，即力争获得 < 5°的内翻或外翻成角，< 10°的前后位成角，< 10°的旋转对线不良，< 15 mm 的短缩。在某些类型的骨折中维持骨折对线较为困难，如果反复纠正对线而未获成功，就有手术固定的指征。

影响预后的重要因素是：①骨折最初移位的程度。②骨折的粉碎程度。③是否发生感染。④除感染外的软组织损伤程度。研究发现伴有或不伴有简单粉碎的扭转型骨折比伴有或不伴有粉碎的高能量骨折预后更好，如短斜行骨折或横行骨折。扭转型骨折趋于造成纵向的骨膜撕裂，且可能没有扭断骨内膜血管；而横行骨折通常将骨膜环形撕裂，并完全阻断了骨内膜血液循环。胫骨远端 1/3 段有移位的螺旋形骨折较难复位。

Hoaglund 和 States 根据造成创伤的原因将胫骨骨折分为高能性和低能性，并发现这种分类有助于评估预后。高能型骨折常由汽车碰撞或挤压伤等事故造成。全部骨折的 50% 以上及 90% 的开放性骨折属于此型骨折，其平均愈合时间为 6 个月。低能型骨折多由冰上摔伤及滑雪时等事故所致，其平均愈合时间为 4 个月。这些研究者发现骨折的平面对预后影响不明显，而断端间的接触程度则更有意义。骨折复位后断端间的接触介于正常的 50%~90% 者，其愈合速度明显快于接触较少者。

胫骨骨折部位的移位超过胫骨宽度的 50% 是发生延迟愈合或不愈合的一个重要原因。骨折部位粉碎超过 50% 一般认为是不稳定的，常由高能创伤引起，并伴有严重的开放性或闭合性软组织损伤。有无腓骨骨折并不影响预后；然而，文献报道，应用管型石膏固定治疗腓骨完整的闭合性胫骨骨折时，骨折愈合会受到抑制。

患者的个体特点也会影响胫骨干骨折闭合复位治疗的成功率。对水肿或过胖的肢体采用石膏或支具可能难以维持骨折对线。对不配合的患者采用闭合治疗可能发生复位后的再移位，而延迟愈合及不愈合常见于必须延长限制负重时间的患者。在制订治疗计划时，也必须考虑每个患者对功能的要求。

单发的胫骨干闭合骨折采用髓内钉和石膏固定治疗的对照研究显示，髓内钉治疗可获得较高的骨折愈合率和更高的功能评分。尽管这些研究显示，对于闭合性不稳定的胫骨干骨折，髓内钉治疗效果好于石膏固定，但仍需进一步的比较研究以验证这些结果，确定更严格的治疗指南。

Nicoll，一位闭合治疗的拥护者，列出了如下内固定治疗的适应证：①开放性骨折，需要复杂的整形手术者。②合并股骨骨折或其他较大的创伤者。③截瘫并感觉丧失者。④节段性骨折伴中间骨折块移位者。⑤骨折块丢失导致骨缺损者。对于不稳定的粉碎性或节段性骨折、双侧胫骨骨折和合并同侧股骨骨折的患者，Bone 和 Johnson 建议采用内固定治疗。对于大部分开放性骨折、骨折合并严重的闭合性软组织损伤、骨折合并骨筋膜间室综合征、骨折合并血管伤以及骨折合并多发伤者，目前也倾向于手术治疗。

对于不适于闭合治疗的骨折，可采用钢板螺钉固定、髓内固定（交锁髓内钉）或外固定器治疗。对于大部分需要手术固定的胫骨干骨折，交锁髓内钉固定是当前首选的治疗方法。钢板固定主要用于干骺端 – 骨干连接处或其近侧的骨折，外固定可用于延伸到关节的骨折和严重的开放性骨折。对严重的碾轧伤，应考虑截肢。

由于大型创伤部门的努力，开放性高能量损伤胫骨骨折的治疗结果已经显著改善。要使这些骨折获得优良的结果，有几个因素是十分重要的。必须对所有失活组织，包括大的骨折块，进行重复、彻底的清创。由于有血供的软组织及骨是抗感染及提供重建床的基本条件，胫骨固定应尽可能地减少对血供的进一步干扰。Gustilo 和其他学者都强调以下处理的重要性：保持伤口开放，每 24~48 小时重复清创，直至 5~7 天通过延迟初期缝合或植皮及皮瓣覆盖关闭创面。我们的做法是如果有证据表明损伤的边界仍不明确时，应在 48~72 小时重复进行引流及局部清创。所有的 Gustilo Ⅲ 型骨折常规重复进行清创，开放性骨折必须常规使用抗生素。在 Ⅲ 型骨折中氨基糖苷类抗生素与头孢类抗生素联合使用，对于污染严重的伤口还需要加上青霉素。在 5~7 天后延期闭合伤口或予以游离皮片、皮瓣转移等方法覆盖软组织。

软组织的处理是决定开放性胫骨骨折治疗结果的最重要因素，对这一点是没有争议的，但对何为最佳固定方法则有争议。单纯使用交锁髓内钉或外固定通常即可获得骨折块和软组织的稳定。钢板固定与不能接受的高感染率有关。大部分创伤学者倾向于采用髓内钉治疗 Gustilo Ⅰ 型、Ⅱ 型及 ⅢA 型开放性骨折。

胫骨骨折采用不扩髓髓内钉或外固定治疗的对照研究显示，不扩髓髓内钉比外固定所需的再次手术要少，并能获得更好的功能结果。不扩髓与扩髓相比（两项研究中有 132 位患者），扩髓减少了再手术的危险。

ⅢB 型胫骨开放性骨折应用外固定治疗时有相当高的感染发生率，应用不扩髓髓内钉也是如此。有些特殊的开放性骨折，急诊用髓内钉处理几乎肯定不是最好选择。战伤引发的开放性骨折、严重污染的骨折（尤其是累及髓腔者）和 ⅢC 开放性胫骨骨折，尤其是保肢尚有疑问的损伤，这些均宜应用外固定。

尽管开放性骨折的程度非常严重，但对胫骨开放性骨折清创治疗的时限尚未发现可以预测感染的发生。虽然伤口的负压治疗与传统的治疗方法相比较，其感染发生率与骨折不愈合率相类似，但是伤口的负压治疗被越来越多地运用于开放性伤口的治疗。

我们倾向用髓内钉治疗大多数胫骨开放性骨折。我们的方案包括制订术后处理方案，以减少延迟愈合及金属折断的发生率。有人采用这个方法治疗了 50 例胫骨开放性骨折，其中 48 例（96%）获得愈合；有 18 例患者在伤后平均 4 个月时进行了促进愈合的再次手术。

肢体毁损伤是严重的开放性骨折，常合并血管损伤或神经断裂。在治疗这些损伤时，外科医师所面对的是试图挽救肢体还是早期截肢这一困难抉择。挽救肢体在技术上常是可行的，但对患者来讲，可能产生严重的医疗、社会、心理及经济后果。

Lange 等提出初期截肢的两个绝对适应证：成年人胫神经完全性解剖断裂者和高温缺血时间超过 6 小时的碾轧伤。他们提出的相对适应证有：合并严重的多发性创伤者、同侧足部严重创伤者及预计完全恢复时间过长的创伤。影响手术选择的其他因素有患者的年龄、职业和医疗条件，损伤机制，骨折粉碎程度，骨缺损，神经、血管损伤的部位及范围，休克的严重程度及持续时间等。许多学者曾试图设计一种评分公式，以预测保肢和截肢的可能性，但没有一个被证明是完全准确的。Georgiadis 等对采用挽救肢体或截肢治疗严重的胫骨开放性骨折患者的远期功能结果及生活质量进行了调查比较，结论是早期膝下截肢缩短了康复时间，减轻了远期功能障碍。然而，Trabulsy 等报道，采用积极的伤口处理和早期软组织覆盖治疗 ⅢB 型开放性胫骨骨折患者，保留有用的负重肢体的比率很高。

为解决有关毁损肢体保肢或截肢的适应证问题，成立了 LEAP 研究小组。在一项多中心、前瞻性、纵向研究中，他们找到了使保肢组和截肢组患者易产生不良结果的危险因素。预后不良的因素与受教育水平低、收入低于贫困线、非白人种族背景、缺乏保险、差的社会支持网络、吸烟和法律法案不完善等相关。2~7 年随访，没有不良后果危险因素的保肢患者结果与截肢组相同，但需要更多的手术和更多的重复住院治疗。伴有胫神经损伤和足部无感觉的患者在 12 个月和 24 个月时存在实质性损伤；然而，截肢患者与保肢患者的结果是相同的。LEAP 研究小组还发现：肌肉损伤、感觉缺失、动脉损伤和静脉损伤是影响医师决定截肢还是保肢的最大的因素。然而，肢体感觉完全缺失的患者中67%感觉获得了完全恢复，其余可疑感觉不恢复患者则是截肢的绝对适应证。

一、治疗

（一）管型石膏及支具

Sarmiento等在一项研究中发现胫骨干骨折采用短腿管型石膏或功能支具治疗，骨折愈合率为97%，不愈合率为0%～13%。Sarmiento将支具治疗的适应证缩小到闭合性骨折及低能量开放性骨折。其他研究都建议采用某种形式的闭合治疗。

虽然超过95%的骨折可获得功能良好而无畸形的愈合，但是闭合治疗需要制动，这可能对踝关节的活动有不良影响。文献报道，接受闭合治疗的患者踝关节僵硬发生率为20%～30%；采用支具或石膏治疗后，10%～55%的骨折发生了超过5°的成角畸形，而5%～27%的患者发生了超过12～14 mm的短缩畸形。Sarmiento的研究因严格选择了适应证而疗效最好，而其他处理不稳定骨折的研究报道的效果则较差。在几个大型研究中，有2.4%～9.3%的患者由于复位后再移位而需手术治疗。解剖复位与坚强内固定对骨折愈合有明显的优越性，通常没有发生感染及延迟愈合的危险。采用早期负重的闭合性治疗方法，虽经常产生较小的并发症，但却有较高的骨折愈合率且没有严重的并发症。它适用于多种类型胫骨干骨折的治疗，但需要医师具有很大的耐心和花费较长的时间，以及患者的配合。我们主张对稳定的低能型胫骨骨折采用闭合复位管型石膏固定，但双侧胫骨骨折、漂浮膝损伤、关节内广泛骨折、初期未能复位或复位后再移位的骨折例外。

（二）钢板和螺钉固定

不适于非手术治疗的胫骨骨折目前认为可用钢板固定。切开复位钢板固定提供了稳定的固定，允许膝关节和踝关节早期活动，维持肢体的长度和力线。钢板固定最大的缺点是软组织的剥离，可产生伤口并发症和感染。20世纪60年代前，开放性和闭合性胫骨骨折钢板固定常出现延迟愈合、不愈合、置入物折断、软组织坏死和感染等并发症，尤其是在伤后第1周内手术者。

AO组织随后发展了加压钢板技术和置入物，一直使用到现在。文献报道，闭合骨折获得良好的功能结果为98%，并发症发生率为6%；而开放性骨折获得良好功能结果为90%，但并发症发生率近30%。应用切开复位内固定治疗时，随着造成骨折的损伤能量的增加，并发症也明显增多；并发症由扭转骨折的9.5%增加到粉碎性骨折的48.3%；同样，感染率由扭转骨折的2.1%增加到粉碎性骨折的10.3%；此外，应用钢板内固定开放性骨折时，不愈合率增加到2倍，感染很可能增加到5倍。

其他的学者也报道了钢板固定开放性胫骨骨折并发症增加（闭合骨折感染率为1.9%，开放性骨折为7.1%；闭合骨折钢板失败为0.6%，开放性骨折为10.3%）。对于合并移位的膝、踝关节内骨折的胫骨干骨折，目前大部分学者推荐应用钢板固定治疗。当应用钢板固定延伸至关节周围的胫骨干骨折时，应该采用优化的钢板固定技术和间接复位方法，对软组织的处理也应小心谨慎。

为了减少胫骨干骨折后延迟愈合、不愈合和感染的发生率，常采用"经皮"钢板固定技术，以便在保存骨折环境的同时获得稳定的固定。此技术需固定伴随的腓骨骨折，预弯3.5 mm动力加压钢板，使之与胫骨解剖结构相匹配，经小的切口放置钢板和螺钉。目前经皮钢板的适应证是：①胫骨干骨折伴有经关节的干骺端骨折，不适合髓内钉固定者。②由于原有的内植物比如全膝关节置换术的胫骨假体导致无法通过植入髓内钉治疗的胫骨骨折。经皮钢板固定在技术上要求高，对线不良较其他固定方法多见。

（三）螺钉贯穿固定

拉力螺钉可用于固定长斜行（超过骨干直径的 3 倍）或延伸至干骺端的螺旋形骨折，但是对这些骨折更常采用其他方法治疗。将这些平衡放置的拉力螺钉与骨折线呈垂直拧入，并避开骨折的狭窄端。但在开放性骨折中，可用螺钉将大的蝶形骨块固定在主要骨折段上，作为外固定的补充。此外，我们发现这一技术适合于在获得最终固定前单纯通过外固定很难控制的伴有小的关节内骨折块的开放性骨折。

（四）髓内固定

目前，交锁髓内钉固定是大多数胫骨干 I 型、II 型和 III A 型的开放性和闭合性骨折治疗的首选方法，尤其适用于多段的和双能胫骨干骨折。Busse 等调查创伤骨科医生治疗胫骨骨折的方法，针对闭合骨折，80% 的医生选择手术治疗。髓内钉固定可保留骨折周围的软组织覆盖，允许邻近关节早期活动。近端和远端的交锁功能能控制不稳定骨折的长度、力线和旋转，能稳定胫骨结节以下至踝关节上方 3 ~ 4 cm 的骨折。对于骺板存在的骨折、解剖畸形、进钉处皮肤烧伤或伤口以及 III C 型开放性骨折不宜使用髓内固定。

20 世纪 30 年代，Kuntscher 研制了 V 形和三叶草形钉，但直到约 50 年以后，坚强髓内钉固定才成为被广泛认可的治疗胫骨干骨折的方法。应用不扩髓直式 Kuntscher 钉治疗闭合性骨折，结果良好者为 98%，而开放性骨折为 97.5%。Herzog 改良了直式 Kuntscher 钉，以适应近端的偏心入口。一些学者建议扩髓以改善钉与髓腔的匹配，加强抗旋转力和强度。Slatis 和 Rokkanen 发现 50% 采用髓内钉固定的骨折需要石膏固定控制旋转。生物力学研究表明，当髓内钉直径增大后，骨折部位移位率发生了实质性改善。

20 世纪 70 年代，Grosse 和 Kempf、Klemm 和 Schellmann 发明了带交锁螺钉的髓内钉，使髓内钉的适应证扩大到更近端、更远端和不稳定的骨折。报道显示，扩髓后插入的交锁髓内钉效果良好（97% 骨折愈合率，2.2% 并发症发生率），尤其是用于闭合性骨折。Ekeland 等也报道了应用交锁钉获得了良好的结果，但他们告诫，应慎用动力性或简单的无锁型髓内钉，因为大部分并发症发生在动力性交锁髓内钉；他们也不赞成对交锁髓内钉做常规的动力性加压处理。

1. 扩髓与不扩髓的髓内钉　20 世纪 70、80 年代发表的研究报道均指出，扩髓髓内钉治疗的少量开放性胫骨骨折感染率高（13.6% ~33%），令人难以接受。这些报道促成了如下概念，即胫骨开放性骨折禁忌扩髓，特别是 Gustilo II 、III 型骨折。同一时期采用不扩髓 Ender 钉及 Lottes 钉治疗开放性胫骨骨折的研究显示感染率为 6% ~7%。动物实验研究证明：与不扩髓相比，扩髓髓内钉破坏骨皮质血供的程度更重，可能由此增加了发生感染的可能性。这些不利因素促进了适合于不扩髓插入的交锁髓内钉的发展。

有人对一组 50 例开放性胫骨骨折采用不扩髓髓内钉治疗，其中 I 度 3 例、II 度 13 例、III 度 34 例（III 度 A 型 11 例，III 度 B 型 6 例），有 4 例发生感染，且均为 III 度开放性骨折。III 度 B 型骨折的 2 例感染，是在初期应用转位或游离皮瓣修复创面失败后发生的；III 度 A 型开放性骨折的 1 例感染发生在伤后 10 个月，即在骨缺损植骨术后。所有感染均消退，未形成慢性骨髓炎。本项研究及后续的研究报告，骨折愈合率为 96% ~100%，感染率为 2% ~13%，断钉率为 0% ~6%，螺钉失效率为 6% ~41%，经二次手术达到愈合者占 35% ~48%。

内固定物失败常与以下因素有关：髓内钉较细（8 mm）、轴向不稳定性骨折、干骺端骨折、双侧胫骨骨折、骨折延迟愈合或不愈合等。断钉常需再次手术。一项研究发现，如果使用单个螺钉，近端横行的交锁螺钉最常发生折断。胫骨远端1/3骨折断钉的概率较高。

由于使用较细的髓内钉做不扩髓固定产生了骨折延迟愈合及内固定失败等问题，促使一些研究者重新应用扩髓髓内钉治疗开放性胫骨骨折。术前应用抗生素及采用现代伤口关闭技术，使用扩髓髓内钉治疗胫骨开放性骨折的感染率为Ⅰ型1.8%，Ⅱ型3.8%，Ⅲ型9.5%（ⅢA型5.15%，ⅢB型12.5%），这些结果与不扩髓胫骨交锁髓内钉治疗结果相似。

Keating等报道了一项随机前瞻性研究，比较了扩髓及不扩髓交锁髓内钉治疗胫骨开放性骨折。总体看来，除不扩髓组的螺钉断裂率较高外，扩髓与不扩髓髓内钉治疗胫骨开放性骨折的结果在统计学上没有显著性差异。

其他的研究者仍不支持对开放性胫骨骨折采用扩髓的髓内钉，尤其是对严重的开放性骨折。文献报道，采用扩髓的髓内钉治疗Ⅰ型和Ⅱ型开放性胫骨骨折深部感染发生率为21%。软组织损伤的严重程度、清创是否合适和软组织的覆盖是防止感染的关键，比选择置入物的类型更重要。目前，北美的大多数创伤骨科医生接受了Ⅰ型和Ⅱ型开放性骨折使用扩髓髓内钉的观点；然而，对Ⅲ型开放性骨折采用扩髓髓内钉仍存争议。

由于不扩髓髓内钉被成功地应用于治疗开放性胫骨骨折，一些研究者建议还可将这一技术应用于闭合性骨折。与扩髓相比，不扩髓可能具有以下优点：手术时间短、出血少、合并严重闭合性软组织损伤者能较少地干扰其骨内膜血供。胫骨骨干闭合骨折采用扩髓或不扩髓髓内钉治疗，其预后及并发症发生率均无显著差异。尽管应用扩髓髓内钉有促进骨折愈合的倾向，一项研究发现不扩髓髓内钉比扩髓髓内钉出现更多的螺钉断裂。这些以及其他研究均证明：在决定骨折结局方面，骨折及软组织损伤的特点比治疗方法的选择更重要，建议对大多数闭合性不稳定胫骨干骨折宜用扩髓髓内钉固定。

近期一项meta分析显示闭合骨折采用扩髓髓内钉治疗可降低骨折不愈合发生率，而且，SPRINT研究结果证实扩髓髓内钉治疗效果可能优于不扩髓髓内钉。另外还发现，延长需要二次手术治疗的时间至少6个月可减少胫骨骨折需要再次干预的需求。Lefaivre等研究髓内钉治疗后长期随访结果（中位时间14年），他们发现可以获得和正常人的功能相似的结果，但是仍然存在一些严重后遗症。

2. 交锁髓内钉治疗胫骨干近端1/3骨折　对于胫骨干骨折交锁钉固定的热衷促使一些医师扩大其适应证，包括更近端和更远端的骨折。由于胫骨钉与宽大的胫骨干骺端之间大小差异显著，用交锁钉固定近1/3骨折引起对线不良成为一个常见并发症。最常见的畸形是外翻成角和骨折近端的前移。进钉点过于靠内并指向外侧可造成外翻畸形。内侧髌旁切口和髌骨干扰进钉可造成此种进钉点。

在生物力学研究中，Henley等发现在同一平面由内到外的螺钉允许髓内钉在螺钉上滑动，如果进钉点太远或过于指向后方可引起顶端向前成角或前方移位。Henley等还发现，如果髓内钉的弯曲部分位于骨折部位或骨折以下，当髓内钉顶向皮质时，可引起近端骨折块前移。屈膝位近端锁钉，由于髌韧带的牵拉可使近端骨折块伸展。这些手术技术的改进，包括进钉点准确选位和附加诸如阻挡螺钉、单皮质钢板和内侧双针外固定等辅助固定，已经有效地减少了此类并发症。

有些近端1/3胫骨骨折最好采用其他方法治疗。Bono等设计了一套有助于治疗决策的流程。Tornetta等描述了一项髓内钉技术：膝关节半伸位，取髌旁内侧切口，可以减小骨折近端前移。后来该技术改进为小的内上方切口，该方法得益于新器械的应用，可通过经皮方式完成。关于该项技术对髌股关节的影响做了许多研究。一项研究报道，半伸位髓内钉置入后22%病例发生了股骨滑车损伤。然而，这些病例均是在该技术应用的早期阶段发生的，且均是由技术上的误差造成的。在近期的尸体研究中，通过测量，发现与传统入路相比，髌上入路时髌股关节接触压力较高。有学者认为，髌股关节接触压力不会损伤关节软骨，因而该手术入路是可行的。进一步研究该技术对髌股关节长期功能的影响是必要的。关于该技术出现了进一步的研究数据，Sanders 等最近报道了一组 55 例患者采用胫骨髓内钉治疗，采用半伸直位髌上入路，术后进行至少 12 个月的放射学和临床随访，包括关节镜下及 MRI 随访。作者得出结论：这一技术可获得最佳的胫骨力线、骨愈合、膝关节活动度，不会出现膝前痛。

目前，我们使用这一技术治疗个体化的复杂的近端 1/3 骨折。针对胫骨近端骨折的复位这一技术拥有更多优势，其减少了辅助复位的需要，例如空心螺钉，而且术中透视更容易实现。

3. 交锁髓内钉治疗胫骨干远端骨折　用髓内钉固定更远端的骨折是可能的，但是，骨折位置越远，维持力学上的稳定复位就越困难。Robinson 等区分两种不同的骨折类型。直接弯曲力引起的单纯的横行和斜行胫骨骨折，伴有位于同一水平的腓骨骨折，没有向关节内延伸。此组的软组织损伤较重。扭力引起的螺旋形骨折，常伴有不同平面的腓骨骨折，近 50% 涉及内踝或后踝关节内骨折。17% 的扭力骨折累及内踝，似乎是螺旋形骨折的延续 32% 的扭力损伤有后踝骨折，似乎不与螺旋形骨折连续。在固定髓内钉时，无关节骨折发生移位。还必须认识到胫骨远端骨折向胫骨穹顶或踝关节延伸的可能性。Stuermer 发现，20.1% 的患者存在特定的损伤标记，即内旋外翻机制致螺旋形骨折伴随腓骨近端骨折或腓骨近端完整而合并踝关节损伤。我们通常建议针对远端骨折行 CT 扫描，以获得放射学证据或者明确胫骨远端关节内骨折情况。

需要远端 2 枚锁钉以防止绕单一锁钉旋转引起的反屈畸形。应用骨松质拉力钉稳定内踝和后踝的骨折。如果存在关节内移位骨折，可切开复位。只有在踝关节需要稳定或腓骨移位严重时才用钢板固定腓骨。针对远端完全骨折行腓骨远端固定有助于恢复胫骨力线。

虽然 Robinson 等不提倡此操作，但有些学者认为，在用髓内钉固定远侧胫骨骨折后，用钢板固定同一水平的腓骨骨折有助于防止对线不良。有人分析了腓骨骨折对维持 40 例胫骨远端 1/4 骨折接受交锁髓内钉固定后对线的影响。5 例腓骨完整的胫骨骨折和 4 例固定腓骨的胫骨骨折均解剖愈合 11 例与胫骨骨折不在同一平面的腓骨骨折未经固定的患者均解剖愈合。20 例与胫骨骨折在同一平面的腓骨骨折未经固定者 12 例（60%）发生对线不良。此研究提示：有些腓骨骨折的内固定可改善用髓内钉治疗的远侧 1/4 胫骨骨折的稳定性。针对腓骨横行骨折，我们倾向于采用髓内固定。

采用扩髓髓内钉治疗的胫骨远端骨折，总的愈合率为 96%。一项生物力学研究证实用短钉（去除 1 cm）固定距胫距关节 4 cm 的骨折达到的固定强度，与采用标准髓内钉固定距关节 5 cm 骨折的强度相当。然而，作者告诫：两种结构的固定强度都不足以抵抗中度的压弯负荷，对胫骨远端骨折接受髓内钉治疗的患者在骨折明显愈合前必须限制重，防止冠状面成角畸形。显而易见，胫骨远端骨折采用髓内钉治疗富有挑战性，新的置入物的设计和更严格的远端螺钉集群设计有助于对这些损伤的治疗，而不是需要对原有置入物的改造。

Vallier 等研究了 104 例胫骨干远端骨折患，影响其预后的因素，与未受损伤人群相比，通过功能测试评估其残留功能障碍，对轻度疼痛进行记录但不做特别限定，没有患者因骨折而失业。同一作者报道了胫骨远端骨折钢板固定和髓内钉固定的前瞻性对照研究，在他们的研究中，髓内钉固定更多出现了力线不良。

4. 髓内钉固定后膝前痛　膝前痛是胫骨髓内钉固定后最常报道的并发症。高达 56% 的患者存在不同程度的慢性膝前痛，更多的存在跪下困难。膝痛的病因仍不清楚。可能的原因包括：患者较年轻且活动较多、髓内钉突出于近端胫骨皮质、半月板撕裂、尚未发现的膝关节损伤、髌股关节接触压力增加、髌下神经损伤和手术导致的瘢痕形成。

有些学者认为，经髌腱切口较髌腱内侧切口发生膝前痛的概率大。然而，其他学者并不赞成。研究发现经髌腱切口和经髌腱内侧切口发生膝前痛无差别。长期随访证实膝前痛随时间推移其发生率增加，而且股四头肌肌力弱和较低的膝关节功能评分与膝痛存在相关性。为了避免发生这一问题，早期数据建议采取半伸直位髓内钉置入技术，这一方法可减少该问题的发生。

5. 交锁髓内钉 当前有不同种类的胫骨交锁髓内钉可应用，大多数髓内钉可应用扩髓或不扩髓技术插入。钉的成分有不同（不锈钢、钛），近端弯曲的部位也有不同。有些钉有从内向外方向的锁钉，还有些则另加近端斜行螺钉固定和远端的前后方向螺钉固定。将远端锁钉放得更远提高了髓内钉治疗更远端胫骨骨折的能力。医师应该熟悉不同钉系统的优点及其局限性，以便选择合适的髓内钉治疗相应的骨折。对于所有不稳定性骨折，其近端和远端各锁 2 枚螺钉，以维持胫骨长度及防止旋转。我们常规用静力型交锁治疗大部分骨折。近端钻头导向器可使髓内钉准确插入髓腔，进行近端螺钉的精确定位。而远端固定通常需要手动操作。

术前计划：术前可用健侧胫骨的 X 线片协助确定钉的合适直径、预计的扩髓量及严重粉碎性骨折所用钉的长度（有用于术前计划的 X 线片模板）。钉的长度应使其近端埋在钻孔内，而远端位于远端骨骺部中心。骨干骨折在闭合顺行打入髓内钉前应在牵引下稍牵开。

严重粉碎性骨折在后期变为动力化时偶尔可出现进一步压缩。在选择钉的长度时应考虑到此危险因素，防止后期出现钉移动进入踝关节或钉从胫骨近端突出的情况。

对于很高或很矮的患者测量尤其重要，因为所需的钉可能比通常备用的规格或长或短。Colen 和 Prieskorn 发现，确定钉长的四种测量方法（全长的扫描图像、点片、聚乙烯覆盖模板和胫骨结节到内踝距离）中，最准确的方法是胫骨结节到内踝距离（TMD）。通过测量内踝与胫骨结节最高点之间的长度可以确定胫骨结节到内踝的距离。14 例扫描图选择的钉中有 11 例是不准确的，点片选的 14 例中有 6 例不准确，而覆盖模板选的 14 例均太小。胫骨结节到内踝测量选的 14 例中 10 例长度合适。有学者认为，胫骨结节到内踝距离是一种简便、便宜和准确的术前确定钉长的方法。通过测量胫骨最窄处来确定钉的直径，最好在侧位像测量。

术前应确定扩髓或不扩髓进钉。"扩髓"与"不扩髓"指的是手术技术，而不是置入物的种类。不扩髓进钉依据髓腔的直径常选用直径为 8～10 mm 的髓内钉，髓腔窄于 8 mm 的患者不能应用不扩髓技术。扩髓可用更大直径、更大强度的髓内钉。我们建议，无论是开放性还是闭合性骨折，软组织损伤小者选用扩髓的髓内钉，而软组织损伤较广泛者用不扩髓的髓内钉。

用骨折床或标准的透射线手术台进行穿钉。如果没有一个熟练的助手帮助或者未行急诊穿骨牵引针，则最好使用骨折床。用骨折床的缺点在于：患者需长时间维持一个体位，由于牵引或股后部横杆的压迫增加了神经损伤的危险性，过度牵引可致筋膜间室压力升高。对多发伤患者在标准的手术台上处理起来更容易些。标准的手术床其他的优点包括：降低医源性神经损伤，可以更灵活地整复骨折部位，可按需要改变肢体的位置。由于没有骨牵引，维持骨折复位较难，需要助手帮助稳定肢体。有人喜欢采用能固定肢体的标准可透视手术床。

（五）外固定

在胫骨骨折治疗中，外固定是一种有效而用途多样的装置，同时可作为临时和终极治疗。常用的固定架有三种不同的类型：半针固定架、钢针和环固定架以及结合了半针和张力钢针的混合固定架。横穿钢针过去常用，现在主要用于跟骨或作为双针快速牵引固定架的一部分。这些装置几乎用于涉及胫骨全长的任何骨折，不论是开放的或是闭合的。外固定提供稳定的固定，保留软组织和骨的血供，便于处理伤口，极少失血。外固定架设计提供了多平面或单平面固定，经改进可允许负重进行轴向加压，以刺激骨折愈合。外固定架用张力钢针固定扩大了外固定架的使用适应证，使其可以治疗关节周围骨折。然而，针孔感染、畸形愈合、关节僵硬、患者的接受度和延迟愈合仍然是外固定的最大问题。

外固定常用于严重开放性骨折（ⅢB 型和 C 型），尤其适用于胫骨髓腔明显污染或初始清创是否充分尚不能确定（霰弹伤、碾轧伤）的骨折。外固定也可用于缺损骨折的延迟处理或为自体骨移植提供稳定，或应用环形钢针固定架产生再生骨。外固定也宜用于骨髓腔很小、骨折伴有胫骨髓内钉入口处有烧伤或伤口、开放性骨折延迟处理（＞24 小时）、严重污染的骨折、骨折伴有血管伤致使保肢可能尚有疑问、战伤和必须将失血尽量控制到最低限度的某些多发伤患者。

外固定也适用于不稳定的闭合骨折、骨折伴有筋膜间室综合征、胫骨干骨折延伸到关节周围、延伸到关节周围的多段骨折和伴有颅脑外伤或感觉受损的患者。

骨折的初期愈合，尤其是开放性粉碎性骨折，依赖周围软组织的血液供应。必须维持骨折和软组织稳定，使持续的毛细血管再生进入损伤部位。如果外固定用于开放性胫骨骨折，应考虑足的临时固定以消除踝关节和骨折部位的软组织活动。如果足的固定对稳定骨折不重要，待软组织愈合后去除外固定，鼓励踝关节活动。

何种硬度可以为外固定架内的骨折愈合提供最适宜的环境还不清楚。更坚固的支架更适合最初的软组织愈合期，而且针道的问题常更少。不稳定的骨折较稳定的骨折需要更坚强的支架。有证据表明：逐渐去稳定的支架可使骨骼更多地负重，从而促进骨折愈合。去稳定通常包括：通过松动骨折一侧的钉棒连接，使静态支架变成动态支架。在维持角度和旋转排列的同时允许轴向加压。可通过增加棒和骨间的距离，双棒架去除外面的棒来减少支架的坚固程度。骨折应该非常稳定，足以阻止骨折去稳定后的短缩或成角。

虽然提倡外固定架用于临时固定以处理软组织已有很长时间，但越来越多的报道认为，其可作为骨折的最终处理手段，尤其是合并明显的胫腓骨分离且自身不稳定的高能损伤性骨折。这些报道引证说明，高能损伤性骨折在由外固定架转为石膏固定时出现了更多并发症，尤其是畸形愈合。因此，现在通常保留外固定架至骨折愈合。对于需要随后植骨的骨折，外固定也提供了可靠的稳定性。合并骨缺损的开放性骨折无疑需要在环形外固定架下行植骨或骨瓣转移，但为了获得骨折愈合，开放性骨折合并骨膜剥脱者（ⅢB 型）也常需自体骨移植。这些骨折特别难处理，使一些学者提倡对所有此类损伤进行早期植骨治疗。Lawyer 和 Lubbers 发现 Ⅰ 型开放性骨折用 Hoffmann 外固定架固定后愈合需要 4.7 个月；8% 需要二期骨移植。

为避免这些学者记载的延迟愈合、不愈合、针松动及针道感染等固有问题，Rommens 等提议在软组织及所有针孔部位愈合后应改为内固定治疗，并提出改变治疗的理想时间是 8～12 周。

Behrens 和 Searles 应用 AO 外固定架治疗 73 例患者的 75 处骨折，发现 80% 的骨折可应用单侧单平面外固定架，67% 的骨折需要植骨。Edwards 断言：只要谨慎处理并注意外固定的各种细节，90% 的严重Ⅲ度胫骨骨折能够恢复有用的功能而无感染。他告诫处理高能损伤性骨折合并骨间膜断裂、骨折粉碎或骨缺损时，不要过早去除外固定架；Burgess 等报道，在他们对Ⅲ型开放性胫骨骨折的治疗方法改进的过程中，骨折愈合时间由 58.4 周减少到 37.6 周；Kimmel 报道，应用 Hoffmann 外固定架治疗 27 例严重胫骨骨折结果不愈合率为 13%，畸形愈合率为 39%，45% 需行植骨。在一项包含 78 例患者的前瞻性研究中，Braten 等证实髓内钉固定和外固定架治疗时，其愈合及完全负重时间是相似的。然而，髓内钉固定组可以更早期地进行非保护的负重锻炼。外固定架治疗组常需更多的再次手术，髓内钉固定组

64%的患者术后1年出现膝前痛。其他学者还研究了采用外固定架治疗时影响骨折愈合的因素，发现当缺乏辅助的固定技术或存在针道感染时，骨折愈合过程具有很大差异。

1. 半针外固定器　许多品牌的外固定架可供使用。所选择的外固定架应提供足够的稳定、允许逐渐负重，并随着骨折愈合可动力化和去稳定化。适合置针的平面多于一个且能够包括足部在内的固定架更为有用。如果不影响稳定性和多用途，重量轻、费用低和在X线片上更少影响骨的观察的固定架更受欢迎。具有大型通用关节的一体式固定架在安装后易于根据骨折复位情况进行调节。但是，这些外固定架不允许针的间隙过宽，更准以进行第2个平面的固定，因此稳定性可能较差。可调式固定架安装时自由度较大，但是一旦安装完成则更难调整。为改善复位则需去除和替换固定针。应用球形关节或枢轴机制的新型穿针固定架，在某种程度上增加了这些结构的可调性。

初期的固定架应该足够牢固，以最大限度地减少骨折部位的活动。可从几个方面增加稳定性：增加针的直径、增加针间的距离、增加针的数量、增加稳定杆的数量、缩短杆到肢体的距离和增加另一个平面的固定。胫骨固定架针的直径为4.5～6.0 mm。针的直径应不足骨直径的1/3，以防止骨折。非粉碎性骨折每个主要骨折块（包括大的节段性骨折块）至少需2根针。单面结构常能为多数胫骨骨折提供足够的稳定，在一个骨折块上加用第3根针能明显增加牢固性，尤其是针位于另一个平面时。对于单个骨折块，第4根针提供很小的额外稳定，常没有必要。粉碎性骨折的每个大骨折块需用3根针，两个平面的固定更好。利用单棒连接不同平面的针可达到两个平面的固定。另外，另一个平面的针也可连到另一个棒上，棒与棒之间可通过夹具连接。通过将针连接到叠加在一起的两个棒上，可增加单一平面结构的稳定性。

在每个骨折块上加宽针距可以同时在固定平面及其垂直平面内提供稳定性。然而，短的骨折块并不允许宽的针距。在短骨折块的同一平面放置2根针提供此平面针的稳定性，但在垂直于针的平面其稳定性较差。在不同平面增加1根针可增加稳定。由于胫骨主要的弯曲力矩发生在矢状面，在此平面的固定将更加稳定。胫骨骨折伴有同侧踝损伤或伴有严重的小腿远端软组织伤需要延伸固定到足部，以促进软组织愈合。

2. 半针对固定器的并发症　如按前述方法处理软组织，遵循胫骨的安全区，尤其是在皮下的胫骨嵴处应用半针固定时，即刻的并发症是罕见的。晚期血管受侵蚀所致的血管损伤比直接损伤者更常见，但是，直接损伤也是可能的，特别采用位于同一平面的双侧外固定架横行穿针时。术中持续出血或晚期自发性出血必须排除直接血管损伤、晚期血管侵蚀及主要血管形成的假性动脉瘤。我们曾见到过出现在儿童穿针部位的骨膜动脉持续性出血。

针道刺激较为常见，故需要每天对固定针部位周围的皮肤用肥皂和水清洁，并稍加压包扎。继发蜂窝织炎可能需要口服抗生素。

对高能性胫骨骨折，在其愈合之前去除外固定架更换石膏固定可引起畸形愈合或不愈合。外固定后改为髓内钉固定，特别是有针道感染的病史者，尽管畸形愈合或不愈合率低，但可引起较高的感染率。我们的经验是：在外固定架去除后平均延迟7周再行髓内钉固定，髓内钉固定治疗胫骨的畸形愈合或不愈合效果极佳。Gustilo建议：严重开放性胫骨骨折的任何重建手术都应延迟进行，包括植骨及髓内钉固定，都要在所有的伤口愈合后再进行。

3. Ilizarov外固定架　张力钢针外固定器在急性和亚急性胫骨骨折中的应用价值已经得到证明。更常用于难治性骨折，尤其是干骺端骨折伴有明显的骨干延伸者。对于合并骨缺损、畸形或感染的难治性骨折不愈合，应用这种类型的固定也得到有效的治疗。术前计划和组装外固定架、患者早期活动、每天清洁皮肤和外固定架及密切随访等，可以使并发症减少到最低限度。

我们应用 Ilizarov 外固定架的经验主要在治疗胫骨骨折的方面。这个装置也可固定关节周围短节段的骨折。在治疗胫骨平台双髁骨折时，应用 4 枚直径 1.8 mm 钢针可提供 7.2 mm 的有效横切面固定。同时，4 根钢针提供了 8 个骨皮质接触面，并且由于固定针为多个平面方向，最终消除了骨折晚期移位的可能。由于钢针张力高且有环形支撑，因而提供了弹性平面固定。偶尔需要跨膝或踝关节制动 4～6 周，尤其是在垫高关节面和植骨术后。

Taylor 中空架是由 2 个环通过 6 个斜行支柱连接组成的一个特殊环和钢针固定架。除了使用 FastFx 连接杆以外，Taylor 中空架的使用方法和 Ilizarov 外架类似，骨折复位时主要是通过影像增强器下手动调节骨折位置，直到 X 线透视正、侧位上骨折位置满意为止，然后予以锁定连接杆。可根据需要附加环，也可固定足部。在计算机软件程序的协助下，可以经门诊手术调整支柱使骨折部位达到解剖复位。将 X 线检查数据输入计算机，根据计算机程序数据，通过改变 6 个支柱的长度来矫正长度、旋转、移位、冠状和矢状位的排列。我们主要使用此固定架矫正畸形愈合，但对急性骨折的治疗也可能有效。

开放性骨折合并广泛骨缺损是应用 Ilizarov 外固定方法的另一个适应证。这种装置及方法可同时成功地治疗不稳定性骨折、软组织缺损及骨缺损。但是，在处理复杂性骨折时首先应确定能否挽救肢体。偶尔，对这些损伤早期截肢更好，尤其是大动脉或神经损伤者。因为一个血供不良、无感觉的终端肢体其功能并不好于假肢。在挽救严重损伤的肢体时，应考虑到多次手术、长时间治疗及心理因素等诸多伴随情况。Ilizarov 外固定架用于急性创伤的其他相对指征是开放性骨折、不稳定的闭合骨折和骨筋膜间室综合征等。

据报道，这一技术的愈合率可高达 100%。有人对应用 Ilizarov 外固定架治疗的 40 例不稳定性胫骨骨折进行了观察，其中 37.5% 为开放性骨折，15 例开放性骨折中 12 例为 Gustilo Ⅲ 型骨折；19 例为胫骨平台双髁骨折并向骨干广泛延伸；4 例开放性骨折，由于骨缺损而需自体骨移植；1 例骨折未愈合，需重新应用外架固定且治疗后获得治愈。骨折愈合后膝关节平均主动活动范围为 110°。

骨折愈合时间可能与复位的质量及正常张力的恢复有关。我们宁愿在初期应用简单的创伤固定架，并进行精确的复位及对线，而不愿采用带关节的外固定架及后续复位。针对胫骨骨折终极外固定方式，我们倾向于采用多维立体环形外架而不是组合式半针外固定架。

4. Ilizarov 法在开放性骨折的应用　对于合并骨缺损的开放性骨折，应首先考虑 Ilizarov 外固定架作为一期治疗方法。常规治疗包括清创和用转位皮瓣或游离皮瓣延迟覆盖创面，然后行自体骨移植。应用张力钢针固定架，可以对全部坏死组织进行连续清创。如果无骨外露，可在残留的肌肉表面覆盖断层皮片。后期行骨皮质切开，向骨缺损区推移植骨。植骨时软组织有随之推移的趋势，加上断层皮片所具有的正常收缩倾向，有利于软组织和骨缺损的充填，消除了更加复杂的转位皮瓣或游离皮瓣移植的需要。如果清创后仍留有一个有血供但很短的骨端外露，可进一步短缩外露的骨折端，以避免行游离皮瓣移植。然后可行上述的简单植皮。另外，使用 Taylor 外架可作为一种选择，其针对需要涉及软组织覆盖情况的胫骨骨折，容许在逐步纠正骨性力线的同时完成软组织的闭合。

如果清创后仍留有较长的具有血供的骨端外露，应考虑转位皮瓣或游离皮瓣移植。在皮瓣覆盖时，可行骨皮质截骨，制备一个骨块置入骨缺损区。Ilizarov 建议在干骺端行骨皮质切开推移植骨术。

5. 重建手术　当应用环形的张力钢针外固定架时，可以进行软组织的重建术。典型的骨折外固定架由 4 个螺纹杆连接的 4 个完整的外固定环构成。暂时去除 1 个螺纹杆，则可在小腿有 1 个约 180° 范围的入路，可对骨折延迟愈合进行植骨或行游离皮瓣移植物的切除。去除前外侧螺纹杆，可行带蒂的背侧皮瓣转位；去除后内侧螺纹杆，可显露胫后动脉。

6. 术前计划 Ilizarov 外固定架成功的关键在于术前准备。有人对标准的 Ilizarov 方法进行了改良，术前即组装外固定架，此方法大大缩短了手术时间。拍摄 X 线片决定固定环的正确位置，测量健侧肢体决定固定环的大小。安装的固定环与皮肤间必须有 2 指宽的间隙。固定环太大将不能很好地支持横穿的固定针，可影响成骨。由于安全针位的解剖限制，两针间的 90° 夹角一般是不易达到的，因此，在每一骨折段增加第 2 个固定平面能够提高外固定架的稳定性，以防止前后弯曲及扭转。大的骨折段用 2 个固定环，小骨折段用 1 个固定环和 1 个垂柱。

股骨中段是适合放置完整固定环的最近端水平。近端股骨的固定一般由混合外固定架和半针来完成。由股骨中段到踝部的整个下肢可用一个简单的圆柱形外固定架来固定。股（大腿）决定环的大小，股骨固定环通常比正常使用的胫骨固定环大 1 ~ 2 型号。在前后位和侧位上，外固定架的位置应与胫骨平行。股骨在髌骨水平上应处于居中的位置，而相对于外固定架呈解剖学外翻倾斜。1 个开口固定环可用于远端股骨固定环，允许膝关节充分屈曲运动。这个固定环可连接到一个带特厚凹槽的完整固定环上，如此可在张力钢针连接于开口固定环时能更有效地防止变形。同样，在胫骨固定架上的最近端固定环也可以是开口环，将其连接在完整固定环上，以允许膝关节最大限度地屈曲及提供两个平面的固定。

对于开放性胫骨骨折，足部应包括在外固定架内，以防止骨折部位的软组织活动。至于 Pilon 骨折，为了稳定骨折也可能需要固定足部。软组织愈合后，除非出于稳定骨折的需要，即去除足部外固定架。如果腓神经或前、外侧间室损伤，至少应考虑足部暂时固定，以防止挛缩；在胫骨延长或骨移植时固定也可包括足部，以预防马蹄足畸形。一个稳定的足部装置由一端带螺纹的钢板连接起来的两个半环组成。在拉紧钢针时，特殊钢板可以防止足部装置变形。用于胫骨及足部固定架的半环一般大小相同。

肿胀和坠积性水肿引起晚期肢体周径的改变，必须要预料到。在下肢后侧需要更大的间隙，而肿胀的股（大腿）比小腿需要更大的空间。

7. 穿针固定的并发症 只要在横行穿针时仔细确定固定平面的安全区，穿针固定所致的急性血管神经损伤罕见。术后即刻出现的穿针部位异常疼痛，应怀疑固定针穿过了较大的神经，应立即将针取出。除非推移植骨或骨折块有相对活动，晚期的血管、神经损伤极为罕见，一般发生在重建手术而不是单纯的骨折固定阶段。膝关节、踝关节屈曲挛缩较少发生在骨折治疗时，多为骨延长所致，这种情况可通过主动练习及带固定架负重来预防。严重的针道感染少见，但钢针刺激征常见。固定针与皮肤接触的部位应该每天用肥皂水及水清洗。伤口愈合后，鼓励淋浴及在氯气处理过的游泳池内游泳，但游泳后需用清洁的水冲洗。为防止针在皮肤部位活动，敷料可略加压包扎。在首次出现疼痛和感染征象时，必须怀疑有固定针松动的可能，对可疑的固定针应重新拉紧。出现弥漫性蜂窝织炎者，应该检查所有固定针相应的部位，并给予口服抗生素直至痊愈。用这些方法治疗无效的针道感染，应更换固定针。

合并头部损伤的患者可能出现严重的坠积性水肿，因为他们大都缺乏足够的活动，不能改变这种坠积或促进淋巴回流。如果外固定架对皮肤的压迫发生在治疗的末期，可用一个薄纸板夹衬在针与皮肤之间，使之在外固定架与皮肤之间滑动，以防止皮肤发生压迫性坏死。如果外固定架对皮肤的压迫发生在治疗初期，则必须更换固定架。几个固定环的部分短弓压迫皮肤时，则外固定架应向受压方向移动，全部钢针均重新安装在固定栓的新孔上，以避开皮肤受压处。如果皮肤受压发生在单个固定环上，则可对相应的固定环进行改进，采用两块短钢板分别连接在两个半环的末端，使其形成椭圆形结构，以避开皮肤受压部位。另外，如能保持稳定，也可用钢锯锯除环的一部分。问题较大的是在几个平面同时存在环形的压迫，此时需要重新组装一个较大的外固定架来替换，大的外固定架上的固定环要与小固定架上的外固定环准确地处在同一水平。将弯的钢针末端弄直，将其两端连接在外周的外固定架上，最后将小外固定架上的螺栓松开，拆除小固定架。套管钢针固定螺栓可由原外固定架上移至新外固定架上。这种外固定架的替换方法，可在不松动钢针或不失去原复位的情况下进行。

（六）延迟愈合或骨不连的治疗

骨折延迟愈合者，对于不扩髓髓内钉固定的骨折延迟愈合，采取换钉或拔钉后改用扩髓技术插入粗的髓内钉固定也行之有效。这种方法适合于因髓内钉较细（8 mm）或松动引起的骨折延迟愈合；以及轴向不稳定性骨折或干骺端附近骨折出现的延迟愈合。该方法不适于骨缺损超过骨皮质周径 1/3 ~ 1/2 的骨折，还可能诱发或加重ⅢB 型开放性骨折的感染。经时间考验的自体骨移植治疗胫骨延迟愈合及不愈合最常用于ⅢB 型开放性骨折及合并明显骨缺损且其他方法已经失败的骨折。其他治疗延迟愈合的方法包括骨外部刺激和动力性固定，使骨折端轴向加压，刺激骨折愈合，前提是腓骨尚未愈合。有文献报道，近端和远端骨折改为动力性固定后复位丢失率约为 16%。

（七）腓骨固定治疗胫骨骨折

腓骨内固定不必用于治疗腓骨干骨折，但可用于稳定其他结构。如因软组织损害或伤口污染不宜行胫骨内固定时，用钢板螺钉固定或由外踝插入髓内钉固定腓骨骨折，可起到部分稳定腓骨干远端或干骺端粉碎性骨折的作用。而且腓骨内固定在髓内钉内固定治疗胫骨远端骨折的过程中可以辅助避免外翻畸形。

二、胫骨骨折后足部及足趾畸形

McKeever 描述胫骨远端 1/3 骨折后出现了跚趾"缰绳"状畸形。跚长屈肌与骨折部位的骨痂粘连，肌腱在该点与跚趾的止点之间形成弓弦状。当踝关节背屈时，跚趾极度屈曲；而踝关节跖屈时，跚趾趾间关节又可完全伸直。当踝关节背屈时，跚趾跖面压向鞋底，形成一个疼痛性胼胝。骨折愈合后，如不能在小腿远侧 1/3 段游离肌肉，则在足部行肌腱延长。

有文献报道，胫骨干骨折后引起了爪形足或高弓足畸形。这些畸形被认为是因小腿后侧深部间室的肌肉创伤和缺血引起深间室肌肉的纤维挛缩所致。这些畸形可能会被误认为是由胫骨骨折向内旋转错位所致。

（冯万文）

第九章 骨盆损伤

第一节 骨盆骨折

骨盆是连接躯干和下肢的重要结构，站和坐时都要承受负荷。骨盆骨折常发生于高能量损伤，时常发生血流动力学不稳定，伴发内脏、泌尿系统和神经系统损伤也很常见，病死率和伤残率比较高。疼痛是最常见的并发症，尤其是骶骨骨折时。骨盆骨折的发生率，在躯干骨中，仅次于脊柱损伤。骨盆由两侧髋骨和其前部耻坐骨支与骶骨组成，髋骨包括髋臼。

一、解剖

骨盆为环形，后环由两侧宽大的髋骨，在后面与骶骨形成骶髂关节，上半部为韧带关节，下半部为滑膜关节。由前后骶髂韧带维持稳定，髋骨翼又称髂骨，其下前为耻骨支与坐骨支，耻骨支最细，最易发生骨折，在前方正中两侧耻骨支形成耻骨联合为前环，双下肢负重由双侧髋臼、骶髂关节向骶骨脊柱传达，而骨盆前部则主要包容腹腔和骨盆内脏器。与骨盆关系密切之脏器，在后面两坐骨之间为直肠，女性为生殖道，坐骨骨折移位可损伤直肠或阴道，在前面耻骨联合后为膀胱，其下为尿道，尿道后上壁固定于三角韧带，当骨盆骨折累及耻骨支或耻骨联合时，可发生膀胱损伤和尿道损伤。骨盆壁与大血管、神经干关系密切。骶神经根从两侧骶孔出来，可因骶骨骨折被损伤，坐骨神经由骶髂前经过出坐骨大孔，累及坐骨大孔或髋臼后柱的骨折，有可能损伤坐骨神经干，股神经干由耻骨支前方通过，耻骨骨折移位有可能损伤股神经。骨盆壁的大中血管很多，在后面有腰横动脉，髂内动脉的一些分支，臀上动脉前面与股神经相近的髂外动脉，前环损伤，耻骨支骨折，可伤及阴部内动脉、膀胱支或闭孔动脉，盆后壁、前列腺等有丰富的静脉丛，骨盆骨折时可损伤静脉丛中血管，造成大量出血。

二、生物力学

1. 骨盆活动度　人直立时，骨盆向前方倾斜，骨盆上口平面与水平面呈 50°～60° 的前倾斜角，双侧骶髂关节和耻骨联合组成骨盆的关节，且均有微小的活动，在骶骨伸屈时，骶髂关节有向上或向下的旋转活动，致骨盆上口的前后径有数毫米改变，耻骨联合的活动，系由于两侧髂骨的旋转和上下移动，而发生约 1.5° 的旋转活动或垂直数毫米的活动。

2. 骨盆稳定性

（1）与骨盆韧带的完整直接有关：骶髂关节前后韧带，骶棘和骶结节韧带，以及耻骨联合韧带。

骶髂关节稳定性主要靠后方韧带维持，而骶髂关节前方韧带的作用比后方韧带要小。耻骨联合由纤维软骨和板状的纤维结构所覆盖，最厚部分在前上方。韧带的损伤，将使髂骨与骶骨之间产生变形，例如骶髂关节前韧带损伤，损伤侧髂骨向外翻变形，如果耻骨联合韧带也损伤或耻骨支骨折，则成为开书形损伤，反之，骶髂关节后方韧带损伤，伤侧髂骨可向内压缩变形。骨盆通过髂腰韧带和腰骶韧带相连，前者起于 L_4、L_5 的横突止于后方髂棘，后者起于 L_5 横突止于骶骨翼，L_5 神经根在其前方经过。

（2）有赖于前环与后环的完整性：Simonlan 等以新鲜冷冻尸体骨盆测试，耻骨联合或耻骨上及下支损坏，则致前环不稳，而骶髂关节、关节囊及韧带损坏，则后环不稳定。进一步切断骶棘韧带与骶结节韧带，对骨盆的稳定性影响不大。关于骨盆骨折的固定，该作者的实验结果是耻骨联合分离以四孔钢板固定可恢复前环稳定，但不能稳定骶髂关节的活动，同样以钢板与螺丝固定骶髂关节，可使骶髂关节稳定，但不能稳定耻骨联合的活动，外固定架安置 Shanz 针于髂骨可增加耻骨支骨折的稳定，但不能控制骶髂关节的活动，用 Ganz 骨盆复位钳固定骶髂关节可限制其活动，但不能控制耻骨支骨折的活动。因此前后环即骶髂关节与耻骨联合的损伤应分别固定。Warga 的实验是耻骨联合两侧螺丝钉上捆 4 道钢丝固定最稳定。宋连新、张英泽等用尸体骨盆做成垂直不稳定损伤，比较 3 种骨盆后环固定的骨盆稳定性，得知以骶髂关节骨松质螺钉固定作用最强，骶髂关节前路 4 孔钢板固定次之，骶骨后面骶骨棒固定力最差，固定后骨盆稳定性分别达到完整骨盆的 48.2%、38.4% 和 17.8%，而上述后环固定与前环耻骨联合 4 孔钢板同时固定，则骨盆稳定性大为提高，骶髂关节骨松质固定组达正常骨盆的 65.5%，骶髂关节 4 孔钢板组达 56.3%，骶骨棒组达 48.1%。前环固定，4 孔钢板置于耻骨联合上的固定力强于置于耻骨联合前。

三、致伤机制

平时骨盆骨折多发生于交通意外事故，骨盆部被撞击砸压或碾轧，患者在刹那间，不易明确受伤机制，特别是近代高速交通意外致高能量损伤非常严重。而在自然灾害中，例如夜间地震，患者在睡梦中被倒塌之建筑物砸伤，受伤机制较清楚。骨盆骨折可以有 4 种暴力作用机制。

1. 前后暴力　可造成半骨盆的外旋。后方暴力的结果是骨盆环打开，铰链位于完整的背侧韧带。这种暴力使骨盆底和骶髂前韧带破裂。由于背侧韧带复合体完整，无垂直不稳。

2. 侧方压迫暴力　是骨盆骨折最常见的作用机制。侧方压迫暴力通常直接作用于髂骨翼的侧面，平行骶骨的骨小梁。这种损伤造成骶骨骨松质的压缩。若压迫暴力接近骨盆背侧，骨折常发生于骶骨。由于暴力平行于韧带纤维及骨小梁，骨盆内移时背侧韧带松弛，软组织损伤小，骨折为稳定性。侧方暴力的第 2 种机制是暴力直接作用于髂骨翼的前半部。暴力将骨盆向内旋转，轴心位于骶髂前关节和前翼。然后骶骨的前半部骨折，接着骶髂背侧韧带复合体损伤。由于背侧骨间韧带结构的断裂，此损伤为不稳定的。然而骶棘韧带及骶结节韧带完整，最重要的是骨盆底完整，限制了水平方向的不稳定。暴力继续将骨盆推向对侧，使对侧骨盆外旋。这一系列机制造成一侧的压迫暴力损伤，对侧的外旋损伤，还有骶髂关节前方纤维的损伤。骨盆前方的损伤可能是骨盆某支的骨折或经过耻骨联合的骨折脱位。最终暴力终止于大转子区域，也可以造成侧方压迫损伤，通常合并横向的髋臼骨折。

3. 外旋外展暴力　摩托车车祸最常见。这种损伤中下肢被固定以后施以外展外旋暴力，一侧骨盆从骶骨上撕脱。

4. 剪切暴力　剪力骨折是高能量损伤的结果，通常是垂直于骨小梁的暴力。这种暴力导致不同程度的垂直不稳定骨折。可以发生于经过骨盆韧带结构及腰椎横突的撕脱骨折。如果损伤了骶棘韧带、骶结节韧带，受累的一侧骨盆会出现垂直方向的不稳定。具体骨折机制依赖于暴力的大小及骨、韧带结构的强度。对于骨质疏松或老年人，骨的强度下降，低于韧带的强度，首先出现骨损伤。相反年轻人骨强度高，通常先出现韧带损伤。

唐山地震的所有伤员中，骨盆骨折的发生率占第 1 位，在 1 组 4 000 例伤员中，骨盆骨折 400 例，占 10%。地震伤中骨盆骨折受伤机制为侧卧被砸伤或俯卧被砸伤。侧卧被砸时，骨盆被侧方力所压缩，呈压缩型骨折，而俯卧被砸时，前方两侧髂翼为支点，由于骨盆前宽后窄，致成骨盆向两侧分离的骨折，称分离型或开书型。

四、分型

1. 根据骨盆骨折变形状态分型　可分为压缩型、分离型和中间型。

（1）压缩型：骨盆侧方受到撞击致伤，例如机动车辆撞击骨盆侧方，或人体被摔倒侧位着地，夜间地震侧卧位被砸伤等。骨盆受到侧方砸击力，先使其前环薄弱处耻骨上下支发生骨折，应力的继续，使髂骨翼向内压（或内翻），在后环骶髂关节或其邻近发生骨折或脱位，侧方的应力使骨盆向对侧挤压并变形。耻骨联合常向对侧移位，髂骨翼向内翻。骨盆为环状，伤侧骨盆向内压、内翻，使骨盆环发生向对侧扭转变形。

（2）分离型：系骨盆受到前后方向的砸击或两髋分开的暴力，例如摔倒在地俯卧位骶部被砸压；或俯卧床上骶后被建筑物砸压，两髂前部着地，两侧髂骨组成的骨盆环前宽后窄，反冲力使着地重的一侧髂骨翼向外翻，先使前环耻、坐骨支骨折或耻骨联合分离，应力的继续，使髂骨更向外翻，骶髂关节或其邻近发生损伤。骨盆环的变形是伤侧髂骨翼向外翻或扭转，使其与对侧半骨盆分开，故称分离型或开书型。由于髂骨外翻，使髋关节处于外旋位。

（3）中间型：骨盆前后环发生骨折或脱位，但骨盆无扭转变形。

2. 根据骨盆环稳定性分类　前环骨折，如耻骨支骨折，髂前上棘撕脱骨折等均不破坏骨盆的稳定性，后环骶髂关节及其两侧的骨折脱位和耻骨联合分离，都破坏了骨盆的稳定性，为不稳定骨折。

3. 根据骨折部位分类　除前述稳定骨折的部位外，不稳定骨折的骨折部位和变形如下。

（1）骶髂关节脱位：骶髂关节的上半部为韧带关节，无软骨关节面，在骶骨与髂骨之间有许多凸起与凹陷，互相嵌插借纤维组织相连，颇为坚固。骶髂关节的下半部有耳状软骨面、小量滑膜及前后关节囊韧带，是真正的关节，比较薄弱。常见骶髂关节脱位，又分为 3 种：①经耳状关节与韧带关节脱位。②经耳状关节与 $S_{1,2}$ 侧块骨折发生脱位。③经耳状关节与髂骨翼后部斜行骨折发生脱位。前者脱位的骨折线与身体长轴平行，脱位的半侧骨盆受腰肌及腹肌牵拉，向上移位，很不稳定，不易保持复位，后者髂骨翼后部斜骨折线，对脱位半侧骨盆向上移位有一定阻力。

（2）骶髂关节韧带损伤：施加于骨盆的暴力，使骨盆前环发生骨折，使骶髂关节的前侧韧带或后侧韧带损伤，该关节间隙张开，但由于一侧韧带尚存而未发生脱位，骨盆的旋转稳定性部分破坏，发生变形。

（3）髂骨翼后部直线骨折：骨盆后环中骶髂关节保持完整，在该关节外侧髂骨翼后部发生与骶髂关节平行的直线骨折，骨折线外侧的半个骨盆受腰肌腹肌牵拉，向上移位。

（4）骶孔直线骨折：骶髂关节完整，在其内侧 4 个骶骨前后孔发生纵骨折，各骨折线连起来使上 4 个骶骨侧翼与骶骨管分离，该侧半骨盆连骶骨侧翼被牵拉向上移位，由于 S_1 侧翼上方为第 5 腰椎横突，该侧骶骨翼上移的应力，可撞击第 5 腰椎横突发生骨折，此类型损伤，骨折线与身体纵轴平行，靠近体中线，向上牵拉的肌力强大，故很不稳定，该侧骨盆上移位较多，可达 5 cm 以上。复位时需要强大的牵引力。

以上 4 类不稳定骨盆骨折的后环损伤部位，都在骶髂关节或其邻近，其损伤机制及骨盆变形有共同的规律。

在骶髂关节脱位，髂骨翼后部直线骨折及骶孔直线骨折中，均可见到压缩型、分离型与中间型。在骶髂关节后侧韧带损伤，前环耻坐骨支骨折，骨盆向对侧扭转变形；其分离型，骶髂关节前面韧带损伤，前环耻、坐骨支骨折，伤侧髂骨翼外翻，骨盆向伤侧扭转变形。无中间型。

（5）骶骨骨折：多为直接打击所致骶骨发生裂隙骨折，未发生变位者不影响骨盆的稳定性。由挤压砸击所致的骶骨骨折，严重者亦发生变位及前环骨折，就成为不稳定性骨盆骨折。由于骶骨管中有马尾神经存在，移位骨折可致马尾损伤。骶骨骨折通常根据骨折线方向分为：垂直、横行和斜行。大多数为垂直骨折。Denis 等将骶骨骨折分为三区：Ⅰ区为骶骨翼骨折，L_5 神经根从其前方经过，可受到骨折的损伤；Ⅱ区为骶管孔区，$S_{1\sim3}$ 孔区骨折，可损伤坐骨神经，但一般无膀胱功能障碍；Ⅲ区为骶管区，骶管骨折移位可损伤马尾，其表现为骶区肛门会阴区麻木及括约肌功能障碍。

据报道，在一组 400 例地震伤骨盆骨折患者中：①稳定性骨折 254 例（63.5%）。②不稳定性骨折 146 例（36.5%），其中压缩型 105 例（72%），中间型 30 例（20.5%），分离型 11 例（7.5%）。在骶髂关节脱位 88 例（占不稳定性骨折的 60.2%）中，压缩型 59 例，中间型 26 例，分离型 3 例；在骶髂关节韧带损伤 42 例（占不稳定性骨折的 28.7%）中，压缩型 40 例，分离型 2 例，无中间型；在骶孔直线骨折 10 例（占不稳定性骨折的 6.8%）中，压缩型 4 例，中间型 2 例，分离型 4 例；在髂骨翼后部直线骨折 6 例（占不稳定性骨折的 4.1%）中，压缩型、中间型、分离型各 2 例。

4. Tile 分类

（1）稳定型（A型）：骨盆环骨折，移位不大，未破坏骨盆环的稳定性，如耻骨支、坐骨支骨折，髂前上棘撕脱骨折，髂翼骨折等。

（2）旋转不稳定型（B型）：骨盆的旋转稳定性遭受破坏，但垂直方向并无移位，仅发生了旋转不稳定，根据损伤机制不同分为 B1，即前述分离型骨折，骨盆裂开 <2.5 cm，骨盆裂开 >2.5 cm。B2 骨盆侧方压缩骨折，即压缩型，受伤的同侧发生骨折。B3 骨盆受侧方压缩，对侧发生骨折，同前述压缩型骨折。

（3）旋转与垂直不稳定型（C型）：骨盆骨折即发生旋转移位，又发生垂直移位，C1 单侧骶髂关节脱位，C2 双侧骶髂关节脱位，C3 骶髂关节脱位并有髋臼骨折。

（4）改良的 Tile AO Muller 分型：这一分类综合了损伤机制、骨盆稳定程度，可以作为确定诊断和治疗的辅助工具。根据骨盆稳定性、旋转、垂直及后方脱位，以及受伤史、机制及软组织受伤的评估。

5. Young-Burgess 分类　将骨盆骨折分为侧方挤压、前后挤压、垂直剪切和混合性损伤 4 种。

按照 Young-Burgess 分类 LC 和 APC 多见于汽车交通意外事故，APC Ⅲ 为徒步者最常见的严重损伤，VS 和 LC 多见于摔伤，APC 常见于挤压伤。摩托车伤常引起 APC Ⅱ 伤，LC 和 APC 伤的重要脏器伤的发生率高，APC 常发生脑和腹腔脏器伤和腹膜后出血，从病死率看 LC 死于脑外伤多，APC 死于内脏伤、出血休克、败血症和 ARDS 等，动脉损伤多见于 LC 伤，LC Ⅱ 和 LC Ⅲ 多为高速暴力致伤。Young-Burgess 分类可以使骨科医师有效地预期骨盆内与腹内的损伤情况，以便针对损伤采取有效的、有预见的复苏治疗。前后暴力（AP）损伤常容易合并骨盆血管损伤。故休克、败血症、成人呼吸窘迫综合征（ARDS）及死亡的可能性较大。侧方暴力损伤合并脑损伤及内脏损伤的可能性大。前后暴力导致的死亡与血管及内脏损伤有关。垂直剪力（VS）损伤机制导致的相关损伤、骨盆血管损伤及死亡接近于侧方暴力损伤。

以上是笔者根据地震伤骨盆骨折分类和 Tile，Young－Burgess 分类，各有优缺点，地震伤分类未能包括严重交通意外损伤，但对骶髂关节韧带损伤描述清楚，其压缩型即 Watson Jones 提出的骶髂关节半脱位，对后环骶髂关节脱位伴骶骨翼骨折或髂骨翼骨折和骶孔直线骨折，描述清楚，Tile 分型和 Young－Burgess 分类都较全面。前环耻骨支骨折，在处理上不及耻骨联合分离重要，因此对骨盆骨折类型的认识应以后环损伤为主结合前环损伤来分型。

五、临床表现

需从 3 方面来观察与检查，即骨盆骨折本身、骨盆骨折的并发伤与同时发生的腹腔脏器伤，后者无疑更为重要。

1. 骨盆骨折本身

（1）稳定性骨折：单纯耻骨支骨折（单侧或双侧）疼痛在腹股沟及阴部，可伴内收肌痛。髂前部撕脱骨折常有皮下溢血及伸屈髋关节时疼痛，骶骨、髂骨的局部骨折表现为局部肿痛。

（2）不稳定性骨折：耻骨联合分离时，可触到耻骨联合处的间隙加大及压痛。在骶髂关节及其邻近的纵行损伤，多伴有前环损伤，骨盆失去稳定，症状重，除疼痛外，翻身困难甚至不能，后环损伤侧的下肢在床上移动困难。由于骨盆至股骨上部的肌肉（如髂腰肌、臀肌等）收缩时，必牵动稳定性遭到破坏之骨盆环，使脱位或骨折处疼痛，致该下肢移动困难，在分离型损伤中，由于髂骨翼外翻，髋臼处于外旋位亦即该下肢呈外旋畸形。

（3）压缩型或分离型骨折的鉴别：①脐棘距，由肚脐至髂前上棘的距离。正常两侧相等，在压缩型骨盆后环损伤，伤侧髂骨翼内翻（内旋或向对侧扭转），其脐棘距变短，短于对侧。在分离型，伤侧，髂骨外翻（外旋或向同侧扭转），其脐棘距增大，长于对侧。②髂后上棘高度，患者平卧，检查者双手插入患者臀后触摸对比两侧髂后上棘的突出程度及压痛，除髂骨翼后部直线骨折对髂后上棘无影Ⅱ向外，在压缩型，由于髂骨内翻，伤侧髂后上棘更为突出且压痛。在分离型，髂骨翼外翻，伤侧髂后上棘较对侧为低平，亦压痛。如有明显向上移位，亦可感到髂后上棘位置高于对侧。

2. 合并损伤及并发症

（1）骨盆骨折出血、休克：骨盆骨折为骨松质骨折，本身出血较多，骨盆骨折错位，常损伤靠近盆壁的血管，加以盆壁静脉丛多且无静脉瓣阻挡回流，以及中小动脉损伤，Matalon 报道 20 例骨盆骨折出血，血管造影证实 36 个出血部位中，33 个为髂内动脉分支，尚有腰动脉、旋髂深动脉或臀上动脉出血，严重的骨盆骨折常有大量出血（1 000 mL 以上），积聚于后腹膜后，耻骨联合分离可使骨盆容积增大，耻骨联合分离 3 cm，骨盆容积可增加 4 000 mL，患者可表现为轻度或重度休克。因此，对骨盆骨折病例，首先要检查血压、脉搏、意识、血红蛋白、血细胞比容等，以便对有休克者及时救治。对骨盆分离尽快复位。

（2）直肠肛管损伤及女性生殖道损伤：坐骨骨折可损伤直肠或肛管，女性生殖道在膀胱与直肠之间，损伤其生殖道常伴有该道前或后方组织的损伤。伤后早期并无症状，如直肠损伤撕破腹膜，可引起腹内感染，否则仅引起盆壁感染。阴部检查及肛门指诊有血是本合并伤的重要体征。进一步检查可发现破裂口及刺破直肠的骨折断端。早期检查出这些合并伤，是及时清创、修补裂孔、预防感染的关键。延误发现及处理，则感染后果严重。因此对骨盆骨折病例，必须检查肛门及会阴。

（3）尿道及膀胱损伤：是骨盆骨折常见的合并伤。尿道损伤后排尿困难，尿道口可有血流出。膀胱在充盈状态下破裂，尿液可流入腹腔，呈现腹膜刺激症状，膀胱在空虚状态下破裂，尿液可渗出到会阴部，因此应检查会阴及尿道有无血液流出。

（4）神经损伤：骨盆骨折由于骨折部位的不同，神经损伤的部位也不同。骶骨管骨折脱位可损伤支配括约肌及会阴部的马尾神经。骶骨孔部骨折，可损伤坐骨神经根。骶侧翼骨折可损伤 L_5 神经。坐骨大切迹部或坐骨骨折，有时可伤及坐骨神经。耻骨支骨折偶可损伤闭孔神经或股神经。髂前上棘撕脱骨折可伤及股外皮神经。了解上述各神经所支配的皮肤感觉区与支配的肌肉，进行相应的感觉及运动检查，可以做出诊断。

（5）大血管损伤：偶尔骨盆骨折可损伤髂外动脉或股动脉。损伤局部血肿及远端足背动脉搏动减弱或消失，是重要体征。因此，对骨盆骨折病例应检查股动脉与足背动脉，以及时发现有无大血管损伤。

（6）腹部脏器损伤的表现：骨盆遭受损伤发生骨折时，亦可伤及腹部脏器，除上述骨盆骨折的并发伤之外，可有实质脏器或空腔脏器损伤，实质性脏器损伤表现为腹内出血，可有移动性浊音体征，空腔脏器破裂，主要是腹膜刺激症状及肠鸣音消失或肝浊音界消失，腹腔穿刺检查有助于诊断。

六、辅助检查

1. X 线片　应拍摄骨盆正位 X 线片，以及入口位和出口位 X 线片。入口位投照方向垂直于真骨盆界，代表真正的骨盆入口结构，主要显示半侧骨盆有无旋转畸形或前后移位。经过骶髂关节的后方移位在此投照位置显示最清楚，还可以观察侧方挤压造成的内旋，以及剪切力或髋臼骨折时的外旋。出口位像主要显示半侧骨盆有无垂直移位、骶骨骨折和前骨盆有无变宽或骨折。下面将 4 种类型骨盆后环纵行损伤，即 C 型的 X 线表现分述如下。

（1）骨盆后环损伤：骶髂关节脱位及髂骨翼后部直线骨折易于辨认，脱位及骨折移位程度容易测量，骶孔直线骨折，由于骶髂关节并无脱位，骶孔外缘骨折线又很不清楚，易被忽略。但如仔细比较两侧髂骨翼高度及骶骨侧块高度，则可见第 1 骶骨侧块有骨折线。以第 5 腰椎横突为标准，骨折侧的髂骨翼上移。骶骨侧块更接近 L_5 横突。如 L_5 横突有骨折并向上移位，则说明系此种骨折。此类骨折易于误诊，应予特别注意。

（2）骶髂关节韧带损伤：由于没有脱位，X 线表现不明确，亦易被忽略，仅看到前环耻骨支骨折，被作为稳定性骨折。但如仔细对比两侧骶髂关节的间隙，在压缩型可见骶髂关节后侧韧带撕伤，关节后面略有张开；在分离型，前侧韧带损伤，关节前面略有张开，髂后上棘并可稍稍向后移位。二者均表现为关节间隙略有增宽，再加以骨盆变形及前环损伤，可以判定为骶髂关节韧带损伤。

（3）骨盆扭转变形：在压缩型，后环损伤侧的髂骨翼向内旋，在正位 X 线片，其髂骨翼宽度比对侧窄（测量髋臼上方髋骨或骶髂关节至髂前上棘之距离）。由于髂骨扭转，其闭孔由斜变正，显得大于对侧，耻骨联合被挤离中线，向对侧移位。伤侧髂骨向上脱位或移位多者可造成耻骨联合上下分离。在分离型，后环伤侧髂骨翼向外旋，由斜变平，显像宽于对侧，并牵拉耻骨联合离开中线向伤侧移位或分离，外旋髂骨的闭孔更斜，故显像比对侧小。

（4）前环损伤：耻骨上下支及坐骨下支的骨折与单纯前环损伤的骨折并无特殊，但变位则有不同，在压缩型，如无耻骨联合向对侧移位，则可见耻坐骨支骨折处发生重叠。在分离型，耻坐骨支骨折，发生在后环损伤的同侧者，如无耻骨联合的同侧移位或分离时，则可见耻坐骨支骨折的分离。在中间型则无耻坐骨支骨折的重叠或分离。不论何型，如伤侧髂骨向上移位明显且无耻骨联合上下分离时，耻坐骨支骨折处，发生上下分离。

2. CT 检查　使用 CT 检查可以充分显示骨盆后方骨与韧带的结构。当骶骨骨折伴有大量肠气和粪便时，骨盆平片容易造成漏诊，CT 检查非常有帮助。对于确定骨盆背侧损伤的机制，CT 检查是必需的。它可以发现通过骶骨的损伤是压缩还是剪力损伤。骶髂关节移位程度对于确定背侧损伤的稳定性是很有价值的。若关节张开的程度继续加大，后方韧带将断裂，损伤将变为不稳定型（C 型）。CT 还有助于了解有无髋臼骨折。很多接近前柱的耻骨支骨折容易合并髋臼骨折。近年来发展起来的三维重建 CT 对骨盆骨折的诊断帮助更大。CT 三维及多平面重建，可获得任意平面的图像及任意旋转的三维立体图像，为临床医师整体、全面观察骨盆骨折提供了直观立体的图像，为骨折类型的诊断和手术设计提供了极大的帮助。最近 Obaid 报道了 174 个骨盆骨折患者，51% 被骨盆平片漏诊，最后由 CT 确诊。而这些骨折大多发生在骶髂区域。

3. 血管造影及栓塞　骨盆骨折由严重的创伤造成，常合并盆腔大出血，因出血量大、来势凶猛，导致患者发生失血性休克，病死率高。目前普遍认为，骨盆骨折出血主要是髂内动脉或其分支损伤所致。传统的保守疗法常通过大量输血、补液以纠正低血容量性休克，但易引起酸碱平衡紊乱、DIC 和心、肾等脏器急性衰竭，且止血效果差。外科髂内动脉结扎术虽有一定疗效，但存在着创伤大、风险高、并发症多等缺点。原因是手术打开腹腔后，消除了血肿的压迫效果而加重出血，同时因髂内动脉存在丰富的侧支循环，单纯结扎髂内动脉主干达不到确切的止血疗效。采用介入治疗方法，选择性髂内、外动脉造影可显示骨盆骨折所致的出血动脉及其受损程度，并根据造影结果进行栓塞治疗，可迅速有效地止血，具有创伤小、适应证广、疗效显著等优点，已逐步应用于临床。目前，公认的血管造影指征是：①腹腔穿刺阴性，排除腹腔内出血。②24 小时内输血超过 4 U。③48 小时内输血超过 6 U。④CT 或开腹时发现巨大腹膜后血肿。应当注意栓塞只对直径小于 3 mm 的血管有效。Eric 总结 283 个骨盆骨折患者，37 人做了血管造影栓塞。发现需要栓塞的患者与其骨盆骨折类型不相关，ISS 评分高需要栓塞的人比例较高。

七、诊断

主要根据外伤史、症状及前述骨盆骨折体征，辅以 X 线、CT 等检查，不难做出诊断，重要的是应及时对其并发伤及腹腔脏器伤做出诊断。

八、治疗原则

合理的治疗必须依赖于正确的分类与诊断，才能采取正确的治疗方法。

1. 稳定性骨折　如单纯前环耻骨支坐骨支骨折，不论单侧或双侧，除个别骨折块游离突出于会阴部皮下，需手法压回，以免畸形愈合后影响坐骑之外，一般均不需整复骨折。在站或坐时，不影响骨盆之稳定性及体重之传导。治疗仅需休息一段时间。在止痛措施下（如内收肌封闭等），不待骨折完全愈合，即可起床活动。有的患者虽有耻骨支骨折，但完全没有卧床休息。一般休息 2~4 周，年老体弱者则时间稍长。骶骨、髂骨裂隙骨折，仅休息止痛即可。撕脱骨折，需松弛牵拉骨折块的肌肉至临床愈合。例如髂前下棘撕脱骨折，应屈膝位 4 周。

2. 不稳定性骨折　强调早期复位。

九、非手术治疗

对骶髂关节脱位行骨牵引，对耻联合分离行骨盆悬吊。

1. 骶髂关节脱位 在三种脱位形式中，经真正关节及韧带关节脱位与经第1～2骶骨侧块骨折脱位均很不稳定。牵引重量应大，占体重的1/7～1/5为宜，一般无过牵，且6周之前不应减重，以免在韧带完全愈合前，又向上脱位。牵引应不少于8周。重量轻、减重早是再脱位的主要原因。经髂骨翼后部斜行骨折脱位，由于骨折线斜行，又是海绵骨创面，复位之后有一定稳定性，牵引时间可短至6周。

伤后1周内可以手法协助复位，对压缩型需避免骨盆悬吊，因悬吊挤压伤侧髂骨翼内翻，加重向对侧扭转变形。下肢牵引通过髋臼牵拉髂骨向外翻，对压缩型正适合矫正其髂骨翼内翻。对分离型则应避免单纯牵引，必须加以骨盆悬吊才能克服髂骨翼外翻。因下肢牵引可加重髂骨翼外翻，但为矫正或保持骶髂关节复位又必须以牵引维持，故需加悬吊，由侧方挤压矫正髂骨翼外翻。Watson－Jonse指出，髋关节伸直位牵引将增加耻骨联合分离的趋向，即牵引髂骨外翻，而髋关节屈曲20°，例如放在勃朗架上，或以枕垫股后部进行牵引，则可减少耻骨联合分离。故在压缩型，应在髋关节伸直位下牵引，而对分离型则髋关节屈曲20°进行牵引，更为合理。

2. 骶髂关节韧带损伤型骨盆骨折 主要是纠正骨盆扭转变形，使骶髂关节韧带在恢复原位下愈合。因此，对压缩型应手法矫正，腹带固定，卧床6～8周或下肢牵引6周，以后者为可靠。对分离型手法侧方挤压矫正，骨盆悬吊6周，或下肢内旋矫正髂骨翼外翻后，内旋位石膏裤固定6周。

3. 骶孔直线骨折 其特点是向上错位大及海绵骨骨折愈合快，故以早期闭合复位并骨牵引维持为恰当的治疗方法。治疗延误1周以上，将难以复位，牵引重量要大，达体重近17秒为好，牵引6周，不减重以防再移位。对压缩型或分离型的骨盆固定，同骶髂关节脱位的同型者。

4. 髂骨翼后部直线骨折 移位一般不大，髂骨内翻或外翻畸形亦较轻，故复位较易。用牵引复位并保持。对压缩型及分离型的矫正，同骶髂关节脱位之同型者，但矫正力不必过大，以防过度。海绵骨折愈合快，牵引维持6周即可，复位不完全者，后遗疼痛亦不多。

5. 耻骨联合分离 合并于骨盆后环损伤的耻骨联合分离，有上下分离与左右分离两种。后者见于分离型损伤中，于整复骨盆后环骨折脱位时，耻骨联合的分离即行复位。单纯耻骨联合的分离均系分离型骨折。耻骨联合左右分离，以手法侧方挤压复位并用骨盆悬吊保持或用环形胶布加腹带固定多可成功。但均需在早期施行。

十、手术治疗

1. 外固定架固定 外固定器是骨盆骨折损伤重要的治疗手段，骨科医师需要熟练掌握。作为临时固定以稳定骨盆，减少出血，有利于休克的复苏，作为肯定治疗，则受到一定限制。秦宏敏等比较78例骨盆骨折患者使用和非使用骨盆外固定支架手术疗效，结果在38例骨盆骨折患者未使用骨盆外固定支架治疗中，失血性休克的纠正率为76%病死率10.6%；而在使用骨盆外固定支架治疗的40例患者中失血性休克的纠正率为90%，病死率为2.5%。可见使用外固定架有利于休克复苏。使用外固定架有几点需要注意：一是进针要牢固可靠，有较强的把持力；二是为方便护理尽量避免从骨盆后方进针；三是进针点要避开切开手术内固定时的切口；四是外固定没有复位功能，安放外固定架前最好经过牵引或手法复位，使骨折能基本复位。从生物力学看，外固定架对不稳定垂直移位骨盆骨折，不能使之复位与保持固定，需配合牵引或手术内固定。外固定架适用于TileB型及旋转不稳定骨折，如分离型（开书型）与压缩型损伤，无骶髂关节向上脱位者，选用针粗应达5 mm直径，最少要3 mm。第1针在髂前上棘后2 cm，向后隔1 cm为第2针，每侧应有3根针，深约3.5 cm。在髂嵴上钻孔后打入针插至髂内外板之间。亦有将2针插入髂前上下棘之间的凹部者，连以固定架，对于骨盆的压缩或分离变形，可以手法与调整外固定架纠正。固定6周，带外固定架可移动躯干，稳定后可下地活动，需注意防止针孔感染，有报道引起髂骨骨髓炎者。

2. 内固定手术　20世纪80年代以前对骨盆骨折行切开复位内固定很少有报道。由于非手术治疗卧床时间长，复位不尽满意，近些年来主张用切开复位内固定治疗不稳定骨盆骨折。尤其是伴有移位的骶骨骨折和骶髂关节脱位的患者，使用保守治疗经常效果不好。手术不但是为了固定，更重要的是复位。金建华比较了垂直不稳定骨盆骨折在不同移位下行后环骶髂关节螺钉和前环钢板螺钉固定的稳定性差异性，发现在不同移位下的垂直不稳定骨盆骨折行前后环内固定，低度移位组骶髂关节垂直稳定性显著高于高度移位组。Matta比较了非手术、外固定架与内固定治疗的结果，在非手术治疗组行牵引治疗，其中4例复位不良，2例不连接均改内固定治疗，结果67%满意，33%不满意。外固定组中亦有4例改内固定，结果仅有25%满意，75%不满意，有的未愈合。内固定组则76%满意，24%不满意。术前除AP位X线片外，再照头侧斜40°、尾侧斜40°，即入口位与出口位骨盆片与CT片，以观察骨盆前后面骨折移位情况，便于决定治疗。

（1）适应证：对于旋转不稳定但垂直稳定（Tile B型）的骨折伴有耻骨联合分离大于2.5 cm，耻骨支骨折伴有大于2 cm移位，或其他旋转不稳定的骨盆骨折伴有明显的下肢不等长大于1.5 cm的，或不能接受的骨盆旋转畸形均宜手术复位和稳定，骶髂关节脱位>1 cm，髂骨、骶骨骨折移位明显，均应手术复位。手术时机选在全身情况稳定之后，即伤后5~7天时间。

（2）切开复位内固定的优点：①解剖复位和坚强固定能维持骨盆环的良好稳定性，使患者无痛护理更容易进行。②目前良好的内固定技术和内固定器材应用于骨盆大面积骨松质可帮助防止畸形愈合，减少不愈合。

（3）切开复位内固定的缺点：①切开后丧失了闭合盆腔的压塞作用，容易使原来已经停止出血的部位再发生大出血。②增加了感染的概率。③有发生医源性神经损伤的可能。

3. 常见内固定手术

（1）耻骨联合分离：标准的方法是用4~6孔4.5 mm钢板进行固定，对于身材较小的患者也可改用3.5 mm钢板或重建钢板固定。为了达到稳定的固定效果，钢板螺钉的方向应该处于头尾方向，使螺钉在耻骨中固定距离最长。手术采用标准的Pfannesteil切口，在耻骨联合上方2横指处做长7~12 cm的横切口，显露腹壁及腹直肌筋膜，男性需要保护输精管。劈开腹直肌筋膜后无须过多暴露即可显露损伤。一般腹直肌的止点仅在一侧发生撕裂，置放接骨板时不需要剥离另一侧腹直肌止点。如果腹直肌没有从耻骨体撕脱，则需要先将腹直肌止点剥离才能显露耻骨联合。复位方法可用大钳夹住耻骨联合两侧闭孔缘复位后固定，或床边用骨盆挡挤住骨盆复位，也可在两侧耻骨上各拧1枚螺钉，通过螺钉用复位钳复位把持力更强。将耻骨联合分离复位至间隙≤5 mm，钢板放置在耻骨联合上方，将手指放在耻骨联合后方指引螺钉拧入。当耻骨联合分离的力量较大时，也可以在耻骨联合前后再放一块钢板加强固定。在复位和固定期间，应在Retzius间隙里置放一顺应性好的拉钩以防止膀胱的损伤。关闭切口时，常规于该间隙内置放闭式引流。关闭伤口时还要注意将腹直肌缝回止点上，这时需要放松腹直肌，必要时可以将手术台屈曲以利于缝合。腹外斜肌也必须缝合，如果打开了外环，也要修复防止疝出。对骶髂关节与耻联合均有损伤分离较大者，则先将耻联合复位钢板内固定，再做骶髂关节复位内固定。根据生物力学测试及临床观察，骨盆前环与后环破裂，需分别固定前环与后环，仅固定骶髂关节，不能使耻骨联合稳定，同样仅固定耻骨联合也不能使骶髂关节稳定。术后处理：后方稳定的耻骨联合分离4~7天可以下地，允许患肢负重15 kg，8周后完全负重。

（2）耻骨、坐骨支骨折：单纯的耻骨、坐骨支骨折很常见，一般不需要内固定手术。耻骨支合并髋臼骨折前柱骨折时，可以通过髂腹股沟切口将髋臼前柱和耻骨支同时固定，能够增加髋臼骨折固定的牢固程度。耻骨骨折不稳定合并耻骨联合分离时，耻骨支也需要固定。耻骨联合分离的固定方法同上，耻骨支可以采用长螺钉在 X 线监护下穿入耻骨支来固定，以防止螺钉穿入髋关节。

（3）骶髂关节骨松质螺钉固定：患者俯卧，沿髂翼后骶髂关节弧形切口，显露骶髂关节至坐骨大切迹。将臀大肌从髂嵴后部及其起点处掀起，并牵向外下方，可以看到梨状肌的起点。剥离梨状肌即可显露髂嵴的后侧部分，继续向内分离即可显露骶骨。剥离梨状肌后可以达到骨盆的前面。注意梨状肌上方坐骨大切迹处的臀上动脉及其分支。在患侧肢体牵引下，以骨起子撬拨髂骨则可使脱位复位，如关节内有撕裂韧带阻挡可切除之。以示指自坐骨大切迹上缘插入骶髂关节前，触摸该关节是否平整完全复位，对完全复位者，行骨松质螺钉固定，选直径 6.5 mm 或 4.5 mm、长 100 mm 骨松质螺钉，自髂骨后面拧入。其定位标志是，在坐骨大切迹顶至髂翼顶缘分为 3 个等份，上 1/3 与中 1/3 交界处为第 1 螺钉入点，横向直至 S_1 椎体中，中 1/3 与下 1/3 交界处为第 2 螺钉进入点，入 S_2 椎体中，需在 C 形臂 X 线机监视下拧入骶骨体中，宋连新、彭阿钦等在尸体标本上测得第 2 螺钉的进钉点在坐骨大切迹顶点向上（2.9±0.2）cm，向后（2.22±0.15）cm 处。进钉点距骶管外缘的距离为（4.25±0.28）cm，另一瞄准方法是于 S_1 及 S_2 后孔处各插入 1 小拉钩板，使螺钉进入方向在骶后孔之间。

（4）透视下经皮骶髂关节螺钉固定术：后侧切口骶髂关节复位固定术可以直视下复位及固定，比较直观，但创伤大，感染及皮肤坏死不少见。现在选择更多的是微创经皮固定。这种新方法适合于骶髂关节脱位和骶骨骨折。但这种技术要求术前要复位，且医师熟悉该部位的解剖并熟练掌握了这项技术。

1）适应证：a. 伤后 1 周内，时间较长则闭合复位困难；b. 术前牵引已经使骨折或脱位复位。

2）禁忌证：a. 闭合复位失败；b. 用 C 形臂不能看到骶骨后侧及外侧结构；c. 存在骶骨解剖变异；d. 骨质疏松。

3）手术方法：选择透光的手术床，且 C 形臂可以自由旋转，比较清晰地照出骨盆正位、侧位、入口位和出口位像。患者可以俯卧位也可仰卧位，取决于医师的习惯。螺钉从髂骨翼进入，穿过骶髂关节进入 S_1 椎体。进钉点位于股骨干轴线与髂前上棘垂线交点下方 2 cm 处。切开皮肤，将克氏针插入到髂骨后外侧。正位像显示导针指向 S_1 椎体并垂直于骶髂关节。然后侧位像证实导针位于 S_1 椎体中央。入口位显示导针方向能够在骶骨体内行走并指向骶骨岬。出口位显示进针方向位于 S_1 神经孔上方 S_1 椎体上下方向的中央。沿此方向逐步进针，并不断重复上述位置的 X 线检查，以确保进针方向正确。导针进入到骶骨体近中线处即可。透视导针进入到合适位置时，即可选择合适长 6.5 mm 或 7.3 mm 直径空心钉沿导针拧入。不必过度加压，防止出现神经受压的并发症。如果需要可以在 S_1 拧入第 2 枚螺钉，或在 S_2 椎体按上述方法拧入 1 枚螺钉。van Zwienen 等通过尸体模型验证单在 S_1 拧入 1 枚螺钉，不如在 S_1 上拧入两枚螺钉牢固，而在 S_1 拧入两枚螺钉与在 S_1、S_2 各拧 1 枚牢固程度没有明显差别。骶髂螺钉的植入有一定的盲目性，即使在透视下手术，危险仍较大。目前新兴的计算机导航技术的应用，为该手术的顺利进行可提供极大的帮助。

（5）骶髂关节前路固定：Olernd 与 Hamberg 报道前方入路整复及固定骶髂关节脱位的方法，因在新鲜骶髂关节脱位，从后方触摸及观察是否复位受到髂后上棘部遮盖的限制。

患者平卧，患侧髋关节屈曲 90° 并内收，以松解髂腰肌及神经血管束，由髂嵴切口向前延长 4～5 cm 至腹股沟韧带，将腹肌起点自髂嵴上切下，找出股外皮神经。然后骨膜下分离髂肌、显露髂骨内板及骶髂关节前面，向内侧牵开髂肌和腹腔脏器，暴露骶髂关节。骶骨侧显露约 1.5 mm 宽，髂骶骨膜前为

$L_{4,5}$ 神经根但未显示于视野中，以 2～3 mm 直径克氏针插到骶骨中做牵开用。复位时，通常需要一边向远端牵引腿部，一边内旋半侧骨盆，不可剥离关节的软骨面。复位较困难的陈旧脱位可以用骨盆复位钳进行复位。检查骶髂关节情况，掉下的软骨予以取出，在直视下搬动活动的髂骨，使骶髂关节复位，可自臀部经皮插入克氏针将骶髂关节暂时固定。固定可以用两块 2～3 孔加压钢板或一块方钢板跨过骶髂关节固定。注意钢板在骶骨侧只可拧入 1 枚螺钉，否则有损伤 L_5 神经根的危险。

（6）骶骨棒固定：使用于单侧骶骨骨折，是一种对骶骨的间接固定。此方法要求一侧骨盆环稳定及双侧后结节完整。骶骨棒选择直接至少 6 mm 的全螺纹棒，从一侧髂骨后结节穿入，从另一侧髂骨后结节穿出。一般使用两根骶骨棒固定才能得到比较稳定的固定效果。第一根棒高度在 L_5～S_1 间盘水平，经过骶骨后方而不穿过骶骨，然后从另一侧髂骨后结节穿出，两侧分别安放垫片及螺母并拧紧。第二根棒在第一根下方 3～6 cm 处，并与之平行。此方法只对骶骨骨折起间接固定，双侧骶髂关节仍会有一定的活动。此技术要求既对骶骨骨折起到固定作用，又不能过度加压而造成神经的卡压。在透视复位及固定均满意后，剪断螺母外侧多余的骶骨棒。使用骶骨棒同样要求在安放前复位骨折，或者骶骨骨折错位较小可以接受。也有人将该技术用于双侧不稳定骨折，这要求用骶骨钉或钢板固定一侧的骶骨骨折，然后再使用骶骨棒。

（7）后路钢板固定：Pohlemann 报道了一种钢板固定技术。允许小钢板直接固定骶骨。患者俯卧位，背侧单一切口。皮肤切口的重要标志是 L_4 和 L_5 棘突，后方髂嵴和臀肌裂隙。单侧骶骨骨折的皮肤切口位于骶棘与后方髂棘连线的中间。为了暴露双侧骶骨翼切口可以稍偏向骶棘外侧。靠近骶棘切开腰背筋膜并从骶骨上剥离附着的肌肉，暴露单侧的骶骨骨折。如果需要更广泛的暴露，可以完全将竖脊肌远侧和外侧部分从骶骨表面和髂嵴后方剥离。在双侧使用此入路可以暴露双侧骶骨。只要不被骶髂韧带妨碍，钢板尽可能靠近骶髂关节，外侧的螺钉固定于髂骨翼，内侧的螺钉固定于骶孔之间。在骶髂关节内插入导针指导外侧螺钉平行骶髂关节植入，从而保证安全。S_1 骶骨翼螺钉绝对不能穿出前方皮质，因为前面有髂内血管和腰骶干。骶骨外侧骨折，螺钉方向应在矢状面上并且平行于头侧骶骨板。经骶孔的骨折，螺钉在水平面上成向外的 20°，且在矢状面和额状面上平行于头侧骶骨板。S_2～S_4 内侧螺钉入点在经骶孔的纵行线上，在两相邻骶孔中点，方向垂直于骶骨后椎板。每条骨折线必须由两块钢板固定，最后在 S_1、S_3 或 S_4 水平。如果骨折线向外延伸得过远，可以将钢板延长到髂骨。如果不能使用内侧螺钉，就需要使用动力加压钢板横跨中线固定于两侧骶骨翼。

（8）髂骨翼固定：对于有明显移位的髂骨翼骨折有时也需要固定。手术入路与骶髂关节前入路相同。一般情况下骨盆内壁的固定多在髂嵴下方，这里骨质较厚利于固定。髂骨翼中部骨质薄，不适于钢板固定，如果必须在此安放钢板，则选用长钢板较为合适。

（9）π 棒固定骶骨骨折：南京医科大学第一附属医院发明的 π 棒由 CD 棒和骶骨棒骨栓经接头装置组合而成，由 CD 棒近端与椎弓根螺钉相连，远端插入接头装置，呈倒 π 字形。由于有 CD 棒的纵向支撑对抗骶骨的垂直移位，骶骨棒无须加压过紧，其压缩固定作用可以根据骨折的不同情况调节。π 棒固定在脊柱后柱，CD 棒插入接头装置内深达 16 mm。当腰椎中立位和后伸时起静力固定作用，而前屈时两侧 CD 棒和健侧屈时患侧 CD 棒均可在接头装置孔洞内滑移 2～3 mm 起动力作用，而不影响 CD 棒与接头装置联结的稳定性。因此，无须二次手术去除内固定，术后 6 周患者即可活动腰骶部。因此 π 棒固定后既可促进骨折愈合，又不会使 $L_{4,5}$ 和 L_5～S_1 椎间盘产生退变。对于 II、III 型骨折可使用在骶骨棘内侧的螺帽防止过度加压，从而避免损伤骶神经。故 π 棒可适用于各种类型的骶骨骨折。

（李雪丽）

第二节 髋臼骨折

一、解剖

髋臼呈半球形深凹，直径 3.5 cm，与股骨头相关节。髋臼关节软骨为约 2 mm 厚的透明软骨，呈半月形分布于髋臼的前、后、上壁。中央无关节软骨覆盖的髋臼窝由哈佛森腺充填，它可随关节内压力的改变而被挤出或吸入，从而可使髋臼加深加宽，并使髋口变小，使髋臼包容股骨头的一半以上。另外，髋关节周围有强大的韧带及丰厚的肌肉覆盖，因而稳定性较强。正常成人髋臼外展角为 40°~70°，前倾角为 4°~20°，该前倾角的存在使外展角在屈髋活动时减小得较缓慢，从而保证了髋臼对股骨头较好的覆盖。

Judet 等将髋臼邻近结构划分为前柱、后柱。前柱（即髂耻柱）由髂嵴前上方斜向前内下方，经耻骨支止于耻骨联合，分髂骨部、髋臼部、耻骨部三段。后柱（即髂坐柱）由坐骨大切迹经髋臼中心至坐骨结节，包括坐骨的垂直部分及坐骨上方的髂骨。后柱内侧面由坐骨体内侧的四边形区域构成，称方形区。髋臼前后两柱呈 60°相交，形成一拱形结构，由髂骨下部构成，横跨于前后两柱之间，是髋臼主要负重区，称臼顶，又称负重顶。前后两柱之间的髋臼窝较薄弱，外伤时，股骨头可由此向内穿透进入盆腔。

在静息状态下，一侧髋关节承受的压力为体重的 20%~31%；单足静止站立时，承载侧髋关节承受的压力约为体重的 81%。在步态周期中站立相时髋关节有两个负重高峰，即足跟着地时（约为体重的 4 倍）和足尖离地前（可达体重的 7 倍）。摆动相时，伸髋肌的影响使大腿减速，髋关节反应力约与体重相等。步行速度越快，髋关节受力越大，当跑步或跳跃时，股骨头上所受的载荷约为体重的 10 倍。即使在不负重的状态下，如仰卧位直腿抬高或俯卧位伸髋时，肌肉的收缩亦可使受力大于体重。

在无负荷或低负荷情况下，髋关节轻度不对称，股骨头半径略大于髋臼半径。在高负荷作用下，通过关节软骨及骨松质骨小梁的微小形变，头臼才获得最大接触，从而降低单位面积的负荷。

二、生物力学

1. 臼顶负重区 臼顶部约占髋臼的 2/5，由髂骨构成。正常人体负重力线由骶髂关节下传，经坐骨大切迹前方到达臼顶。在直立行走时，将体重传达至股骨头；在坐位时，则经髋臼后下部经坐骨上支止于坐骨结节。同此种力学环境相适应，臼顶部厚而坚强，月状面透明软骨的上部和后部亦相应变宽变厚。髋臼月状软骨面越宽大，股骨头半径越大，承载面积也就越大。正常情况下，髋关节压力均匀分布在髋臼负重面上，压强较低，该压应力自髋臼关节软骨承载面中央向周围递减。在该应力分布区域内，髋臼软骨下骨硬化，在 X 线片上呈近水平的致密影，均匀分布于负载面，呈"眼眉"状。Domazet 对"眼眉"进行形态学测量，发现"眼眉"平均长度为（32.1±15.6）mm，女性为 24.8~31.5 mm，男性为 29.4~40.3 mm。男性的年龄与"眼眉"长度呈反比；女性的年龄与"眼眉"长度相关性较差。"眼眉"长度与股骨颈干角呈反比，与 Wiberg 角（即 CE 角）无关，但与下肢短缩程度有关。受损髋关节比正常髋关节的"眼眉"长度平均大 6.89 mm（女性平均大 8.79 mm）。若髋关节应力分布不均，该软骨下骨会形成三角形的骨硬化带，该骨硬化带可出现在臼顶的外侧及臼顶中央，位于臼顶外侧者对髋臼更为不利。因此，"眼眉"长度及形态的变化对于髋关节病损的诊治及随访有重要价值，可以直观地反映出髋臼应力分布的改变。Steven 等指出，髋臼骨折的移位有台阶状移位和裂缝状移位两种，或者二者联合出现。对于波及有关节面的横断骨折，两种移位均可引起髋臼上方最大压力的显著提高。在裂缝状移位时，髋臼上方的接触面积增大，而在台阶状移位中，接触面积减小，2~4 mm 的台阶状移位可使关节面压强由正常时的（9.55 ± 2.62）mPa 升高至（21.35 ± 11.75）mPa，故台阶状移位对髋臼的应力分布影响更大。Hay 等用尸体骨盆标本模拟经顶型及近顶型髋臼横断骨折，利用压敏片测量裂缝状移位及台阶状移位情况下关节面接触面积及压力，发现经顶型髋臼骨折台阶状移位使臼顶最大压力上升至 20.5 mPa，而完整髋臼臼顶仅为 9.1 mPa。经顶型髋臼横断骨折裂缝状移位及近顶型髋臼压力大幅度增加。Konrath 等发现，台阶状移位导致臼顶最大压力显著提高，裂缝状移位次之，而解剖复位则不影响髋臼的应力分布。

目前，多数学者均认为髋臼骨折治疗的关键在于臼顶负重区的复位，该区的复位程度与预后显著相关。若负重顶受累且复位不良，髋关节因负重面积减小而发生应力集中，关节软骨变性而继发创伤性关节炎。对于那些未波及臼顶负重区的骨折可通过牵引等侵袭性小的措施治疗，而且预后好，较少发生创伤性关节炎。

2. 前柱与后柱 Harnroongroj 指出，在骨盆环稳定性中，前柱提供的平均最大力量为（2 015.40 ± 352.31）N，刚度为（301.57 ± 98.67）N/mm；后柱提供的平均最大力量为（759.43 ± 229.15）N，其刚度平均为（113.19 ± 22.40）N/mm，前柱所起作用约为后柱的 2.75 倍。这一发现对双柱骨折的处理有重要指导意义。Olson 等指出，将后壁关节面的 27% 切除，会使髋臼上方的关节面接触面积及压力显著上升，而髋臼前后壁骨折块解剖复位内固定后，这些变化仅能部分恢复正常。在完整的髋臼中，关节接触面积的 48% 分布于臼顶，28% 分布于前壁，24% 分布于后壁。为了进一步验证髋臼后壁骨折块大小对髋臼应力分布的影响，Olson 等将髋臼后壁 50°弧范围内的关节面分别作 1/3、2/3 和全部宽度的分级切除，结果发现臼顶关节面的相对接触面积均比完整髋臼显著提高，分别为 64%、71% 和 77%。分级切除后的关节面绝对接触面积均比完整髋臼显著减小。提示，后壁骨折可显著改变关节面的接触情况，即使是较小的缺损也可对关节接触面积有较大的影响。Steven 等指出，这种情况可能是关节面接触情况及负载的改变导致股骨头轻度脱位的缘故。

宋朝辉、张英泽等观察髋臼后壁骨折对髋臼与股骨头之间应力的影响。用 6 具完整骨盆和股骨上 1/3，用夹具固定于单足站立负重骨盆中立位，用压敏片依次测量完整髋臼，后壁 1/3、2/3、3/3 骨折时对髋臼前壁、后壁和负重顶区的应力和应力分布变化，结果表明后壁骨折使负重顶区的平均应力显著增加（P < 0.01），使前壁的平均应力显著减少，在后壁完整时，臼顶负重区应力为（1.09 ± 0.32）mPa，后壁 1/3 骨折时为（1.50 ± 0.37）mPa，2/3 骨折时应力（1.67 ± 0.21）mPa，3/3 骨折时为（1.72 ± 0.32）mPa，是以对后壁骨折应尽量解剖复位。

三、致伤机制

髋臼骨折绝大多数由直接暴力引起，例如夜间突然地震，建筑物倒塌直接砸在侧卧人体髋部，暴力撞击股骨大粗隆，经股骨颈、头传达至髋臼发生骨折。如受伤时大腿处于轻度外展旋转中立位，暴力作用于臼中心，即发生髋臼横折、T/Y 形或粉碎性骨折；如受伤时大腿轻度外展并内旋或外旋，暴力沿股骨头作用于臼后壁或前壁，则产生后柱或后壁骨折，或者前柱或前壁骨折。间接暴力所致损伤机制亦相似，视当时髋关节所处位置不同，可发生髋臼不同类型之骨折。如坐在汽车内髋、膝均屈曲 90°，发生意外事故撞车，则暴力由膝传至股骨头，作用于髋臼后缘，则产生髋臼后缘骨折；如髋屈曲 90°，大腿外旋内收时，可产生臼顶负重区骨折。无论是直接暴力还是间接暴力，均系股骨头直接撞击髋臼的结果，故除髋臼骨折外，股骨头亦可发生骨折。

四、分型

对髋臼骨折，Austin、Watson Jonse、Tile 与 Judet 均曾提出过分类，现在多采用 Letournel 分类和 AO 分类。

1. Letournel 髋臼骨折分类　为 10 种，前 5 类为简单骨折，基本都有 1 条骨折线，后 5 类为复杂骨折，每例都有 2 条骨折线，前者为后壁、后柱、前壁、前柱、横行骨折，后者为 T 形骨折，前柱与后半横骨折，横行与后壁骨折，后柱与后壁骨折，前柱加后柱骨折。

（1）后壁骨折：系髋臼后壁或后缘的大块骨折，包括关节软骨，但不涉及后柱盆面的骨皮质，有时骨折向上延伸及臼顶区骨折块向后上移位，股骨头向后脱位，其与髋关节后脱位加臼后缘骨折，除骨折块有大小之分外，与后脱位基本相同。正位 X 线片示后唇线中断移位，闭孔斜位，显示骨折块。

（2）后柱骨折：骨折线由后柱经臼底弯向下方，后柱比较坚实，引起骨折的暴力较大，故常伴有同侧耻骨下支或坐骨下支骨折，骨折块向内向上移位，股骨头呈中心脱位，至坐骨大孔变小，有时可损伤坐骨神经，在 X 线片上髂坐线中断。闭孔斜位示闭孔环和后唇线断离，髂骨斜位示后柱在坐骨大切迹处骨折。

（3）前壁骨折：臼的前壁或前缘骨折，骨折线由髂前下棘分离向下通过髋臼窝，但不涉及前柱盆面骨皮质，常有股骨头向前下脱位。正位 X 线片见臼前唇线和髂耻线中断，但闭孔环无骨折以与前柱骨折鉴别。

（4）前柱骨折：骨折线由髂骨前柱经臼底弯向下方，至耻骨下支中部，向上可至髂嵴，骨折块向盆腔移位，股骨头中心脱位，X 线片上髂耻线中断。髂耻线合并股骨头和泪滴内移闭孔斜位片示前柱线在髂嵴或髂前上棘和耻骨支处断离。

（5）横行骨折：骨折线横贯髋臼的内壁与臼顶的交界部，通过前柱与后柱，但非双柱骨折，因其臼顶部或负重区仍连在髂骨上，前后柱亦未分开，但向内移位，股骨头向中心脱位，横骨折的平面可有高低之分，高位横骨折通过臼的负重区，低位横骨折，经过前后柱低于负重区，在斜位片上可见双柱未分开，以与 T 形骨折或前后双柱骨折鉴别。在 X 线片正位，闭孔斜位，髂骨斜位上，髂耻线、髂坐线、臼前后唇线均在髋臼同一平面被横断。

（6）T 形骨折：T 形骨折是横行骨折基础上，又有一个垂直的骨折线，通过后柱四边形面区和髋臼窝，向远侧累及闭孔环致后柱全游离，向内移位，股骨头中心脱位。

（7）后柱加后壁骨折：骨折线从坐骨大切迹延伸至髋臼窝，也可延伸到闭孔，后柱骨折块向内移位，股骨头中心脱位少数有后脱位，X 线片可见髂耻线连续，而髂坐线和后唇线中断并内移。坐骨结节骨折，闭孔斜位示后壁骨折块移位，髂骨斜位见后柱骨折移位。

（8）横行加后壁骨折：在前述横行骨折加上后壁骨折，股骨头向后内移位，髂骨斜位片上可见四边体骨折，髂骨翼完整，闭孔斜位可见后壁骨折，如骨块后移，则可见横行骨折线。

（9）前柱或前壁骨折加后半横骨折：骨折线由髂前下棘向下穿过髋臼窝止于耻骨上支联结处，后半部分为横行的后柱骨折。正位片和闭孔斜位示前柱骨折变位，髂骨斜位示后柱骨折变位。与双柱骨折不同点是一部分髋臼仍与髂骨翼相连，闭孔环的后柱完整，后柱无移位，而髂耻线移位，闭孔斜位可显示前柱或前壁骨折块的大小。

（10）双柱骨折：双柱均有骨折并彼此分离，后柱的骨折线从坐骨大切迹向下延伸至髋臼后方，前柱骨折线至髂骨翼，臼前壁骨折至耻骨支骨折，骨折块内移，股骨头中心脱位。正位 X 线片和闭孔、髂骨两斜位片分别显示前柱和后柱骨折的特征。

关于髋臼骨折的分型，在我们 60 例中，除按 Letournel 分型外，还见到两种情况：①髂骨翼骨折，即在髂翼前部的骨折线，并不与前柱骨折线相通，可至髋臼顶部，需将其复位，才能使髋臼骨折复位好，此型约 5 例。②髋臼顶骨折，常与横骨折同在，但髋臼顶形成粉碎骨折，需单独进行复位与固定，也有 5 例。

2. AO 分类　目前，文献中常用的髋臼骨折分类，除了 Letournel 分类外，还有 AO 分类。它也是以两柱理论为基础，其实质上是改良的 Letournel 分类。按照 AO 一贯的骨折分类习惯，也分成从轻到重的 A、B、C 三型，对于判断预后更有帮助。

AO 分类每一型里包括三个亚型，每个亚型还可以再细分为若干个组，对于骨折形态的描述更加详细。这样细分对于不同医疗单位比较髋臼骨折治疗结果更加科学。虽然 AO 分类尽量遵循由轻到重的分类顺序，但是由于髋臼结构的复杂性，在某些方面又无法完全顾及这一顺序。比如 T 型骨折虽然属于 B 型，但经常比 C 型骨折还要严重和难以处理。

3. 脱位程度　可分为 3 度。Ⅰ度脱位，股骨头向中心轻微脱位，头顶部仍在臼顶负重区之下，不论复位完全与否，髋关节活动功能可基本保持；Ⅱ度脱位，股骨头突入骨盆内壁，头顶部离开臼顶负重区，正在内壁与臼顶之间的骨折线内，如不复位，髋关节功能受到严重破坏；Ⅲ度脱位，股骨头大部或全部突入骨盆壁之内，如不复位，则髋关节功能完全丧失。

五、临床表现

髋臼的解剖结构非常复杂，对于骨折部位和类型做出准确诊断特别重要。仔细的临床检查可以明确患者的全身状况和受伤情况，可以初步判断有无髋臼骨折以及其他合并伤，也便于制定合理的诊治计划。有明确外伤史，前述损伤机制可提示本病，髋部疼痛及活动受限，主要依据 X 线片检查诊断，CT 有很大参考价值。髋臼后壁骨折股骨头后脱位，常见患肢呈内旋内收畸形并缩短，臀后可触及股骨头。另外还要从病史中了解受伤机制，对于判断有无髋臼骨折以及重要脏器的合并伤很有帮助。Porter 发现侧方应力导致的髋臼骨折容易合并腹膜后血肿，肝、脾、肾、膀胱破裂和大血管损伤。

六、辅助检查

对于髋臼骨折在临床检查的基础上要进一步了解，需要有影像学材料来做出准确判断。

1. X 线检查　应拍摄骨盆的正位即前后位片和两斜位片，即髂骨斜位和闭孔斜位。

（1）前后位 X 线片：观察 5 条线和 U 形的改变。①髂耻线：为前柱的内缘线，如该线中断或错位，表示前柱骨折。②髂坐线：为后柱的后外缘线，如该线中断或错位，表示后柱骨折。③后唇线：在平片上位于最外侧，为臼后缘的游离缘形成，如该线中断或大部分缺如提示后唇或后壁骨折。④前唇线：位于后唇线之内侧，为臼前缘的游离缘构成，如该线中断或大部分缺如，提示臼前唇或前壁骨折。⑤臼顶线和臼内壁线：为臼顶和臼底构成，如该线中断，表示臼顶骨折，如臼顶线和后唇线均破坏，表示后壁骨折；如臼顶线和前唇线均破坏，表示前壁骨折；如臼底线中断，则表示臼中心骨折。⑥U 形线系髋臼最下和最前面的部分边缘和髂骨四边形前面平坦部分相连而成，可判断髂坐线是否移位。

（2）闭孔斜位（3/4 内旋斜位）：患者仰卧，伤侧髋部抬高向健侧倾斜 45°，投照前后位，能清楚显示伤侧自耻骨联合到髂前下棘的整个前柱以及髋臼后缘。由于该位置髂骨处于垂直位，当发生双柱骨折时可以看到髋臼上方的"马刺征"。

（3）髂骨斜位（3/4 外旋斜位），患者仰卧，健侧髋后抬高，向伤侧倾斜 45°拍前后位片，可清楚显示从坐骨切迹到坐骨结节的整个后柱，后柱的后外缘和髋臼前缘。

（4）弧顶角测量：系 Matta 1988 年提出当髋臼骨折时，测量 X 线片正位，闭孔斜位，髂骨斜位 3 张片上髋臼前、中、后 3 个弧形关节面的角度，用以定量测定髋臼骨折移位后，髋臼负重区的剩余量，髋臼覆盖股骨头为保持稳定有一个最低值，用弧顶角可测出骨折是否累及了最低值。

在髋臼缘近骨折段的圆弧 m 与 n 线上，任选两点 PP'，经过 P 与 P' 分别做圆弧 mn 的两条切线 AB 和 CD，再经过 P 与 P' 分别做切线 AB 和 CD 的垂直线，相交于 O 点，O 点即为圆弧 mn 的圆心，由此求弧顶角。即在前后位 X 线片上测得的称内顶弧角，正常为≥30°在闭孔斜位测得的为前顶弧角，正常为≥40°，在髂骨斜位测得的为后顶弧角，正常为≥50°，测量结果大于此值表示髋臼负重区完整，若测量结果小于正常值，则提示臼顶有骨折。通过臼顶的骨折移位 >3 mm 应手术复位，此方法适用于除双柱骨折和后壁骨折以外的所有髋臼骨折。

2. CT 在 X 线片上臼顶部骨折，由于变位不大，前后重叠，可能显示不清，CT 有助于显示臼顶骨折、臼后缘骨折、前后柱骨折和髋关节有无骨块等情况，臼顶部的横行骨折，还能了解骨折的粉碎程度和压缩骨折、股骨头的损伤、骨盆血肿、骶髂关节的损伤等。

七、治疗原则

髋臼骨折股骨头中心脱位是关节内骨折，因此治疗的关键是良好地复位。应当遵守 Letournel 三原则：①熟知髋臼部的解剖。②了解并能区分 Letournel 关于髋臼骨折的分型。③能做到对骨折良好的复位。

八、非手术治疗

Olson 和 Matta 制定的非手术适应证是：①通过关节上方 10 mmCT 扫描显示关节面完整。②在不牵引情况下，X 线片前后位和斜位像显示股骨头和上方髋臼相容性良好。③后壁骨折，CT 显示至少保留 50% 臼壁完整。笔者认为全身情况较差的多发伤和系统性疾病患者，以及骨质疏松的患者也应该列入非手术适应证范畴。

九、手术治疗

1. 手术适应证 孙俊英、唐天驷等报道 98 例移位复杂型髋臼骨折的手术适应证为：①骨折移位 >3 mm。②合并股骨头脱位或半脱位。③合并关节内游离骨块。④CT 显示后壁骨折缺损 >40%。⑤移位骨折累及臼顶。⑥无骨质疏松。是否手术还应该考虑手术医师的经验和医疗条件，由没有经验的医师对适合手术的患者实施手术，有可能带来灾难性的后果。

2. 治疗时机 Letournel 与 Judet 将髋臼骨折的治疗分为 3 个时期：①伤后至 21 天。②21～120 天。

③120 天以后。21 天以内骨折线清晰可见，可以做到良好复位。21～120 天者，虽然骨折已稳定并已愈合，但仍可见愈合时骨折线，按此骨折线以达到复位是有可能的，而 120 天以后骨折线已看不见，则复位就很困难了。因此我们建议手术在伤后 5～7 天为最佳时机，此时出血较少，骨折也相对容易复位。但对于有脱位、开放骨折、血管及神经损伤时，应该急诊手术。

3. 手术指征　根据 Letournel 3 原则，凡错位的髋臼骨折均应手术复位，以达 0～1 mm 错位的要求。只有对于错位较小在 1 mm 以内者，可以保守治疗。

4. 入路选择　对于单纯的髋臼前壁、前柱或后壁、后柱骨折，手术治疗相对简单，对于髋臼横行骨折、T 形骨折和双柱骨折这类复杂性髋臼骨折，选择恰当的手术入路有助于减少手术创伤，减少手术并发症，更有利于骨折的复位，相反，则不但使手术创伤加大，增加手术危险性，还有可能导致骨折复位困难甚至不能达到解剖复位而影响日后关节功能。在大多数情况下可以通过单一切口来处理髋臼骨折。为了达到良好复位，入路选择是重要问题，经验如下所述。

（1）髂腹股沟入路：Letournal 用此显露可处理几乎所有髋臼骨折股骨头中心脱位，包括前柱及前壁，前柱加后半横，但主要用于前柱与后柱。T 形与横骨折，可显露髂骨全部内面，骶髂关节与耻骨联合，在其 422 个髋臼骨折中用 IIA 者有 116 例。

手术需通过几个窗口，外侧窗口显露髂内窝，其内界为髂腰肌，中间窗口进入骨盆缘，其外界为髂腰肌与股神经，内界为股血管，内侧窗口显露耻骨上支和耻骨后，在股血管内侧。

（2）髂后入路：Matta 治疗 422 髋臼骨折中，159（43%）采用 KLA，主要用于后柱与后壁骨折、横行骨折加后壁、横行骨折加后脱位以及某些 T 形骨折。

（3）扩大髂腹股沟入路：IIA 入路的缺点是不能显露髋关节内，扩大髂腹股沟入路，在 IIA 基础上，再剥离髂翼外侧肌肉，以显露髂骨内外板，必要时可显露髋关节内，利于骨折复位和关节内骨块的处理。

（4）扩大的髂股入路（EIA）：该入路外侧可达髋臼外侧面的无名骨，内侧可达内侧髂窝。优点是不必破坏股骨的血供。缺点是髋臼前路的显露非常有限，钢板只能用到近端区域，前柱远端只能靠螺钉固定，另外股神经的损伤经常不可避免。

（5）改良的 Stoppa 入路：比较容易显露髋臼内侧壁、四方体和骶髂关节。手术入路在髂外血管和股神经下通过。沿着骨盆缘锐性切开，分离和牵拉髂耻筋膜可完全达到骨盆内侧面。屈曲患髋松弛髂腰肌使内侧髂窝抬高，可增加上方的显露。通过避免切断臀大肌，改良的 Stoppa 入路异位骨化发生率低，与髂腹股沟入路相似。Ponsen 利用改良 Stoppa 入路治疗 25 例髋臼骨折，解剖复位率达到 95%。

上述前 3 种入路比较常用，且出血量以扩大 IIA 最多，其次为 KLA，最少为 IIA。

5. 临床经验　孙俊英等的经验是首先根据骨折类型选择理想的入路，前壁、前柱骨折、向前移位为主的横行骨折，应选髂腹股沟入路，后壁后柱、后壁或后柱加后壁以及向后移位为主的横行骨折，应选择后方 KLA 入路，双柱、T 形、前柱加后半横骨折，应选择髂腹股沟、延长髂股或内外双入路（扩大髂腹股沟）。骨折粉碎程度与入路选择亦有关系，对双柱骨折，T 形骨折前柱加后半横骨折等，如其后柱骨折粉碎严重，使复位后固定的难度加大，则经髂腹股沟入路固定较困难，宜选择髂内、外双入路。再者 3 周以后的陈旧骨折，仅显露髂骨内面，不显露髋臼内，难于做到良好复位，对此应选择扩大的髂腹股沟入路或髂内外双入路。

手术中切开髋关节囊，有助于髋臼软骨面的对合，骨折间隙的骨痂及纤维组织需去除并凿开，骨皮质处可能已看不出骨折线，但臼软骨面仍能看清错位，自臼软骨向骨皮质凿开并 V 形去除些骨质，有助于复位及恢复臼软骨的球形。横行骨折的前骨折线常畸形愈合而后骨折线常纤维愈合，联合切除后部瘢痕及前方畸形愈合，有助于复位，多次试行复位，才能达到解剖复位，术中X线检查是不可缺少的，最后复位好才固定。

股骨头脱位或半脱位伴后壁骨折者，特别难于分离活动，难于认出后壁之骨折线及其边界，需将骨痂去除但又要保留骨折块上的关节囊以保留骨折块血供，松解前面的关节囊与肌肉对向心性复位是必要的。

原北京军区总医院骨科手术治疗72例髋臼骨折手术入路选择的体会是：①能用单一入路不用双入路。②主要根据骨折移位程度确定，优先选择骨折移位大的前后柱，进行单一暴露复位。然后进行X线检查，了解前或后柱复位情况，如不满意，再做另一柱小切口，即前后联合切口。③能用髂腹股沟切口不用扩大的髂股切口，因为前者术后康复快，骨化肌炎发生率低。

十、复位与固定

髋臼是一个复杂几何体，并具有曲线与弧度，与一般四肢骨折的复位方法有所不同。如何采用器械配合牵引、复位顺序的方法与技巧，以及如何判断骨折复位程度等均十分关键。

1. 术中牵引及器械复位　由助手沿大腿方向牵引患侧下肢，要求适当保持屈膝位，以免损伤坐骨神经及股动、静脉。或采用Schantz钉牵引，将钉沿坐骨结节的中部插入，既可牵拉又可控制坐骨骨折块旋转。此方法仅能纠正部分骨折移位，需特制复位器械配合。器械复位技术如Farabeuf钳及Schantz螺钉，双螺钉技术：在骨折线的两侧分别拧入两枚3.5 mm皮质螺丝钉，露出螺帽和长约5 mm的螺纹，用Farabeuf钳的两端分别卡在这两枚螺钉的螺帽上进行复位，如果骨折线两侧的骨面高低不等，可以提拉较低的一侧螺钉；如果对位不好，有相对移位，可以通过旋转Farabeuf钳纠正；如果骨折分离，直接加压即可。T型手柄Schantz螺钉可以插入髂嵴内控制髂骨旋转，插入坐骨结节内可控制后柱旋转。如有嵌插骨折，用骨刀凿开关节面复位，基底缺损区给予填充植骨。

2. 复位顺序

（1）先复位髋臼区域外的髂骨骨折再复位髋臼骨折，如髂骨翼骨折、骶髂关节骨折。因为髂骨翼及骶髂关节系髋臼负重区的延伸，只能先纠正其旋转、分离和近侧移位，才能恢复髋臼窝的正常轮廓。

（2）髋臼前后柱骨折合并髋臼壁骨折时，先复位髋臼前或后柱骨折，再复位髋臼前或后壁骨折，因为只有柱的连续性恢复，粉碎壁才能正确复位。

（3）对累及前和后柱的T形、双柱骨折，应先复位前柱骨折，再复位后柱骨折。因多数后柱骨折常在前柱复位后自然恢复。

（4）髋臼合并股骨头骨折时，先行股骨头切开复位内固定，再行髋臼骨折复位。

（5）既有粉碎又有不粉碎，先固定不粉碎骨折。

3. 单-髂腹股沟入路复位双柱骨折法　Helfet采用单-髂腹股沟入路或K-L入路治疗双柱髋臼骨折，解剖复位率高达92%，认为无须延长手术入路或联合入路即可获得理想复位。本组20例双柱骨折中16例单一前或后入路，其中11例采用单-髂腹股沟入路，解剖复位率为82%。漂浮体位，躯干不固定，患肢无菌包裹。术中允许骨盆在前后方向旋转至少45°。行髂腹股沟入路时，患者仰卧位，行K-L入路时，俯卧位。先行髂腹股沟入路，显露第一窗口为外侧窗口即髂骨翼及髂窝内壁，第二窗口是位于髂腰肌股神经与髂血管之间的臼顶，髂耻线和方形区。如果无耻骨支骨折第三窗口不必显露。骨盆界限上的骨折线两边分别拧入两枚螺丝钉，采用双螺钉复位法，或者使用大复位持骨器，钳夹髂嵴及前柱使骨折复位，在从髂嵴的后侧中点，于髂嵴下的 4~5 cm 处斜向耻骨，用骨圆针暂时固定。后柱骨折常在前柱骨折后自然复位，必要时用骨膜剥离器插入第二窗口，显露方形体，如果发现后柱仍残留轻度移位，可用骨膜剥离器插入断端撬拨，然后采用球端弯钳及顶盘推压，使后柱间接复位。复位完成后，在 X 线透视下检查后柱骨折复位情况，如复位满意，可通过长拉力螺钉从前柱拉向后柱固定，如果后柱复位得不满意，可另做 K - L 入路，从后路复位固定后柱。

4. 术中复位效果判断　髂腹股沟入路虽然有可能复位固定前柱及后柱；不剥离臀肌术后功能恢复快；几乎无异位骨化，关节活动满意；不切开关节囊，手术创伤小等优点。但缺点是不能直视关节面，仅能借助前柱表面判定骨折复位，所以术中常需依靠 C 形臂 X 线机确定复位情况。K - L 入路，可以切开关节囊并向远侧牵引股骨头，在直视下观察后方关节面复位的满意度，使判定复位效果更确切。

目前，所有的入路和技术都不能满足术中对整体髋臼关节面的了解，关节面的复位主要靠对齐髋臼外表面的来实现。当骨折块较碎或有压缩时，单纯对齐外表面不能使关节面解剖复位。将来应该开发一种在术中能检测或观察到完整关节面的新技术，以使髋臼关节复位更加满意。

十一、术后处理

负压引流 24~48 天，无外固定，3~4 天后可练习坐位及被动活动关节，亦可用 CPM，练习股骨肌肉收缩，3 周可起床，用双拐下地，3 个月骨折愈合后渐弃拐。

王钢等对复杂的髋臼骨折，需显露前面与后柱时，用改良的 S - P（髂前外）切口。体位是患侧臀部垫起 45°使之成半侧卧位，向前推患侧，可使之成 90°侧卧位，先在半侧卧位：S - P 切口显露骨盆内面和前柱，进行复位，然后改侧卧位，将后侧皮瓣游离至臀大肌与阔筋膜张肌之间，然后按 K - L 切口显露，不必常规显露坐骨神经，切断外旋诸肌，尽可能多保留股方肌，显出臼后壁和后柱，向下显露，显出坐骨大切迹，前面显出臼缘，将此二者做判断复位的标志进行复位。如此用一个切口可显露臼的前、后柱，便于复位和固定。作者应用 12 例，认为暴露充分，便于固定，切口损伤较扩大的髂腹股沟或 S - P 小，术后 1 周后即可用拐下地，术后发生异位骨化者也少。

关于手术入路，除前述经验外，凡有臼顶粉碎骨折或前壁骨折者，于髂腹股沟显露时，还应显露髂翼外面，即扩大的髂腹股沟或 S - P 入路，切开髋关节囊，进行髋臼复位与固定，对前、后柱骨折和 T 形骨折，除髂腹股沟或 S - P 入路外，凡后柱骨折移位大者，需再加后入路 KLA，以使后柱复位与固定满意。

髋臼骨折的内固定，王庆贤、张英泽等通过 12 具尸体伴骨盆髋臼骨折内固定生物力学测定，以髋臼横行骨折为例，前柱钢板固定后，承受最大负载为（489 ±71）N，后柱钢板为（252 ±92）N，而后柱双钢板为（1 040 ±143）N，前后柱相比，前柱单钢板固定的稳定性高于后柱单钢板固定，后柱双钢板固定优于前柱单钢板固定。

张春才等设计髋臼三维记忆内固定系统（ATMS），用于治疗髋臼骨折，分为前柱臼、后柱臼和弓齿固定器，分别用于前柱骨折、后柱骨折和髂翼骨折的复位固定，其手术显露途径，对后柱后壁骨折者，行后入路，将大粗隆后半劈开，臀肌向上翻开，术终将大粗隆复位，以粗隆行 ATMS 固定，前柱骨折经前入路固定。治疗 41 例年龄 16~68 岁，其中双柱骨折并有前壁或后壁骨折 19 例，前柱和前壁 5 例，后柱并后壁 8 例，后壁 9 例。按 Matta 标准，解剖复位 38 例，满意 2 例，不满意（移位 4 mm）1 例；38 例手术后 1.6 个月骨性愈合，2.5 个月关节功能恢复；其中异位骨化关节失用 1 例，骨化肌炎关节活动障碍 2 例。

十二、伴发伤处理

髋臼骨折常伴发有附近的骨或关节损伤，与髋臼骨折处理有关。

1. 同侧骶髂关节脱位　在复位时，应先将骶髂关节脱位复位并内固定，再整复髋臼骨折。

2. 髋臼骨折合并骨盆后环不稳定损伤　骨盆后环的满意复位是髋臼骨折准确复位的基础。当这两者都有损伤，影响远期疗效的主要因素是髋臼骨折的类型和复位质量。

3. 髋臼骨折加后脱位　应尽快将脱位股骨头闭合复位，迟复位则有可能增加股骨头缺血坏死的发生率。

4. 髋臼骨折加股骨头骨折　分（Ⅰ型）圆韧带以下头骨折和（Ⅱ型）圆韧带以上头骨折，对髋臼后柱骨折并后脱位，圆韧带以下头骨折者，选择后切口入路进行复位，而对圆韧带以上头骨折，后壁骨折块很小，复位后稳定者，用前切口显露处理，但如后壁骨折块很大，并有头圆韧带以上骨折者，则需后切口复位后壁骨折，前切口处理头部骨折。

5. 髋臼骨折加股骨颈骨折　对 65 岁以下者分别行复位内固定，对 65 岁以上者，臼骨折复位固定，股骨颈骨折可行人工关节置换或将头切除，二期全髋置换。

（李雪丽）

第十章　膝部损伤

膝关节内及其周围的重要软组织常发生功能紊乱，出现某些症状。由于早期诊断有一定困难，1774年 Willin Hey 提出"关节内紊乱"这一术语，描写由此而引起的膝关节的功能异常。随着临床诊断水平的提高，特别是膝关节镜检查治疗的开展及 CT、MR 成像技术的应用，为诊断和治疗膝部疾病提供更精确的图像和依据，许多以前不能明确诊断的膝部疾患得到早期诊断和治疗，因此"关节内紊乱"这一术语在临床上已基本不用了。

第一节　膝部的应用解剖与生理

一、膝关节构成

膝关节是人体内最大的屈戍关节，由以下部分构成：①骨性结构，包括股骨下端、胫骨上端和髌骨。②关节周围肌肉、肌腱结构。③关节外的韧带结构。④关节内的半月板和交叉韧带。这些结构保持关节上、下连接，具有生理上需要的静力与动力稳定性。其中任何一种结构受到损伤，都会影响关节的稳定。

二、股骨下端

为向两侧和前后扩展形成的内、外侧股骨髁，中间以髁间窝相隔，前面两个髁向前变平，并与前方连合，形成一矢状位浅凹，即髌面；在股骨髁后面呈圆形并相互平行，前后径较横径为大。股骨髁侧面观前面大后面小，横面形成约20°前后向的倾角。外侧髁前后径较内侧髁长，突向前面，其前后轴线接近垂直方向，但内侧髁的长轴斜向内下，与矢状面约成22°的夹角。此结构决定了股骨外侧髁仅有伸屈活动，而内侧髁除有伸屈活动外，还有展收和旋转活动。膝屈伸范围最大，其他活动小，只能在屈伸过程中伴其他方向活动。屈膝时产生展收或旋转，展收活动的范围随屈膝度而增加。旋转活动当膝关节于屈曲90°位时，可达30°～50°。纵向分合与横向活动甚少。屈膝时可有少量侧向移动。极度伸膝时伴有胫骨外旋。膝关节的运动轴不固定，随着关节的屈或伸而向后或向前移动。在股骨两髁之间有深凹的髁间凹，前交叉韧带附着于外侧髁内侧面的后部，而后交叉韧带则附着于内侧髁外侧面的前部。

三、胫骨上端

上端为宽厚的内、外侧胫骨髁，也称为胫骨平台，分别与股骨内外髁相连。内侧平台较大，冠状位与矢状位均呈凹形，外侧平台矢状位呈凸形或平坦，冠状面上呈凹形。髁部关节面与胫骨干亦不垂直，而向后倾斜3°～7°。胫骨两髁关节面与股骨两髁亦不完全相称，而借助于其间的半月板相连接，增加两者匹配程度和接触面积。胫骨两髁之间有髁间隆起，由内、外侧两个结节构成，其前后部分各有一凹，是膝交叉韧带及半月板附着处。

在站立位正面X线片上，股骨干长轴与胫骨干长轴在膝关节相交，形成6°～9°的生理性外翻角。从髋关节中点至踝关节中点的连线代表下肢负重轴线，理应经过膝关节的中心点。

四、髌骨

为体内最大的籽骨，其前面粗糙，被股四头肌腱膜包围，呈三角形，前面粗糙，供股四头肌和髌腱附着，后面全为软骨覆盖，中间有一纵行嵴分成内、外两部分与股骨两髁关节面相适应，构成髌股关节，髌骨具有保护股四头肌和髌骨列线、增强股四头肌伸膝力及增加膝关节旋转度等功能。

五、膝关节周围肌肉、肌腱组织

关节外的肌肉肌腱是支持和影响膝关节功能的重要动力结构。股四头肌附着在髌骨的近端，为伸膝装置。后方腓肠肌止于股骨内、外侧髁的后面，主要功能为屈膝。内侧的"鹅足"是缝匠肌、股薄肌和半腱肌联合腱，止于胫骨内侧面的近端，能防止胫骨外旋，对抗外翻应力。外侧的股二头肌具有强大的屈膝和外旋胫骨功能，能防止胫骨在股骨上向前脱位。髂胫束后1/3近端止于股骨外上髁，远端止于胫骨结节（Gerdy结节）的外侧。屈膝时，髂胫束和股二头肌保持平行，均为膝外侧稳定结构。

膝关节内侧、外侧各有强大的支持结构，分别为内侧副韧带和外侧副韧带。内侧副韧带呈扁平的三角形纤维结构，其基底向前，尖端向后。

内侧副韧带、半膜肌、鹅足及后关节囊的腘斜韧带部分为内侧关节囊外的稳定结构。外侧副韧带为长约5cm圆索结构，上端附着于股骨外上髁，下端止于腓骨小头前下方，股二头肌腱位于外侧副韧带后方浅层，附着于腓骨头后上方。

由于外侧副韧带亦偏于膝关节的后方，膝屈曲位时侧副韧带松弛，胫骨可稍有旋转活动。膝伸直至30°开始紧张，变得稳定，完全伸直时最紧张，可防止小腿旋转、内收、外展及过度伸直。

腘肌有三个头，分别起于胫骨外髁、腓骨小头和外侧半月板后角。前两起点组成斜的Y形韧带的臂，称弓状韧带，是一个主要的胫骨内旋肌，也能防止股骨在胫骨上向前脱位。后关节囊内侧由半膜肌附着点之一向外上反折部分所加强，称腘斜韧带。

膝关节周围肌肉的腱性扩张部加强膝关节较薄而松弛的纤维性关节囊。最内层的滑膜囊形成许多隐窝，这些隐窝往往是关节内游离体滞留部位。膝关节腔可分为前大后小两部分，后者隐蔽，手术较难达到。髌韧带后方有脂肪垫，位于滑膜与纤维性关节囊之间。脂肪垫肥大或损伤时，可引起症状，髌下滑膜襞或翼状滑膜韧带发生异常时，屈膝位挤压在髌股关节面引起疼痛。膝交叉韧带位于股骨髁部凹内，是关节内滑膜外结构，分为前、后两条。前交叉韧带起于胫骨上端髁间隆起的前部偏外凹陷处及外侧半月板前角，向上后外呈扇形止于股骨外侧髁内侧面的后部。后交叉韧带起于胫骨上端髁间隆起的后部，下端起点延伸到胫骨上端的后面，约在胫骨平台下方约0.5cm处，向上前内方延伸。膝交叉韧带主要功能是维持在各个方位的稳定性，前交叉韧带能防止胫骨在股骨上向前移位，或股骨向后移位，同时防止膝关节过度伸直限制内、外旋和内、外翻活动。后交叉韧带能防止胫骨向后移位，限制过伸、旋转及侧方活动。

六、半月板

半月板系位于股骨髁和胫骨髁之间的纤维软骨垫，切面为三角形，外侧缘较厚，附着在关节囊的内侧面，亦借冠状韧带疏松附着于胫骨平台的边缘，内缘锐利，游离于关节腔内。

内侧半月板的环大而窄，呈 C 形，前角薄而尖，附着于胫骨髁间隆起前区，位于前交叉韧带和外侧半月板前角之前方。后角宽，附着胫骨髁间隆起后区，位于外侧半月板后角与后交叉韧带之间，两角相距较远，整个半月板的周围附着在内侧关节囊，并通过冠状韧带止于胫骨的上缘。其前半部松弛，活动度大，容易破裂，后半部比较稳定，中间部易受扭转外力而横行破裂。

外侧半月板较内侧半月板环小而略厚，几乎为 O 形，前角附着于胫骨髁间隆起与前交叉韧带之间，后角处于胫骨髁间隆起与后交叉韧带之间，两角附着处相距较近。外侧半月板内侧边缘薄而游离，外侧缘与关节囊之间被腘肌腱隔开，并在外侧半月板的外侧缘形成一个斜的槽（图 10 - 1）。

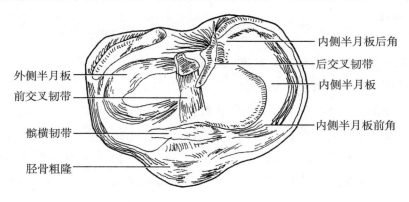

图 10 - 1　膝关节半月板

半月板对膝关节的正常功能有着重要作用，可以作为关节的填充物，使股骨髁和胫骨髁的外形相适应。两半月板约遮盖胫骨上端关节面的 2/3，如此减少了股骨和胫骨的直接相撞，防止关节囊和滑膜在屈伸运动时撞击。滑膜分泌滑液有润滑关节和营养关节软骨的作用。当膝关节从屈曲到伸直位时，能平滑地传递铰链运动到旋转运动，保持正常膝关节的稳定性。

半月板周缘有较丰富的血供，体部无血管而从关节液吸取营养。半月板的无血管区，随年龄增长而扩大，故成人半月板体部撕裂不能修复，只有边缘撕裂伤才有可能愈合。盘状软骨是半月板发育异常，国人多见于外侧，因其较肥厚，易发生磨损变性或水平撕裂。

膝关节是全身所有关节中最易受损伤的关节，在处理中，应最大限度地保护和修复稳定膝关节的侧副韧带、交叉韧带和半月板。任何膝关节手术，都不应轻易地切断这些稳定结构。股四头肌是膝关节伸直装置中的动力部分，强大有力，对维持关节伸直时的稳定起重要作用。膝关节受伤后，股四头肌必然萎缩，造成膝关节功能失调，影响关节功能的恢复，为避免出现这一不良结果，在任何膝部疾病的治疗期间，都应按正确的方法锻炼股四头肌。

（史　斌）

第二节　半月板损伤与疾病

月板损伤（tears of menisci，diseases of menisci）是膝部最常见的损伤之一，多见于青壮年，男性多于女性。国外报道内、外侧半月板损伤之比为（4～5）∶1，而国内报道相反，其比例为1∶2.5。

（一）损伤机制

半月板承受膝关节的部分应力，具有一定的移动性，随着膝关节的运动而改变其位置与形态。最易受损伤的姿势是膝关节由屈曲位向伸直位运动，同时伴旋转。膝关节在半屈曲位时，关节周围的肌肉和韧带都较松弛，关节不稳定，可发生内收外展和旋转活动，容易造成半月板损伤。膝半屈曲外展位，内侧半月板向膝关节中央和后侧移位，如同时股骨下端骤然内旋，半月板即被拉入股骨内髁和胫骨平台之间，由于旋转力和挤压，都会使半月板破裂。当膝半屈曲位和内收时，股骨猛力外旋，外侧半月板也会破裂，跑步改变方向，受到损伤的机会常是运动中。另外，当膝关节交叉韧带断裂，特别是前交叉韧带断裂，患者在运动时经常会出现膝关节的错动，其剪切应力作用于半月板，容易造成半月板损伤，特别是内侧半月板后角损伤。除外力之外，半月板自身的改变也是破裂的重要原因，如半月板囊肿形成，或原先就有半月板疾病存在，轻微损伤即可使半月板损伤，半月板的先天畸形，尤其是外侧盘状半月板退变和损伤的倾向。半月板损伤可发生在外侧、内侧或内外两侧。我国外侧半月板损伤多见，与欧美不同，这可能与国人外侧盘状软骨多发有关。

（二）分型

依据半月板损伤的形状、部位、大小和稳定性，分为退变型、水平型、放射型、纵型（垂直型）、横型、前后角撕裂型、边缘型和混合型（图10-2）。

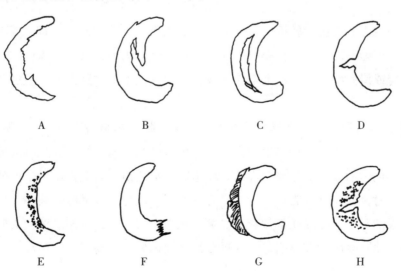

图10-2　膝半月板损伤类型

A. 退变型；B. 放射（斜）型；C. 纵（桶柄）型；D. 横型；E. 水平型；F. 前（后）角撕裂型；G. 边缘型；H. 混合型

1. 退变型 多发生在 40 岁以上，常伴有 X 线片示关节间隙变窄，难以辨别其症状来源于退变或半月板病变。

2. 水平型 多自半月板游离缘向滑膜缘呈现水平撕裂，形成上、下两层。其症状常由其中一层在关节间隙中滑动而引起。

3. 放射型 又分斜型和鸟嘴型，常使沿周缘走向排列的环形纤维断裂，当此放射裂或斜裂延伸至滑膜时，则半月板的延展作用完全丧失，大大影响到载荷的正常传导。

4. 纵型 又分垂直型和桶柄型，可以是全层的，也可以仅涉及股骨面或胫骨面，多靠近后角，如其纵长 >1.5 cm 为不稳定者，即"桶柄"，易向中间滑动，常与前交叉韧带断裂合并发生。

5. 横型 自游离缘横向断裂，多位于体部，如伸至滑膜缘，则环形纤维完全断裂。

6. 前后角撕裂型 易进而变为部分边缘。

7. 边缘撕裂型 前后角完整，游离的半月板可滑至髁间窝形成交锁，常合并前交叉韧带断裂。

8. 混合型 上述两种类型以上兼而有之。

（三）临床表现

多见于青壮年、运动员和矿工。详细了解病史与认真的临床检查对半月板损伤的诊断有同等重要意义。

1. 症状 半数以上的病例有膝关节"扭伤"史，伴有膝关节肿胀、疼痛和功能障碍。疼痛是常见的表现，通常局限于半月板损伤侧，个别外侧半月板撕裂可伴内侧疼痛，有的患者自觉关节内有响声和撕裂感，膝关节不能完全伸直。膝部有广泛的疼痛者，多与积液或关节积血使滑膜膨胀有关，这种疼痛可逐渐减轻，但不能消失。肿胀见于绝大多数患者，损伤初期肿胀严重，随时间的推移，肿胀逐渐消退，以后发作肿胀减轻。即使没有积液和没有肿胀史，也应慎重考虑诊断半月板损伤。有的患者，由于半月板被嵌夹住和突然疼痛，引起股四头肌反射性抑制，发生膝关节松动或膝软。患者在走平路或下楼梯时，膝关节屈曲位负荷增加时，半月板后角易被夹住，常出现弹拨发作。"交锁"现象见于部分患者乃因半月板部分撕裂所致，常常是撕裂的桶柄部分夹在股骨髁前面，膝关节突然不能伸直，但常可屈曲，自行或他人协助将患肢在膝旋转摇摆后，突然弹响或弹跳，然后恢复，即"解锁"。久病者患肢肌肉，特别是股四头肌逐渐萎缩。半月板瓣可被卷入股骨髁的侧沟内，具有游离体的一些性质。多数患者走路时有关节不稳定或滑落感，尤其在上下楼梯或行走于高低不平的路面上，但这并非为半月板损伤独有的症状。

2. 体征 肿胀、压痛和股四头肌萎缩是常见的现象。肿胀多半由于积液，并局限在滑膜腔内呈特有的表现。广泛的肿胀是由于关节周围组织受累，产生水肿和出血的结果。积液久者，则滑膜增厚。少量积液时通过抚平内侧沟的液体，呈现空虚状，压迫髌上窝或由下向上挤压关节的外侧，可产生小的可见的液波。大量积液时，浮髌试验表现为阳性，容易看到在髌骨下有横跨性波动。压痛可局限在外侧或内侧关节缝隙或膝眼部与半月板损伤部位有关。关节积液时有广泛的压痛。股四头肌萎缩系由于疼痛限制膝部活动，特别是伸直受限时萎缩明显，这种萎缩在股内侧肌最易看到。患膝常有轻度活动受限，膝关节不能完全伸直，被动伸展时可引起疼痛。

（1）被动过伸和过屈痛，做过伸试验时，一手托足跟，一手置胫骨上端前方向后压。做过屈试验时一手持踝部，用力后推，使足跟尽量靠近臀部；此试验还可将足控制在外或内旋位检查，如出现疼痛，提示可能分别为半月板前角或后角损伤。

（2）麦氏试验（McMurray's test）：又称旋转挤压试验，是检查半月板有无损伤最常用的方法，尽管对其检查方法和意义的看法不尽相同，一般认为如检查过程中将膝关节充分屈曲，外展外旋小腿或内收内旋小腿，出现疼痛、弹动感或咔嗒声，分别提示外侧和内侧半月板有损伤的可能，若发生在膝近全屈位为后角损伤，发生在接近伸直位为前角损伤。此试验记录应为：内收（外展）内（外）旋位自屈而伸至××位，外（内）侧出现××及××。以供分析判断。McMurray 试验阳性，弹响位于间隙是半月板撕裂的辅助证据，但该试验阴性也不能排除半月板撕裂。

（3）研磨试验（Apley's test）：患者俯卧屈膝 90°，通过胫骨长轴保持压力下，左右旋转胫骨，如患者有研磨感，有时引起疼痛，表明为半月板损伤。

（4）侧方挤压试验：嘱患者患膝伸直，检查者站在患者患侧，将两手分别置患者患肢膝、小腿下端相对侧，向相反方向加压，如被挤压关节间隙有疼痛，可能有半月板损伤。

（四）辅助检查

1. X 线片 对半月板损伤很少有肯定性的意义，主要价值是：①除外骨软骨损伤、剥脱性骨软骨炎、游离体、骨肿瘤和应力性骨折。②检查骨性关节炎的严重程度，有助于选择治疗方案。如骨性关节炎较严重的膝关节一般不宜手术。

2. 关节造影 是一种有创性检查，其阳性率较现在的核磁共振（MRI）检查低，这种方法在临床上应用越来越少。

3. MRI 检查 MRI 的诊断价值已被公认，半月板损伤的确诊率可达 90%～95%，特别是急性期。在 MRI 图像上，正常半月板都是低信号的结构，如果半月板内有与关节相通的高信号征象，可能是半月板损伤的表现。建议外伤后膝关节肿胀患者早期行 MRI 检查，及早发现半月板损伤，为修复半月板创造条件。

4. 膝关节镜 问世以来，成为一种检查及治疗膝关节某些疾病的有效方法，尤其是对半月板损伤有着较高的准确率，可直观地了解半月板损伤的类型，同时在关节镜下进行半月板缝合、成形等治疗，从而使关节镜检查的适应证大大拓宽。

（五）诊断

根据临床表现，体征及结合辅助检查结果等诊断并不困难。

（六）鉴别诊断

1. 侧副韧带损伤 当应力作用于损伤的韧带时出现疼痛，有压痛但疼痛的范围不局限于关节线上，韧带两端的骨附着点压痛更明显。

2. 膝部滑囊炎 在膝关节内侧韧带的浅层和深层之间有多个滑囊，发炎时可出现疼痛。其与半月板损伤的鉴别方法是向滑囊内注氢化可的松，滑膜炎的症状常得以缓解或消除。

3. 髌骨疾病 髌骨软化、髌骨对线不良和退化性关节炎，常有髌前部疼痛，髌下区有较局限性压痛，研髌试验阳性，髌骨外缘压痛等。

4. 关节游离体 关节内游离体可发生与半月板损伤相同的交锁症状，但应用 X 线片不难鉴别。

5. 滑膜皱襞综合征 髌内侧滑膜皱襞有时会引起膝关节交锁的症状，与半月板损伤出现的交锁类似，其鉴别点为屈膝 20°～30°时髌骨内下方压痛明显。

（七）治疗原则

早期手术，尽量保全半月板，半月板成形优于切除。

（八）非手术治疗

不伴有其他病变的不完全半月板撕裂或小的（5 mm）稳定的边缘撕裂，发生于半月板边缘有血管供应部分的稳定的垂直纵裂常可自然愈合。应用长腿石膏或膝关节固定器固定伸膝位 4～6 周，当患者恢复对石膏（或固定器）内肢体的主动控制时，允许患者扶拐杖负重，多能治愈。在固定期间嘱患者行股四头肌锻炼，有助于患者康复，促进关节积液的吸收。

（九）手术治疗

1. 适应证　①非手术治疗无效，包括改变运动方式和习惯，药物和康复治疗。②半月板损伤的症状影响日常生活、工作或运动。③阳性的临床体征，包括 McMurray 试验阳性，关节线压痛等。④呈交锁状态或经常发生交锁。⑤合并有交叉韧带损伤患者。

2. 禁忌证　损伤严重的半月板经过较长岁月，其本身已变性，对关节软骨造成较严重的磨损破坏，或关节有明显的退行性改变，除非严重症状确系半月板损伤所致，应慎用半月板切除术，否则将可能使症状加重；如膝部皮肤有擦伤或体内有感染灶者，应延期手术。

3. 术前准备　对股四头肌萎缩明显的患者，术前嘱其积极锻炼股四头肌。

4. 术式选择

（1）半月板全切除术：鉴于半月板的功能非常重要，尽量不将半月板完全切除，因其完全切除后的效果往往早期满意，若干年后由于关节退行性病变，膝关节不稳定及慢性滑膜炎满意率逐渐下降，半月板完全切除仅适用于半月板实质部严重损伤而不能愈合者，其碎裂严重造成膝关节严重的功能紊乱者。半月板全切除，可采用的切口有多种，常用的前外或前内斜行切口，对内侧间隙较窄，切除完整的内侧半月板有困难时应加用内侧副韧带后缘纵向切口，如此较易分离半月板后角。外侧半月板切除应注意保护勿伤腘肌腱。半月板切除后，应依次检查关节内的软骨关节面、交叉韧带是否正常，有无游离的组织碎屑，如有反复冲洗，彻底清除。

（2）部分半月板切除术：适用于桶柄状破裂、纵行破裂或横行破裂。只切除撕裂的中央部分，留下较稳定的周围半月板袖或边缘，对胫股关节起明显的稳定作用（图 10 - 3）。如果半月板的中央部撕裂进入髁间窝，先横行切断中央部与周围部分在前面的连接，然后钳住中央部前端，拉向髁间窝中，在直视下切断中央部与半月板后角的连接。

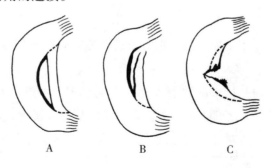

图 10 - 3　部分半月板切除术（虚线为切断处）

A. 桶柄状破裂；B. 纵行破裂；C. 横行破裂

（3）半月板修复术：半月板修复的标准如下。①超过 1 cm 的全层纵裂。②撕裂位置在靠近半月板滑膜缘的 3～4 mm。③撕裂的半月板不稳定。④准备缝合的半月板质地良好。⑤膝关节的稳定性好，或者已经进行了韧带重建手术。如果符合上述标准，就可以采用以下的方法修复：①开放式。②关节镜下全内缝合。③关节镜下自外而内式。④关节镜下自内而外式。缝合的方式有垂直褥式、垂直分层式、水平褥式、结式等。

（4）异体半月板移植：适用于半月板切除后的年轻患者，无明显骨性关节炎发生者。由于半月板大小配型及其愈合问题，目前在国内也只有少数几家医院在临床开展，例数不多。临床效果有待长期观察。

目前许多基层医院都已有膝关节镜，膝关节半月板损伤早期最好在关节镜下检查，并进行相应的微创治疗，患者恢复及治疗效果较好。

（十）术后处理

1. 术后用大棉垫加压包扎膝部和大腿，患腿抬高，2 天后解除包扎。

2. 麻醉过后即开始股四头肌收缩锻炼，负重直腿抬高，术后 2 ~ 3 天就可扶拐负重行走，尽快恢复患者独立行走。

3. 半月板修复术者，用长腿石膏或膝关节固定器固定膝关节于伸直位 4 ~ 6 周，在固定期内行股四头肌等长锻炼，去除外固定后加强关节功能锻炼，逐步增加负重，8 ~ 10 周后完全负重。

（十一）主要并发症

1. 关节积液　可因操作粗暴、止血不彻底或术后下地负重活动太早引起。一般加强股四头肌抗阻力等张收缩，避免伸屈膝活动，晚负重即可消退。如积液较多，可在严格无菌操作下抽出液体后用弹力绷带加压包扎。

2. 关节积血　多见于外侧半月板切除术中损伤膝外下动脉所致，或因膝部包扎过紧、静脉回流受阻引起。未凝固的血可抽出，凝固的血块要切开清除，结扎止血。

3. 关节感染　一旦感染后果严重，其原因可为操作不当或体内有感染灶。处理的方法是早期在全身应用抗生素的同时，关节镜下关节冲洗。晚期患者需切开排脓或关节镜下冲洗，冲洗干净后并置管用含抗生素的溶液冲洗。下肢制动，待感染消退后再开始活动。

4. 关节不稳和疼痛　多因股四头肌萎缩引起。一般通过股四头肌锻炼和物理疗法可好转。

5. 神经疼痛　常见内侧半月板手术后，损伤隐神经髌下支产生神经瘤引起，明确后切除瘤体症状即可消失。

二、半月板疾病

（一）半月板囊肿

半月板囊肿由 Ebner 首先报道，其实质为半月板内的囊性改变，多见于半月板边缘，也可见于半月板内。好发于男性青壮年中。

1. 病因　关于形成原因有以下几种说法。

（1）创伤造成半月板组织内的挫伤和积血，从而导致黏液样退变。

（2）随年龄发生的退变造成局部坏死和黏液退变成为囊肿。

（3）半月板组织内形成的滑膜细胞包涵体或组织化生细胞分泌黏液导致囊肿形成。

（4）滑膜细胞经纤维软骨的微小撕裂移位到半月板内，导致酸性黏多糖蛋白分泌，形成半月板囊肿的内容物。首先在无血管区内出现较小的囊肿，以后由于关节活动滑膜液抽吸的泵作用，结果使小囊肿向膝关节周围移行，较多的液体进入囊肿使体积不断增大。

2. 临床表现　半月板囊肿的主要症状是慢性关节疼痛，有的像牙咬样疼痛，活动时加重，有的夜间疼痛。多数患者在关节间隙能见到明显的肿块，一般伸膝时增大，屈膝则变小，甚至消失。囊肿存在和增大，损害了半月板的活动性，增加了半月板的撕裂机会，当囊肿伴有半月板撕裂的特征，可出现交锁、咔嗒声、打软腿和弹响等典型的半月板撕裂症状。

3. 辅助检查　部分患者在 X 线片上显示有骨性压迹。膝关节 MRI 可清楚显示半月板囊肿部位及大小，表现为半月板边缘有 T_2 高信号囊性包块，多合并有半月板损伤信号改变。

4. 鉴别诊断　半月板囊肿应注意与边缘性外生骨疣和横跨关节线上的半月板瓣相鉴别，因三者呈现类似的体征。有时易与关节周围其他囊肿（如滑囊和腱鞘囊肿）相混淆。

5. 治疗　许多早期囊肿可反复出现，其疼痛呈间断性者，可予观察，无特殊处理，如症状转为持续性则应手术切除囊肿，早期患者，最好术前施行关节镜检查，如半月板无撕裂和退变，表面及关节囊附着处正常者，可将关节囊做一小切口，将囊肿小心地解剖出来并切除之。如果囊肿已进入半月板，并有撕裂者，探明半月板撕裂的情况，行半月板部分切除和半月板囊肿减压术，如半月板有放射状撕裂，将其修剪至稳定的边缘。如果撕裂为稳定的水平撕裂，在轻轻修整上叶后仅切除下叶，从外面挤压囊肿可能把囊肿内容物挤入关节内，使囊肿减压。单纯切除囊肿，可使膝关节功能康复顺利，康复期短。保留半月板，可避免或延缓骨关节炎的形成。对半月板实质确有多发裂隙状撕裂者，整个半月板连同囊肿一并切除。

（二）盘状软骨

盘状软骨是指半月板的形态发生异常，不同地区或种族之间盘状软骨发病率差异很大，在国外报道中发病率很低，不到 1%。但在我国、韩国和日本则发生率很高，约占半月板手术数的 26%～50%。男性多于女性，为（2～7）∶1。发病者多为青壮年，左右两膝发病率相近，不少双侧同时发病，多见于外侧，内侧罕见。

1. 病因　盘状软骨的病因尚不清楚。有的学者认为盘状软骨系膝关节胎生软骨盘发育障碍的遗迹，半月板系股骨和胫骨中胚叶细胞分化而成。胎生时期，膝关节内外软骨板相连成盘状。在胎儿发育过程中，软骨板的中央部分逐渐吸收，形成典型的半月板，如出于某种原因，这种生理吸收过程中断，就造成盘状软骨。但近些年来国内外有的学者对胎儿半月板的观察得出与以上相反结论，即在胚胎发育早期，内外侧半月板即呈现典型半月板形状，并未见盘状软骨，但在尸体解剖和临床病案资料中却有盘状软骨存在，因此，提出盘状软骨可能是出生后在幼儿时期逐渐发育形成的。其真正的病因，尚待进一步研究。

2. 分型　盘状软骨可有圆形、方形、盘形、肾形等不同的形状，大致分为 3 型（图 10 - 4）。

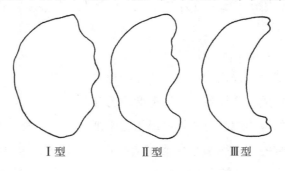

Ⅰ型　　　　　Ⅱ型　　　　　Ⅲ型

图 10 - 4　盘状软骨的病理分型

Ⅰ型：完全为圆盘状或方形，厚而大，内侧部分存在，有时厚达 8 mm，盘的外缘和内侧厚度相差很少。整个股骨和胫骨平台相隔开。

Ⅱ型：亦呈盘状，半月板的边缘肥厚，内侧较薄。内侧游离缘有双凹陷的切迹，两凹陷之间有一凸出朝向关节中心。

Ⅲ型：在结构方面前后宽窄与正常半月板相接近，只是中央部分较薄。

3. 临床表现　盘状软骨较正常半月板宽大而厚，表面不光滑，边缘附着坚固，因而在关节内活动受限，在活动过程中各种应力的作用下，极易受伤，发生磨损，变性或撕裂，故临床上约 1/3 的患者并无外伤史。盘状软骨不一定都有症状，症状的出现多见于青壮年，但儿童不罕见。最常见的膝关节症状和体征如下。

（1）关节弹拨：系膝关节盘状软骨特异性体征，出现率高达 95%，对诊断有决定性的意义，卧床屈伸膝关节可以出现清晰的响声，伸膝比屈膝更为明显，并可看到关节跳动，小腿旋转，如外侧盘状软骨伸膝至 20° 左右位时呈外展外旋，屈膝在 120° 左右位时相反。关节弹拨并不一定伴明显的疼痛，其发生的机制可能是因盘状软骨表面不平，上有嵴形隆起，或盘状软骨本身撕裂所致裂隙或重叠，膝关节屈曲活动股骨髁在其上滑行所致，或因盘状软骨松动，被股骨髁压其边缘发生滑跳。在做关节弹拨时，由于宽厚的盘状软骨被股骨髁挤压的原因，屈膝时可用手触知或见到盘状软骨向前方突出，伸膝时软骨缩回，或向腘窝内突出。这一征象系只有盘状软骨独有，可借此与半月板损伤相鉴别。

（2）重力试验阳性：膝关节的侧方重力试验，对盘状软骨也有显著的诊断价值。如患者侧卧，患腿在下，使小腿悬于床边外，做伸屈膝活动，出现明显的弹响，改另一侧侧卧，使膝内侧向床面，再做伸屈膝关节，不出现弹响或弹响变小，为重力试验阳性。

（3）持续性的关节交锁：仅有 40% 患者有交锁病史，交锁多发生在恒定的方位，且能自行解锁，如果盘状软骨磨损或纵行破裂，损伤的盘状软骨阻止股骨髁的活动，造成交锁，由于盘状软骨厚而宽，不易解除，致膝关节长期的伸展活动受限。

（4）其他表现：盘状软骨的患者，膝关节内疼痛的发生率为 100%，关节间隙可有压痛，尤其软骨边缘及前角最为明显，1/3 的患者有踩空或关节不稳感，有外伤史者早期有关节肿胀。病程较长的患者常有股四头肌萎缩。约 20% 的患者伸直受限，20% 有过伸痛和全屈痛，75% 的有关节间隙压痛，90% 的研磨试验和侧方挤压试验阳性。

4. 辅助检查

（1）膝关节 X 线片可见患侧间隙增宽，胫骨平台和股骨髁边缘骨质增生，腓骨小头位置比正常的稍高。

（2）MRI 检查发现外侧半月板在所有层面都不出现三角形半月板，并有损伤信号。

（3）膝关节镜检查可以看到盘状软骨，有时也能发现其表面的撕裂。

5. 诊断　盘状软骨的临床表现典型者，较易确诊，主要应与半月板损伤相鉴别。

6. 治疗　对盘状软骨诊断确定后，唯一可靠的治疗方法是早期手术，施行全切除或部分切除盘状软骨，以解除关节活动障碍，预防和减少创伤性关节炎的发生，手术可通过切开关节或在关节镜监视下进行，手术步骤及术前术后的处理与半月板切除基本相同。

20 世纪 80 年代以来，盘状软骨改形术已渐推广普及，即将盘状软骨修改为近似正常半月板形态，这不仅能消除盘状软骨所产生的症状和体征，更重要的是保存了半月板传导载荷的功能，使膝关节的生物力学状态接近了正常状态，能防止晚期退行性变。

对盘状软骨部分切除者长期疗效，各家报道不一，这可能与盘状软骨的病理改变特点、手术适应证的选择及技术水平有关。对盘状软骨全切除者，术后应加强股四头肌锻炼，以防由于外侧副韧带松弛而影响膝关节的稳定性。

（史　斌）

第三节　髌股关节疾病

一、髌骨不稳定

（一）分型

髌骨是人体最大的籽骨，是伸膝装置的重要组成部分，其生理功能主要是传递并加强股四头肌的力量，维持膝关节的稳定，保护股骨关节面。髌骨的稳定性依靠髌骨股骨髁的几何形状，周围关节囊、韧带及髌韧带的静力性平衡和股四头肌内外侧力量的动力性平衡，当外伤、先天性或后天性疾病使平衡受到破坏时，髌骨可偏离正常位置，发生脱位或半脱位，或倾斜。髌骨脱位是指髌骨完全脱出股骨髁间沟，髌骨体一般滑移到股骨外髁的外侧。半脱位的髌骨没有完全脱离股骨髁间沟，髌骨嵴脱离股骨髁间沟底部向外移，髌骨外缘一般滑出股骨外髁边缘之外。髌骨移动可分为上、下、内、外方向，由于膝关节生物力学的特点，临床上以外侧移位最常见，而且常易复发，称为复发性脱位（半脱位）或滑动髌骨。文献上报道导致髌骨脱位或半脱位的因素多种，大致分型如下。

1. 按髌骨形态分型

（1）髌骨对线不良：不论是软组织还是骨结构异常，均会导致髌骨对线不良。软组织异常，包括韧带松弛、髂胫束异常多半附着在髌骨外侧、股内侧肌萎缩、股外侧肌肥大、髌外侧支持结构挛缩、髌骨外侧膨大，向外牵拉髌骨、髌韧带止点偏外、外伤致内侧支持带，特别是近年来提出的内侧髌骨股骨韧带（MPFL）损伤修复不佳等；骨结构异常，包括胫骨结节偏外，Q 角 > 15°、股骨颈前倾或股骨内旋、股骨髁间窝的形态异常、外髁发育不全、较正常稍低、膝外翻、胫骨外旋、膝反屈等。

（2）髌骨形态变异：如果髌骨内侧面较小而呈凸形或髌骨半月形两个面相互形成的角度为锐角，出现髌骨脱位的倾向较大。

（3）高位髌骨：高位髌骨为复发性髌骨脱位或半脱位的重要因素已得到证实，约有 50% 的患者存在高位髌骨。

2. 按脱位状况分型

（1）复发性髌骨脱位：创伤性髌骨脱位后，部分患者可因外力发生再脱位，最终仅因轻度扭转或牵拉即可脱位。女孩多见，可能是由于韧带过度松弛所致。多半有明显家族史，双侧发病者约占1/3。单侧脱位者左右发生率相等，好发年龄为 15~17 岁。

（2）习惯性髌骨脱位：在膝关节屈曲或伸直时，所有膝关节屈伸活动中，髌骨均可脱位。发生习惯性髌骨脱位的因素有：①胫骨外旋。②膝反张。③高位髌骨。④股骨髁和髌骨发育不良。

（3）持久性髌骨脱位：在膝关节伸直和屈曲的整个活动范围髌骨始终处于脱位状态。又分为先天性和后天性两种，前者多生后即有持久性的膝关节屈曲挛缩，后者多因股四头肌挛缩引起。

（4）持久性髌骨外侧半脱位：在膝关节伸直和屈曲整个活动范围髌骨始终处于半脱位的状态。

（5）髌骨髁间移位：当髌骨滑向其侧方时，发生髁间脱位，此类病非常罕见。

（二）临床表现

复发性髌骨脱位和半脱位两者症状相似，主要表现为髌骨周围钝痛，凡做增加髌股关节压力的活动，如上、下楼梯和下蹲时都会使疼痛加剧。Reilly 研究表明上、下楼梯时髌股关节的压力可达到体重的 2~3 倍，下蹲时可达到体重的 7~8 倍，经常复发的脱位和半脱位疼痛不明显，发病间歇时间较长者，脱位可引起疼痛。患者多有膝关节不稳定的各种感觉，如乏力、支撑不住"打软腿"、突然活动不灵，有时甚至摔倒。由于许多膝关节疾病都可以引起膝关节不稳定，所以此症状无特异诊断意义，患者准确地叙述髌骨脱位的病史具有诊断意义，有些病例膝关节出现肿胀，但多数不明确，只有关节胀感，还可表现为交锁，活动时出现摩擦。

复发性髌骨脱位如一闪而过，诊断有一定困难，应仔细检查，同其他膝关节疾病临床检查一样，视诊应注意观察下肢有无畸形，如膝内外翻、股骨胫骨旋转及后足旋后畸形等，还应观察髌骨的活动轨迹是否正常。正常情况下，膝关节伸直位，髌骨位于股骨髁的外上方，膝关节屈曲 10° 时髌骨从外上方位置平滑地进入股骨髁间窝，随着膝关节屈曲的增大，髌骨位于股骨髁中央，若轨道试验阳性，则是髌骨不稳定的特异性体征，检查方法是患者坐于床边，双小腿下垂，膝屈曲 90°，使膝关节慢慢伸直，观察髌骨运动轨道是否呈一直线。若有向外滑动，则为阳性。髌骨不稳定的患者在站立、仰卧或伸直膝关节时一般不表现为髌骨侧方移位，但在屈膝位常可观察到受累髌骨的位置偏外，严重者可完全滑到股骨外髁外侧，触诊有髌股关节压痛及髌骨内外侧支持带止点处压痛。

检查时可发现髌骨被动倾斜试验及髌骨内外侧滑动试验阳性，髌骨被动倾斜试验是检查外侧支撑带松紧度。正常膝关节伸直位，髌骨可被动向外倾斜 15°，如不能倾斜或只能向内倾斜，说明膝外侧支持韧带紧张，此试验可在膝关节不同屈曲度情况下进行，要注意和对侧膝关节比较。髌骨内外侧滑动试验是在膝关节伸直位或各种不同屈曲位进行，正常情况下滑动向内不超过一横指，向外不超过 3/4 髌骨，如超过此范围说明内或外支持韧带松弛。在肌肉松弛条件下，检查者将髌骨向外侧推，并徐徐屈膝，至 30° 左右髌骨被推向半脱位或接近于脱位时，患者感膝部不适，因恐惧髌骨脱位复发而加以阻止，并试图伸膝使髌骨回到较正常的位置。这种髌骨被动半脱位试验和出现的"恐惧症"有一定诊断意义。

髌骨复发性脱位和半脱位的患者可并发膝关节其他病变，有关节内紊乱症的表现。股四头肌萎缩，尤其股内侧肌更加明显。

临床检查中，Q 角测量具有诊断和治疗意义。股四头肌收缩是髌骨脱位的动力性因素，其拉力方向对髌骨的稳定极为重要。Brautstrom 把股四头肌牵拉轴与髌韧带长轴在髌骨中点的交角称为 Q 角，临床上以髂前上棘至髌骨中点连线和胫骨结节至髌骨中点连线相交的角度来表示，在正常人中男性为 8°~10°，女性为 10°~20°。当股四头肌功能失常，或存在膝外翻、胫骨外旋、胫骨结节偏外和股骨颈前倾等畸形时，Q 角增大，股四头肌收缩将使髌骨向外侧移位。

（三）辅助检查

1. X 线片　对诊断有很大价值，可以显示髌骨形态和位置是否正常，常规应拍膝关节正侧位及髌骨轴位 X 线片。正常人正位片髌骨位于股骨髁中央，其下极位于膝关节线，在侧位片可测量髌骨的高度，其方法有多种，常用 3 种方法，即 Blumenssat 法、Insall 和 Salvati 法、Blackburne 与 Peel 法。Blumenssat 技术要求在准确的膝关节屈曲 30° 位侧位 X 线片上测量，正常膝关节髌骨应在髁痕画线和髁间窝画线之间（图 10-5A）；Insall 应用屈膝 30° 的侧位 X 线片，测量髌骨长度 Lp 和髌腱长度 Lt 之比，髌骨的长度取最长对角线的长度，而髌腱的长度是在它的后面测量，从其起点即髌骨下极至它的胫骨结节处（图10-5B），两者之比 Lt/Lp 的正常值为 0.8~1.2。>1.2 为高位髌骨，<0.8 为低位髌骨。如胫骨结节病变时，此法不够准确。Blackburne 和 Peel 提出一种测量法，在屈膝 30°侧位 X 线片上测量，沿胫骨平台向前引一直线，并做两个测量，即 a 代表髌骨关节面远端至胫骨平台延长线最短的距离，b 代表髌骨关节面的长度（图10-5C）。a/b 之值，正常为 0.8，如 >1.0 为高位髌骨，此法最可信赖。

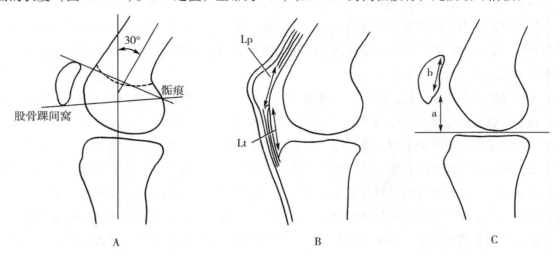

图 10-5　测量髌骨高度

A. Blumenssat；B. Insall 法；C. Blackburne 和 Peel 法（a 为髌骨关节面远端至胫骨平台延长线的最短距离；b 为髌骨关节面的长度）

髌骨轴位 X 线片对髌骨向外侧偏斜及半脱位有肯定的意义，可显示髌骨及滑车发育不良，髌股关节面不相适应及髌骨移位情况，可通过测量外侧髌股角、股骨髁间角、髌股适合角及髌股指数，以明确诊断。Lauzin 等报道仰卧屈膝 20°~30°位拍髌骨轴位可显示股骨髁间线与髌骨外侧关节面两缘的连线之间形成外侧髌股角。正常者此角应向外张开，髌骨半脱位者此角则消失或向内侧张开。股骨髁间窝角是指内外侧髁关节面连线之夹角，正常为 138°±6°。髌股适合度是指股骨髁间窝角平分线与髁间窝和髌骨关节面中央嵴连线之夹角正常为 6°±6°。髌股指数是指内侧髌股关节间隙最短距离与外侧髌股关节最短距离之比，正常为 ≤1：1.6，当 >1：1.6 时，可表明髌骨倾斜或半脱位（图10-6）。

2. 关节镜下直接观察　可观察髌骨与股骨的位置关系、运动轨道、髌骨与股骨关节软骨的改变。关节造影不仅能观察髌骨软骨的改变，还可以对比检查髌骨两侧支持带以及诊断滑膜皱襞综合征。

3. CT 扫描　可以更准确地反映髌股关节情况，以股骨髁后侧缘作为基线测量外侧髌股角，由于排除股骨的旋转因素而更加准确，且 CT 扫描可连续地测量适合角，是髌骨不稳定有力的检查手段。

（四）非手术治疗

复发性半脱位或脱位非手术治疗效果难以令人满意，对病情较轻、拒绝手术或有禁忌证者，可试行股四头肌练习、限制增加髌股关节负荷的活动、绷带包扎或护膝保护等。骨关节炎症状严重者，适当应用非甾体类消炎止痛药物。

（五）手术治疗

经非手术治疗无效，症状和体征较严重者，应采取手术治疗。文献上有关治疗髌骨复发性脱位和半脱位的手术方法甚多，可概括为两类。一类是着眼于调整髌骨力线，改善股四头肌的功能或稳定髌骨，适用于髌股关节尚无显著变性者。另一类是切除髌骨，重建股四头肌结构，适用于髌股有严重变性的病例。由于复发性髌骨脱位与半脱位的相关因素甚复杂，没有一种手术能适用于所有患者，必须查明致病原因，根据髌骨对线情况、伸膝装置的稳定性及骨性结构有无异常，选择适当的手术方法。当一种手术不足以解决问题时，应将几种手术联合应用。常用术式如下。

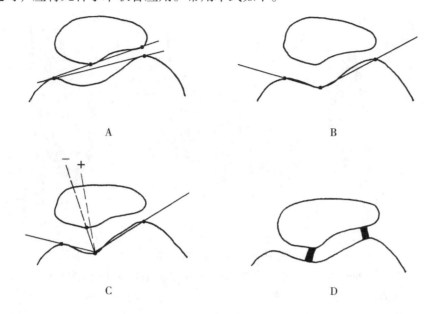

图 10 - 6　髌股适合性 X 线测量法

A. 外侧髌股角；B. 股骨髁间窝角；C. 髌股适合角；D. 髌股指数

1. 调整髌骨近端力线

（1）膝外侧松解术：此手术一方面可以调整髌骨力线，改善髌骨位置，减轻髌股外侧关节压力，另外还可以减轻外侧支持带内神经末梢的张力，主要适用于髌股关节高压症患者。在硬膜外麻醉和止血带控制下操作，先作髌骨外缘纵切口，止于胫骨结节部。切开外侧翼状韧带和关节囊，探查关节内部。向上分离股外侧肌下部纤维，直至髌骨回到正常位置。缝合滑膜囊及皮肤切口。膝外侧松解术也可结合关节镜检查施行。Chen 等采用的"闭合性"膝外侧松解术作膝前外侧小切口，先做膝关节镜检查，然后经此切口将钩刀插入关节囊，将其与外侧支持带一起切开，范围自髌上部至髌韧带止点。膝外侧松解术简单，对单纯性髌骨脱位或半脱位适宜，效果好，对病情较复杂者应结合其他手术进行，我科行关节镜下外侧支持带松解术 80 余例，术后弹力绷带固定，使髌骨有内移外力，同时加强股四头肌功能锻炼，经 2～3 个月锻炼，才会逐步显示较好临床效果。

（2）膝内侧关节囊缩紧筋膜成形术：当膝关节前内侧关节囊结构松弛，股四头肌力线正常，髌股关节面无明显变性时，缩紧内侧关节囊同时做膝外侧松解术有一定效果。内侧关节囊缩紧术是沿髌骨和髌韧带内缘切开皮肤，在前内侧关节囊上切取一 12.5 cm×1.5 cm 左右的带状瓣，其底在髌骨上方。探查关节内部后，缝合滑膜。等外侧松解后，缝合内侧关节囊。在髌骨上方用手术刀横穿股四头肌腱，将关节囊瓣由内向外通过股四头肌腱拉向外侧，抽紧后反折回内侧，与关节囊缝合，其本身起到吊带作用，附着在内侧，限制髌骨外移（图 10 - 7）。

术后石膏固定于伸膝位，开始股四头肌练习。3～4 周后可扶拐下地并解除外固定，练习膝关节活动。

（3）内侧髌股韧带重建术：内侧髌股韧带（MPFL）附着于髌骨内缘中上部，股骨附着点在股骨内收肌结节，它可防止髌骨向外脱位，如果因外伤造成内侧髌股韧带损伤断裂，会造成髌骨半脱位或脱位，近年来有文献报道用半腱肌腱重建内侧髌股韧带，取得了较好的临床效果，且手术创伤小，膝关节功能恢复好。

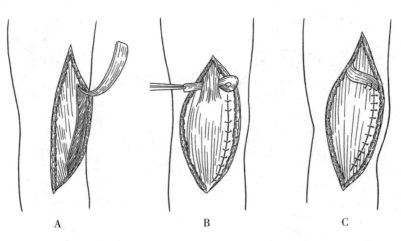

图 10 - 7　Campbell 手术

A. 从内侧游离出一筋膜条，蒂在近侧；B. 穿过股四头肌的肌腱拉向

外侧；C. 再返回来自身缝合固定，起吊带作用，附着在内侧

（4）股内侧肌止点移位术：孟继懋提出将股内侧肌止点向下外侧转移，以加强髌骨内侧的肌肉拉力。此法适用于股内侧肌力正常的病例，并与外侧松解及内侧关节囊缩紧术同时施行。手术从膝外侧松解术开始，于大腿外下方沿髂胫束做皮肤切口，到胫结节处弯向内侧。翻起皮瓣，松解外侧挛缩的软组织。如遇髂胫束挛缩或有纤维与髌外缘相连，可将其分开，并延长或切断髂胫束。股二头肌挛缩者予以延长。不少病例股外侧肌止点偏低，有的可直接附着于髌骨外上缘，应将其止点切开上移。继沿髌内缘切开内侧关节囊，探查髌骨关节面，若有软骨软化，给予相应处理。对力线不正的病例做髌韧带或胫骨结节移位术。切除多余的内侧关节囊并作缩紧缝合。游离股内侧肌止点并向下外方牵引，使其远端接近髌骨外下缘。用褥式缝合数针将髌骨内上缘软组织与止点上方 2～3 cm 的股内侧肌缝合固定。股内侧肌远端缝固于髌骨外下缘（图 10 - 8）。股外侧肌止点一般上移 3～4 cm 缝合。分层缝合切口。术后以长腿石膏伸膝位固定 6 周。除去石膏后开始膝关节屈伸功能练习。

2. 调整髌骨远端力线

（1）肌腱转位手术：股薄肌、半腱肌和缝匠肌均可单独或联合转移肌腱至髌骨，增强髌骨的稳定。对儿童常用的方法是在膝外侧松解术后，在腱、肌接合部切断半腱肌，将肌腱从内下向外上方斜行通过髌骨隧道，拉紧后反折缝合固定（图 10 - 9）。

（2）髌腱手术：做外侧松解术后，将髌腱外侧半在胫骨结节的止点切断剥下，使该部绕过髌腱内侧半后面转移至胫骨内侧，或内侧关节囊上，在适当张力下缝合固定（图 10 - 10）。本法又称 Roux 或 Goldthwait 手术，以此控制髌骨外移，但有时可引起髌骨歪斜，对运动量大和股四头肌力强者也有发生韧带内侧半断裂的可能。

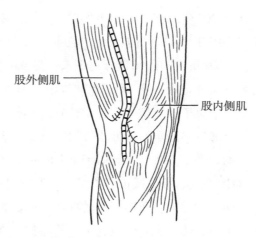

图 10 - 8　孟氏股内侧肌止点下移及股外侧肌止点上移术

A. 股外侧肌；B. 股内侧肌

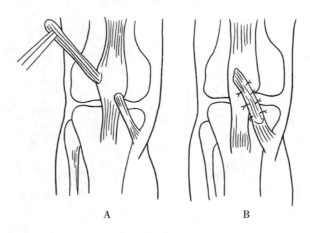

图 10 - 9　半腱肌腱转移术

A. 将半腱肌腱远段从内向外上斜行穿过髌骨隧道；B. 拉紧半腱肌腱自身缝合固定

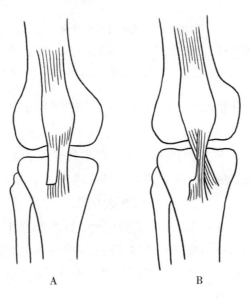

图 10 - 10　Goldthwait - Roux 手术

A. 将髌腱外侧半劈开；B. 经内侧半的后面，并缝在胫骨骨膜瓣的下面

（3）胫骨结节移位术：当 Q 角 >20°时，上述软组织手术常不足以纠正髌骨移位，而需转移髌韧带止点。常用的 Hauser 法，做膝前内侧皮肤切口，自髌骨上方至胫骨结节下方 1.5 cm。游离止点以上的髌韧带。将 1.2 cm×1.2 cm 胫骨结节骨块连同髌韧带分离下来。做膝外侧松解术，并探查关节，特别注意髌股关节面情况，如无显著变性，缝合滑膜囊。将髌韧带向内牵拉，确定新的胫骨止点。髌韧带止点位置的选择主要根据两点：①髌骨应位于股骨髁间沟正常位置。②胫骨结节应仅为内移，不能下移，以免股四头肌过于紧张导致屈膝功能障碍和严重的髌骨软骨软化或膝反屈。膝关节伸直，股四头肌放松时，髌骨下极应处于胫骨棘尖的平面。手术方法是将髌韧带止点的胫骨结节用骨凿凿下 1~1.5 cm 的骨块，膝关节伸直使 Q 角呈 0°，此时即是髌韧带应抵止的位置，一般约内移 1 cm，于胫骨干凿下的胫骨结节凿下骨槽的内侧与其垂直凿一横行骨槽，呈凸形，将横行骨槽皮质下刮出部分骨松质，连同髌韧带的胫骨结节平行移到此骨槽的皮质下内，达到所属的位置上，若髌韧带在骨槽内稳定，不需做内固定，原横行骨块可填充于外侧的骨槽内，缝合软组织（图 10 - 11）。术后用长腿石膏固定，4 周后开始轻柔活动并可在伸膝位行走。术后 6 周可自由活动膝关节。在固定期间应注意练习股四头肌肌力，以利于膝关节功能的恢复。

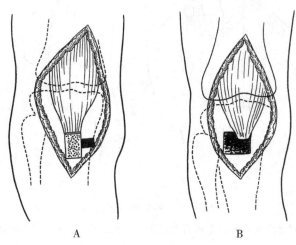

图 10 - 11　髌韧带止点内移术

A. T 形开槽，取下横行骨块，刮除部分骨松质；B. 胫骨结节骨块与髌韧带一起移至骨槽内

若有膝外翻畸形或股骨外髁过低者，应先行截骨术或股骨外髁垫高术，再行髌骨脱位矫正术。上述两种畸形应分两期手术进行。

3. 髌骨切除股四头肌成形术　复发性髌脱位伴有严重的髌股关节变性时，不适用上述两种手术，可考虑切除髌骨，修复股四头肌结构。West 和 Soto - Hall 采用髌下方 U 形切口，显露髌骨，在该骨下 1/3 平面 U 形切开股四头肌扩张部，摘除髌骨。探查膝关节，对关节内病变行相应处理后，将上部关节囊和股四头肌腱向内下方牵拉，使与下部关节囊重叠缝合；内移幅度 1.5~2 cm，下方重叠约 1.5 cm。游离股内侧肌下部并形成一 V 形肌瓣向外下方转移，覆盖缝合于髌骨切除后形成的缺损区之前内侧部。外侧可缝合滑膜囊，但不缝合关节囊及股四头肌扩张部的裂口，屈膝至 90°，观察缝线张力是否过大，必要时重新调整。缝合皮肤切口（图 10 - 12）。

术后用长腿石膏固定 3 周，开始练习膝关节活动。5~6 周可完全不用保护，坚持锻炼直到功能恢复。

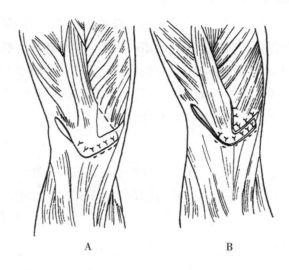

图 10 – 12　髌骨切除股四头肌成形术

A. 股四头肌扩张部内下移位与下部关节囊重叠；B. V 形股内侧肌瓣向外下移位缝合

二、髌软骨软化症

（一）病因

髌软骨软化症（chondromalacia patella），又称髌骨软骨病，是指髌骨软骨的软化和进行性破裂，系髌股痛的常见病因。

（二）发病机制

对其发病机制和治疗争议颇多，一般认为髌骨外伤、髌骨不稳定等为致病因素（称为继发性髌软骨软化症），但很多病例找不到明确病因为原发性髌软骨软化，本症的病理变化有两种，即基底型和表面型。基底型病变开始于软骨与骨交界面，逐渐向软骨表面发展。多由于外伤致交界面承受过多的负荷和剪力，好发于内侧面和髌骨下极。表面型为病变从表面开始，逐渐向深层发展，直到最终软骨下骨质暴露，好发于髌骨副面（oddfacet），由于髌骨副面在膝关节屈曲 130°时才与股骨内髁接触，所以有人认为是失用性造成髌骨副面关节的软骨软化症。还有人认为本症病变多发生在髌骨关节中间区与内侧区交界部分，认为与该处软骨厚达 0.8 cm，来自滑液的营养可能不足，致软骨脆性增加，易于损坏有关。组织蛋白酶的释放可破坏基质的糖蛋白链，进一步削弱软骨。髌软骨软化还可能与髌股骨接触压有关。髌股骨接触压的分布不均匀，Q 角改变时更为明显；Huberti 等发现髌股骨接触压于屈膝 60°～90°位置时最高，而髌骨软骨软化的好发部位正好相当于屈膝 40°～80°时髌骨和股骨的接触区。

（三）病理改变

髌软骨软化的变性，镜下表现为关节软骨粗糙或明显龟裂。Outerbridge 按病变发展分为 4 级：①一级为软骨肿胀软化。②二级为范围小于 1.3 cm 的软骨碎裂。③三级为软骨碎裂超过 1.3 cm。④四级软骨糜烂深及骨质。这种人为的划分仅说明病变的广度或深度，各家采用的分级标准不完全相同。例如，Ogilvie – Harris 将髌软骨软化症在关节镜下的表现分为 3 级：Ⅰ级为软骨面软化，可有小的表面裂隙和泡状病损；Ⅱ级表面为蟹肉状碎裂；Ⅲ级为髌软骨下骨质外露，股骨沟面也有相应病变。

（四）临床表现

本病女性多见，起病渐缓。患者多有膝关节半蹲发力过劳史，或一次撞击史。主要症状早期仅为膝软，上下楼无力，以后是髌骨深面间歇性疼痛，屈膝久坐或做下跪、下蹲等动作时加重，膝关节发软及不稳，尤其上下楼梯及关节开始活动时明显，最后走跳也痛。常见体征有病程长者股四头肌萎缩，有的出现积液。特异性体征有：①髌骨压痛，90.4%的患者为阳性。②髌骨周围指压痛阳性者为90.3%（内侧缘为多）。③抗阻力伸膝痛，78%阳性。④单足半蹲位试验，100%阳性。⑤髌骨关节面不平感，摩擦音阳性多见。⑥伴有滑膜脂肪垫炎的患者，有膝过伸痛。

（五）辅助检查

X线片检查，早期多无变化，晚期可见关节面骨质硬化，脱钙囊性变，关节面边缘骨增生。膝关节镜是很有价值的诊断手段，不仅能发现病变，还可明确病灶的广度和深度。

（六）诊断

主要根据临床表现和辅助检查确诊。

（七）治疗

1. 非手术治疗　早期症状轻的患者，一般先采用非手术疗法，主要是避免能引起疼痛的各种活动，如剧烈运动、过度屈膝、下跪和下蹲等，股四头肌等长收缩练习可增强四头肌张力，按摩可消除髌周及滑膜炎症，减轻疼痛；超短波可增加血液循环，中药外敷及直流电药物透入都有一定疗效；泼尼松龙关节内注射25 mg，每周1次，适用于关节肿胀积液明显，滑膜肥厚者，最多注射3次。可使用非激素类抗炎止痛药物，如阿司匹林、吲哚美辛、双氯芬酸等减轻滑膜炎及缓解疼痛，运动员必须在症状消失或减轻后再恢复锻炼。经3~6个月非手术治疗无效，病残较重者宜做膝关节镜检查，确诊为髌软骨软化者，可考虑手术治疗。

2. 手术治疗　包括关节外及关节内手术。关节外手术主要是调整髌骨的位置，使半脱位的髌骨回到正常位置。手术方法有外侧松解术、髌韧带转位术和胫骨结节前移术等。胫骨结节前移术可以增加股四头肌的力臂，减小髌股关节之间关节压力及增加髌股关节接触面积，胫骨结节前移术通过增加股四头肌和髌韧带之间的夹角，减少髌股关节压力，Maquent计算胫骨结节前移2 cm可以减小髌股压力50%（图10-13）。截骨术适用于膝内外翻者；髌骨骨髓减压术（钻孔术），于髌骨侧向钻3~4个孔（在骨内），部分患者症状可明显减轻。这些术式可选择应用。

Maquent胫骨结节前移术采用膝前内侧皮肤切口，游离髌韧带并松解髌下脂肪垫。切开关节，完成髌软骨面清创及切除股骨内髁嵴部。松解膝外侧和缩紧膝内侧支持结构。将一条包括胫骨结节和髌韧带止点，大小约为长11 cm，宽2 cm，厚1.5 cm的舌形骨块细心向前掀起，自髂骨嵴取一全厚骨块，修成约2.5 cm正方形嵌垫于舌形骨瓣上端与胫骨主干之间，以加压螺纹钉固定（图10-14）。缝合皮肤前需广泛游离皮瓣，避免缝合张力。术后石膏固定6周，进行股四头肌与小腿肌肉练习，术后3周可扶拐下地。

如患者同时伴有髌骨脱位或倾斜，可行胫骨结节内移位术，胫骨结节内移可调整髌骨力线，减小Q角，Fulkerson通过斜行截骨行胫骨结节前内移位术，调整截骨角度，可获得不同程度的前移或内移（图10-15）。手术时用加压螺钉固定胫骨结节，术后石膏固定6周。

关节内手术包括髌软骨病灶环切、髌骨床钻孔、关节小面切除和病变软骨刨削等，疗效难以肯定。

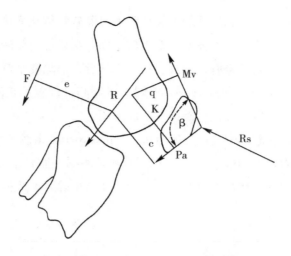

图 10 - 13　胫骨结节前移术减轻髌股关节压力原理

β = Mv 和 Pa 两作用力之点角；c = 作用于胫骨 Pa 力之力臂；e = F 力的力臂；F = 膝关节屈曲力；K = Pa 之力臂；Mv = 股四头肌力；Pa = 髌韧带力；q = Mv 的力臂；R = F 和 Pa 的结果；Rs = Mv 和 Pa 的结果

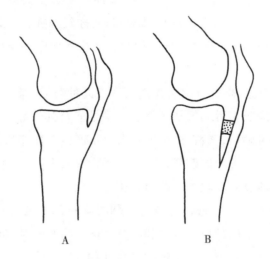

A   B

图 10 - 14　Maquent 胫骨结节前移术

A. 术前；B. 胫骨结节前移固定后

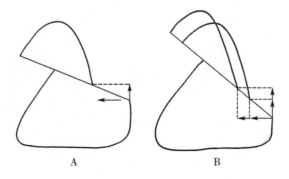

A   B

图 10 - 15　斜行截骨胫骨结节前内移位术

A. 斜行截骨可使胫骨结节向前内移位；B. 斜度大的截骨可产生较多的向前内移位

随着关节镜外科技术的发展，近年来开展了关节镜下对髌软骨软化症进行手术治疗。治疗方法包括灌洗、刨削和膝外侧松解，射频气化刀处理不平毛糙软骨面。结果也是病变轻者好，重者差。据认为关节腔灌洗可以清除引起滑膜炎的软骨碎屑，缓解症状。刨削旨在清除和平整软骨病灶，据 Ogilvie – Harris 的经验，对由外伤引起的髌软骨软化症有效。外侧松解对髌骨位置不正者可改变髌股关节的病理力学状态。关节镜下手术造成的病残较轻，有条件者可以采用。

髌软骨软化症的疼痛症状与髌骨内高压可能有关。Bjorkstrom 测出髌软骨软化症患者的髌骨内压比对照组明显增高，二者分别为 5.83 kPa 和 2.47 kPa。有迹象表明，髌骨钻孔减压可以缓解髌股痛。

对严重的病变广泛的髌软骨软化症可行髌骨部分切除或全切除术、股四头肌成形术。

（史 斌）

第四节　膝内翻与膝外翻

膝内翻和膝外翻系指双下肢自然伸直或站立，两内踝（膝）相碰，而两膝（内踝）不能靠拢者，为较常见的下肢畸形。好发于儿童和青少年。膝内翻又称弓形腿，俗称"罗圈腿"，双腿内翻者又称"O"形腿，单下肢腿内翻者，称为"D"形腿。膝外翻又称碰膝症，俗称"外八字腿"，双下肢外翻者，又称"X"形腿，单下肢外翻者，称为"K"形腿。发病率地区差异性较大，一般而言，寒冷地区高于温热地区。

膝内外翻致病原因很多，现已知有 40 多种疾病可继发此种畸形，除最常见的婴幼儿时期的佝偻病、青春期佝偻病外，尚有脊髓灰质炎、骨骺损伤、骨折、平足症及其他导致股骨或胫骨发育异常的疾病，如结核、肿瘤、囊肿等膝内外翻畸形，较轻的早期患者可不产生明显症状，只影响外观，但重度可产生轻重不同的症状，且由于下肢负重力线的改变，日久可继发韧带和关节囊张力改变、胫骨代偿性畸形、退化性骨关节炎、髌骨脱位及髌软骨软化等，并引起相应症状。

根据症状和体征，进行必要 X 线检查，对膝内外翻的诊断并不难，但对每个患者，要仔细询问病史，认真查体寻找病因，明显畸形的部位、方向和严重程度，除及时对畸形进行适当的治疗，包括非手术疗法和手术矫形外，特别要注意特殊疾病所致的膝内外翻的原发病的治疗。

（史 斌）

第十一章

踝关节损伤

第一节　单纯内、外踝骨折

一、内踝

无移位的内踝骨折一般可采用石膏固定治疗，但对于对踝关节功能要求较高的患者，应行内固定以促进骨折愈合及康复（图 11 - 1）。Herscovici 等报道，用非手术方法治疗单纯内踝骨折有高的骨愈合率和好的功能结果。移位的内踝骨折应采取手术治疗，因为持续的移位允许距骨内翻倾斜。仅涉及内踝尖端的撕脱骨折与踝穴部受累者不同，其稳定性较好，除非有明显的移位，一般不需内固定。如果症状明显，可行延迟内固定。常用 2 枚直径 4 mm 的骨松质拉力螺钉在垂直于骨折的方向固定内踝。一些学者建议使用 3.5 mm 的单皮质拉力螺钉，而不采用 4 mm 的骨松质螺钉，因为生物力学数据表明这样可以增加骨结构的强度（图 11 - 1A）。

较小的骨折块可用 1 枚拉力螺钉和 1 枚克氏针固定以防止旋转（图 11 - 1B）；对于骨折块太小或粉碎性骨折不能用螺钉固定者，可用 2 枚克氏针及张力带钢丝固定（图 11 - 1C）；另外，现在已经研发出适合于微小骨折块固定的螺钉，这将是固定小骨折块最好的选择方法。内踝的垂直骨折需要水平导向的螺钉或防滑钢板技术（图 11 - 1D、E），Dumigan 等证明了用中和钢板固定内踝的垂直骨折具有生物力学优势。

虽然不锈钢置入物最常用于内踝骨折，但对生物可吸收置入物的安全性和疗效已有研究。可吸收置入物主要的理论优点是减少了因螺钉帽周围皮肤软组织的突起或触痛而需后期取出置入物的概率。尽管生物可吸收置入物已经得到成功应用，并且从已经报告的临床结果来看与不锈钢相比没有显著性差异，但是有 5% ~ 10% 的患者后期出现与聚乙交酯降解有关的分泌物从无菌窦道流出。一项包含 2 528 例患者的病例研究报道称，4.3% 的患者临床上发生了明显的局部炎症性组织反应。

我们倾向于采用金属内置物，根据骨折的具体形态选用合适的螺钉或者钉板结合进行固定。尽管可吸收内置物在固定累及关节面的骨折块时有其优越性，但在内踝骨折的固定方面，不能完全替代传统的金属内置物。

内踝应力性骨折内踝应力性骨折的常见临床表现为局部疼痛、肿胀、压痛。最初，骨折在 X 线片上可能看不清楚，但是通过骨扫描、CT 或 MRI 检查可以清晰地看到骨折线。在复查的 X 线片中，应力性骨折经常清晰可见。Shelbourne 等建议，对 X 线片上可以看到清晰骨折线的应力性骨折行内固定治疗，而对仅通过骨扫描发现者则采用石膏固定。内踝应力性骨折有很高的发展为完全骨折的风险，会延迟愈合或不愈合。手术等积极的治疗方法是必需的。如果应力性骨折采用手术治疗，需要限制活动 4 ~ 5 个月。

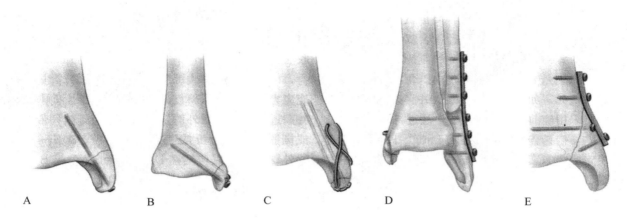

图 11 - 1　内踝骨折的固定

A. 单拉力螺钉固定大块骨折；B. 1 枚直径 4 mm 拉力螺钉及 1 枚克氏针联合应用固定小块骨折；C. 张力带钢丝固定低位横行骨折；D. 垂直拧入直径 4 mm 的拉力螺钉固定低位横行骨折；E. 水平拉力螺钉固定加钢板固定

二、外踝

　　虽然不伴有明显踝关节内侧损伤的外踝骨折很常见，但对这些骨折的开放复位指征仍有争议。文献报道，腓骨骨折所能接受的最大移位范围为 0 ~ 5 mm。对于大多数患者，根据其功能要求，可以接受 2 ~ 3 mm 的移位。在双踝骨折中已经显示了距骨移位伴随外踝的移位；因此，对于这些损伤，解剖复位外踝是必需的。生物力学研究发现，单纯外踝骨折在轴向负荷时并不干扰关节运动学或引起距骨移位。长期临床随访研究表明，应用闭合复位治疗旋后外旋 Ⅱ 型骨折，即使腓骨骨折移位 3 mm，功能结果优良率仍达 94% ~ 98%。不管是否达到解剖复位，对于旋后外展型的二期损伤，手术治疗的效果与闭合复位的效果相似。如果不能确定外踝骨折的稳定性，应拍摄踝关节旋后外旋位应力 X 线片，检测距骨有无移位，了解内侧损伤情况。Koval 等评估了一个阳性压力试验是否可以预测外踝骨折手术固定的需要性。在他们的研究中，对所有踝关节应力 X 线片显示有骨折的患者都进行了 MRI 的检查以评估其三角韧带复合体的完整性。只对三角韧带复合体完全断裂的患者进行手术固定。在至少 1 年的随访中显示，部位断裂的患者采用非手术方式已经成功治愈。其他研究者提议采用超声评估三角韧带以区分是等价的双踝骨折还是单纯的外踝骨折。另外一些研究者提议，通过术前的 X 线和 CT 检查预测在旋后外旋型踝关节骨折中下胫腓联合是否损伤。Choi 等认为，在 CT 图像上，腓骨骨折高度超过 3 mm，同时内踝间隙超过 4.9 mm，或者在 X 线片上，腓骨骨折高度超过 7 mm，同时内踝间隙超过 4.0 mm，是对下胫腓联合损伤不稳定的一个重要提示。然而，目前尚无理想的术前诊断流程评估踝关节内侧结构的损伤程度，进而确定其是否需要手术治疗。

（符彦基）

第二节　双踝骨折

双踝骨折同时破坏了踝关节的内外侧稳定结构。移位减少了胫距关节接触面积，改变了关节运动学。虽常能够做到闭合复位，但消肿后不能维持正常的解剖位置。据文献报道，闭合复位治疗双踝骨折的不愈合率约为10%，但并不一定都有临床症状。20%的双踝骨折伴有胫骨和距骨关节内损伤，闭合复位时，这些损伤得不到治疗。长期随访的随机前瞻性研究发现双踝或相当于双踝的骨折患者进行手术治疗结果优于非手术治疗者。Bauer等进行了长期随访研究，他们也证实旋后外旋Ⅳ型骨折手术治疗效果较好。Tile和AO组织建议对几乎所有的双踝骨折都应行双踝的切开复位内固定治疗。

对于大多数有移位的双踝骨折，我们也建议行双踝切开复位及内固定治疗。大多数外踝的 Weber B 型和 C 型骨折可以用钢板和螺钉固定，而有些患者踝部外侧的内固定物会产生症状。然而，在一项研究中显示，仅有半数患者在取出内固定后疼痛缓解。研究建议对 Weber B 型外踝骨折采用抗滑技术行后方钢板固定，从而避免了螺钉进入关节的可能性，减少了触摸到内固定物的发生率，并能提供较强的结构。在一组32例患者的前瞻性研究中，没有发生不愈合、畸形愈合、伤口并发症、固定松动或关节内螺钉或可触及的螺钉。4例患者有一过性腓骨肌腱炎，2例患者由于拉力螺钉的位置不佳引起症状需取出钢板。Weber 等的研究表明外踝的后方抗滑钢板的下拉会引起腓骨肌腱的损伤。在他们的研究中，30%的患者在内固定取出时有腓骨肌腱损伤。然而，这些患者中仅有22%在术前有症状。这些学者的结论是肌腱损伤与远端钢板的置入和在钢板最远端孔拧入的螺钉有关，因此，建议避免在远端置入内置物或早期移除内植物。

对有些外踝骨折患者仅用拉力螺钉固定也可能减少内固定的隆起（图11-2）。一些研究者已经报道了只用拉力螺钉固定外踝骨折的成功经验，没有出现骨不愈合、复位丢失或软组织并发症。与钢板固定引起相似损伤相比，他们得出使用拉力螺钉内植物突出和疼痛问题更少。年龄<50岁的外踝骨折患者，如果属于简单斜行且仅有少量粉碎骨折块，则可以置入2枚相距1cm的拉力螺钉。

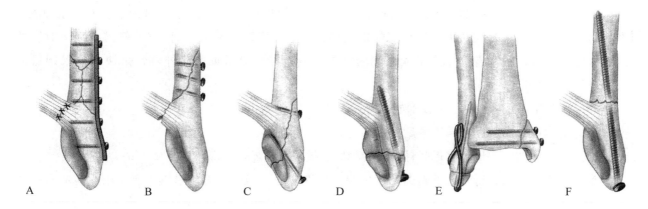

图 11-2　外踝骨折的固定

A. 标准腓骨骨折固定，应用3.5mm的1/3管型钢板和螺钉；B. 多个3.5mm拉力螺钉固定；C. 2枚拉力螺纹钉固定长斜行骨折；D. 单个3.5mm踝螺钉固定低位横行骨折；E. 张力带钢丝固定及4mm拉力螺钉固定伴随的内踝骨折；F. 3.5mm髓内螺钉固定

一项研究表明，对骨萎缩的腓骨骨折用髓内克氏针加强钢板固定，89%的患者有轻微疼痛或无疼

痛。在一项生物力学研究中，用克氏针辅助钢板，抗弯性能较单纯应用钢板增加81%，抗扭转增加1倍。

一般的关节周围骨折的手术治疗，特别是踝关节骨折，应限制在2个时期，即早期和晚期。切开复位内固定可在损伤后12小时内进行，否则由于广泛的肿胀，应延迟至损伤后2~3周。术中如果软组织过度肿胀，可能需要延迟关闭切口或植皮。一项研究发现，对Danis－Weber B型双踝或相当于双踝骨折的患者行急诊和延迟切开复位内固定的功能结果优良率相同，在并发症、复位程度、活动范围或手术时间上没有差别，尽管急诊手术住院时间短、疼痛即刻获得缓解；延迟手术在技术上可能较为困难，但适合于那些有严重闭合软组织损伤并存皮肤张力水疱的患者。骨折脱位需延迟切开复位者，必须立即行闭合复位和夹板固定，以防止皮肤坏死。

（符彦基）

第三节　后踝骨折

后踝骨折常伴随内、外踝骨折，后踝的手术入路可随其他骨折开放复位的需要而定。通常，前内侧切口用于固定内踝骨折，后外侧切口用于固定后踝及外踝骨折。如果后侧骨块更靠近内侧，可采用后内侧入路，以便同时固定内踝及后踝骨折。此外，也可在靠近跟腱的后内侧或后外侧另做一个切口，以便进行间接或直接的复位。

术前必须进行CT扫描来评估骨折的形态，包括骨折块大小、位置及后踝骨块任何伴随的边缘压缩。腓骨复位后，后踝骨折常可复位。如果腓骨复位后后踝骨折不能复位，且因骨折块较大或存在后侧不稳定而需要内固定时，应在内、外踝复位之前，先复位固定后踝骨折。目的是恢复胫骨下关节面的解剖关系，这比复位后侧的非关节骨折更为重要。因为需要直接地暴露关节面，内、外踝骨折的复位和固定都会使胫距关节间隙难以撑开，使显露更加困难。可将1枚粗斯氏针横行穿过跟骨并用牵引弓牵引，以增大胫距关节间隙。如果内、外踝尚未固定，助手应用这种方法可有效地牵开胫距关节。一个大的牵张器也可能是有益的。如果后踝骨折块小，应使用螺钉由后向前直接固定，因为由前向后置入的半螺纹拉力螺钉可能使螺纹部分跨过骨折线。术前计划和CT扫描有助于对后踝骨折线方向的理解，进而有助于手术入路和固定方式的选择。对常见的后外侧骨折块通常采用后外侧入路进行复位固定。

复位和固定胫骨后唇骨折手术技术如下所述。

1. 适当的术前计划和影像学回顾是非常必要的。

2. 通过后内侧切口，切开靠近胫骨后缘的胫后肌腱鞘可以显露后踝。

3. 推开内踝骨折块，行骨膜下剥离到达后踝。尽管这种入路可以直接暴露后踝正中，但通常只能采用螺钉固定骨折。

4. 在胫骨前唇上方1~3 cm由前向后插入2根克氏针，进入后侧骨折块。

5. 达到暂时固定后，选用合适的钻头，由前向后钻孔贯穿两个骨折块，用测量器测量深度，拧入1枚小的骨松质踝螺钉或其他合适的螺钉，使骨折块间产生加压作用（图11－3）。

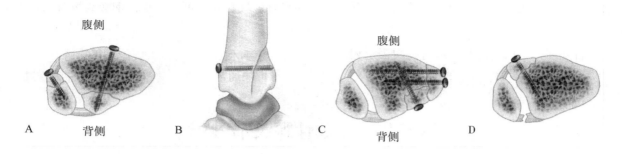

图 11 - 3 后踝骨折的固定

A. 由前向后拧入 4 mm 拉力螺钉，拉力螺钉也用于固定撕脱骨折；B. 由前向后拧入 4 mm 拉力螺钉，侧面观；C. 多枚拉力螺钉固定粉碎性骨折；D. 拉力螺钉固定胫腓前韧带在胫骨远端附着点的撕脱骨折

6. 如果使用普通螺钉，应扩大前面的骨皮质孔以获得拉力效果。

7. 然后拔除克氏针，再依次解剖复位及内固定外踝和内踝骨折。

8. 如果后踝骨折块偏外侧，可用后外侧切口。在跟腱外侧做一长 7.5 cm 的切口，注意保护腓肠神经。

9. 将跟腱牵向内侧，腓骨肌腱牵向外侧，暴露后踝。

10. 向前牵引足部并将其内收及内翻，以恢复胫距关节的正常关系。

11. 用巾钳牵引胫骨后唇矫正其向近端移位，用 1~2 枚拉力螺钉，由后向前拧入胫骨干骺端，固定骨折块。也可以选择放置一块后方的防滑钢板，其在生物力学方面优于单纯的螺钉固定。

12. 胫骨后唇骨折固定后，如前所述修复内、外踝骨折。

13. 通过前内侧切口仔细检查胫骨下关节面，证实已达解剖复位，这是基本要求，不允许残留任何移位。

14. 关闭伤口之前，通过 X 线片检查所有骨折块的位置。

术后处理：术后处理与双踝骨折内固定相同。

（符彦基）

第四节 前踝骨折

这类骨折类型是纵向暴力造成的，可以看作踝关节骨折和 Pilon 骨折的过渡形式。前踝骨折与后缘骨折虽然骨折位置相反，但治疗上大致相同。然而有一点不同：前缘骨折通常由高处坠落使足和踝极度背屈所引起，这种骨折使胫骨下关节面受到的挤压可能更加严重。所以，胫骨踝关节面可能难以达到完全的恢复。必要时，按前述方法治疗伴随的内、外踝骨折。手术应在伤后 24 小时内或延迟至软组织条件改善后进行。术前 CT 检查可用于指导治疗边缘压缩部分手术方案的制订。

复位和固定前踝骨折手术技术，如下所述。

1. 采用前外侧切口暴露骨折，切口长 7.5~10 cm。向内侧牵开伸肌腱，继续剥离直至完全暴露踝关节的前面。

2. 清除小的游离碎骨片，尽可能保留关节面的完整性。

3. 整复向前半脱位的距骨，将大的前侧三角形骨折块整复至胫骨干的正常位置，用 1~2 枚螺钉贯穿固定；如果骨块较小，可用带螺纹的克氏针固定。如果骨折块粉碎，可用小支撑钢板或暂时用外固定架跨过踝关节固定。

术后处理：术后处理与双踝骨折内固定相同。

（符彦基）

第五节　开放性踝关节骨折

由间接损伤所致的开放性踝关节骨折，内侧开放性损伤是外侧的 2 ~ 4 倍。多项研究均已证明：与闭合制动延迟固定或即刻用克氏针暂时固定相比较，对包括 Gustilo Ⅲ 型损伤在内的踝关节开放性骨折行初期内固定具有显著的优点。我们也倾向外科清创后即刻行内固定治疗。如果伤口污染严重，则先用跨关节外固定架做临时固定，待判定伤口清洁和肿胀消退后再行切开复位。Ngcelwane 注意到，在一些内侧损伤的下胫腓联合部位有尘土和草叶，可能是被踝关节脱位所产生的真空吸入的；他建议做一个外侧切口进行贯通冲洗，这特别适合于伴有积气且脱位的 Danis – Weber B 型和 C 型骨折。除内固定外，可加用一个跨踝关节的临时外固定架，以方便处理伤口。软组织完全愈合后可去除外固定架。

可以预料大部分患者（80%）骨折愈合后可重返工作岗位，但 Wiss 等指出仅有 18% 的患者恢复到他们伤前的娱乐活动水平。开放性踝关节骨折的深部感染率约为 5%。我们发现踝关节开放性骨折，尤其是骨折脱位、糖尿病患者和伴有神经病变者，更易出现问题，经常发生感染或内固定失败，有时造成截肢。对这些患者，建议使用辅助外固定。

（郑晓玲）

第六节　不稳定的踝关节骨折脱位

Childress 介绍了一种治疗方法，对不宜采用常规方法处理的不稳定踝关节骨折脱位可能有所帮助。这在用于切开复位的手术切口部位存在擦伤或浅层感染时最常见。Childress 建议此方法仅可作为一种最后的手段，但屡次发现行之有效。我们主张使用能够固定到前足的单边外固定架，如果要确保预防马蹄内翻足，为了最终的治疗效果，应该选择外固定架固定。在外固定无法置入且需要保护软组织的罕见病例中，采用经皮的胫距距下关节螺钉。我们改良了手术方法，使钉可以直接固定在胫骨远端干骺端前方，以利于钉置入失败后的取出。

固定不稳定的踝关节的骨折脱位手术技术，如下所述。

1. 用胶布将 1 枚克氏针纵行粘贴在踝关节内侧面，恰好在中线上。

2. 然后整复骨折脱位，摄踝关节正、侧位 X 线片。

3. 用 X 线片上所见的克氏针为引导，将 1 枚 2.8 mm 光滑斯氏针于足底中线、在跟骰关节后 2.5 cm 向胫骨中心穿入。

4. 使钢针进入胫骨远端约 10 cm，拍摄 X 线片检查钢针及骨折块的位置。将斯氏针尾部留在足底皮肤外约 1.3 cm，敷料妥善包扎。

5. 用长腿管型石膏固定，勿将斯氏针尾埋入石膏。

术后处理：术后 4 ~ 6 周拆除长腿管型石膏，更换短腿管型石膏。根据愈合情况及原发骨折的稳定性，4~8 周拔除钢针。钢针拔除后方可允许负重，然后随着骨折的愈合而逐渐增加负重。

（郑晓玲）

第七节　踝关节陈旧性骨折治疗

踝关节骨折脱位，超过 3 周以上的，属于陈旧性损伤。因此时已失去了闭合复位的最佳时间，手术切开复位是唯一可行的途径。

一、陈旧性踝关节骨折或骨折脱位

（一）手术指征

损伤超过 3 周，但关节软骨无明显破坏者，均可做切开复位。

（二）手术方法

双踝骨折可采用内侧和外侧切口，分离骨折线及切除骨断端间的瘢痕组织，同时需清除踝关节内的瘢痕组织，这时即能直视下复位。首先固定外踝，距骨及内踝移位也往往随之纠正。外踝及内踝分别用螺丝钉固定。当然也可用张力带钢丝固定。

陈旧性三踝骨折（内翻外旋骨折）

关键在于恢复胫腓联合的解剖关系，外踝也必须尽力解剖复位。对伴有胫骨后唇骨折者，宜采取后外侧手术进路。此切口特别适宜用于胫骨后唇的后外部分骨折。若是伴内踝骨折，则另做不同的切口。术中：暴露内踝、胫骨后唇骨片及外踝骨片后，切除各骨折断间及胫腓下联合间瘢痕组织，清楚地显示胫骨的腓骨切迹。切除距骨体与胫骨下关节面间的瘢痕，以便恢复容纳距骨体的踝穴。在新发的三踝骨折中，首先固定胫骨后唇骨折。在陈旧性损伤中，胫骨后唇骨片的胫腓后韧带与外踝相连，外踝未复位前，胫骨后唇无从复位。先将外踝置于胫骨的腓骨切迹内，用钢板螺丝钉先固定腓骨，由于腓骨受周围挛缩软组织的牵拉，此时胫腓下联合必须仍分离。因此用螺丝钉固定胫腓下联合成为陈旧性踝关节脱位手术中的重要步骤。用 2 枚螺丝钉固定胫腓下联合，再复位固定胫骨后唇就比较容易。胫骨后唇骨片与距骨间存在瘢痕，妨碍骨片复位，常需将瘢痕切除。

外翻外旋型陈旧性损伤

内侧为内踝骨折或三角韧带断裂，外侧为腓骨中下 1/3 骨折、胫腓下联合分离、腓骨骨折线以下骨间膜破裂。

经内侧和外侧进路，在内侧暴露内踝骨折，外侧暴露腓骨干及胫腓联合。切除骨端和瘢痕，显露胫骨远端的腓骨切迹，然后将腓骨用钢板螺丝钉固定，胫腓下联合也用螺丝钉固定，即将外踝及腓骨远端固定于胫骨的腓骨切迹内。此时距骨及内踝即已复位，内踝即可用螺丝钉固定。固定内踝时，踝关节置于 90° 位，固定胫腓下联合时，踝背屈 20° 位，防止下联合狭窄及踝穴缩小。

若内踝无骨折，而踝关节内侧间隙增宽大于 3 mm，则在做钢板螺丝钉固定腓骨及胫腓下联合前，要先切除内踝与距骨关节面间的瘢痕，避免距骨难以复位。同时探查三角韧带深层。如发现三角韧带断裂，应先缝合三角韧带，但陈旧性损伤病例，其三角韧带的断端常挛缩，通常不能直接修补，需要用胫后肌腱替代。

内踝及外踝骨折畸形愈合

根据畸形不同，可行外踝斜形截骨，纠正外踝与距骨向外脱位。用 2 枚克氏针暂行固定胫骨和腓骨。切除距骨与内踝间瘢痕酌情内踝截骨，同时修补三角韧带。然后固定内踝及外踝。如果胫腓下联合不稳定，则螺丝钉经外踝穿过胫腓下联合至胫骨，以固定胫腓联合。

内踝骨折不连接

如果内踝假关节伴有疼痛和压痛，则需手术治疗。在伴有外踝骨折时，则应先固定外踝。如果内踝骨折骨片较大，可以修整两骨面，去除硬化骨，螺丝钉固定即可。植骨有利于内踝的愈合。考虑到内踝部位皮肤及软组织紧张，植骨片绝对不应置于骨折的表面，而用骨栓植入骨皮质深面。

二、踝关节融合术（图 11 - 4）

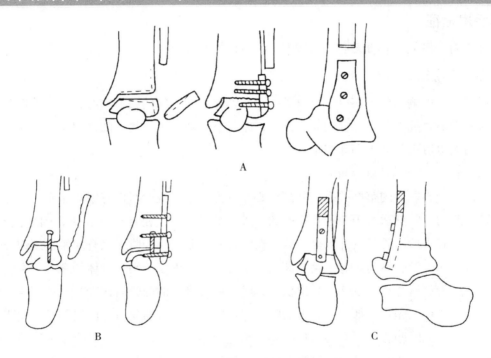

图 11 - 4　踝关节融合术常用术式举例示意图
A. 腓骨截骨融合术；B. 腓骨截骨加压融合术；C. 前滑槽植骨踝关节融合术

（一）腓骨截骨融合术

采用经腓骨切口。切除胫骨及距骨软骨，切除胫骨外侧皮质骨及距骨外侧面，切除腓骨远端的内侧面，然后切取腓骨置于踝关节外侧，胫腓骨间两枚螺丝钉固定，外踝与距骨用 1 枚螺丝钉固定。

（二）腓骨截骨加压融合术

位于胫腓下联合前纵形切口，切开皮下组织及深筋膜，游离腓浅神经的外侧支。切断并结扎腓动脉穿支。距外踝尖端 6 cm 处切断腓骨。游离腓骨软组织附着，自近侧向远侧，腓骨远端内侧皮质及外踝关节面切除，切除胫骨远端关节面，切除距骨的关节面，用粗纹螺丝钉固定胫距关节。然后切除距骨外侧关节面及胫骨的腓骨切迹，远端腓骨复位后用螺丝钉固定胫腓骨，另 1 枚螺丝钉固定外踝及距骨，此融合术方法简便，融合接触面广，骨片间有一定压力，有利骨愈合。

（三）前滑槽植骨踝关节融合术

采用踝关节前路，暴露关节囊，进入踝关节。自胫骨远端前面，截取 2 cm × 6 cm 长方形骨片。切除胫骨与距骨间软骨，同时纠正踝关节畸形，用粗克氏钢针或斯氏钉暂时固定踝关节，然后于距骨颈及体部位开槽，以接纳胫骨骨块。将胫骨片下端插入距骨槽内，近端骨片嵌于胫骨槽内。骨块与胫骨和距骨分别用螺丝钉固定。自胫骨槽内取松质骨，填塞在踝关节前间隙，缝合伤口，石膏固定。

三、踝关节成形术

（一）手术指征

1. 踝关节骨关节炎关节周围韧带完整，距骨无明显内翻或外翻畸形。

2. 类风湿踝关节炎未长期用激素，无明显骨破坏。

（二）禁忌证

1. 踝关节损伤性关节炎伴韧带损伤，距骨有20°以上内外翻畸形，解剖结构破坏，近期感染等。

2. 类风湿踝关节炎，经长期激素治疗，明显骨破坏。

3. 踝关节融合失败。

4. 距骨无菌性坏死。

（三）踝关节手术效果评定标准

1. 轻度或无疼痛。

2. 假体无移动及位置不良。

3. 不需要进一步手术。

（四）踝关节成形术后步态改变

1. 术后踝关节活动范围可在正常限度内，但是在步行周期中的某些阶段活动模式异常。正常人足着地时，仅足跟先着地，踝关节处中和位。当该足负重结束，足趾离地时，踝关节由背屈转为明显跖屈位。而踝关节假体置换术后，行走开始时整个足着地，即足跟及足趾与地面接触，踝关节处在最大被动的跖屈位，而足趾离地时，踝关节无跖屈或轻度跖屈，因此缺乏推进力。步态的改变与关节稳定性相关，踝关节及足部的疼痛或僵硬无关，与跗中关节疼痛无关。

2. 文献报道认为步态的改变，由于关节囊内接受本体感受的神经遭到破坏，如同小腿三头肌瘫痪，造成踝关节不稳，影响患者步行速度、步距及行走节律。小腿肌力减退后，患者采取 2 个代偿机制。

（1）对侧踝关节采用不同于正常的踝关节活动模式，而类似置换术侧踝关节活动。

（2）第二个代偿机制是近侧肌肉发挥更大作用，肌电图示臀大肌、股四头肌和腘绳肌的肌电活动延长。

小腿三头肌肌力减退，行走时缺乏推进力，而依赖腘绳肌的收缩而屈曲膝关节，便于足趾离地，导致肢体的向前能力减退，步距、节律和速度等的减退。因此如果近侧关节不能很好代偿的患者，踝关节置换术不能取得满意结果。踝关节异常活动模式可引起后期假体松动。随时间延长，并发症也增加。因此踝关节置换术，目前很少有指征，一般主张做踝关节融合术。

（郑晓玲）

参考文献

［1］王坤正，王岩．关节外科教程［M］．北京：人民卫生出版社，2014.

［2］张光武．骨折、脱位、扭伤的救治［M］．郑州：河南科学技术出版社，2018.

［3］王兴义，王伟，王公奇．感染性骨不连［M］．北京：人民军医出版社，2016.

［4］马信龙．骨科临床X线检查手册［M］．北京：人民卫生出版社，2016.

［5］雒永生．现代实用临床骨科疾病学［M］．西安：西安交通大学出版社，2014.

［6］汤亭亭，卢旭华，王成才，林研．现代骨科学［M］．北京：科学出版社，2014.

［7］唐佩福，王岩，张伯勋，卢世璧．创伤骨科手术学［M］．北京：人民军医出版社，2014.

［8］黄振元．骨科手术［M］．北京：人民卫生出版社，2014.

［9］霍存举，吴国华，江海波．骨科疾病临床诊疗技术［M］．北京：中国医药科技出版社，2016.

［10］胥少汀，葛宝丰，徐印坎．实用骨科学［M］．北京：人民军医出版社，2015.

［11］邱贵兴，戴魁戎．骨科手术学［M］．北京：人民卫生出版社，2016.

［12］胡永成，马信龙，马英．骨科疾病的分类与分型标准［M］．北京：人民卫生出版社，2014.

［13］裴福兴，陈安民．骨科学［M］．北京：人民卫生出版社，2016.

［14］史建刚，袁文．脊柱外科手术解剖图解［M］．上海：上海科学技术出版社，2015.

［15］郝定均．简明临床骨科学［M］．北京：人民卫生出版社，2014.

［16］邱贵兴．骨科学高级教程［M］．北京：人民军医出版社，2014.

［17］裴国献．显微骨科学［M］．北京：人民卫生出版社，2016.

［18］任高宏．临床骨科诊断与治疗［M］．北京：化学工业出版社，2016.

［19］赵定麟，陈德玉，赵杰．现代骨科学［M］．北京：科学出版社，2014.

［20］陈仲强，刘忠军，党耕町．脊柱外科学［M］．北京：人民卫生出版社，2013.